Volkmar Schuler (Hrsg.)

Schweißtechnisches Konstruieren und Fertigen

Volkmar Schuler (Hrsg.)

Schweißtechnisches Konstruieren und Fertigen

Mit 233 Abbildungen

Friedr. Vieweg & Sohn Braunschweig/Wiesbaden

Dipl.-Ing. *German Furtwängler,* Schweißtechnische Lehranstalt, Ulm
Dipl.-Ing. *Peter W. Gerster,* Fa. Kässbohrer, Ulm
Dipl.-Ing. *Werner Häfele,* TÜV Stuttgart
Dipl.-Ing. *Peter Heinrich,* Linde AG, Höllriegelskreuth
Dipl.-Ing. *Heinz Alexander Korten,* L. Schuler AG, Göppingen
Schweißfachingenier *Georg Peszt,* IVECO Magirus, Ulm
Prof. Dipl.-Ing. *August Georg Ruß,* FH Würzburg-Schweinfurt
Prof. Dr.-Ing. *Volkmar Schuler,* FH Ulm
Dipl.-Ing. *Christian Seydel,* TÜV Ulm
Dipl.-Ing. *Werner Thörner,* Fa. Noell, Würzburg
Dipl.-Ing. *Herbert Wittel,* Ferd.-von-Steinbeiß-Schule, Reutlingen
Dipl.-Ing. *Peter Zinser,* Zeppelin Metallwerke, Friedrichshafen

Die Deutsche Bibliothek – CIP-Einheitsaufnahme

Schweisstechnisches Konstruieren und Fertigen / Volkmar Schuler (Hrsg.). – Braunschweig; Wiesbaden: Vieweg, 1992
ISBN-13:978-3-528-04787-0 e-ISBN-13:978-3-322-83039-5
DOI: 10.1007/978-3-322-83039-5

NE: Schuler, Volkmar [Hrsg.]

Der Verlag Vieweg ist ein Unternehmen der Verlagsgruppe Bertelsmann International.

Umschlaggestaltung: Hanswerner Klein, Leverkusen
Satz: Vieweg, Braunschweig

Gedruckt auf säurefreiem Papier

ISBN-13:978-3-528-04787-0

Vorwort

Schweißtechnische Fachliteratur gibt es inzwischen in detaillierter Form zu den Fachgebieten Berechnung, Verfahren und Prüfung. In diesem Buch sind Informationen für die schweißtechnische Konstruktion und Fertigung zusammengestellt.
Das Buch sollte ursprünglich als Neuauflage des bekannten „Puhrer" mit dem Titel *Schweißtechnik* erscheinen. Die dort vorliegende umfassende Darstellung konnte aber so nicht mehr beibehalten werden, weil sich mittlerweile die einzelnen Kapitel zu sehr umfangreichen eigenständigen Teilgebieten ausgeweitet hatten.
Das vorliegende Buch beschränkt sich deshalb auf die Konstruktion und schweißtechnische Fertigung. Es ist gelungen, Fachleute zu finden, die ihre einschlägigen praktischen Erfahrungen zusammenstellten.
Das Buch wendet sich sowohl an Studenten des Maschinenbaus, der Fertigungstechnik, der Fahrzeugtechnik und des Stahl- und Metallbaus der Fachhochschulen und Technischen Universitäten als auch an Konstruktions- und Fertigungsingenieure. Es bietet dem Anfänger Hilfestellung, schweißtechnische Fertigungsmöglichkeiten kennenzulernen. Dabei werden allgemeine werkstoffkundliche Grundlagen vorgestellt und im Hinblick auf ihre schweißtechnische Anwendbarkeit untersucht. Schließlich soll anhand vieler ausgeführter Konstruktionen eine Vorstellung für schweißtechnische Fertigungsmöglichkeiten entstehen.
Zum besseren Verständnis sind einige wenige Berechnungsbeispiele angegeben.
Kritische Leser werden sicher Unzulänglichkeiten und übersehene Fehler feststellen. Auch wird sich das Vorschriftenwerk (Normung) aufgrund der EURO-NORM in den nächsten beiden Jahren entscheidend verändern. Obwohl die einheitliche Umstellung der Temperaturangaben in Kelvin zu erwarten steht, wird in diesem Lehrbuch zugunsten der Praxis- und Anwendungshöhe die Temperatur in °Celsius angegeben. Für alle Hinweise, die zur Abrundung und Verbesserung des Buches beitragen, ist der Herausgeber sehr dankbar.
Mein Dank gilt meiner Frau Inge für die vielfältige Unterstützung und Geduld, er gilt allen Mitautoren, die mit Engagement die Schwierigkeiten lösen halfen und mit ihren Beiträgen ihr ganz persönliches "know how" preisgaben. Dem VIEWEG-Verlag, seinen Mitarbeitern im Lektorat Technik, insbesondere Herrn Ewald Schmitt, danke ich für die stetige und großzügige Unterstützung, seinen Langmut und die immer sehr angenehme Zusammenarbeit bei der Herstellung dieses Buchs.

Ulm, den 6. Mai 1991 *V. Schuler*

Inhaltsverzeichnis

Abkürzungen

AD	Arbeitsgemeinschaft Druckbehälter
B	Berechnung (bei den AD-Merkblättern)
DAST	Deutscher Ausschuß für Stahlbau
DIN	Deutsche Industrie Norm
DIS	Draft Internationale Standard (Entwurf einer ISO-Norm)
Druckbehälter-VO	Druckbehälterverordnung
DVGW-AB	Deutscher Verein des Gas- und Wasserfaches e.V. – Arbeitsblätter
DS	Dienstvorschrift der Deutschen Bundesbahn
HP	Herstellung Prüfung (bei den AD-Merkblättern)
IfBt	Institut für Bautechnik
ISO	Internationale Organization for Standardization
SEW	Stahl-Eisen-Werkstoffblatt
TRB	Technische Regeln Druckbehälter
TRD	Technische Regeln für Dampfkessel
TRG	Technische Regeln Druckgase
UVV	Unfallverhütungsvorschrift
VBG	Verband der gewerblichen Berufsgenossenschaften
VdTÜV	Vereinigung der Technischen Überwachungsvereine
W	Werkstoff (bei den AD-Merkblättern)
WBH	Wärmebehandlung

Formelzeichen

Formelzeichen	Einheit	Benennung
A	mm^2	Querschnittsfläche
A_Q	mm^2	Querkraftfläche, die bei näherungsweiser Berechnung der Schubspannungen infolge Querkraft zu deren Aufnahme geeignet ist
A_w	mm^2	rechnerische Schweißnahtfläche
a, a_1, a_2	mm	rechnerische Nahtdicke
b_F, b_R	mm	Breite eines Flansches, einer Rippe
c	mm	Aussparungsmaß der Ecke bei Rippen
e_1, e_2	mm	Hebelarm eines Kräftepaars
F_1, F_2	N	Kraft
F_F	N	Flanschkraft
h	mm	Profilhöhe
h_R	mm	Rippenhöhe
I	mm^4	Flächenmoment 2. Grades
I_w	mm^4	Flächenmoment 2. Grades des Schweißnahtquerschnitts
l, l_w	mm	Nahtlänge
M	N mm	Biegemoment
Q	N	Querkraft
s	mm	Stegdicke bei Profilen
t	mm	Bauteildicke, Blechdicke
W	mm^3	Widerstandsmoment
σ	N/mm^2	Normalspannung in einem Bauteil
σ_v	N/mm^2	Vergleichsspannung im Bauteil
σ_{vw}	N/mm^2	Vergleichswert in Schweißnähten
zul σ	N/mm^2	zulässige Normalspannung im Bauteil
$\sigma_{\wedge}$	N/mm^2	Normalspannung quer zur Schweißnahtrichtung
τ	N/mm^2	Schubspannung im Bauteil
τ_m	N/mm^2	Mittelwert der Schubspannung im Bauteil
zul τ	N/mm^2	zulässige Schubspannung im Bauteil
$\tau_{\|}$	N/mm^2	Schubspannung in Schweißnahtrichtung

Einleitung

Das Fachgebiet Schweißtechnik wird in der Ausbildung überwiegend nach der folgenden „klassischen“ Aufteilung unterrichtet:

Schweiß- und schneidtechnische Verfahren und -Geräte
Verhalten der Werkstoffe beim Schweißen
Schweißtechnische Konstruktion und Berechnung

Für die einzelnen Themen ist bereits eine sehr gute und detaillierte Fachliteratur vorhanden. Das vorliegende Buch soll eine Verbindung der verschiedenen Disziplinen bringen und anhand vieler Beispiele die Zusammenhänge verdeutlichen.

Die knapp gefaßte Beschreibung der Schweiß- und Schneidverfahren verweist am Ende jedes Kapitels auf mögliche Anwendungen und Einsatzgebiete. Zusammenfassend werden in *einer* Tabelle die Verfahren nach anwendungstechnischen Gesichtspunkten miteinander verglichen. Die Werkstoff-Übersicht geht nur auf die Schweißeignung der einzusetzenden Werkstoffe ein. Hieran schließt sich ein allgemeines Kapitel zur Schweißnaht-Berechnung mit einem durchgerechneten Beispiel, welches durch Gestaltungs- und Ausführungsrichtlinien von Schweißkonstruktionen ergänzt wird.

Ein wesentlicher Gesichtspunkt des Buchs sind die vielen Beispiele ausgeführter Schweißkonstruktionen, die die folgenden Bereiche umfassen:

Allgemeiner Maschinenbau,
Stahlbau,
Kranbau,
Kraftwerksbau,
Apparate-, Druckbehälter- und Tankbau,
Prüfen im Druckbehälterbau,
Fahrzeugbau und
Luft- und Raumfahrzeugbau.

Ein besonderes Kapitel wird dem Thermischen Beschichten gewidmet, wo der Leser mit einer kurz gefaßten Darstellung auf den neuesten Stand der Technik gebracht wird. Diese Prozesse gewinnen in unserer Zeit der Einsparung von Ressourcen und Recycling-Problemen immer mehr an Bedeutung.

Wirtschaftlichkeit in der schweißtechnischen Fertigung und die Qualitätssicherung runden die Beispiele ab.

Abschließend zeigt eine Zusammenstellung, welche Ausbildung für das schweißtechnische Personal, vom geprüften Schweißer bis zum Schweißfach-Ingenieur, bestehen, welchen Zeitaufwand sie erfordern und für welche Arbeiten sie jeweils vorgeschrieben sind.

Zugunsten einzelner exemplarischer Beschreibungen der Einsatzmöglichkeiten der Schweißtechnik in verschiedenen Industriezweigen wurde auf eine Behandlung sämtlicher Fertigungsbereiche verzichtet. Das Buch soll kein Lehrbuch für schweißtechnische Berechnungen sein, sondern dem „Einsteiger“ in das schweißtechnische Konstruieren und Fertigen helfen.

2 Schweiß- und Schneidverfahren

Nach dem Ablauf des Schweißvorgangs wird unterschieden in
- Schmelzschweißverfahren und
- Preßschweißverfahren

2.1 Schmelzschweißverfahren

Beim Schmelzschweißen werden die zu verbindenden Teile durch örtlich begrenzten Schmelzfluß üblicherweise mit einem Schweißzusatz verbunden. In der folgenden Aufstellung werden die Grundprinzipien der gebräuchlichsten Verfahren beschrieben. Ein Vergleich der Verfahren untereinander erfolgt in Kapitel 2.2.2. Die Übersicht bietet Bild 2-1.

2.1.1 Gasschmelzschweißen

Verfahrensprinzip

Bei diesem klassischen Schmelzschweißverfahren kann durch entsprechende Brennereinsätze, Ventilstellungen am Brenner und Arbeitstechniken die zugeführte Wärmemenge in weiten Bereichen der Schweißaufgabe angepaßt werden. Bilder 2-2 und 2-3.

Einsatzmöglichkeiten

Das Verfahren eignet sich für un- und niedriglegierte Stähle. Aluminium und Gußeisen werden nur mit größerem Aufwand und unter Verwendung von Flußmitteln verschweißt. Durch die geringe Wärmeleistung des Verfahrens (1000 W/cm^2) ergeben sich langsame Schweißgeschwindigkeiten und ein sehr flacher Temperaturgradient vom Schweißgut zum Grundwerkstoff; vorteilhaft für aufhärtungsfreudige Werkstoffe. Die entstehende Wärmeeinflußzone (WEZ) ist sehr breit, der Verzug der Bauteile entsprechend groß. Das Gefüge wird grobkörnig und weniger verformungsfähig, besitzt jedoch geringe Schweißeigenspannungen. Das Verfahren erfordert einen besonders geübten Schweißer; es ist nicht mechanisierbar.
Die Einsatzmöglichkeiten sind der Rohrleitungsbau, der Sanitärbereich, in Sonderfällen das Verschweißen verzinkter Bleche. Es ist eine preiswerte vielseitige Ausrüstung, mit der netzunabhängig gewärmt, geschweißt und sogar brenngeschnitten werden kann.

2.1.2 Metallichtbogenschweißen

Lichtbogenhandschweißen (LBH)

Verfahrensprinzip

Die Zündung des Lichtbogens erfolgt durch Kurzschluß zwischen der Stabelektrode und dem Werkstück. Der Lichtbogen schmilzt den Kernstab und die Umhüllung der Elektrode ab und den Grundwerkstoff an. Aus den Umhüllungsstoffen bilden sich Schutzgase und eine flüssige Schlacke, die auf der Schweißnaht erstarrt. (Bild 2-4). Bei der Verwendung von Gleichstrom muß berücksichtigt werden, daß der Lichtbogen magnetisch

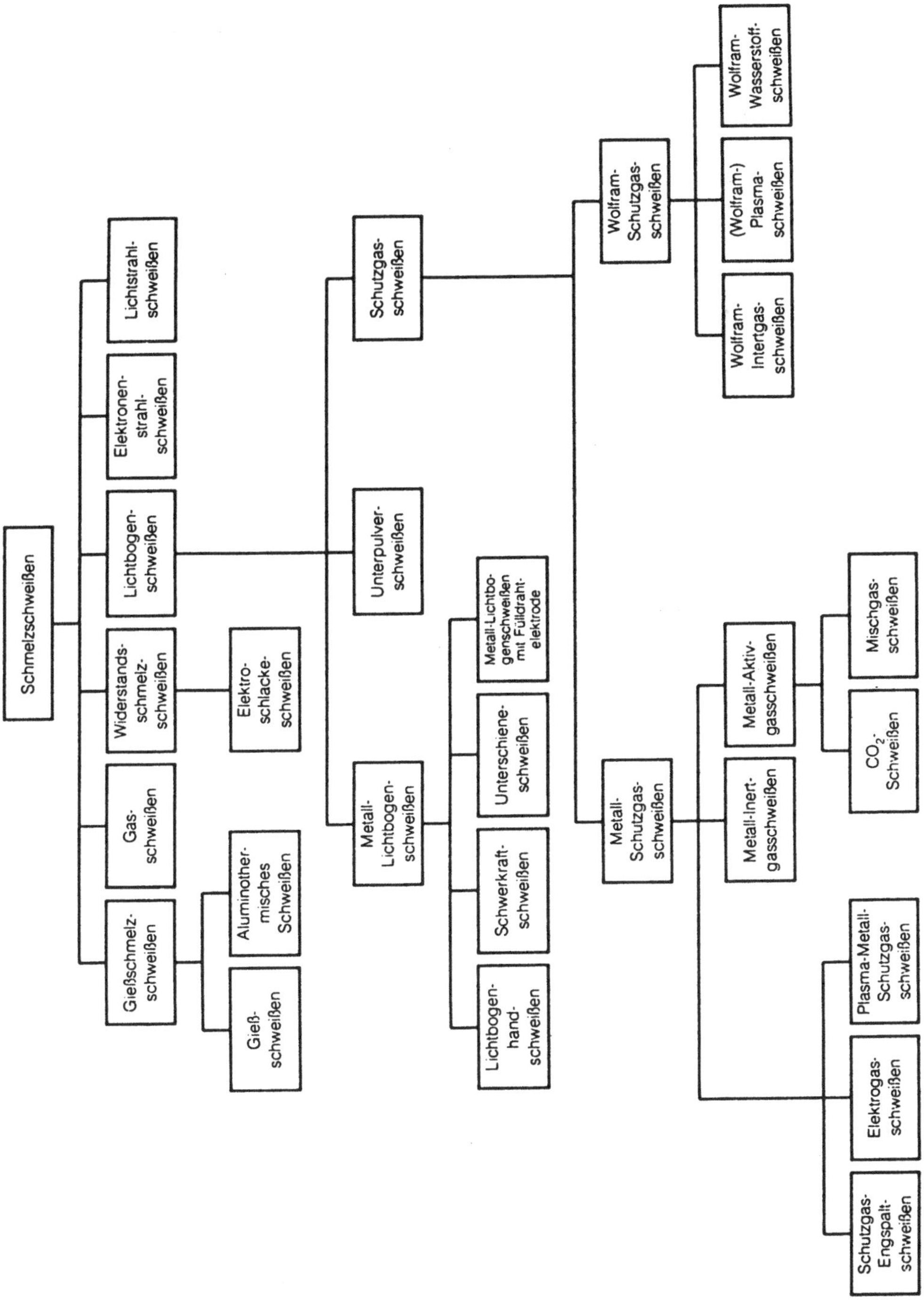

Bild 2-1 Einteilung der Schmelzschweißverfahren

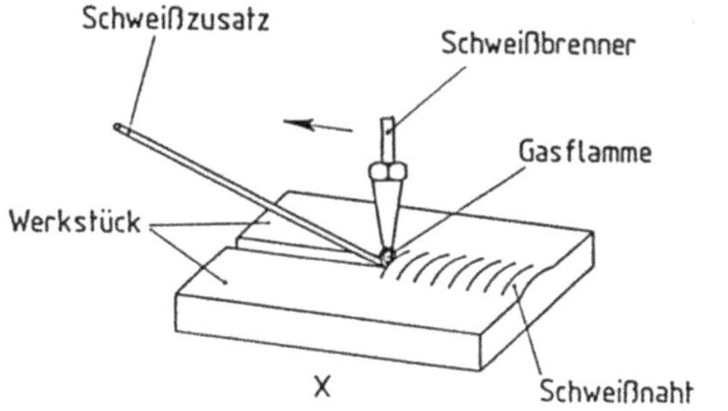

Bild 2-2
Nachlinks-Schweißen (Autogentechnik)

	Neigung des Brenners	Neigung des Schweißzusatzes
Stahl:	45°	30°
Al und Cu:	45 ... 95 °	15 ... 30°

Der Brenner wird geradlinig geführt, der Draht tupfend.
x = Standort des Schweißers

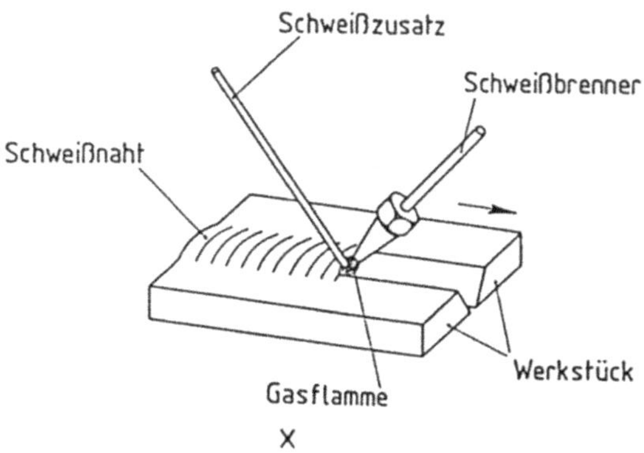

Bild 2-3
Nachrechts-Schweißen (Autogentechnik)
Der Brenner wird geradlinig geführt, der Draht kreisend.
Die Schweißöse gewährt sicheres Durchschweißen der Wurzel.
x = Standort des Schweißers

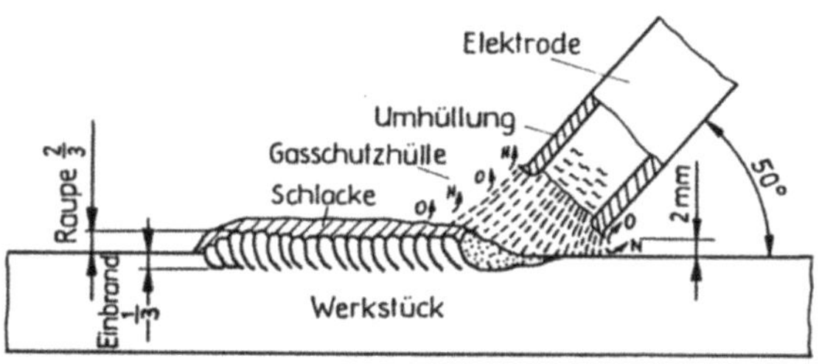

Bild 2-4
Das Abschmelzen einer umhüllten Stab-Elektrode

abgelenkt wird (Blaswirkung!). Bei Wechselstrom ist diese Wirkung vernachlässigbar gering, es können jedoch an dieser Stromart nicht alle Umhüllungstypen der Stabelektroden verschweißt werden.

Als Schweißzusatz werden Stabelektroden eingesetzt, deren Länge 250, 350 und 450 mm und deren Kerndurchmesser 1,5 bis 6 (8) mm betragen. Die chemische Zusammensetzung der Kernstäbe muß dem Grundwerkstoff ähnlich sein. Für gute Rißsicherheit zeichnet sich vor allem der basische Umhüllungstyp aus. Sonderelektroden gibt es für besonders tiefen Einbrand (3- bis 4fach des Standards) und mit besonders hohem Ausbringen (bis zur 2,5fachen der üblichen Abschmelzleistung) durch Eisenpulverzusatz in der Hülle. Diese Sondertypen können wegen der großen Schmelzbäder nur in Wannenlage verschweißt werden, sie werden als Hochleistungselektroden bezeichnet.

Einsatzmöglichkeiten

Das Lichtbogen-Hand-Schweißen hat einen sehr breiten Anwendungsbereich. Sowohl im Blechdickenbereich (von 1 mm unbegrenzt nach oben) als auch in der Werkstoffauswahl gibt es nur Einschränkungen bei Aluminium- und Kupferlegierungen. Durch die flexible und isolierende Umhüllung ist es möglich, durch Verbiegen der Elektrode an schlecht zugängliche Stellen zu kommen, die bei keinem vergleichbaren Schweißverfahren erreicht werden. Es ist ein wirtschaftliches Verfahren mit geringen Anschaffungskosten, welches sich für Einzel- und Kleinserien eignet. Auf Baustellen bewährt sich der gute Schutz der Schweißstelle vor Zugluft. Schweißgeschwindigkeit und Abschmelzleistungen sind nicht besonders hoch; auch stören bei längeren Nähten (> 250 mm) die laufenden Elektrodenwechsel mit den entsprechenden Fehlermöglichkeiten.

Unterpulverschweißen (UP)

Verfahrensprinzip

Das Unterpulverschweißen ist ein vollmechanischer Prozeß, der in der schweißtechnischen Fertigung relativ selten eingesetzt wird, aber die besten Schweißergebnisse bringt.
Ein blanker, aufgespulter Draht wird nahezu endlos unter einer körnigen, lose aufgeschütteten Pulverschicht abgeschmolzen. Der Lichtbogen brennt innerhalb einer flüssigen Schlackenblase, die aus aufgeschmolzenem Pulver besteht und völlig von ungeschmolzenem Pulver abgedeckt ist. Funken und Spritzer treten nicht auf. Im Schmelzbad herrscht eine sehr intensive Badbewegung, die eine über 50%ige Aufmischung mit dem Grundwerkstoff ergibt. Ohne Badsicherung, beispielsweise mit einer genuteten Kupferschiene auf der Wurzelseite, ist kein Durchschweißen der Wurzel möglich. Deshalb bietet es sich an, die Wurzel mit einem anderen geeigneten Verfahren, z.B. dem MAG-Verfahren, einzubringen. Das geschmolzene Pulver schützt das Schmelzbad vor schädlichen Einflüssen der Luft, bietet einen Thermoschutz, formt die Naht und fördert über die langsame Abkühlgeschwindigkeit das Ausgasen der Schmelze. Außerdem werden durch das Schweißpulver Zusatzlegierungselemente in das entstehende Schweißgut eingebracht.
Die Elektrode kann als Massivdraht, Fülldraht, Massivband oder Füllband (Bandbreiten 50 bis 250 mm, Banddicken 0,5 bis 1 mm) vorliegen. Die Stromzufuhr erfolgt erst kurz vor dem Lichtbogen und erlaubt Stromdichten bis zu 130 A/mm^2 (vgl. LBH-Schweißen: 15 A/mm^2) und Abschmelzraten bis zu 20 kg/h. Die verwendeten Schweißpulver (DIN 32 522) gibt es in vergleichbaren Zusammensetzungen wie die Umhüllungstypen der Stabelektroden (Bild 2-5).

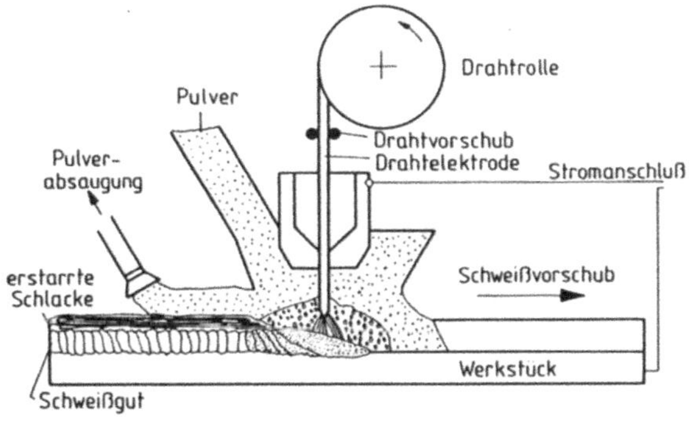

Bild 2-5
Prinzipielle Verfahrensanordnung beim Unterpulverschweißen (UP) mit einer Drahtelektrode

Einsatzmöglichkeiten

Das Verfahren ist sehr umweltfreundlich ohne Licht- und Wärmestrahlung und geringer Rauchentwicklung. Von der Konzeption her sind diese Anlagen für lange, möglichst geradlinige Nähte oder auch Rundnähte größerer Durchmesser einsetzbar. Als Schweißpositionen werden „w“ und „h“ eingesetzt. Bei anderen Positionen muß für eine entsprechende Pulverabstützung gesorgt werden. Die Industriezweige sind Stahl- und Behälterbau, Schienen- und Straßenfahrzeugbau, Rohrleitungs- und Schiffsbau. Als Werkstoffe können alle Stähle und Nickelwerkstoffe über ca. 3 mm Dicke verarbeitet werden. Bei Feinkornbaustählen ist hier besonders auf die Begrenzung der Streckenenergie zu achten. Zur Erhöhung der Abschmelzleistung sind Mehrdrahtanlagen mit bis zu vier Drähten bekannt.

Metall-Schutzgasschweißen (MSG: MIG/MAG)

Verfahrensprinzip

Hier wird die Schweißstelle mit einem Schutzgas vor der Umgebungsluft geschützt. Ideale Schutzgase sind inerte Gase (Ar, Ar und/oder He), die keinen Einfluß auf den Schweißprozeß nehmen. Durch andere, sog. aktive Gaszusätze (CO_2, O_2, H_2) kann das Schweißergebnis verändert werden. Der Schweißzusatz wird als kontinuierlicher Draht zugeführt, dessen Stromzufuhr kurz vor der Schweißstelle in einem Kontaktrohr erfolgt. Der Lichtbogen brennt in einer Schutzgasglocke und ist beobachtbar. Die Stromart ist Gleichstrom mit + gepolter Elektrode. Die Drahtelektrode (übliche Durchmesser: 0,8–1,2 mm) wird mit konstanter, stufenlos einstellbarer Geschwindigkeit gefördert (Bild 2-6). Je nach Schutzgasart und Schweißparameter stellen sich unterschiedliche Lichtbogenarten ein, die sich in der Abschmelzleistung und der entstehenden Nahtform unterscheiden. Mit Impulsstromquellen, die mit Thyristoren oder Transistoren geschaltet werden, läßt sich die zugeführte Energie sehr fein dosieren. Dadurch können auch mit größeren Drahtdurchmessern (1,6 mm) kleine Blechdicken verschweißt und verschiedene Einbrandtiefen erreicht werden. Beim Metall-Inert-Gas-Schweißen (MIG-Schweißen) wird ein inertes Schutzgas (Ar/He), beim Metall-Aktiv-Gas-Schweißen (MAG-) ein aktives verwendet, welche zu 100 % aus CO_2 (MAG-C) oder aus Mischgas (MAG-M) besteht. Die Stromstärken reichen von 30 bis 400 A, die Stromdichte ist auf 250 A/mm^2 begrenzt.

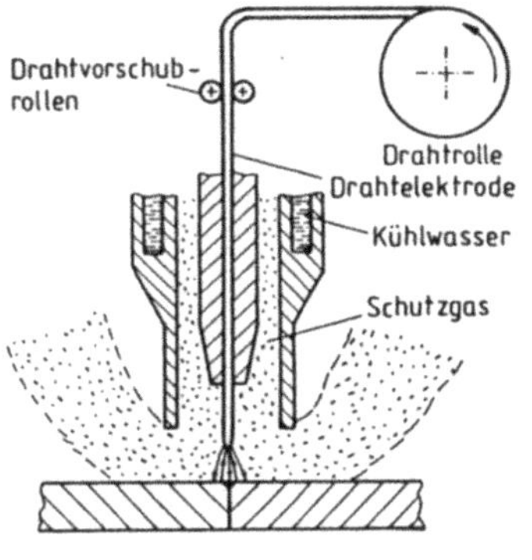

Bild 2-6

Schema einer Metallschutzgasschweißanlage mit wassergekühltem Brenner

Einsatzmöglichkeiten

Der Schutz der Schweißstelle durch eine strömende Schutzgasglocke deckt keine sehr großen Schmelzbäder ab (I max < 400 A) und ist im Freien ohne Zelt oder sonstigen Windschutz nicht möglich. Es sollte vorwiegend in Hallen ohne Zugluft geschweißt werden. Die wirtschaftlichen Anwendungsmöglichkeiten sind größer als beim LBH- oder UP-Schweißen. Das Verfahren eignet sich gut zum vollmechanisierten und automatischen Einsatz (Roboter-Schweißen). Je nach Parameterwahl sind alle Schweißpositionen möglich. Die Blechdicken sind nach unten auf etwa 0,7 mm begrenzt, nach oben nicht. Die gut steuerbare Energiezufuhr (max. Energiedichte 100 000 W/cm^2) ermöglicht verzugsarme Schweißergebnisse. Das Verfahren kann zum Auftrags-, Verbindungs- und Punktschweißen eingesetzt werden.

Bei modernen, transistorisierten Stromquellen ist es empfehlenswert, abrufbare abgestimmte Programme vorzusehen, die auf der vorhandenen Anlage erprobt wurden.

Die Zugänglichkeit zur Schweißstelle ist durch die Brennerform und -größe eingeschränkt.

Nur wenn ein geeigneter Schweißzusatz erhältlich ist, können auch die entsprechenden Werkstoffe geschweißt werden; es ist demnach keine Frage des Schweißverfahrens. Lediglich bei sehr hochlegierten Stählen kann es Beschaffungsschwierigkeiten geben. Bei großen Blechdicken gibt es keine Begrenzung. Bei Aluminium können mit modernen Impulsstromquellen Bleche bis auf 1 mm Dicke verschweißt werden.

Als Verfahrensvariante können statt der Massivdrähte auch Fülldrähte eingesetzt werden, die eine mineralische oder eine Stahlpulvermischung als Füllung haben können. Damit werden ein besserer Werkstoffübergang, bessere Spaltüberbrückbarkeit, eine bessere Zugänglichkeit (größeres freies Drahtende, größerer stick-out möglich!) und vor allem bei Chrom-Nickel-Stählen ein spritzerärmeres Schweißen erreicht. Eine weitere Variante ist das MAG-Punktschweißen, wozu eine modifizierte Gasdüse das Aufsetzen auf der Werkstückoberfläche zuläßt, wobei bei kleineren Blechdicken (bis 3 mm) ohne Bohrung durch das Oberblech durchgeschweißt, bei größeren Dicken ein Loch im Oberblech mit Schweißgut ausgefüllt wird[2].

Wolfram-Inertgasschweißen (WIG)

Verfahrensprinzip

Beim Wolfram-Inertgas-Schweißen brennt der Lichtbogen zwischen einer nicht abschmelzenden Wolframelektrode und dem Werkstück in einer Inertgas-Schutzglocke. Der nackte Zusatzstab wird wie beim Gasschweißen seitlich von Hand zugegeben. Das Edelgas schützt die Elektrode, das Schmelzbad und den eintropfenden Zusatzwerkstoff vor Oxidation. Bei mechanisierten Anlagen kann der Zusatzwerkstoff auch mit einem

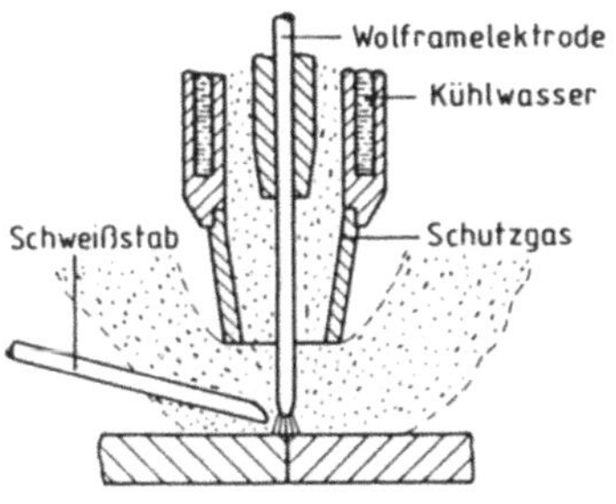

Bild 2-7
Wolfram-Inertgasschweißen

Vorschubmotor zugeführt werden. So ist eine getrennte Regelung von Wärmeeinbringung und Abschmelzleistung möglich (WIG-Verfahren mit Kaltdrahtzufuhr). Die Zündung erfolgt berührungslos. Moderne Geräte haben eine Möglichkeit, mit sehr kleinen Strömen berührend zu zünden (soft start), ohne die Wolfram-Elektrode zu beschädigen. Wegen der völligen Abschirmung des Schweißguts von der Atmosphäre ist das WIG-Schweißen für Aluminium und Kupfer sowie für hochlegierte Stähle besonders geeignet. Metalle mit niedrigem Schmelzpunkt und hochschmelzender Oxidschicht müssen üblicherweise mit Wechselstrom verschweißt werden (Bild 2-7). In Sonderfällen ist auch hier eine Gleichstromschweißung (+Pol) möglich.

Einsatzmöglichkeiten

Die Einsatzmöglichkeiten sind durch die relativ geringe Abschmelzleistung von 400 g/h (LBH: 1000 g/h) begrenzt. Mögliche Schweißgeschwindigkeiten liegen im Bereich von 10 bis 20 cm/min. Das Verfahren wird für qualitativ hochwertige Schweißverbindungen eingesetzt, beispielsweise bei Chrom-Nickel-Stählen, Aluminium, Kupfer oder im Dünnblechbereich, wo vergleichbare Verfahren versagen. Mikro-WIG-Anlagen arbeiten mit Schweißströmen von einigen Ampères und eignen sich für Blechdicken bis zu 0,02 mm! Die folgenden Verfahrensmerkmale zeichnen den WIG-Prozeß aus:
- geringe Wärmeleistung
- ruhiger, stabiler Schweißprozeß
- getrennte Steuerung von Wärmeeinbringen und Abschmelzleistung
- Schweißen ohne Zusatzwerkstoff möglich (z.B. Bördelnähte)
- spritzerfreie sehr glatte Nahtoberfläche

Bei besonders kritischen Wurzellagen wird die WIG-Schweißung auch im Dickblechbereich angewandt. Anwendungsbereiche sind außerdem der Rohrleitungs- und Apparatebau sowie die Luft- und Raumfahrt. Es lassen sich alle schmelzschweißbaren Werkstoffe verbinden, wirtschaftlich jedoch nur in Dicken unter 4 mm, da die Energiedichte dieses Verfahrens bei 10^4 W/cm^2 liegt. Mit dem WIG-Impuls-Schweißen kann mit noch kleineren Leistungen vor allem an temperatur- und verzugsempfindlichen Bauteilen gearbeitet werden. (Bild 2-8)

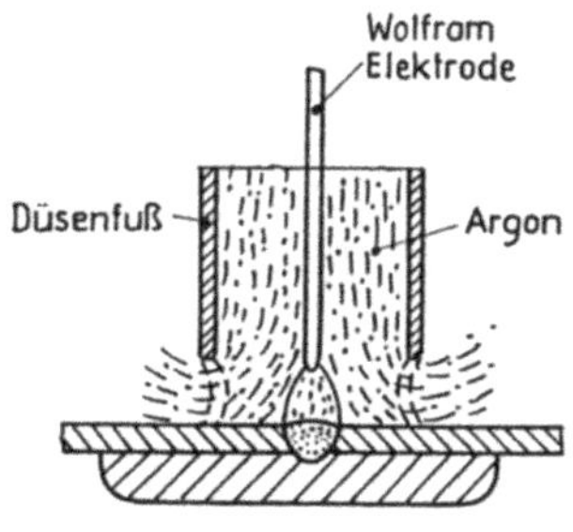

Bild 2-8
Lichtbogenpunktschweißen (WIG)

Plasmastrahlschweißen (Wolfram-Plasma-Schweißen, WP)

Verfahrensprinzip

Als Energieträger dient ein Plasmastrahl mit Temperaturen von 5000–20 000 °C welcher in einem Brenner durch Einschnürung des Lichtbogens erzeugt wird. Als Trägergase werden Argon, Helium und Wasserstoff verwendet. Gezündet wird mithilfe eines

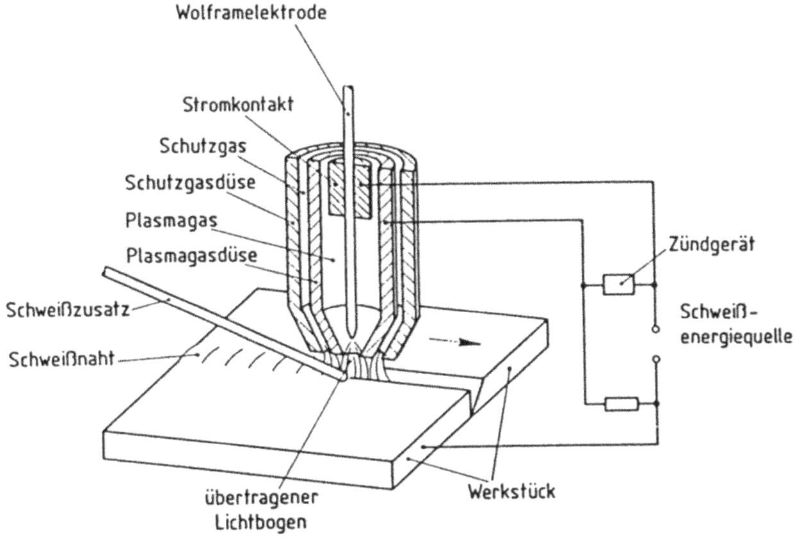

Bild 2-9 Plasmalichtbogenschweißen

Pilotlichtbogens. Das Verfahren eignet sich zum Verbindungsschweißen ohne Schweißzusatz bis etwa 15 mm Blechdicke („Stichlochschweißen" ohne Spalt). Bei den anderen Nahtformen wird stromlos ein Schweißstab (manuell) oder ein Kaltdraht mechanisiert zugeführt. (Bild 2-9)

Einsatzmöglichkeiten

Durch die hohe Energiedichte des Verfahrens (1 000 000 W/cm^2) werden bevorzugt Werkstoffe hoher thermischer Leitfähigkeit verschweißt (Ni, Ti, Zr, Cu und ihre Legierungen). Als Sonderverfahren wird es zum Auftragschweißen eingesetzt.

2.1.3 Strahlschweißen

Elektronenstrahlschweißen (EB-Verfahren)

Verfahrensprinzip

Dieses Sonderverfahren arbeitet in einer Vakuumkammer, die gleichzeitig die Bauteilgröße bestimmt. Auf 2/3 Lichtgeschwindigkeit beschleunigte und auf 0,1–0,2 mm Ø fokusierte Elektronen treffen auf eine vorbereitete Schweißstelle (I-Stoß ohne Spalt). Bei der hohen Energiedichte (10 000 000 W/cm^2) werden alle Werkstoffe aufgeschmolzen und in die Dampfphase überführt. Hinter dem Strahl kondensiert der Werkstoff wieder und erstarrt anschließend. Die entstehenden Nähte sind besonders schmal und tief (Nahtbreite : Nahttiefe ≈ 1 : 50) (Bild 2-10).

Einsatzmöglichkeiten

Werkstoffe hoher thermischer Leitfähigkeit und Oxidationsfreudigkeit sind bei der hohen Energiedichte und dem vorhandenen Vakuum besonders für dieses Schweißverfahren geeignet. Weiter können heute Stumpfnähte bis 200 mm für Stahl (Aluminium 320 mm) erreicht werden. Es werden fertig bearbeitete Teile ohne Spalt nahezu verzugsfrei

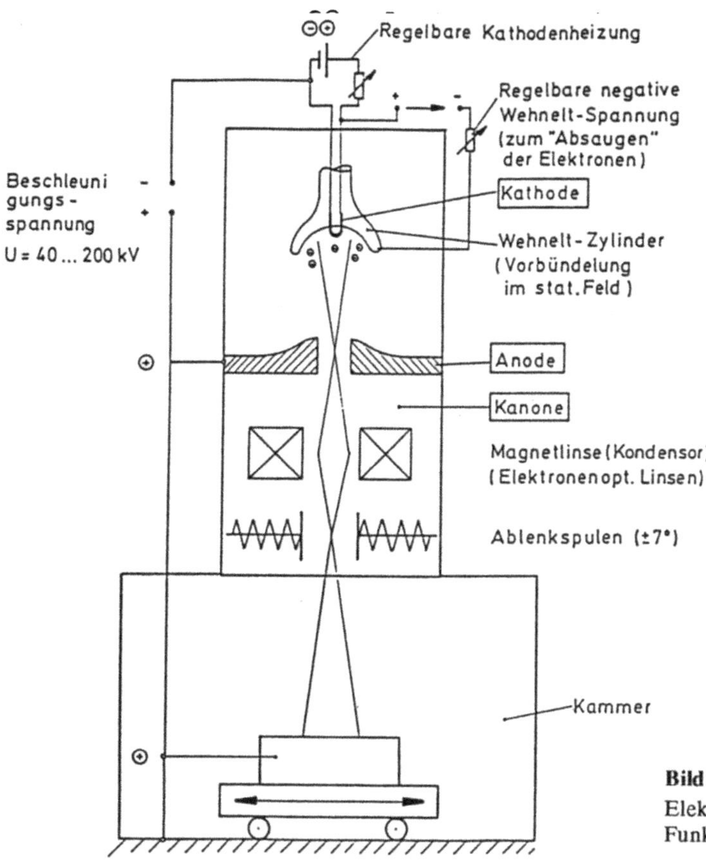

Bild 2-10
Elektronenstrahlschweißanlage – Funktionsprinzip

geschweißt, da das Schmelzvolumen und die Wärmezufuhr minimal sind. Aufhärtungsfreudige Werkstoffe müssen nach dem Schweißen geglüht werden, weil im Nahtbereich zu hohe Abkühlgeschwindigkeiten auftreten. Die hohen Investitionskosten beschränken den Einsatz auf den Reaktorbau, den Flugzeug-, Getriebe- und Turbinenbau sowie auf Mikroschweißverbindungen.

Laserstrahlschweißen

Verfahrensprinzip

Hoch beschleunigte Photonen werden auf einen Durchmesser von 0,1 mm fokussiert und erzeugen einen ähnlichen Tiefschweißeffekt wie das EB-Verfahren. Der Prozeß findet an der Atmosphäre statt und die Schweißstelle muß mit Schutzgas vor Oxidation geschützt werden. Der beim Schweißen entstehende Metalldampf (Jet) beeinflußt den auftreffenden Lichtstrahl sehr und muß weggeblasen werden. Der Wirkungsgrad der besten Laser (CO_2-Typ) liegt nur bei 10–15 %) (Bild 2-11).

Einsatzmöglichkeiten

Ähnlich dem EB-Verfahren wird eine vergleichbare Energiedichte erreicht und es können ebenfalls fertig bearbeitete Teile ohne Zusatzwerkstoff verschweißt werden; entsprechend sind auch die verwendeten Werkstoffe und Bauteile. Problematisch sind

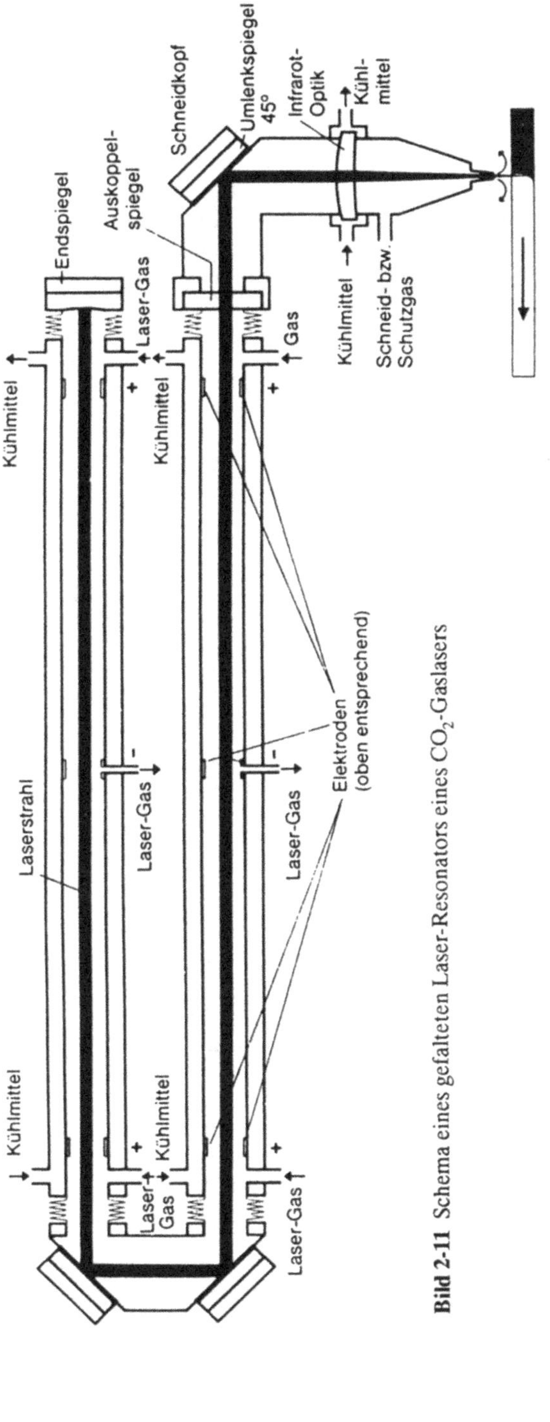

Bild 2-11 Schema eines gefalteten Laser-Resonators eines CO_2-Gaslasers

Oberflächen mit hohem Reflexionsgrad (z.B. Aluminium), die sich nur bedingt für diesen Einsatz eignen. Die üblichen käuflichen Strahlleistungen liegen heute bei etwa 10 % der Leistung von Elektronenstrahl-Schweißanlagen.

2.1.4 Elektroschlacke-, Elektrogasschweißen (RES)

Beide Verfahren werden vollmechanisch steigend für Stumpfnähte ab 10–15 mm bis 100 mm Blechdicke eingesetzt. Es handelt sich um Sonderverfahren mit geringen Schweißeigenspannungen und großem apparativen Aufwand. Heute werden diese Blechdicken üblicherweise mit Engspaltschweißverfahren nach dem MAG- oder dem UP-Verfahren stumpf verbunden, deren Geräteaufwand wesentlich geringer ist (Bilder 2-12 und 2-13). Eine Ausnahme bildet der Schiffsbau, wo sämtliche senkrechten Nähte nach diesem Verfahren geschweißt werden.

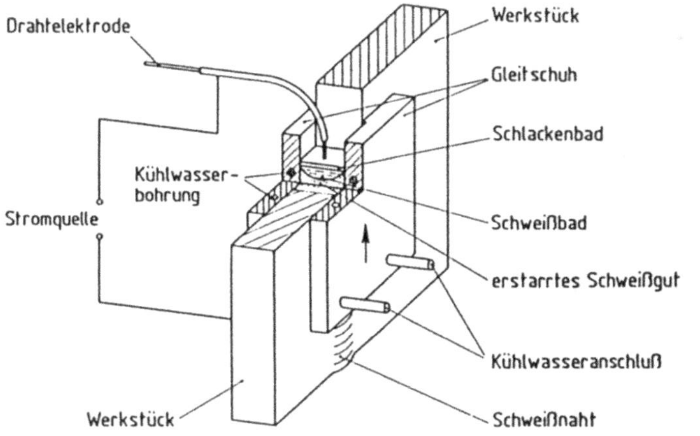

Bild 2-12
Elektroschlackeschweißen

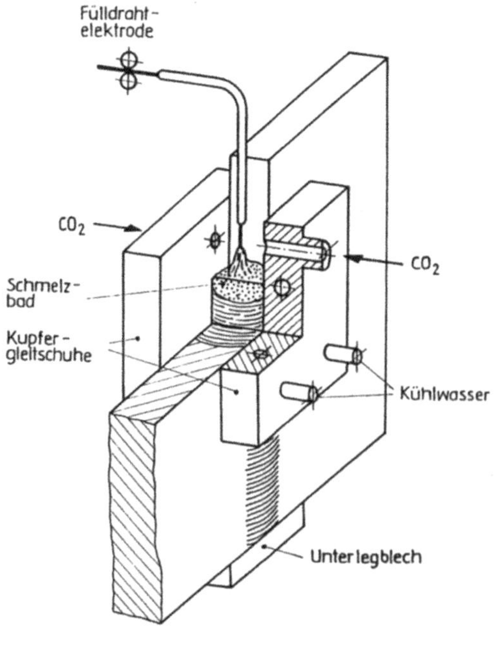

Bild 2-13
Elektrogasschweißen

2.2 Preßschweißverfahren

Beim Preßschweißen werden die zu verbindenden Teile üblicherweise ohne Schweißzusatz unter Druck und/oder örtlich begrenzter Wärme verschweißt (Bild 2-14).

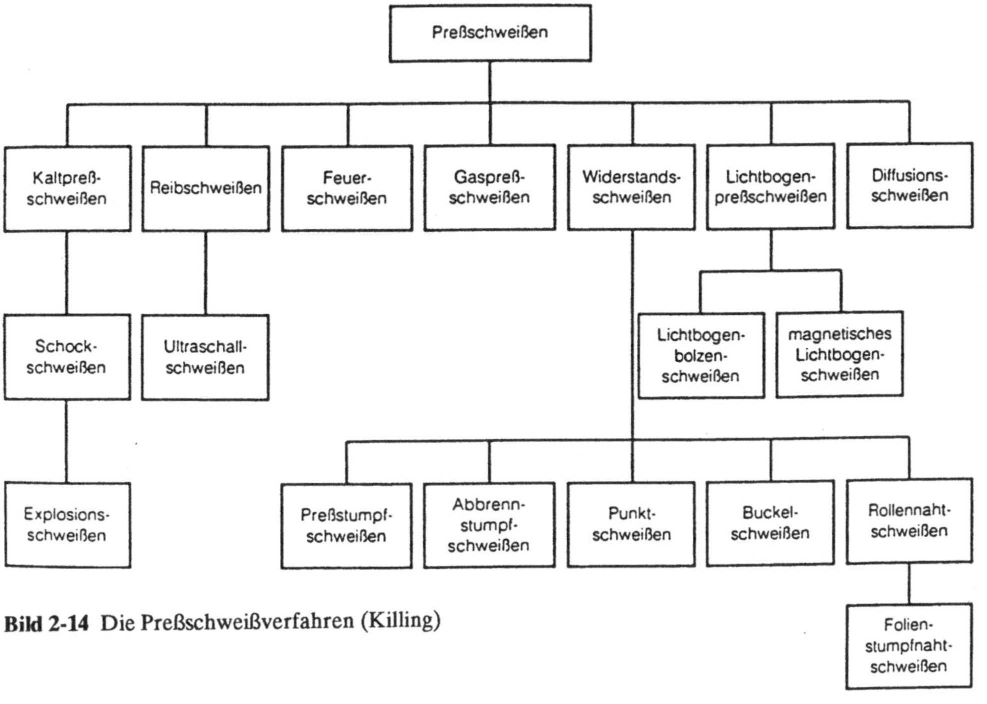

Bild 2-14 Die Preßschweißverfahren (Killing)

2.2.1 Widerstandspreßschweißen

Beim Widerstandspreßschweißen entsteht die erforderliche Schweißwärme durch Stromdurchfluß infolge des Übergangswiderstands direkt an der Verbindungsstelle. Üblicherweise werden Überlappungsverbindungen hergestellt.

Punktschweißen (RP)

Verfahrensprinzip

Bei diesem Verfahren werden die Werkstücke an einzelnen Punkten überlappend verbunden. Sehr hohe Schweißströme (5–25 kA) werden der Schweißstelle kurzzeitig (0,1–0,4 s) durch Elektroden zugeführt, die gleichzeitig die Anpreßkraft aufbringen, um die Bauteile zu fixieren. Die Anlagen werden mit Wechsel- und Gleichstrom betrieben, wobei letztere die aufwendigere Bauart ist. Die Leistung ist unabhängig von der Bauteilgeometrie konstant. Dieser Anlagentyp eignet sich besonders für hochwertige Schweißungen hoher Leistungen an Aluminium und dessen Legierungen. Bei dieser Stromform tritt kein sogenannter „Fensterverlust“ auf [3] (Bilder 2-15, 2-16 und 2-17).

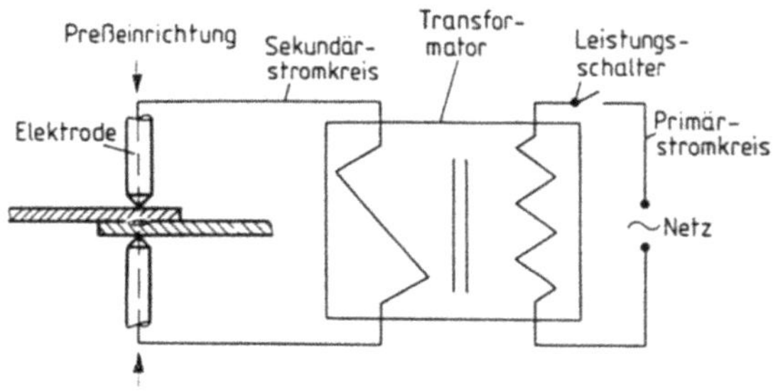

Bild 2-15
Prinzip des Widerstandspunktschweißens

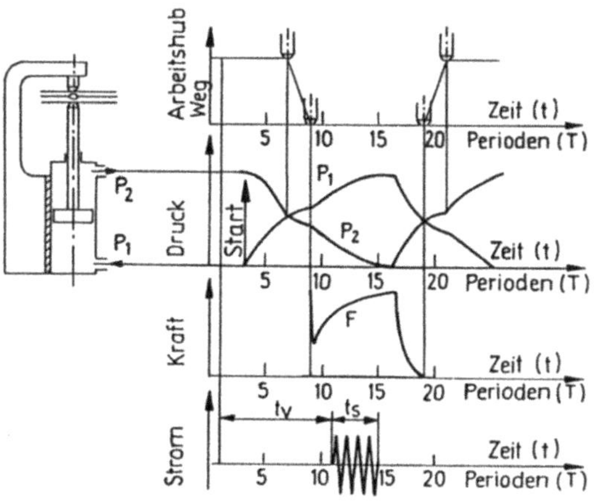

Bild 2-16 Zeitlicher Verlauf der Einflußgrößen beim Widerstandsschweißen

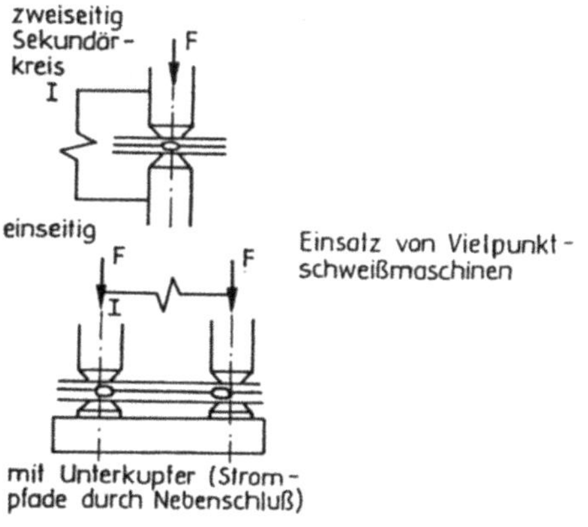

Bild 2-17 Anordnung der Elektroden und Verlauf der Stromwege beim Punktschweißen

Einsatzmöglichkeiten

Der Karosserie-Rohbau und die dünnblechverarbeitende Industrie sind die Hauptanwender dieses Verfahrens. Die Zugänglichkeit der Elektroden an die Schweißstelle muß gewährleistet sein. Der mögliche Blechdickenbereich beginnt bei Feinstpunktschweißungen mit 2×0,01 mm und erreicht bei großen Mehrimpulsanlagen über 2×10 mm. Bei entsprechenden Leistungen sind auch mehrschnittige (bis zu 3 Blechen übereinander) Punktschweißungen zwischen einem Elektrodenpaar möglich. Das Verfahren ist einfach handhabbar und leicht zu automatisieren. Die ersten Schweißroboter standen vor über 15 Jahren im Karosserierohbau!

Besondere Vorteile des Verfahrens sind:
Keine Nahtvorbereitung, kurze Schweißzeiten, die Möglichkeit, in sämtlichen Schweißpositionen zu arbeiten, fast keine Nacharbeit. Die Investition lohnt sich nur bei einer Serienfertigung. Nachteilig erweist sich die schwierige zerstörungsfreie Prüfbarkeit der Schweißpunkte.

Buckelschweißen (RB)

Verfahrensprinzip

Bei dieser Verfahrensvariante bestimmt das Bauteil durch vorgeformte Berührstellen (Buckel) den Ort der Schweißung. Die Elektroden sind großflächig und entsprechend problemlos (Bild 2-18).

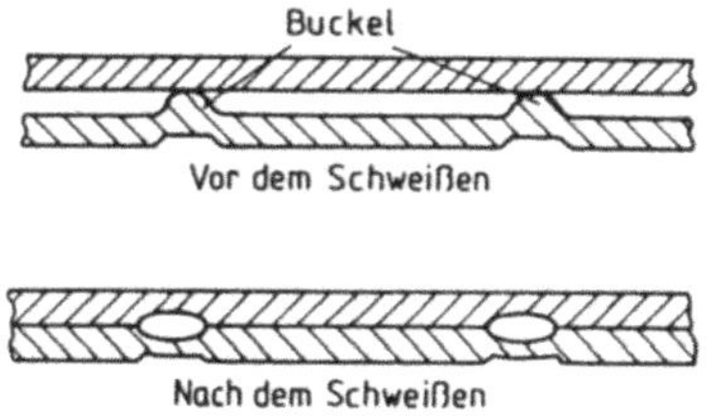

Bild 2-18
Prinzip des Widerstandsbuckelschweißens

Einsatzmöglichkeiten

Für die Massenfertigung (z.B. Anschweißmuttern) ist es ein äußerst wirtschaftliches Fügeverfahren. Mit einer Anlage können mehr als 20 Buckel gleichzeitig verschweißt werden. Drahtgeflechte für Einkaufswagen und Baustahlmatten sind klassische Anwendungsbeispiele. Bei mehreren Buckeln pro Bauteil müssen wegen der planen Elektroden die Buckelhöhen und -massen eng toleriert sein.

Rollennahtschweißen (RR)

Verfahrensprinzip

Eine weitere Verfahrensvariante ist das Rollennahtschweißen, bei dem rollenförmige Elektroden die Stromzufuhr und Kraftübertragung übernehmen. An überlappenden Blechen können Punktfolgen mit kleinem und konstantem Abstand sowie linienförmige, dichte Nähte erzeugt werden (Bild 2-19).

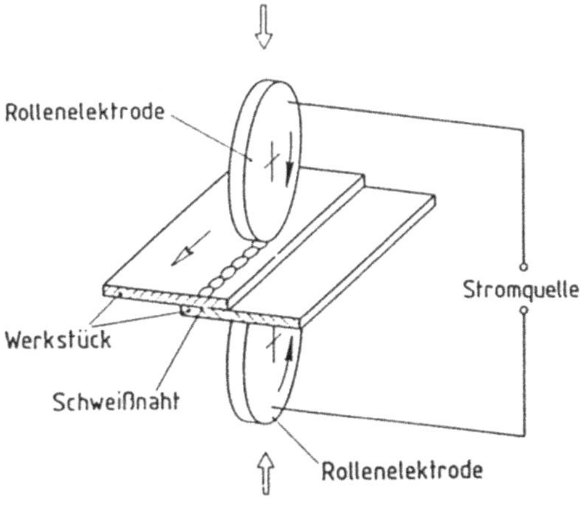

Bild 2-19
Widerstandsrollennahtschweißen

Einsatzmöglichkeiten

Kraftstofftanks aus Stahlblech, Radiatoren, Konserven- und Getränkedosen, Fässer, Schalldämpfer und Töpfe werden nach diesem Verfahren dicht verschweißt. Es sind keine engen Toleranzen einzuhalten und Schweißgeschwindigkeiten bis zu 1 m/min möglich. Die Blechdicken bei Dichtnähten sind wegen des Nebenschlusses des Schweißstroms auf 2×2,99 mm (die Abmessung ist normbedingt!) begrenzt. Ein Sonderverfahren ermöglicht beim Rollennahtschweißen das stumpfe Verbinden von Blechen bis 3 mm Dicke (Folienstumpfnahtschweißen, Quetschnahtschweißen). Damit können besonders große Blechtafelbreiten hergestellt werden, die im Waggon- und Wohnwagenbau für die breiten Dächer verwendet werden. Bei verzinkten Blechen werden zunehmend Drahtzwischenelektroden auf der Blechober- und -unterseite eingesetzt. Diese Kupferdrähte dienen zur laufenden Erneuerung der Elektrodenoberfläche. Damit können besonders schmale und verzugsarme Schweißnähte erreicht werden, weil die Drähte eine sehr schmale Kontaktfläche ergeben.

Preßstumpfschweißen (RPS)

Verfahrensprinzip

Die zu verbindenden Teile werden in wassergekühlte Kupferbacken eingespannt, zusammengefahren und über Stromdurchfluß an der Kontaktstelle auf Schweißtemperatur gebracht (Stahl: 1100–1300 °C). Anschließend wird der Druck auf Stauchdruck erhöht und der Strom abgeschaltet (Bild 2-20). Es entsteht eine Warmpreßschweißverbindung.

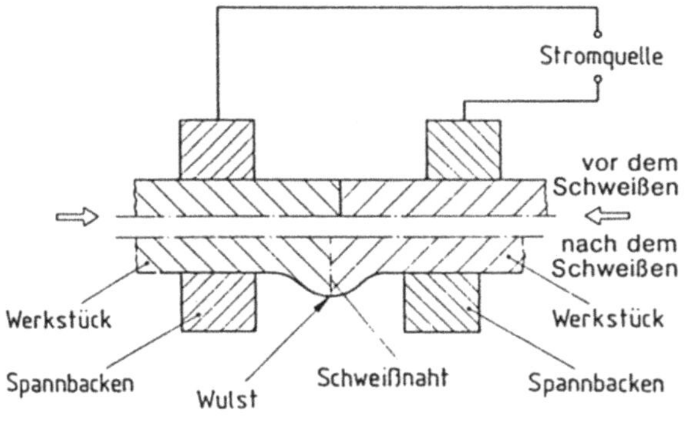

Bild 2-20
Widerstandspreßstumpfschweißen

Einsatzmöglichkeiten

Wesentliches Anwendungsgebiet sind Stumpfschweißverbindungen an Sägebändern und Kettengliedern bis ca. 12 mm Drahtdurchmesser. Der Einsatz ist nur bei un- und niedriglegierten Stählen möglich. Wegen ihrer Oxidationsneigung sind Aluminium- und Kupferwerkstoffe nur bedingt geeignet. Es tritt kein Schmelzfluß auf, so daß die am Rohling vorhandenen Oberflächenoxide weitgehend in der Fügezone verbleiben und die Qualität der Verbindung mindern können.

Abbrennstumpfschweißen (RA)

Verfahrensprinzip

Hierzu wird derselbe Maschinentyp wie beim Preßstumpfschweißen verwendet. Es lassen sich jedoch wesentlich größere (Faktor 10) Querschnitte (bis 50 000 mm^2) verschweißen. Die Fügestelle wird durch pulsierende Bewegungen mit sogenannten „absterbenden Lichtbögen" vorgewärmt und so auf den Abbrennvorgang vorbereitet. Dieser schließt sich mit einem starken Funkenregen an, der über einen hohen Metalldampfdruck geschmolzenes Metall aus der Fügezone schleudert. Sie bleibt dabei auch ohne Schutzgas oxidationsfrei. Der sich anschließende Stauchvorgang preßt die gesamte Schmelze in einen Stauchgrad außerhalb der Verbindungsstelle. Die Verbindung selbst enthält keine erstarrte Schmelze und erleidet deshalb auch keine Schrumpfung. (Bild 2-21)

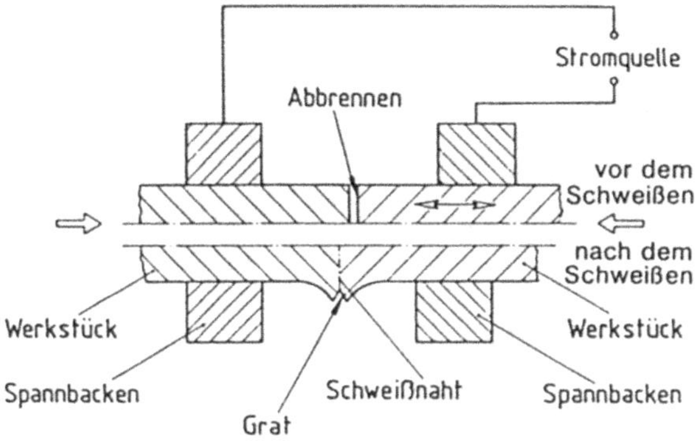

Bild 2-21
Abbrennstumpfschweißen

Einsatzmöglichkeiten

Voraussetzung für einen wirtschaftlichen Einsatz des Verfahrens sind große Stückzahlen. Typische Anwendungen sind: Stumpfschweißen von Eisenbahnschienen, Schiffskettenglieder, Wellen, Achsen, Rohre, Fensterrahmen, Autofelgen, Warm- und Kaltbänder in Walzwerken zum kontinuierlichen Walzen, Spiralbohrer, deren Schaft aus unlegiertem Stahl besteht. Rohre und Profile können auch stumpf auf Platten geschweißt werden.

2.2.2 Lichtbogenpreßschweißen

Bolzenschweißen (RBo)

Verfahrensprinzip

Hier werden mit einem Lichtbogen bolzenförmige Stifte (Schrauben, Buchsen) mit der Stirnfläche unter Druck auf großflächige Teile aufgeschweißt. Bis 8 mm ∅ mit Kondensatorgeräten – bis 32 mm ∅ mit besonderen Stromquellen. Der Schweißprozeß läuft automatisch ab. Die Bolzenzufuhr kann ebenfalls automatisiert werden (Bild 2-22).

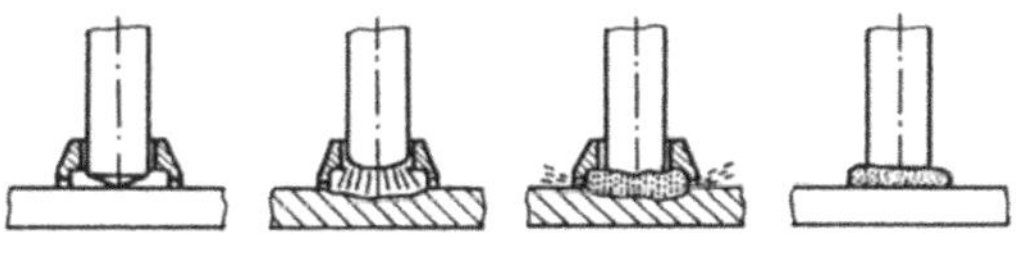

Bild 2-22
Bolzenschweißen mit Hubzündung

Einsatzmöglichkeiten

Die Bolzen können in allen Positionen aufgebracht werden. Im Kessel- und Rohrleitungsbau, Schiffsbau, Automobilbau, Brücken- und Stahlhochbau wird das Verfahren angewandt. Bolzen werden auf Bleche von 0,5 mm Dicke bis unbegrenzt aufgebracht, ohne auf der Blechgegenseite Markierungen zu hinterlassen. Die Gewindebolzen für die Kochtopfgriffe sind eine gelungene Anwendung.

Reibschweißen

Verfahrensprinzip

Dieses Warmpreßschweißverfahren ist für Stumpfverbindungen anwendbar, bei denen der gesamte Querschnitt angeschlossen wird. Die Wärmeenergie entsteht durch mechanische Reibung der Kontaktflächen und durch die unter Druck entstehende plastische Formänderung im Fügebereich. Wie in Bild 2-23 gezeigt, ist ein Teil feststehend, während das andere unter Reibdruck mit Drehzahlen zwischen 1000 und 3000 U/min angepreßt wird. Nach Erreichen der Schmiedetemperatur wird mit abgekoppeltem Antrieb positionsgenau abgebremst, so daß auch nicht-rotations-symmetrische Teile fluchtend miteinander verbunden werden können. Die besonderen Vorteile sind: geringe Wärmebeeinflussung, keine Schmelzzone und dadurch keine Entmischungen, kurze Schweißzeiten und gute Automatisierbarkeit (Bild 2-24). Besondere Verbindungen wie zwischen nicht legierungsfähigen Werkstoffen wie Aluminium/Stahl, Aluminium/Kupfer, Gußeisen/Stahl, Kupfer mit Stahl sowie Metall/Oxidkeramik (Cermet) sind möglich.

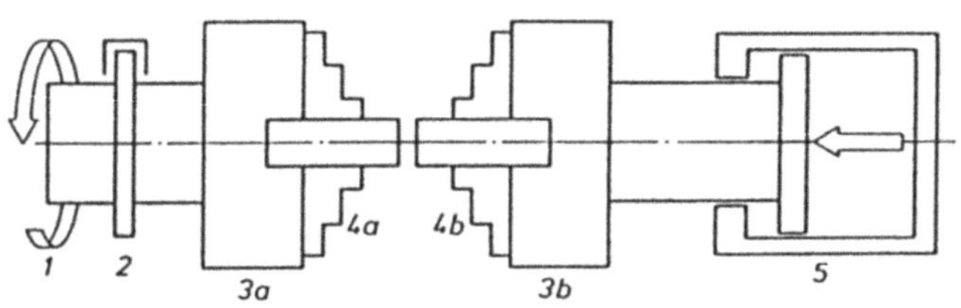

Bild 2-23
Verfahrensprinzip des Reibschweißens
1 Antrieb, 2 Bremse, 3 Backen, 4 Schweißteile, 5 Belastungseinheit (Druck)

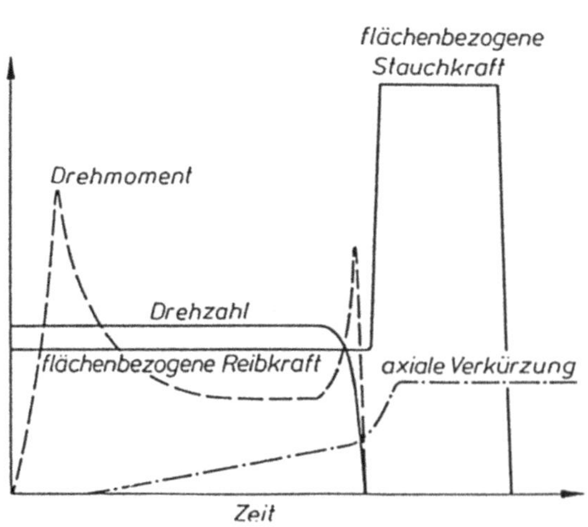

Bild 2-24
Verlauf der Verfahrensparameter beim Reibschweißen in Abhängigkeit von der Zeit

Erforderliche Handfertigkeit	Automatisierbarkeit	Therm. Wirkungsgrad [%]	Baustellentauglichkeit	Anlagenkosten Stand 1992 [DM]	Code Nr.	Bemerkungen
xxx	–	40–50	++	1 500,–	3	
xx	–	50–60	++	4 000,–	111	
–	xx	85–95	+	50 000,–	12	
–	xx	90	(+)	50 000,–	12	
x	xx	70	–	12 000,–	131/135	
x	x	60	+	20 000,–	114	Beim Schweißen ohne Schutzgas ist eine vollkommene Baustelleneignung gegeben
xxx	x	60	–	15 000,–	141	
xxxx	(x)	60	–	20 000,–	141	
–	x	50	–	25 000,–	142	
xxx	–	65	–	25 000,–	15	
–	x	65–70	–	35 000,–	151	
–	x	50	–	40 000,–	152	
–	xx	80	–	800 000,–	76	
–	xx	80	–	800 000,–	751	
–	xx	90	+	100 000,–	72	
–	xx	90	+	80 000,–	721	
–	xx	80	+	80 000,–	73	
x	xxx	75	–	40 000,–	21	
–	xxx	70	–	50 000,–	23	
–	x	65	–	80 000,–	22	
–	x	65	–	200 000,–	25	
–	x	60	–	300 000,–	24	
x	x	80	++	5 000,–	782	Verfahren mit Spitzenzündung
x	–	85	++	30 000,–	782	Verfahren mit Hubzündung

Fortsetzung Bild 2-25

Verfahren	Abschmelz-leistung [kg/h]	Leistungs-dichte [W/cm²]	Schweiß-geschwindig-keit [m/min]	Blech-dicken-bereich [mm]	Aufmischungs-grad mit dem Grundwerk-stoff [%]
Schmelzschweißverfahren					
Gasschmelzschweißen [G]	0,1–1,0	10^3	0,03–0,15	0,5–8,0	5–30
Lichtbogenhand-schweißen [E]	0,2–4,0	10^4	0,15–0,3	1–> 100	20–40
Unter-Pulver-Schweißen [UP] Eindraht	4–16	10^6	0,3–1,0	3–> 100	40–60
Unter-Pulver-Band-schweißen [UP]	2–4	10^3	0,2–0,4	10–> 100	5–8
Metall-Schutzgas-Schweißen [MIG/MAG]	1–8	10^5	0,2–1,8	0,6–> 100	25–35
Metall-Schutzgas-Schweißen Fülldraht	3–15	10^5	0,2–1,5	0,6–> 100	15–30
Wolfram-Inertgas-Schweißen (WIG)	0–0,6	10^4	0,1–0,3	0,2–7	0–20
Mikro-WIG-Schweißen	0–0,1	10^4	0,05–0,1	0,02–0,8	0–20
WIG-Schweißen mit Kalt-drahtzusatz	0,8–1,5	10^4	0,1–0,4	1–6	15–25
Wolfram-Plasma-Schweißen (WP) manuell	0–0,8	10^6	0,2–0,8	0,2–15	0–25
WP-Schweißen mechanisiert (Stichloch)	0	10^6	0,2–0,6	1,0–15	0
WP-Schweißen mit Kalt-drahtzufuhr	0,8–2	10^6	0,1–0,5	2–20	15–25
Elektronenstrahl-schweißen (EB)	0	10^8	0,2–5	0,01–250	0
Laserstrahlschweißen	0–0,3	10^9	0,2–2,0	0,01–20	0–15
Elektro-Schlacke-Schweißen (RES)	10–12	10^4	0,03–0,1	10–150	5–20
RES-Band-Auftrags-schweißen	2–4	10^3	0,05–0,1	15–100	3–5
Elektrogas-Schweißen	5–10	10^4	0,02–0,2	10–100	5–20
Preßschweißverfahren					
Widerstandspunkt-schweißen (RP)	–	10^5	–	0,2–8 (20)	0
Widerstandsbuckel-schweißen (RB)	–	10^4	–	0,5–10	0
Widerstands-Rollennaht-schweißen (RR)	–	10^4	0,4–6	0,3–3,0	0
Widerstands-Preßstumpf-schweißen (RPS)	–	10^4	–	Querschnitt 200 mm²	0
Abbrennstumpf-Schweißen (RA)	–	10^5	–	Querschnitt 80 000 mm²	0
Widerstandsbolzen-schweißen (RBo) Ø ≤ 10 mm	–	10^4	–	0,5–20	0
Widerstandsbolzen-schweißen (RBo) Ø ≤ 24 mm	–	10^4	–	3–30	0

Bild 2-25 Vergleich der einzelnen Schweißverfahren unter Berücksichtigung anwendungstechnischer Gesichtspunkte

Einsatzmöglichkeiten

Haupteinsatzmöglichkeiten bietet die Serienfertigung. Es können Bauteile aus gleichen sowie unterschiedlichen, nicht legierungsfähigen Werkstoffen miteinander verbunden werden. Das Verfahren steht in Konkurrenz mit dem Abbrennstumpfschweißen. Bei Rohren reduziert der innere Reibwulst die Nennweite. Anwendungen sind das Anschäften von Bohrern und Fräsern, die Verbindung von Ventilschaft mit dem -teller, Kardanwellen, Achsen.

2.2.3 Vergleich der Schweißverfahren untereinander

In Bild 2-25 wird der Versuch unternommen, die verschiedenen Schweißverfahren nach anwendungsorientierten Kriterien gegenüberzustellen. Als erster Beurteilungsmaßstab wird die Abschmelzleistung herangezogen. Hieraus kann die Leistungsfähigkeit des entsprechenden Fügeverfahrens eingeschätzt werden. Dies wird um so wichtiger, je größer die herzustellenden Nahtquerschnitte sind. Die Leistungsdichte kennzeichnet die Größe und Tiefe der durch den Schweißprozeß bedingten Wärmeeinflußzone. Außerdem läßt sich daraus der Temperaturgradient beim Erwärmen und Abkühlen abschätzen, der proportional zur Leistungsdichte ist. Je steiler der Gradient beim Abkühlen ist, desto größer ist die Gefahr der Aufhärtung von Schweißgut und sich anschließender Wärmeeinflußzone. Die Schweißgeschwindigkeit der jeweiligen Verfahren wird für übliche Einsätze angegeben, die im Einzelfall unter- oder überschritten werden kann. Die Angabe des Blechdickenbereichs soll die Verfahrensauswahl für bestimmte Anwendungsbereiche erleichtern.
Vor allem beim Verbinden unterschiedlicher Metalle, beim Verwenden eines artfremden Schweißzusatzes oder beim Panzern ist es wichtig, den Aufmischungsgrad des Schweißzusatzes mit dem Grundwerkstoff zu kennen. Dieser Wert gibt an, wieviel Prozent der Grundwerkstoffe sich im Schweißgut befinden. Bei Auftragsschweißungen und Panzerungen sind geringste Aufmischungsgrade erwünscht. In einer weiteren Spalte wird der Schwierigkeitsgrad der manuellen Durchführung des Schweißverfahrens beurteilt, wonach der erforderliche Schulungsaufwand abgeschätzt werden kann. Ob sich das Fügeverfahren zur Automatisierung, d.h. unter anderem auch zum Einsatz mit Industrierobotern eignet, wird in der nächsten Spalte angegeben. Der thermische Wirkungsgrad kann zur Beurteilung des Korrekturfaktors zur Berechnung der Abkühlzeit t 8/5 (siehe hierzu Kapitel 6) verwendet werden. Andererseits ist daran auch die thermische Belastung des Schweißers zu erkennen. Je höher dieser Prozentsatz ist, desto weniger Wärme wird abgestrahlt und desto mehr Wärme geht ins Bauteil. Die Anlagekosten sollen einen groben Wertmaßstab bieten, um gegebenenfalls den Kaufentscheid zu erleichtern.
In der letzten Spalte wird auf die Baustellentauglichkeit eingegangen. Hier ist besonders das sogenannte MF-Verfahren (Metall-Fülldraht-Schweißen) ohne die Verwendung von Schutzgas zu beachten, welches sich hierzu besonders eignet.

2.3 Thermisches Trennen

Thermisches Trennen umfaßt einfache und hochwertige Trennverfahren genormter Maßtoleranz und Schnittflächengüte. Es kann in zwei Gruppen eingeteilt werden:
- Trennen durch exotherme Metallverbrennung im Sauerstoffstrahl (Brennschneiden)
- Trennen durch örtliches Durchschmelzen, wobei der Werkstoff durch eine konzentrierte Energiezufuhr in begrenzten Bereichen verflüssigt und teilweise verdampft wird (Plasma-Laser-Elektronenstrahl-Schneiden).

2.3.1 Autogene Verfahren

Diese können nur unter folgenden Werkstoffvoraussetzungen eingesetzt werden:
- Verbrennungstemperatur des Grundwerkstoffs und der entstehenden Metalloxide muß unterhalb seiner Schmelztemperatur liegen,
- die Wärmeentwicklung durch den Verbrennungsprozeß muß intensiver sein als die Wärmeableitung an der Schnittstelle,
- der Werkstoff darf keine hochschmelzende Oxidhaut besitzen.

Brennschneiden

Verfahrensprinzip

Der metallische Werkstoff wird örtlich mit einer Brenngas-Sauerstoff-Heizflamme auf Entzündungstemperatur erwärmt und im Sauerstoffstrahl verbrannt. Das entstehende dünnflüssige Metalloxid (Schlacke) wird durch den Druck des Strahls aus der Schnittfuge geblasen. Als Brenngase können Azetylen, Propan und Erdgas verwendet werden. Besonderer Wert muß auf die Reinheit des Sauerstoffs gelegt werden, da eine Verschlechterung von 99,5 % auf 99 % die Schneidzeit bereits um 10 % verlängert. Durch die Verwendung der Plasma-Verfahren sind sämtliche Pulverbrennschneidverfahren überholt, die auch mit autogenen Brennern betrieben werden (Bild 2-26).

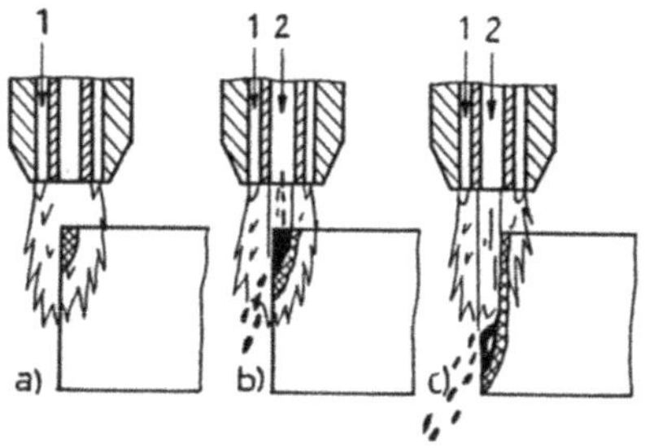

Bild 2-26
Brennschneidprozeß
a) Vorwärmvorgang; b) Anschnittprozeß;
c) Schneidvorgang
1 Brenngas-Sauerstoff-Gemisch
2 Schneidsauerstoff

Einsatzmöglichkeiten

Der Einsatz des Brennschneidens war früher das Zerkleinern von Stahlschrott. Heute wird es als hochwertiges Formgebungsverfahren in der industriellen Fertigung verwendet. Die Schnittflächen erreichen bei richtiger Parametereinstellung die Qualität geschlichteter Oberflächen. Der Blechdickenbereich ist nach unten durch sehr starke Verwerfungen auf etwa 5 mm begrenzt, nach oben sind Schnitte bis zu 2 m Blockdicke bekannt geworden. Brammen von 500 mm Dicke können noch mit sehr guter Schnittqualität getrennt werden. Der Zuschnitt von Schweißeinzelteilen bei gleichzeitiger Nahtflankenvorbereitung ist üblich. Beim Einsatz von Drei-Brenner-Aggregaten können in einem Schnitt Doppel-Y-Nahtvorbereitungen erreicht werden. Das Verfahren ist auch für den Rohrleitungsbau zum Trennen der Rohre und zur Nahtvorbereitung der Stumpfstöße geeignet.

Brennfugen (Fugenhobeln)

Das Brennfugen ist eine Sonderform des Brennschneidens, bei der dieselben Werkstoffvoraussetzungen vorliegen müssen. Der Brennstrahl tritt unter einem flachen Winkel (10 bis 30 Grad) auf und brennt eine Halbrundnut von ca. 10 mm Breite in die Oberfläche. Der Brenner benötigt eine Spezialdüse und wird in Richtung des ausströ-

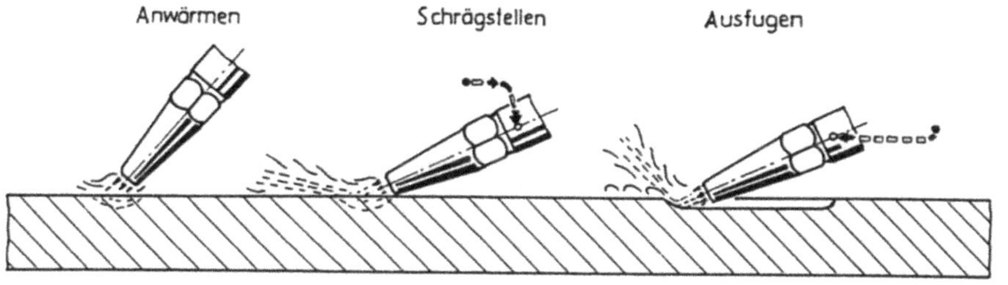

Bild 2-27 Fortschreitendes Brennfugen

menden Gases auf der Oberfläche bewegt. Das Auskreuzen von Wurzelnähten ist ein Hauptanwendungsgebiet, wird aber aus Zugänglichkeitsgründen sehr selten eingesetzt (Bild 2-27).

2.3.2 Lichtbogen-Trennverfahren

Plasmaschmelzschneiden

Verfahrensprinzip

Bei allen Verfahren des Plasmaschneidens wird über ein Hochspannungszündgerät ein Pilotlichtbogen erzeugt, der zwischen der Wolfram-Elektrode (⊖-Pol) und der Kupfer-Düse (⊕-Pol) brennt. Dadurch ist das Zünden des Hauptlichtbogens zwischen der Elektrode und dem Werkstück bei Annäherung an das Bauteil problemlos. Bild 2-28 zeigt das Verfahrensprinzip. Aus der wassergekühlten Kupferdüse tritt ein annähernd zylindrischer Plasmastrahl mit Temperaturen im Bereich bis 40 000 °C und Geschwindigkeiten im Überschallbereich aus. Bei diesen hohen Temperaturen schmilzt jeder Werkstoff schnell auf und wird von der kinetischen Energie des Plasmastrahls sprühregenartig aus der Schnittfuge geschleudert. Als Schneidgase werden Argon, Wasserstoff und Stickstoff und deren Gemische verwendet. Heute wird bereits vielfach mit reiner Druckluft als Plasmagas gearbeitet. Hier sind wegen der entstehenden Stickoxide wirksame Absaugungen vorzusehen. Durch die große Oxidationsgefahr der Wolfram-Elektrode muß diese durch eine wassergekühlte Cu-Elektrode mit einem Einsatz aus Hf oder Zr ersetzt werden.

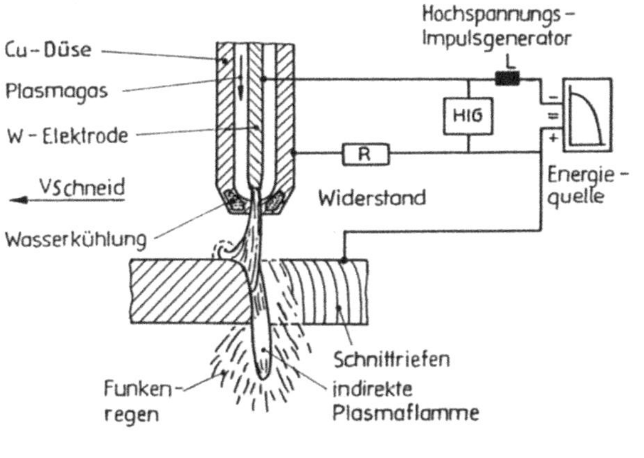

Bild 2-28
Verfahrensprinzip des Plasmaschneidens

Einsatzmöglichkeiten

Beim Einsatz des Verfahrens ist zuerst ein Sicherheitsaspekt zu beachten: Sämtliche Anlagen haben eine sehr hohe Leerlaufspannung (bis > 380 V) und Arbeitsspannung (> 100 V). Es muß für einen ausreichenden Berührungsschutz gesorgt werden. Bei der hohen Temperatur des Plasmalichtbogens kann das Verfahren für alle Werkstoffe eingesetzt werden, weil der Werkstoff aufgeschmolzen und nicht verbrannt wird. Die Schneidgeschwindigkeit liegt etwa doppelt so hoch wie beim Brennschneiden. Die Schnittqualität kann nur bei Blechdicken bis 50 mm optimiert werden und erreicht in keinem Bereich die des Brennschneidens. Der Schnitt wird aus physikalischen Gründen immer konisch, d.h. in Tiefenrichtung immer enger. Es besteht ein sehr großer Qualitätsunterschied zwischen einem maximalen, besonders schnellen und einem optimalen Schnitt. Die kleinste Blechdicke liegt bei 3 bis 4 mm, die größte ist anlagen- und werkstoffbedingt auf 120 bis 150 mm begrenzt. Der Haupteinsatz liegt bei hochlegierten Stählen und NE-Metallen. Baustähle werden wirtschaftlicher und schneller ebenfalls mit dem Plasmaverfahren getrennt.

Lichtbogen-Druckluft-Schneiden (ARC-AIR-Verfahren)

Verfahrensprinzip

Bei diesem Verfahren brennt ein Lichtbogen zwischen einer verkupferten Kohleelektrode und dem zu trennenden Werkstück. Parallel zur Elektrode bläst ein Druckluftstrahl das aufgeschmolzene Volumen unter der Elektrode weg. So entsteht ein Trennschnitt mäßiger Qualität, der aber bei jedem Werkstoff verwendet werden kann.

Einsatzmöglichkeiten

Bei entsprechender Elektrodenneigung wird das Verfahren zum Auskreuzen von Wurzeln oder sonstiger Fehlstellen eingesetzt. Bei entsprechender Handfertigkeit oder bei mechanisierten Einrichtungen sind gute Schnittqualitäten möglich – auch Fasen für die Nahtvorbereitung sind dann herstellbar. Die erreichbare Schnittqualität ist mäßig. Das Verfahren eignet sich gut zum Einsatz auf Baustellen.

2.3.3 Strahlschneidverfahren

Laserschneiden

Verfahrensprinzip

Zum Laser-Schneiden werden überwiegend CO_2-Gas-Laser eingesetzt. Es wird in Brenn-, Schmelz- und Sublimierschneiden unterschieden. Durch die hohe Leistungszufuhr werden NE-Metalle und Kunststoffe aus der festen Phase heraus verdampft (sublimiert) oder deren Schmelze ausgeblasen. Beim Laser-Brennschneiden wird anstelle des inerten Gases zusätzlich Sauerstoff zugeführt, wobei hier die exotherme Reaktion die Schnittgeschwindigkeit wesentlich erhöht. Es können auch Nichtleiter getrennt werden, da kein Lichtbogen zum Werkstück brennt.

Einsatzmöglichkeiten

Aufgrund der hohen Energiedichte ist die Wärmezufuhr ins Schneidgut sehr klein. Deshalb eignet sich dieses Verfahren besonders für den Dünnblechbereich, weil hier im Gegensatz zum autogenen Brennschneiden verzugsfrei geschnitten werden kann. Der mögliche Dickenbereich liegt zwischen 0,1 und 10 mm. Die Schnittqualität ist bei

Blechdicken bis 4 mm wie gefräst, gratfrei und bedarf keinerlei Nacharbeit. Vor allem lassen sich engste Radien bis < 0,5 mm erreichen. Zum Schneidbeginn in Blechmitte ist keine besondere Einstichtechnik (Lochstechen) erforderlich. Leider stehen diesen Vorteilen die hohen Investitionskosten gegenüber. Es besteht aber die Möglichkeit, Schneidarbeiten im Lohnauftrag durchführen zu lassen, da die große Leistungsfähigkeit oft den Schneidbedarf einzelner Betriebe übertrifft.

2.4 Löten

Löten ist ein Verfahren zum Verbinden metallischer Werkstoffe mit einem geschmolzenen NE-Metall als Zusatzwerkstoff (Lot). Die Schmelztemperatur der Grundwerkstoffe wird nicht erreicht. In Abhängigkeit von der Schmelztemperatur der Lote wird in Weichlöten (unterhalb 450 °C), Hartlöten (von 450 bis 850 °C) und Hochtemperaturlöten (oberhalb 900 °C) unterteilt. Lediglich beim HT-Löten muß unter Luftabschluß (Schutzgas oder Vakuum) und dadurch ohne Flußmittel gearbeitet werden.
Die Oberflächen der Bauteile müssen oxidfrei sein, damit eine Adhäsionsbindung erfolgen kann. Aus diesem Grund werden geeignete Flußmittel verwendet, die vor dem Lötvorgang aufgetragen werden und auch beim Anwärmen und während des Lötvorgangs einen gewissen Oxidationsschutz gewährleisten. Bei höheren Temperaturen und Halten dieser Temperatur über einige Sekunden kommt es zu Diffusionsvorgängen in der Randschicht, wodurch die Festigkeit der Verbindung noch verbessert wird.
In letzter Zeit wurde ein Sonderverfahren zum Verbinden verzinkter Bleche entwickelt, bei dem ein Bronzedraht mit einem MIG/MAG-Schweißgerät unter reinem Argon als Schutzgas verarbeitet wird. Die Wärmezufuhr ist gering und die Wärmeableitung groß, weshalb in der Fügezone der Grundwerkstoff nicht aufschmilzt und das Zink im Lötbereich nur unwesentlich verdampft. Die Zinkschicht wird im Idealfall nur angeschmolzen aber nicht verbrannt.

Einsatzmöglichkeiten

Das Weichlöten kann nur bis zu Betriebstemperaturen um 100 °C und Betriebsdrücken in Rohrleitungen von 6 bar eingesetzt werden. Bei großflächigen Anschlüssen können auch bei niedrigen Lotfestigkeiten hohe Verbindungsfestigkeiten erreicht werden. Hartlöten wird für hohe mechanische und thermische Beanspruchungen angewendet. Hochtemperaturlöten wird vorzugsweise an Chromnickel-Stählen, Nickel- und Kobaltlegierungen eingesetzt. Mit zunehmender Lötspaltbreite sinkt die Festigkeit der Verbindung und die Steighöhe des Lots (Kapillardruck!). Die größte Spaltbreite sollte im Bereich von 0,2 mm liegen, die kleinste ergibt sich je nach Viskosität des Flußmittels zu etwa 0,01 mm. Die besonderen Vorteile des Lötens sind:

- Erzielen dichter Nähte (Rohkarosserie),
- kleiner Verzug der Bauteile durch geringe Wärmezufuhr,
- chemische Beständigkeit der Nähte,
- leichte Bearbeitbarkeit der gelöteten Stellen (das Lot ist üblicherweise weicher als die Grundwerkstoffe),
- Verbindung unterschiedlicher, nicht legierungsfähiger Metalle.

Die Flußmittel werden beim Lötvorgang nicht vollständig oxidiert und wirken nach. Es muß deshalb besonders auf eine gute Entfernbarkeit des überschüssigen Flußmittels geachtet werden. In der Regel sind die Flußmittelreste mit warmem Wasser und einer Wurzelbürste entfernbar. Eine andere Lösung ist die chemische Neutralisation.

2.5 Thermisches Spritzen

Verfahrensprinzip

Im Gegensatz zum Auftragschweißen wird der Beschichtungsstoff in verflüssigter Form auf einen kalten festen Grundwerkstoff gebracht, der durch Strahlen eine oxidfreie vergrößerte Oberfläche erhält. Die Haftung erfolgt durch mechanische Verklammerung (Schrumpfung) und Adhäsion.

Beim *Flammspritzen* werden Metalle, Kunststoffe und keramische Stoffe in Form von Pulver, Draht oder als Stab in eine Brenngas-Sauerstoff-Flamme eingebracht. Die Zerstäubung erfolgt meist durch Druckluft (Bilder 2-29 und 2-30).

Beim *Lichtbogenspritzen* werden zwei Spritzdrähte in einem Lichtbogen geschmolzen und mit Druckluft zerstäubt (Bild 2-31).

Das *Plasma-Spritzen* arbeitet mit wesentlich höheren Temperaturen (bis 20 000 °C) und kann alle Werkstoffe auftragen, die unzersetzt, d.h. ohne Verdampfen eines

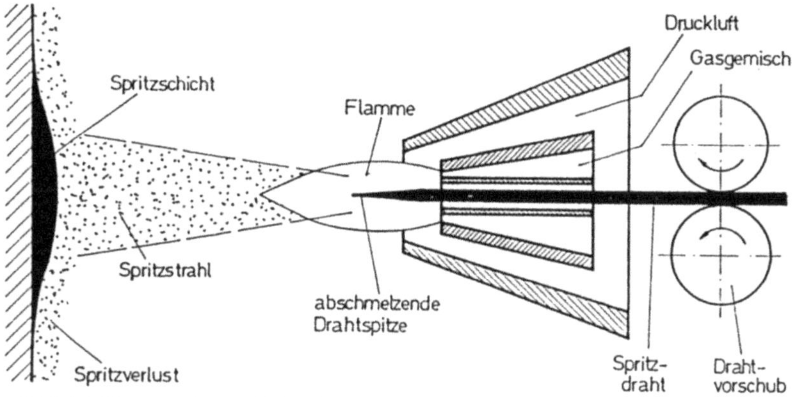

Bild 2-29 Flammspritzen (Prinzip)

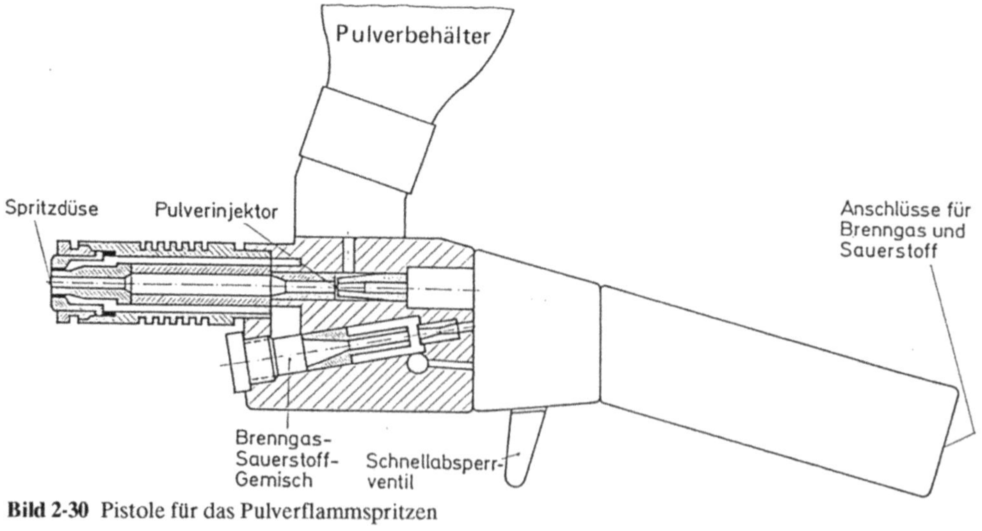

Bild 2-30 Pistole für das Pulverflammspritzen

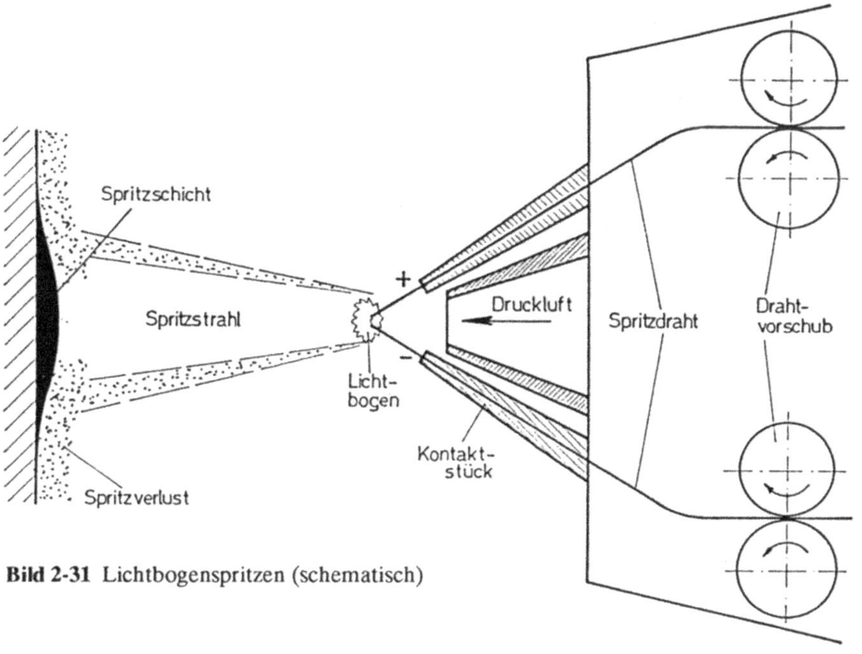

Bild 2-31 Lichtbogenspritzen (schematisch)

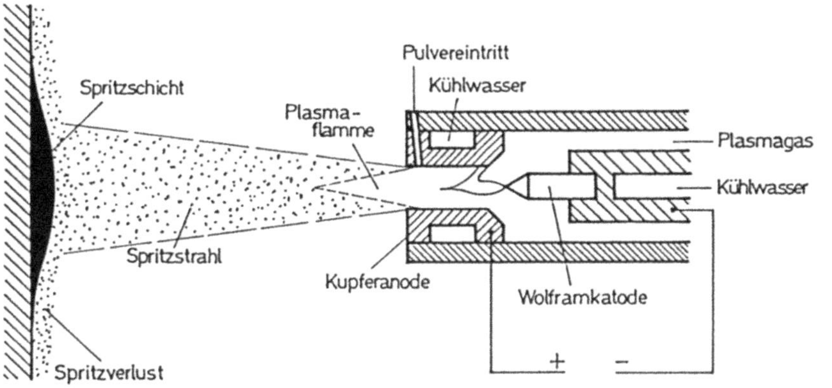

Bild 2-32 Plasmaspritzen (schematisch)

Legierungspartners schmelzen, vor allem Keramiken (Bild 2-32). Siehe hierzu Kapitel 5.10, in dem das Thermische Spritzen ausführlich behandelt wird.

Einsatzmöglichkeiten

Die Schichten (Werkstoffe DIN 8566) werden als Korrosions-, Verschleiß- und Thermoschutz (z.B. Brennräume von Motoren) aufgebracht. Ventilsitze, Ventile, Dichtflächen in Pumpen und Schiebern sowie Förderschnecken sind bewährte Anwendungsbeispiele. Im Reparaturbereich können ausgelaufene Lagersitze, eingelaufene Dichtlippen, Wellenzapfen etc. sehr wirtschaftlich aufgearbeitet werden. Außerdem können elektrisch und thermisch isolierende Schichten aufgebracht werden. Enge Hohlräume werden schlecht erreicht. die Porosität der Schichten läßt sich als Schmierstoffträger nutzen.

Der Spritzvorgang ist sehr laut und ca. 20 % des Spritzguts erreichen ihr Ziel nicht. Für den Betrieb sind aufwendige Absauganlagen und gute Belüftung erforderlich.
Die aufgebrachten Schichten sind im allgemeinen porös und können bei besonderen Pulverarten mit einer Azetylen-Sauerstoffflamme eingeschmolzen werden. Dadurch entsteht eine dichte, geschlossene Oberfläche. Beim Behandeln der Spritzschicht mit einem Plasmastrahl-Schweißgerät kann eine entsprechende Beschichtung ebenfalls aufgeschmolzen werden und dabei großflächig mit dem Grundwerkstoff verschweißen. Auf diese Weise werden sehr dünne, dichte und gleichmäßige Auftragsschichten erreicht, die zuverlässig mit dem Werkstück verbunden sind. Trotzdem bleibt die Wärmebeeinflussung sehr gering im Vergleich mit üblichem Auftragschweißen. Allgemein erleiden die Bauteile nur einen sehr geringen Verzug. Weitere Informationen zu diesem Thema in Kapitel 5.10.

2.6 Flammrichten

Verfahrensprinzip

Die schweißtechnische Fertigung und die Glühverfahren verursachen Verzugserscheinungen an den Bauteilen. Diese werden mechanisch im kalten oder angewärmten Zustand sowie durch Flammrichten mit der Azetylen-Sauerstoff-Flamme abgebaut. Beim Flammrichten wird das Werkstück örtlich begrenzt erwärmt. Dabei tritt infolge Wärmedehnung und Behinderung ihrer Auswirkungen eine Stauchung ein. Beim Abkühlen entstehen in der gestauchten Zone Schrumpfkräfte, die zu der gewünschten Formänderung führen (DIN 8522).
Als *Vorteile* des Verfahrens lassen sich die folgenden Kriterien nennen:
- keine Anschmelzung der Oberfläche,
- nur geringfügige Oberflächenbeeinflussung,
- keine Spannungsspitzen wegen größer-flächiger Erwärmung,
- durch Absenken der Streckgrenze sind für den Richtvorgang geringere Formänderungswege erforderlich als beim kalten Richten,
- Flammengröße ist dem Bauteil anpaßbar,
- die Einrichtung ist überall vorhanden,
- das Verfahren ist wirtschaftlich.

In Bild 2-33 sind die Wärmewirkungen an einem in der Mitte erwärmten Stab ohne und mit Behinderung beim Ausdehnen und Schrumpfen dargestellt. Wenn sich der Stab, Bild 2-33 A, frei bewegen kann, so stellt sich nach dem Abkühlen wieder die Ursprungslänge ein. In Bild 2-33 B ist der Stab zwischen zwei Einspannbacken eingeklemmt. Hier wird durch die thermische Ausdehnung die Fließgrenze des Werkstoffs überschritten und der Stab in der erwärmten Zone plastisch gestaucht. Beim nachfolgenden Abkühlen kann er ungehindert schrumpfen und ist um den gestauchten Anteil verkürzt (Δl). Es verbleibt keine Eigenspannung im Bauteil. Im Teil C sind sowohl die Wärmedehnung als auch die Schrumpfung behindert. Es verbleibt eine Zugeigenspannung im Bauteil.
Beim *Flammrichten* wird die zu richtende Stelle an der zur langen Seite angewärmt, so daß die Verformung am Bauteil zunächst noch zunimmt. Um eine möglichst große plastische Stauchung zu erzeugen, muß die Wärmezufuhr sehr schroff als Wärmestau erfolgen. Dadurch wird ein steiler Temperaturgradient von der Richtstelle zur angrenzenden Bauteilumgebung erreicht. Die Erwärmung muß so schnell erfolgen, daß die Wärmeableitung in die Umgebung weitgehend unterbleibt. Zur Unterstützung dieses Effektes wird zur raschen Abkühlung Wasser verwendet, welches zur Erhöhung der

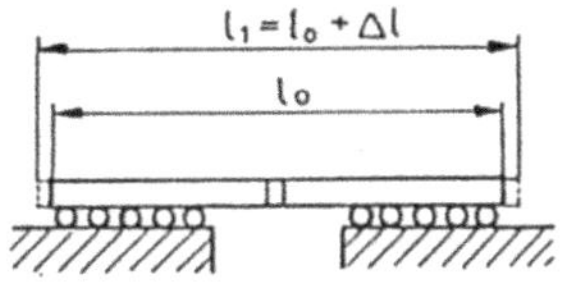

Unbehinderte Dehnung und Schrumpfung
l_0 = Länge vor Erwärmung und nach Erkalten
l_1 = wärmegedehnte Länge

keine Eigenspannung
keine Längenänderung

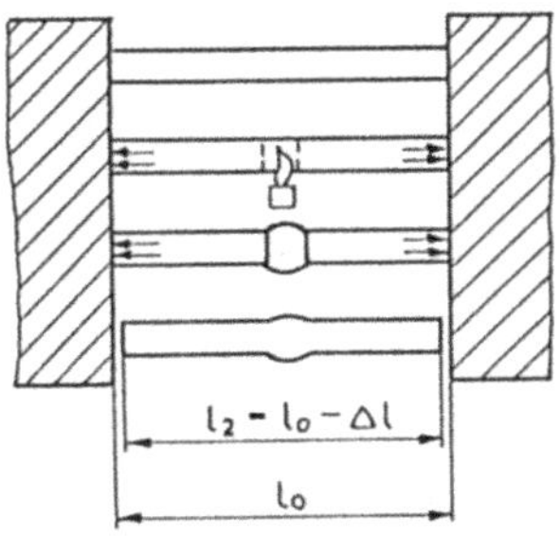

Behinderte Wärmedehnung
(plastische Stauchung der Zonen um Wärmestelle)

Unbehinderte Schrumpfung
l_2 = Länge nach dem Erkalten
(um Stauchweg Δl verkürzt)

keine Eigenspannung
bleibende Längenänderung

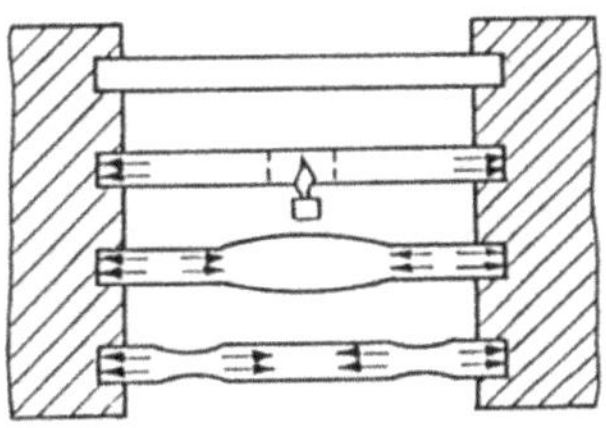

Behinderte Wärmedehnung/Behinderte Schrumpfung
(plastische Stauchung der Zonen um Wärmestelle)

verbleibende Zugeigenspannung

Bild 2-33 Auswirkungen der Wärme bei unbehinderter und behinderter Dehnung

Wärmeleitfähigkeit im Verhältnis 10 : 1 mit Öl gemischt wird. Die Stauchung wird um so größer, je intensiver die Wärmeausdehnung durch Festspannen des Bauteils behindert wird. Nur wenn das zu richtende Teil selbst steif genug ist (beispielsweise durch eine sehr große Wanddicke), kann auf das Festspannen verzichtet werden. Der Richteffekt ist erst zu überprüfen oder nachzumessen, wenn das Werkstück wieder Umgebungstemperatur angenommen hat. Die Richtwirkung durch Schrumpfkräfte wirkt im Werkstück schonender als die Beanspruchungen durch Kaltrichten mit dem Hammer oder der Biegepresse: Beim mechanischen Richten muß gegen die vorhandene Verformung gebogen werden. Wegen der elastischen Rückfederung wird über die erwünschte Mittenlinie hinaus gebogen (überbiegen!), während beim Flammrichten das bloße Heranschrumpfen vom gekrümmten Bereich an die Mittenlinie ausreicht. Die Schrumpfkräfte wirken im angewärmten Bereich, wodurch bei geringerer Formänderungsfestigkeit ein größeres Dehnvermögen vorhanden ist.
Zum Richten werden oft übliche Gasschweißbrenner eingesetzt, die um 3 Nummern größer sind als sie zum Gasschweißen dieser Blechdicke verwendet würden. Je nach Bauteilform und Verzugsart werden unterschiedliche Wärmefiguren verwendet (Bild 2-34).

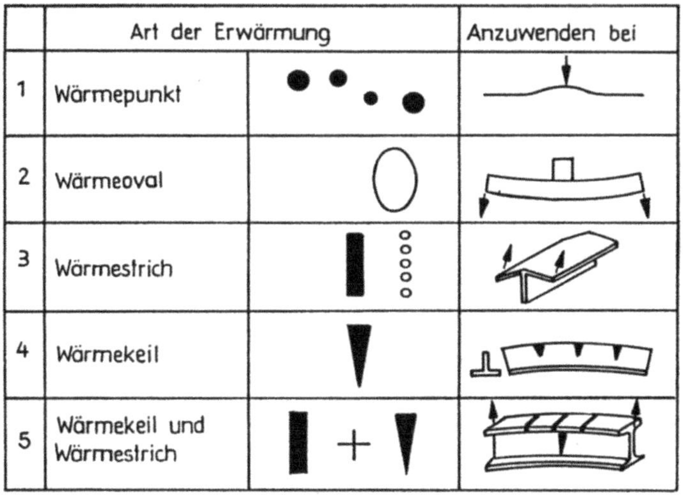

Bild 2-34 Erwärmungsarten beim Flammrichten

Eignung der verschiedenen Werkstoffe zum Flammrichten

- *Stähle*: An Baustählen, auch Feinkornbaustählen, wird Flammrichten im Temperaturbereich zwischen 500 bis 750 °C ohne Beeinträchtigung der Werkstoffeigenschaften erfolgreich angewandt.
- *Aluminium*: Durch den hohen Ausdehnungskoeffizienten (er ist doppelt so hoch wie der von Stahl) muß besonderer Wert auf die Dehnungsbehinderung gelegt werden. Die Richttemperaturen liegen zwischen 350 und 400 °C. Als praktisches Hilfsmittel zur Temperaturmessung kann Tannenholz, beispielsweise ein Besenstiel (!) verwendet werden, mit dem bei dieser Temperatur ein brauner Strich auf der Werkstückoberfläche erzeugt werden kann. Die fehlenden Glühfarben erschweren die Anwendung.
- *Chrom-Nickel-Stahl*: Die Dehnungsbehinderung ist auch hier wegen des hohen Ausdehnungskoeffizienten (2 × Stahl!) besonders wichtig. Bei vollständiger Behinderung ergibt sich die doppelte Richtwirkung im Vergleich zu Stahl. Wegen des geringen Wärmeleitvermögens wird aufgrund der Überhitzungsgefahr ein kleinerer Brenner als für Stahl eingesetzt. Zur Vermeidung der Aufkohlungsgefahr wird der Flammrichtbrenner mit Sauerstoffüberschuß-Flammeinstellung verwendet. Nach der Erwärmung und evt. dem Stauchen wird die Richtstelle rasch mit Wasser abgekühlt. Die verwendeten Schlag- und Preßwerkzeuge müssen an der Aufsetzstelle verchromt oder mit Cr-Ni-Stahl überzogen sein, um dort keine Kontaktkorrosion hervorzurufen.
- *Verzinkte Bleche*: Hier darf die Richttemperatur 550 °C nicht überschreiten. Als Temperaturindikator eignen sich Hartlotflußmittel, deren Wirktemperaturbereich auf der Verpackung zu entnehmen ist und die bei dieser Temperatur durchsichtig, bzw. wässrig werden.

3 Schweißeignung der Werkstoffe

In diesem Kapitel soll ein kurzer Überblick über die Schweißeignung der für Konstruktionen einsetzbaren Werkstoffe gegeben werden. Hierbei geht es nicht um die Anforderungen, denen die Werkstoffe genügen, sondern um besondere Vorgehensweisen, die bei der schweißtechnischen Verarbeitung zu beachten sind.

3.1 Stähle

Allgemeine Baustähle sind un- und niedriglegierte Stähle, die je nach Abmessung im warm- oder kaltumgeformten Zustand in Form von Blechen, Rohren und Profilen verwendet werden.
Die Schweißeignung wird maßgeblich bestimmt von der Härterißgefahr und der Sprödbruchgefahr. Die Härterißgefahr wird durch zunehmenden Kohlenstoffgehalt (> 0,22 %) und ansteigende Abkühlgeschwindigkeiten (schnelle Wärmeableitung bei dicken, kalten Blechen (> 15 mm)) begünstigt. Unberuhigte Stähle neigen bei Phosphorgehalten > 0,06 % zu Kaltsprödbrüchen, bei Schwefelgehalten > 0,06 % zu Warmsprödbrüchen (Heißrissen). Der Alterungssprödbruch setzt eine kritische Kaltumformung (> 5 % < 15 %), hohe Stickstoffgehalte (> 0,01 %), eine Vergießungsart ohne Aluminium und/oder Titan (doppelt beruhigt vergossene Stähle!) – und eine kritische Erwärmung (ca. 250 °C) voraus. Baustähle mit Festigkeiten bis 400 N/mm^2 sind allgemein gut zu schweißen.

Feinkornbaustähle

Hier wird die große Festigkeitssteigerung auf Streckgrenzen über 1000 N/mm^2 nicht über den Kohlenstoffgehalt (dieser liegt immer unter 0,2 %!) oder über Kaltumformung erreicht, sondern durch Verwendung von Mikrolegierungselementen zur Erzielung von Mischkristallen und Feinkorngefüge. Sie werden in thermomechanisch behandelte, normalgeglühte und flüssigkeitsvergütete Feinkornbaustähle eingeteilt.
Die Schweißeignung wird bestimmt von der Neigung zu Kaltrissen und vom Abfall der Festigkeit und Zähigkeit. Bei richtiger Vorwärmtemperatur (unterhalb der Umgebungstemperatur, das sind in der Regel weniger als + 5 °C, sollte immer vorgewärmt werden!) und Streckenenergie beim Schweißen, die die vorgesehene Abkühlzeit zwischen 800 und 500 °C (t 8/5) ergibt, lassen sich mit dem entsprechend geschulten Personal alle Feinkornbaustähle gut schweißen. Zur Einhaltung der Gütewerte müssen relativ hohe Abkühlgeschwindigkeiten eingehalten werden.
Der für die Kaltrisse verantwortliche Wasserstoff ist zu minimieren (Vorwärmen kalter Bleche, Vortrocknen der Elektroden). Es sind die besonders für diese Stähle entwickelten Schweißzusätze zu verwenden. (SEW 083, 084, 088, 089; DIN 8529, DIN 17 102).

Warmfeste und hitzebeständige Stähle

Die warmfesten Stähle (z.B. Kesselbleche) sind üblicherweise ohne Vorwärmen nicht gut zu schweißen. Nur die Güten H I–III müssen vor dem Schweißen nicht vorgewärmt

werden. Im folgenden werden einige typische Vertreter mit den empfohlenen Verarbeitungsrichtlinien angegeben:
Ab 10 mm werden 17Mn4 und 15Mo3 auf 150 °C, 19Mn5 und 13CrMo44 auf 200 °C vorgewärmt und während des Schweißens auf dieser Temperatur gehalten. Stähle mit höheren C, Cr und Mo-Gehalten sind bedingt schweißgeeignet und müssen vorher auf über 250 °C angewärmt werden. Bis 1150 °C hitzebeständige Stähle werden in ferritische, ferritisch-austenitische und rein austenitische Stähle eingeteilt. Bei den ersteren sollte vorgewärmt und nach dem Schweißen spannungsarmgeglüht werden; weiter besteht die Gefahr der Grobkornbildung. Als Verfahren kommen nur Lichtbogenschweißverfahren in Betracht.

Chrom-Nickel-Stähle

Austenitische Stähle

Austenitische Stähle sind schweißgeeignet. Durch die Schweißwärme entstehen bei mangelhaftem Oxidationsschutz Anlauffarben, die die Korrosionsbeständigkeit stark einschränken. Diese Oxidation muß durch Beizen, mechanisches Bürsten oder Polieren beseitigt werden. Vollaustenitische Gefüge sind heißrißgefährdet. Diese Gefahr kann durch entsprechende Schweißzusätze, die einen 4 bis 10 %igen Ferritanteil im Schweißgut ergeben, behoben werden. Schweißen mit niedrigen Stromstärken – Zugraupen – Abkühlpausen mindern die Heißrißgefahr. Die interkristalline Korrosion, die sich durch die Chromkarbidbildung aufgrund der Schweißwärme einstellen kann, wird durch die Verwendung von stabilisierten Stählen (Zusätze von Ti/Nb oder Ta) oder C-Gehalten unter 0,03 % vermieden. Die Schweißkanten sollten metallisch blank vorbereitet sein. Als Schutzgas empfiehlt sich Argon mit 2,5 % CO_2 oder bis 4 % O_2 und als Schweißverfahren nur die Lichtbogenverfahren (SEW 400).

Ferritische Stähle

Die Korrosionsprobleme sind denen unter 3.4.1 vergleichbar. Bei Chromgehalten über 12 % entstehen zwischen 400 und 530 °C Ausscheidungen (475 Grad-Versprödung!), die durch Glühen bei 600 °C mit schnellem Abkühlen beseitigt werden. Die Gefahr der Grobkornbildung kann durch Schweißen mit geringer Streckenenergie vermindert werden.

Verbindungen zwischen Baustählen und Cr-Ni-Stählen

Diese sog. Schwarz-Weiß-Verbindungen können mit geeigneten Zusatzwerkstoffen ein heißrißsicheres Schweißgut erhalten. Zur Auswahl des Schweißzusatzes wird das „Schaeffler-Diagramm“ [1] verwendet. Das Problem dieser Schweißverbindung ist die Martensitbildung auf der Seite des hochlegierten Stahls durch Aufnahme von Kohlenstoff aus dem Baustahl.

3.2 Fe-C-Gußwerkstoffe

Stahlguß

Stahlguß kann entsprechend seines C-Gehalts in seiner Schweißeignung mit den allgemeinen Baustählen verglichen werden. Lediglich bei Kohlenstoffgehalten über 0,25 % oder austenitischem Stahlguß muß vorgewärmt werden. Es ist jedoch empfehlenswert, im gesamten Schweißbereich die Gußhaut zu entfernen, beispielsweise durch Strahlen.

Gußeisen

Gußeisen als Fe-C-Gußwerkstoff besitzt C-Gehalte zwischen 2,5 und 3,5 % in eingelagerter Form als Grafit-Lamellen (GGL) oder -Kugeln (GGG). Diese Einlagerungen bedingen die schlechte Wärmeleitfähigkeit und erfordern langsame Temperaturänderungen, um Wärmespannungen niedrig zu halten.

Gußeisen-Warmschweißung

Hier wird mit artgleichem Zusatzwerkstoff (Gußeisenstäbe!) das auf 600 °C vorgewärmte Bauteil unter großer Wärmezufuhr, üblicherweise autogen, geschweißt. Die Abkühlung muß sehr langsam erfolgen, damit eine Grafitausscheidung („Grau"-Erstarrung) erfolgt. Das erstarrte Schweißgut hat ebenfalls Grauguß-Struktur. Wegen des kleinen Schmelzbereichs des Gußeisens muß das entstehende Schmelzbad allseitig mit Keramik- oder Formkohleplatten gestützt werden, weil die Schmelze sehr dünnflüssig ist.

Gußeisen-Kaltschweißung

Hier wird mit geringstmöglicher Wärmezufuhr – meist ohne Vorwärmung – mit völlig artfremdem Zusatzwerkstoff gearbeitet. Als Schweißverfahren kommt nur das Lichtbogen-Handschweißen in Frage. Als Schweißzusatz werden Stabelektroden ab 2,5 mm Ø z.B. auf Nickelbasis (DIN 8553), die den Grundwerkstoff so wenig wie möglich aufschmelzen, verwendet. Das Schweißgut besteht vorwiegend aus Zusatzwerkstoff und wird aus kurzen Nahtstücken (immer nur 1/10 der Elektrodenlänge abschmelzen!) zusammengesetzt, die zum Abbau der Schrumpfspannungen abgehämmert werden. Je langsamer die Schweißstelle abkühlt, desto größer wird die Zone, in der sich der Kohlenstoff als weicher Grafit zwischen den Kristallen ausscheidet. Wird zu schnell geschweißt oder abgekühlt, kann sich die gesamte Naht aufgrund der Schrumpfkräfte und des aufgehärteten Schweißguts abheben.

3.3 Nichteisenmetalle (NE-Metalle)

Kupfer- und Kupferlegierungen

Zum Schweißen müssen diese Werkstoffe sauerstofffrei vorliegen, weil sich sonst im Schweißgut bei Temperaturen oberhalb 500 °C Wasserdampf bildet, der den Werkstoff unter hohem Druck zerstört (Wasserstoff-Krankheit!). Weichlöten ist demnach als Fügeverfahren möglich.
Die schweißgeeigneten Kupferwerkstoffe sind: SF-Cu, SW-Cu, SE-Cu und OF-Cu. Der Schweißzusatz (DIN 1733) muß genau an den Grundwerkstoff angepaßt sein (siehe Normempfehlung). Die große Wärmeleitfähigkeit erfordert größere Brenner und allgemein höhere Streckenenergien. Die Schweißnähte sollten an weniger beanspruchte Stellen gelegt werden, weil die Kaltverfestigung durch das Schweißen immer abgebaut wird, so daß es zu einer Festigkeitsminderung kommt. Üblicherweise muß mit Flußmitteln gearbeitet werden, um die Oxidbildung zu verhindern. Beim Autogenschweißen hat sich das dem Acetylen beigegebene gasförmige Flußmittel („Lindeflux") bewährt.

Aluminiumwerkstoffe

Vor dem Schweißen muß geprüft werden, ob es sich um eine aushärtbare (a.) oder eine nicht aushärtbare (n.a.) Legierung handelt. Zur Zuordnung der entsprechenden Legierung haben sich die sog. Tüpfelproben (Tabelle 3-1) bewährt. Sämtliche nicht aushärtbaren

Tabelle 3-1: Tüpfelprobe zur Unterscheidung von Aluminiumlegierungen in Bezug auf die Schweißeignung

1. Beizen mit 20 %iger Natronlauge, 1 bis 2 Tropfen etwa 6 Minuten einwirken lassen	
Beobachtung	Ergebnis
keine Reaktion	Reinmagnesium (Mg) oder Magnesiumlegierungen, z.B. Elektron mit etwa 5 ... 10 % Aluminium, schweißgeeignet, aber gut mit Flußmittel abdecken, sehr kerbeempfindlich
schwarzer Belag abwischbar	Knet- oder Gußlegierung mit Cu, Zn und Ni jeweils allein oder nebeneinander, z.B. AlCuMg2 (2 % Mg), aushärtbar, noch befriedigend schweißgeeignet, aber Einbuße der Aushärtungswirkung
dunkler Fleck nicht abwischbar	Legierung mit mehreren Prozenten Si.-Zusatz, z.B. G-AlMg3Si (3 % Mg), Siliciumgehalt verbessert die Schweißeignung; AlMgSi1 (0,6 bis 1,5 % Si), aushärtbar, schweißgeeignet, aber Verlust der Aushärtungswirkung
blank gebeizter Fleck	frei von Cu, Zn und Ni; Reinaluminium, Mangan-(Mn) oder Magnesiumlegierung, z.B. G-$AlMg_5$, nicht aushärtbar, gut schweißgeeignet, vorwärmen, überhitzungsempfindlich
anschließend Beizen mit Salzsäure (5 %)	
Belag verschwindet	wenn durch Zink verursacht, z.B. AlZn4,5Mg1, als schweißbare Legierung entwickelt; bei AlZn2,5Mg3 ist das Schweißen schwierig
dunkler Fleck verschwindet	wenn Si-Anteil geringer als 5 %
anschließend Beizen mit Salpetersäure (30 %)	
Belag verschwindet	wenn durch Kupfer oder Nickel verursacht
dunkler Fleck bleibt	wenn eine siliciumreiche Legierung vorliegt
2. Beizen mit Cadmiumsulfat (nur für Gußlegierungen)	
keine Reaktion	z.B. G-AlSi12 (12 % Si) Silumin, gut schweißgeeignet
grauer Belag	Legierung enthält Zinkanteile
Cadmiumsulfatbeize wird hergestellt aus 5 g Cadmiumsulfat, 10 g Kochsalz, 20 cm^3 konz. Salzsäure mit Wasser auf 100 cm^3 ergänzt.	

Quelle: Rellensmann (s. Kapitel 2) S. 150, Tabelle 8.5

Legierungen erhalten ihre Festigkeit durch Kaltumformen, welche über die Schweißwärme vermindert werden kann und durch keine Wärmenachbehandlung wiedergewonnen wird. Die aushärtbaren Legierungen können nach dem Schweißen warm- oder kaltausgehärtet werden.
Die Schweißeignung wird durch die immer vorhandene hochschmelzende Oxidhaut erschwert. Beim Gas- und Lichtbogenschweißen muß mit Flußmitteln gearbeitet werden, dessen Reste je nach Nahtart (Kehlnaht!) schwer entfernbar sind. Geeignete Schweißverfahren sind WIG (Blechdickenbereich 0,05 bis 5 mm) und MIG (1,5 bis > 50 mm). Die hohe Wärmeleitfähigkeit erfordert viel Wärmezufuhr vor allem am Nahtanfang, so daß besondere Vorkehrungen (Vorwärmen, Anlaufbleche, hohe Anfahrströme „hot start") erforderlich sind, um Bindefehler zu vermeiden. Der gesamte Nahtbereich ist vor dem Schweißen besonders zu reinigen, da Oxidhäute Feuchtigkeitsspeicher und die entstehenden Poren überwiegend Wasserstoffporen sind. Sowohl Stickstoff als auch

Sauerstoff bilden mit Aluminium feste Oxidationsprodukte und ergeben deshalb *keine* Poren. Mit zunehmenden Siliziumgehalten wird die Schweißeignung besser, mit zunehmenden Magnesium-Gehalten schlechter. Sämtliche harten Anlieferungszustände werden im Schweißbereich weicher und müssen nachbehandelt werden, um die gewünschte Endfestigkeit wieder zu erlangen, z.B. 24 Stunden glühen bei 110 °C oder 90 Tage kalt auslagern. Je größer das Erstarrungsintervall ist, desto größer ist die Warmrißgefahr, die mit einem eutektischen Schweißzusatz (S-AlSi 12, DIN 1732) gemindert wird. Als Schutzgas kommen nur Reinargon oder Argon-Helium-Gemische in Frage. Bei zu großen Schutzgasmengen wurden schon Schutzgasporen im Schweißgut beobachtet. Als üblicher Porenbildner tritt nur Wasserstoff auf, der als Feuchtigkeit in der Oxidhaut oder sonstigen Oberflächenverunreinigungen vorhanden war.

Nickel und Nickellegierungen

Diese Legierungen sind warmfest, korrosionsbeständig und meistens aushärtbar mit den Markenbezeichnungen: Monel ($NiCu_{30}Fe$), Hastalloy (NiMo...), Inconel ($NiCr_{15}Fe$), Nimonic (NiCr...) DIN 17740, 42, 43. Die Schweißeignung wird durch folgende Eigenschaften beeinflußt:
Sämtlichen harten Anlieferungszustände erfahren im Schweißbereich einen Festigkeitsverlust. Bereits geringe Schwefelverunreinigungen verspröden durch die Bildung von Nickelsulfid (Ni_3S_2) und schaffen lokale Heißrißanfälligkeit, weil das Nickel-Schwefel-Eutektikum eine Schmelztemperatur von 645 °C besitzt. Bei reinnickel- und chromfreien Legierungen ist die Gasporengefahr (Poren durch Sauerstoff, Stickstoff und Wasserstoff) groß. Als Schweißverfahren kommen nur die Lichtbogenverfahren LBH, WIG und MIG in Frage, wobei die Schweißzusätze sorgfältig aus DIN 1736 auszuwählen sind und als Schutzgas sehr reines, trockenes Argon verwendet werden muß.

4 Schweißnahtberechnung

Die Berechnung der auftretenden Spannungen in Schweißnähten erfolgt im Regelfall mit Hilfe der elementaren Gleichungen der Festigkeitslehre. Auf Berechnungsverfahren, wie z.B. die Traglast- und Fließgelenktheorie, wird nicht eingegangen.
Bei Bauteilen, die einer Abnahme oder späteren Betriebsüberwachung unterliegen, sind für die anzuwendenden Gleichungen und die zulässigen Spannungen unbedingt die jeweiligen Regelwerke zu beachten, z.B. für geschweißte Fahrzeuge, Maschinen und Geräte die DS 952 [1] und für Eisenbahnbrücken die DS 804 [2] der Deutschen Bundesbahn, für Druckbehälter die AD-Merkblätter bzw. die TRD und für Stahlbauten die DIN 18 800 (siehe unter 5.4).
Im Maschinen- und Fahrzeugbau gibt es keine allgemeinverbindliche Berechnungsvorschrift. In allen Fällen wird auf die Normen und Richtlinien des Stahlbaus, des Kranbaus und der Bundesbahnvorschriften verwiesen.

4.1 Abmessungen der Schweißnähte

Bei Stumpfnähten wird die rechnerische Schweißnahtdicke s gleich der Bauteildicke t gesetzt. Die meistens vorhandene Nahtüberhöhung bleibt dabei unberücksichtigt (Bild 4-1b). Bei unterschiedlichen Blechdicken ist die kleinere maßgebend (Bild 4-1d). Wechselt in einem Stumpfstoß die Blechdicke, so sind bei vorwiegend ruhender Beanspruchung bei Dickenunterschieden von mehr als 10 mm die vorstehenden Kanten im Verhältnis 1:1 oder flacher zu brechen (DIN 18 800 T1) [3] oder bei dynamischer Beanspruchung bereits bei einem Dickenunterschied von mehr als 3 mm mit einer Neigung nicht steiler als 1:4 abzuarbeiten (DS 804, s. Bild 4-1e). Wird eine Naht nicht völlig durchgeschweißt,

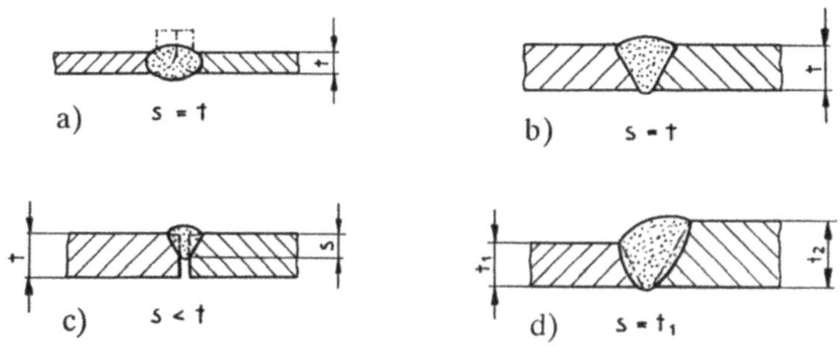

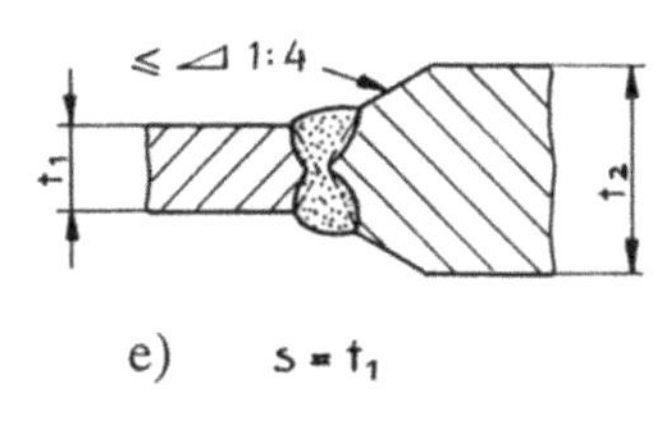

Bild 4-1
Stumpfstöße, Nahtdicke *s*
a) Bördelnaht (Bördel vollständig niedergeschmolzen),
b) durchgeschweißte V-Naht,
c) nicht durchgeschweißte I-Naht,
d) Bleche verschiedener Dicke als einseitig bündiger Stoß,
e) zentrischer Stoß, vorstehende Kanten abgeschrägt.

so darf nur die tatsächlich erreichte Nahtdicke in die Berechnung eingesetzt werden (Bild 4-1c). Bei dynamisch beanspruchten oder einem besonderen Korrosionsangriff ausgesetzten Konstruktionen dürfen nicht durchgeschweißte Nähte nicht angewandt werden.

Bei Kehlnähten ist die Nahtdicke a gleich der bis zum theoretischen Wurzelpunkt gemessenen Höhe des einschreibbaren gleichschenkligen Dreiecks, Bild 4-2. Die jeweilige Schenkellänge wird mit z angegeben. Diese errechnet sich bei gleichschenkligen Nähten aus $z = a \cdot \sqrt{2}$, bei ungleichschenkligen Nähten gilt $a = 0{,}5 \cdot \sqrt{2} \cdot z_2$, wenn z_2 die kürzere Schenkellänge ist (Bild 4-2d). Bei Kehlnähten mit tiefem Einbrand ist e für jedes Schweißverfahren (z.B. teil- oder vollmechanische UP- oder Schutzgasverfahren) in einer Verfahrensprüfung zu bestimmen. Nach DIN 18 800 Teil 1 beträgt dann die rechnerische Nahtdicke $a = \bar{a} + e$, vgl. Bild 4-2f).

Üblich ist die Flachkehlnaht (Bild 4-2a), etwas unwirtschaftlicher, aber mit sehr günstigen dynamischen Eigenschaften am Nahtübergang ist die Hohlkehlnaht (Bild 4-2c). Wölbnähte (Bild 4-2b) sind nur am Eckstoß sinnvoll.

Grundsätzlich wird unterschieden zwischen Nähten mit durch- oder gegengeschweißter Wurzel und Nähten mit nicht durchgeschweißter Wurzel. Zu den durchgeschweißten Nähten zählen neben der Stumpfnaht, die DHV-Naht (K-Naht) und die HV-Naht mit oder ohne geschweißte Gegenlage (Bild 4-3). Dabei ist die rechnerische Nahtdicke a gleich der anzuschließenden Bauteildicke t_1.

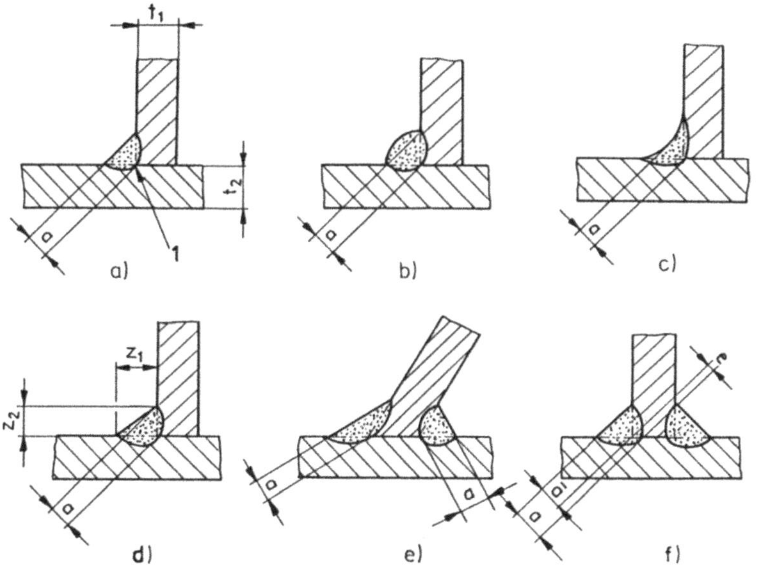

Bild 4-2 Kehlnähte

a) Flachnaht (1 theoretischer Wurzelpunkt = Stirn-Längskante, a Nahtdicke), b) Wölbnaht, c) Hohlnaht, d) Nahtdicke bei ungleichschenkliger Kehlnaht: $a = 0{,}5\sqrt{2} \cdot z_2$ für $z_1 > z_2$, e) Nahtdicke *a* bei gleichschenkliger Kehlnaht am Schrägstoß, f) Doppelkehlnaht mit tiefem Einbrand: $a = \bar{a} + e$

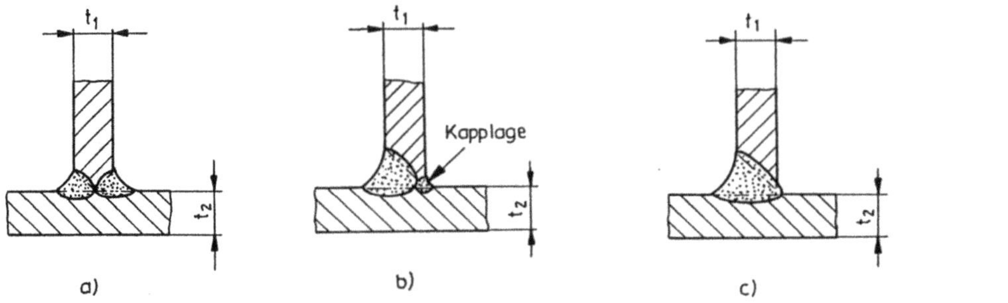

Bild 4-3 Sonstige (zusammengesetzte) Nähte mit durchgeschweißter Wurzel ($a = t_1$)
a) DHV-Naht mit Doppelkehlnaht (K-Naht),
b) HV-Naht mit Kehlnaht, Kapplage gegengeschweißt,
c) HV-Naht mit Kehlnaht, Wurzel durchgeschweißt.

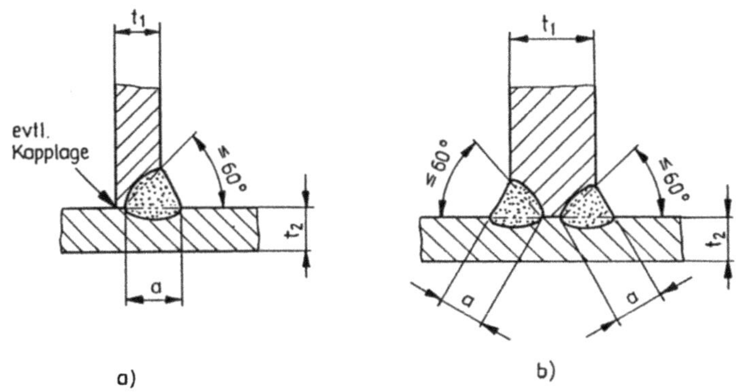

Bild 4-4 Sonstige Nähte mit **nicht** durchgeschweißter Wurzel
a) HY-Naht mit Kehlnaht, b) DHY-Naht mit Doppelkehlnaht

Alle übrigen Nähte, einschließlich der Kehlnähte, zählen zu den nicht durchgeschweißten Nähten. Für die häufig ausgeführte HY- und DHY-Naht mit Kehlnaht bzw. Doppelkehlnaht nach Bild 4-4 ist die rechnerische Nahtdicke a gleich dem Abstand vom theoretischen Wurzelpunkt zur Nahtoberfläche. Sie dürfen nach DIN 18 800 Teil 1 nur in Position w und h mit Schutzgasschweißung ausgeführt werden. Sonst ist die Nahtdicke a um 2 mm zu vermindern oder durch eine Verfahrensprüfung festzulegen.
Um ein Mißverhältnis von Nahtquerschnitt und verbundenen Querschnittsteilen zu vermeiden, müssen im Stahl- und Kranbau bei Bauteildicken $t \geq 3$ mm für die Schweißnahtdicke a von Kehlnähten folgende Grenzwerte eingehalten werden:

$$2\ \text{mm} \leq a \leq 0{,}7 \cdot t_{min} \tag{4.1}$$

$$a \geq \sqrt{t_{max}} - 0{,}5 \tag{4.2}$$

mit t_{min} bzw. t_{max} als kleinster bzw. größter anzuschließender Bauteildicke in mm.

Eine Auslegung der Nahtdicke nach Bedingung (4.2) führt bei Bauteildicken über 25 mm zu unwirtschaftlichen Nahtdicken. In Abhängigkeit von den gewählten Schweißbedingungen (Vorwärmen, besonders schweißgeeigneter Werkstoff) darf auf die Einhaltung der Bedingung (4.2) verzichtet werden, jedoch sollte für Blechdicken $t \geq 30$ mm die Schweißnahtdicke mit $a \geq 5$ mm gewählt werden. Die Vorschriften DS 804 und DS 952 der deutschen Bundesbahn fordern als Mindestdicken für Kehlnähte noch 3,5 mm bzw. 3 mm.

Die rechnerische Länge l einer Schweißnaht ist ihre geometrische Länge. Bei Stumpfnähten ist l also gleich der Mindestbreite der zu schweißenden Bauteile. Für Kehlnähte

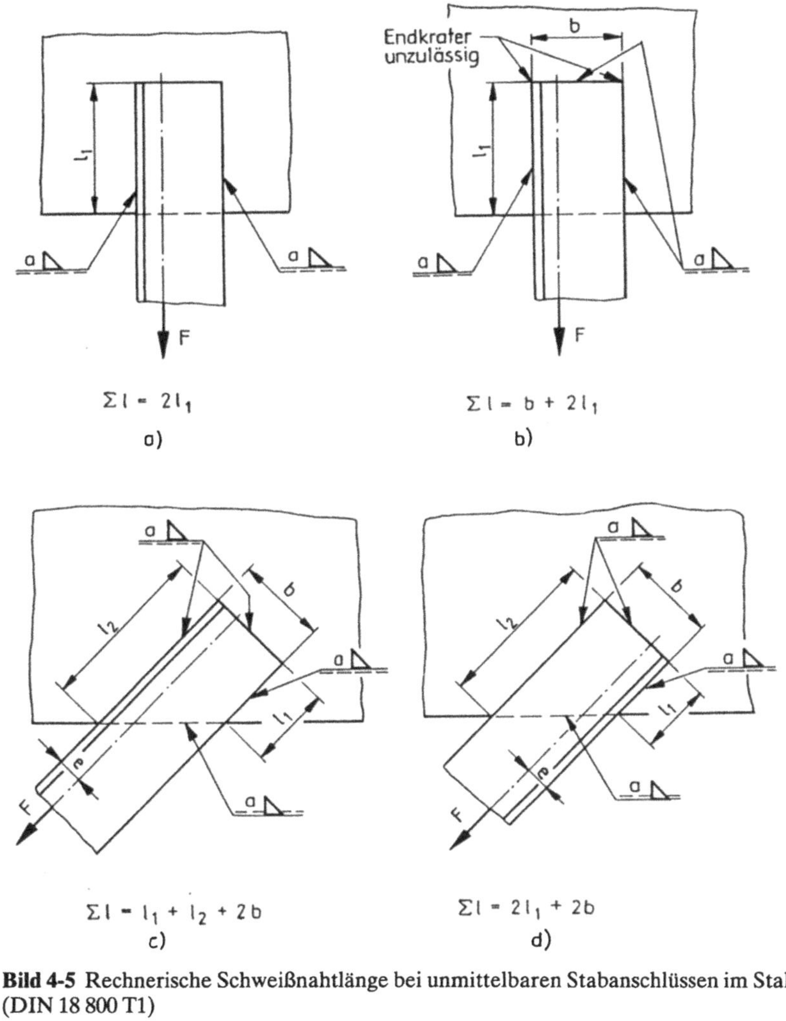

Bild 4-5 Rechnerische Schweißnahtlänge bei unmittelbaren Stabanschlüssen im Stahlbau (DIN 18 800 T1)

a) mit Flankenkehlnähten, b) mit Stirn- und Flankenkehlnähten, c) mit ringsumlaufender Kehlnaht: Schwerachse näher zur längeren Naht ($e < b/2$), d) mit ringsumlaufender Kehlnaht: Schwerachse näher zur kürzeren Naht ($e < b/2$).

ist sie die Länge der Wurzellinie. Krater, Nahtanfänge und Nahtenden, die die verlangte Nahtdicke nicht erreichen, zählen nach DIN 1912 Teil 6 nicht zur Nahtlänge. Im Stahlbau müssen hinsichtlich der Nahtlänge bestimmte Bedingungen eingehalten werden. Kehlnähte dürfen beim Festigkeitsnachweis nur berücksichtigt werden, wenn $l \geq 6$ a, mindestens jedoch 30 mm, ist. In unmittelbaren Laschen- und Stabanschlüssen erfolgt die Bestimmung der rechnerischen Schweißnahtlänge Σl nach Bild 4-5. Dabei ist l der einzelnen Flankenkehlnähte auf 150 a begrenzt. Für Eisenbahnbrücken (DS 804) gilt für Flankenkehlnähte: $60\,a \geq l \geq 15\,a$.
Bei kontinuierlicher Krafteinleitung über die Anschlußlänge ist eine obere Begrenzung nicht erforderlich.

4.2 Berechnung der Schweißnahtspannungen

Die Schweißnahtnennspannungen werden aus den Belastungen nach den Regeln der elementaren Festigkeitslehre ermittelt. Dabei werden bewußt vereinfachende Annahmen getroffen. Stoßhaft auftretende Lasten sind durch Stoßfaktoren und Schwingbeiwerte (Betriebsfaktoren) zu berücksichtigen. Zum Teil sind die Lastannahmen und die anzuwendenden Gleichungen in Regelwerken festgelegt.
Die zu ermittelnden Schweißnahtspannungen lassen sich nach Bild 4-6 unterscheiden in:

- Normalspannungen $\sigma_{\parallel}$ in Nahtrichtung.
  Sie haben geringe Bedeutung und werden beispielsweise bei Stahlbauten mit ruhender Belastung nicht berücksichtigt.
- Normalspannungen $\sigma_{\perp}$ quer zur Nahtrichtung.
  Sie sind maßgebend für die Berechnung der Stumpf- und Kehlnähte.
- Schubspannungen $\tau_{\parallel}$ in Nahtrichtung.
  Sie treten in Hals- und Flankenkehlnähten und bei Querkraftanschlüssen auf (z.B. Bild 4-7 und 4-8).
- Schubspannungen $\tau_{\perp}$ quer zur Nahtrichtung.
  Sie treten in Stirnkehlnähten auf.

Allgemein gilt für eine durch die Längskraft F_l bzw. die Querkraft F_q je für sich allein beanspruchte Schweißverbindung die Normal- bzw. Schubspannung

$$\sigma_{\perp}, \tau_{\perp}, \tau_{\parallel} = \frac{F}{A_w} = \frac{F}{\Sigma a \cdot l} \quad \text{in N/mm}^2 \tag{4.3}$$

mit $F = F_l$ bzw. $F = F_q$

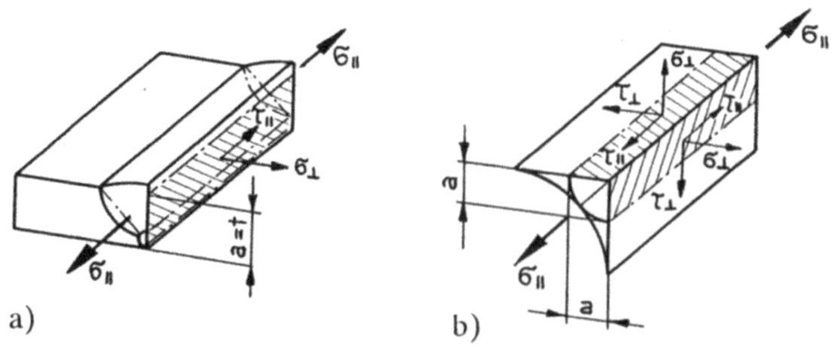

Bild 4-6
Kennzeichnung der Schweißnahtspannungen
a) in Stumpfnähten,
b) in Kehlnähten

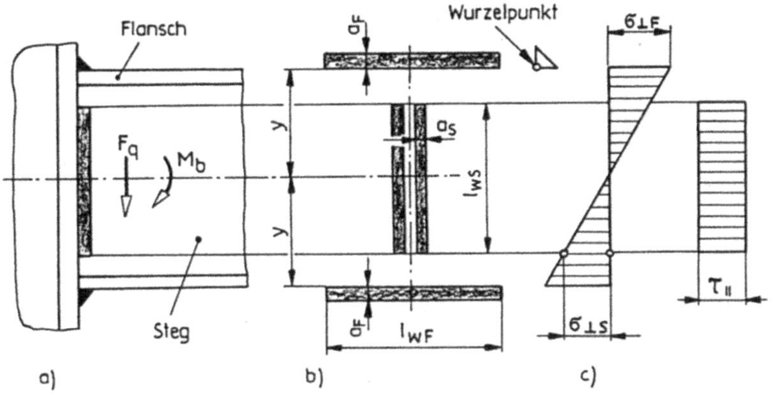

Bild 4-7 Zusammengesetzte Beanspruchung am biegesteifen Trägeranschluß
a) Trägeranschluß, b) Nahtbild, c) Spannungsverlauf

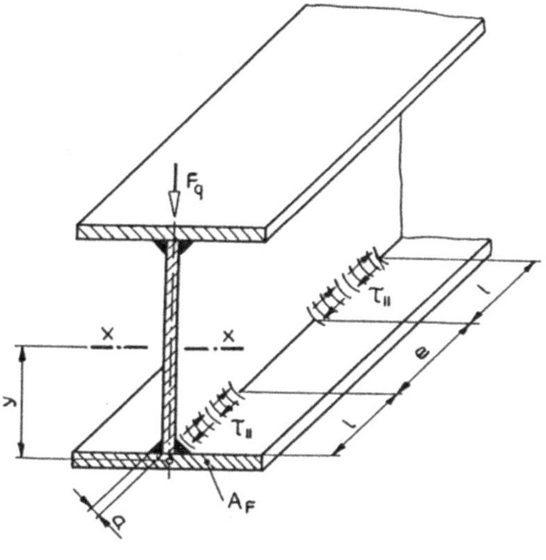

Bild 4-8
Schweißnahtschubspannungen bei Querkraftbiegung

Dabei sind nur die Flächen $\Sigma\, a \cdot l$ derjenigen Schweißnähte anzusetzen, die aufgrund ihrer Lage vorzugsweise imstande sind, die vorhandenen Kräfte und Momente zu übertragen. So z.B. beim Trägeranschluß nach Bild 4-7 zur Übertragung der Querkraft nur die Steganschlußfläche $A_w = 2 \cdot a_S \cdot l_{wS}$.
Durchgeschweißte Nähte aller Nahtgüten bei *Druckbeanspruchung* und mit nachgewiesener Nahtgüte bei Zugbeanspruchung brauchen nicht nachgewiesen zu werden, da der Bauteilwiderstand maßgebend ist. Die Ermittlung von $\Sigma\, a \cdot l$ bei unmittelbaren Stabanschlüssen erfolgt nach Bild 4-5.
Für eine durch ein Biegemoment M_b beanspruchte Schweißverbindung entsprechend Bild 4-7 ist die Normalspannung

$$\sigma_\perp = \frac{M_b}{I_w}\, y = \frac{M_b}{W_w} \qquad (4.4)$$

Die Berechnung der Flächenmomente 2. Grades des meist aus Rechteckflächen zusammengesetzten Nahtquerschnitts (Nahtbild) erfolgt mit Hilfe des Verschiebesatzes (Satz von Steiner). Die Schweißnahtfläche der Kehlnähte denkt man sich dabei in der Wurzellinie konzentriert (vgl. Bild 4-7). Für den symmetrischen Trägeranschluß nach Bild 4-7 wird I_w z.B. wie folgt bestimmt:

$$I_w = 2 \cdot a_s \cdot l_{ws}^3 / 12 + 2 \cdot a_F \cdot l_{wF} \cdot y^2.$$

Trägeranschlüsse mit I-Trägern dürfen im Stahlbau ohne weiteren Tragsicherheitsnachweis ausgeführt werden, wenn die Dicken der Doppelkehlnähte $a \geq 0{,}5\,t$ (St 37) bzw. $a \geq 0{,}7\,t$ (St 52, StE 355) eingehalten werden (t = Flansch- bzw. Stegdicke).
Für eine Längsnaht des durch die Querkraft F_q beanspruchten Biegeträger ergibt sich nach Bild 4-8 die Schubspannung

$$\tau_{\parallel} = \frac{F_q \cdot H}{I \cdot \Sigma a} \tag{4.5}$$

F_q Querkraft
H Flächenmoment 1. Grades der angeschlossenen Querschnittsflächen. In Bild 4-8 z.B. zur Berechnung der Halsnaht: $H = A_F \cdot y$
I Flächenmoment 2. Grades des Gesamtquerschnitts
Σa Summe der Schweißnahtdicken für die angeschlossenen Querschnittsflächen. Für die Halsnaht in Bild 4-8 z.B. $\Sigma a = 2a$

Bei unterbrochenen Nähten (Bild 4-8) ist die nach Gl. (4.5) berechnete Schubspannung mit dem Faktor (e + l)/l zu erhöhen.

Geht die Wirkungslinie der Belastung nicht durch den Schubmittelpunkt oder tritt ein Torsionsmoment M_t auf, so wird die Schweißverbindung auf Verdrehung beansprucht. Im folgenden werden auch die statischen Torsionsmomente M_t mit T bezeichnet. Beim Kreisquerschnitt nehmen die Schubspannungen τ linear mit dem Radius r zu (Bild 4-9a)

$$\tau_{\parallel} = \frac{T}{I_p} \cdot \frac{d_a}{2} = \frac{T}{W_p} \tag{4.6}$$

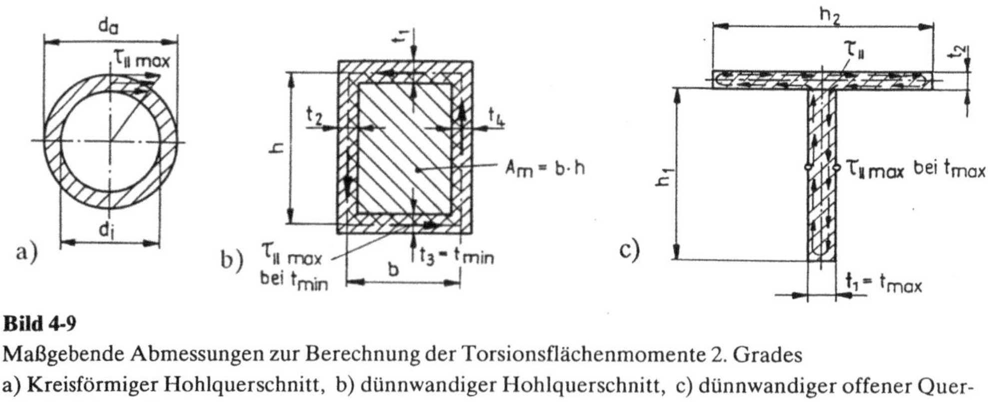

Bild 4-9
Maßgebende Abmessungen zur Berechnung der Torsionsflächenmomente 2. Grades
a) Kreisförmiger Hohlquerschnitt, b) dünnwandiger Hohlquerschnitt, c) dünnwandiger offener Querschnitt (h/t >> 1)

Das polare Flächenmoment 2. Grades beträgt für den Kreisquerschnitt $I_p = \pi \cdot d^4/32$ und für den kreisförmigen Hohlquerschnitt $I_p = \pi \cdot (d_a^4 - d_i^4)/32$. Das polare Widerstandsmoment W_p ergibt sich aus $W_p = I_p/(d_a/2)$.
Bei dünnwandigen geschlossenen Querschnitten kann man mit gleichmäßiger Schubspannungsverteilung über die Wanddicke rechnen. Ist die Wanddicke (Nahtdicke) nicht konstant, so tritt die größte Schubspannung an der kleinsten Wanddicke auf. Mit A_m als der von der Profilmittellinie umschlossenen Fläche (Bild 4-9b) gilt nach der 1. Bredtschen Formel

$$\tau_{\parallel\,max} = \frac{T}{2 \cdot A_m \cdot t_{min}} \qquad (4.7)$$

Für dünnwandige offene Querschnitte ergibt sich im Teilquerschnitt mit der maximalen Wanddicke t_{max} die maximale Schubspannung

$$\tau_{\parallel\,max} = \frac{T}{I_t}\, t_{max} \qquad (4.8)$$

Für alle aus schmalen Rechtecken zusammengesetzte Querschnitte, d.h. Profile der Formen T, L, U, I nach Bild 4-9c ergibt sich das Gesamtflächentorsionsmoment als Summe der Teilflächenmomente

$$I_t = \frac{1}{3}\sum_i h_i \cdot t_i^3 \quad \text{bzw.} \quad W_t = \frac{I_t}{t_{max}} \qquad (4.9)$$

Treten in einer Schweißverbindung *gleichzeitig mehrere Normalspannungen* auf, meist hervorgerufen durch eine Biegebeanspruchung und eine Zug- oder Druckbeanspruchung, so ist die Gesamtspannung gleich der Summe der Einzelspannungen

$$\sigma_{\perp\,ges} = \sigma_{\perp\,b} + \sigma_{\perp\,z,d} \qquad (4.10)$$

Bei zusammengesetzter Beanspruchung, also wenn gleichzeitig Normal- und Schubspannungen auftreten, wird ein rechnerischer Vergleichswert gebildet, der dann mit den zulässigen Spannungen der Werkstofftabellen verglichen wird.
Experimentell gut abgesichert ist die aus der Gestaltänderungsenergiehypothese abgeleitete Vergleichsspannung

$$\sigma_{w,v} = \sqrt{\sigma_\perp^2 + \sigma_\parallel^2 - \sigma_\perp \cdot \sigma_\parallel + 3 \cdot \tau_\parallel^2} \qquad (4.11)$$

Unter Verwendung der zulässigen Spannungen läßt sich Gl. (4.11) auch als Interaktionsnachweis darstellen

$$\left(\frac{\sigma_\perp}{\sigma_{\perp\,zul}}\right)^2 + \left(\frac{\sigma_\parallel}{\sigma_{\parallel\,zul}}\right)^2 - \frac{\sigma_\perp \cdot \sigma_\parallel}{\sigma_{\perp\,zul} \cdot \sigma_{\parallel\,zul}} + \left(\frac{\tau_\parallel}{\tau_{\parallel\,zul}}\right)^2 \le 1{,}0 \qquad (4.12)$$

In dieser Form ist im Kranbau (DIN 15 018) der Betriebsfestigkeitsnachweis zu führen, wobei statt 1,0 der Wert 1,1 zu setzen ist. Im Kranbau ist beim Allgemeinen Spannungsnachweis folgender Vergleichswert zu bilden

$$\sigma_{w,v} = \sqrt{\bar{\sigma}_\perp^2 + \bar{\sigma}_\parallel^2 - \bar{\sigma}_\perp \cdot \bar{\sigma}_\parallel + 2\,\tau^2} \qquad (4.13)$$

Zeile	Belastungsbild Nahtbild	Beanspruchungsart	Gl. Nr.	Berechnungsansatz
1	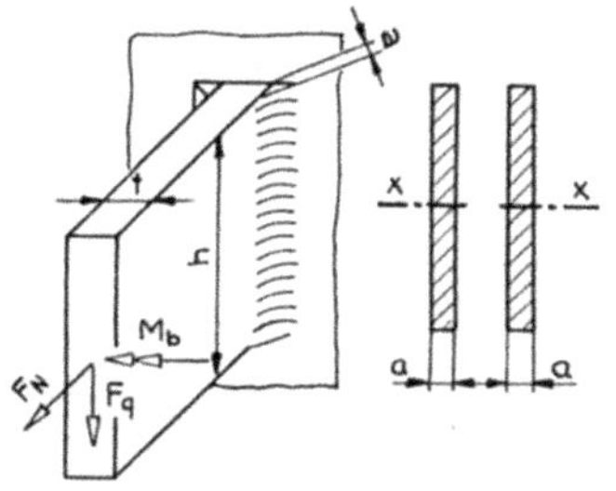	Zug/Druck	4.3	$\sigma_\perp = \frac{F_N}{2 \cdot a \cdot h}$
2		Schub	4.3	$\tau_\parallel = \frac{F_q}{2 \cdot a \cdot h}$
3		Biegung	4.4	$\sigma_\perp = \frac{6 \cdot M_b}{2 \cdot a \cdot h^2}$
4		Vergleichs-spannung statisch bzw.	4.13 4.14	$\sigma_{w,v} = \sqrt{\bar{\sigma}_{\perp\, ges} + 2\tau_\parallel^2}$ $\sigma_{w,v} = \sqrt{\bar{\sigma}_{\perp\, ges}^2 + \tau_\parallel^2}$
	T-Stoß mit Doppelkehlnaht	Vergleichs-wert dyna-misch	4.2	$\left(\frac{\sigma_{\perp\, ges}}{\sigma_{\perp\, zul}}\right)^2 + \left(\frac{\tau_\parallel}{\tau_{\parallel\, zul}}\right)^2 \leq \begin{matrix}1{,}0\\(1{,}1)\end{matrix}$
5	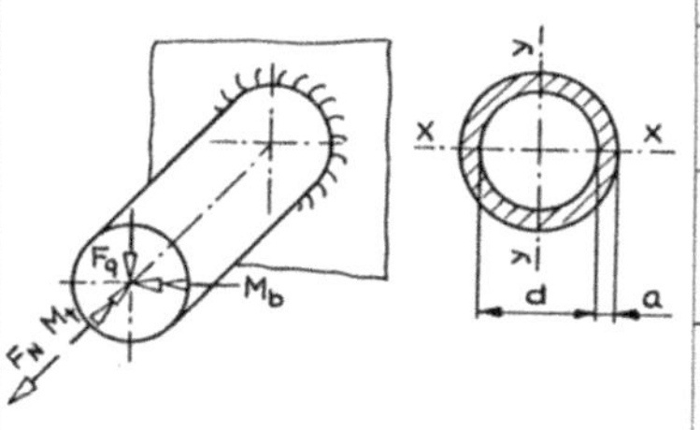	Zug/Druck	4.3	$\sigma_\perp = \frac{F_N}{\pi \cdot a \cdot (d + a)}$
6		Schub	4.3	$\tau = \frac{F_q}{\pi \cdot a \cdot (d + a)}$
7		Biegung	4.4	$\sigma_\perp = \frac{32 \cdot (d + 2a) \cdot M_b}{\pi \cdot [(d + 2a)^4 - d^4]}$
8		Torsion	4.6	$\tau_\parallel = \frac{16 \cdot (d + 2a) \cdot M_t}{\pi \cdot [(d + 2a)^4 - d^4]}$
9	Zapfen mit Kehlnahtanschluß	Vergleichspannung bzw. Vergleichswert		wie Zeile 4
10	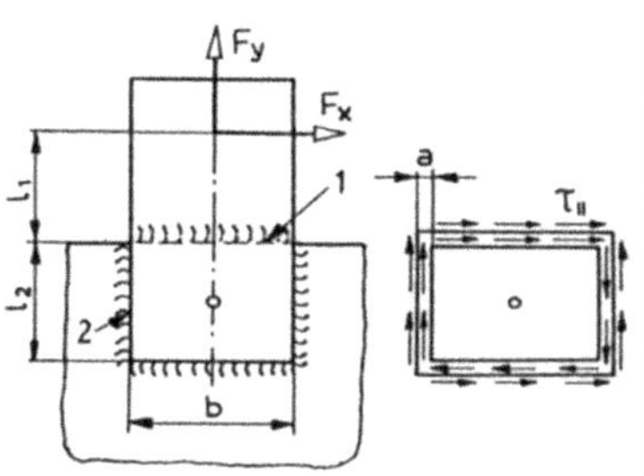	Schub in der Stirnkehl-naht (1) infolge F_x	4.3	$\tau_\parallel = \frac{F_x}{2 \cdot a \cdot b}$
11		infolge Drehmo-ment	4.7	$\tau_\parallel \approx \frac{F_x \cdot (l_1 + 0{,}5 l_2)}{2 \cdot a \cdot b \cdot l_2}$
12		Schub in der Flan-kenkehl-naht (2) infolge F_y	4.3	$\tau_\parallel = \frac{F_y}{2 \cdot a \cdot l_2}$
13	Überlappter Konsolanschluß	infolge Drehmo-ment	4.7	$\tau_\parallel \approx \frac{F_x \cdot (l_1 + 0{,}5 l_2)}{2 \cdot a \cdot b \cdot l_2}$

Bild 4-10 Anwendung der Berechnungsformeln auf einfache Schweißverbindungen

Dabei werden die Spannungen noch mit einem Quotienten aus den zulässigen Bauteil- und Schweißnahtspannungen multipliziert:

$$\overline{\sigma}_{\perp} = \frac{\sigma_{z\,zul}}{\sigma_{\perp\,z\,zul}} \sigma_{\perp} \quad \text{oder} \quad \overline{\sigma}_{\perp} = \frac{\sigma_{z\,zul}}{\sigma_{\perp\,d\,zul}} \sigma_{\perp}$$

$$\overline{\sigma}_{\parallel} = \frac{\sigma_{z\,zul}}{\sigma_{\parallel\,z\,zul}} \sigma_{\parallel} \quad \text{oder} \quad \overline{\sigma}_{\parallel} = \frac{\sigma_{z\,zul}}{\sigma_{\parallel\,d\,zul}} \sigma_{\parallel}$$

Wenn sich aus den einander zugeordneten Spannungen $\sigma_{\perp}$, $\sigma_{\parallel}$ und τ der für die obigen Gleichungen ungünstigste Fall nicht erkennen läßt, müssen die Nachweise getrennt für die Fälle $\sigma_{\perp\,max}$, $\sigma_{\parallel\,max}$, τ_{max} mit den zugeordneten, hierfür ungünstigsten Spannungen geführt werden.
Im Stahlbau (DIN 18 800 T1) braucht die Schweißnahtspannung $\sigma_{\parallel}$ in Richtung der Naht nicht berücksichtigt zu werden. Der Nachweis der Stumpf- und Kehlnähte erfolgt mit dem Vergleichswert

$$\sigma_{w,\,v} = \sqrt{\sigma_{\perp}^2 + \tau_{\perp}^2 + \tau_{\parallel}^2} \tag{4.14}$$

Anwendungsbeispiele der Berechnungsformel sind in Bild 4-10 zusammengestellt.

4.3 Zulässige Spannungen

Der Festigkeitsnachweis wird geführt, indem die nach 4.2 ermittelten Nennspannungen mit experimentell abgesicherten zulässigen Spannungen verglichen werden.
Im *Stahlbau* wird die zulässige Spannung (Grenzschweißnahtspannung) für alle Nähte mit der Streckgrenze R_{eH}, dem Nahtbeiwert α_w und dem Teilsicherheitsbeiwert γ_M ermittelt

$$\sigma_{w\,zul} = \tau_{w\,zul} = \frac{\alpha_w \cdot R_{eH}}{\gamma_M} \tag{4.15}$$

Nach DIN 18 800 Teil 1 betragen die Streckgrenzwerte $R_{eH} = 240$ N/mm² für St37 und 360 N/mm² für St52 bzw. StE355, für 40 mm < t ≤ 80 mm ist $R_{eH} = 215$ N/mm² bzw. 325 N/mm². α_w ist mit 0,95 bei St37 und mit 0,8 bei St52 bzw. StE355 zu setzen. Für den Teilsicherheitsbeiwert gilt $\gamma_M = 1{,}1$.
Für durchgeschweißte Nähte (Bild 4-1 und 4-3) aller Nahtgüten, die auf Druck beansprucht sind und für zugbeanspruchte Nähte deren Güte nachgewiesen wird, gelten die zulässigen Spannungen der Bauteile.
Entsprechend gilt bei *Bauteilen* für die zulässige Normalspannung (Grenznormalspannung)

$$\sigma_{zul} = \frac{R_{eH}}{\gamma_M} \tag{4.16}$$

und für die zulässige Schubspannung (Grenzschubspannung)

$$\tau_{zul} = \frac{R_{eH}}{(\gamma_M \cdot \sqrt{3})} \tag{4.17}$$

Die zulässigen Spannungen für *Stahltragwerke von Kranen* sind in DIN 15 018 festgelegt. Getrennt für die Lastfälle H und HZ ist mit den zulässigen Spannungen nach Bild 4-11 stets ein Allgemeiner Spannungsnachweis gegen Erreichen der Streckgrenze zu führen. Für die Lastfälle HS sind die 1,1fachen Spannungen des Lastfalles HZ zulässig.
In ähnlicher Weise festgelegte zulässige Spannungen findet man beim Allgemeinen Spannungsnachweis für geschweißte Eisenbahnbrücken (DS 804) und für Kranbahnen (DIN 4132).

a) für Bauteile

<table>
<tr><td>Spalte</td><td colspan="2">a</td><td>b</td><td>c</td><td>d</td><td>e</td></tr>
<tr><td rowspan="3">Zeile</td><td colspan="2" rowspan="3">Spannungsart</td><td colspan="4">Werkstoff</td></tr>
<tr><td colspan="2">St 37</td><td colspan="2">St 52-3</td></tr>
<tr><td colspan="4">Lastfall</td></tr>
<tr><td></td><td colspan="2"></td><td>H</td><td>HZ</td><td>H</td><td>HZ</td></tr>
<tr><td>1</td><td>Zug- und Vergleichsspannung</td><td>σ_{zul}</td><td>160</td><td>180</td><td>240</td><td>270</td></tr>
<tr><td>2</td><td>Druck, Nachweis auf Knicken</td><td>$\sigma_{d\,zul}$</td><td>140</td><td>160</td><td>210</td><td>240</td></tr>
<tr><td>3</td><td>Schub</td><td>τ_{zul}</td><td>92</td><td>104</td><td>138</td><td>156</td></tr>
</table>

b) für Schweißnähte

<table>
<tr><td>Spalte</td><td>a</td><td>b</td><td>c</td><td></td><td>d</td><td>e</td><td>f</td><td>g</td></tr>
<tr><td rowspan="3">Zeile</td><td rowspan="3">Nahtart</td><td rowspan="3">Nahtgüte</td><td colspan="2" rowspan="3">Spannungsart</td><td colspan="4">Werkstoff</td></tr>
<tr><td colspan="2">St 37</td><td colspan="2">St 52-3</td></tr>
<tr><td colspan="4">Lastfall</td></tr>
<tr><td></td><td></td><td></td><td colspan="2"></td><td>H</td><td>HZ</td><td>H</td><td>HZ</td></tr>
<tr><td>1</td><td>Stumpfnaht</td><td>alle Nahtgüten</td><td>Zug
Druck</td><td>$\sigma_{\perp z\,zul}$
$\sigma_{\perp d\,zul}$</td><td rowspan="4">160</td><td rowspan="4">180</td><td rowspan="4">240</td><td rowspan="4">270</td></tr>
<tr><td>2</td><td rowspan="2">DHV-Naht (K-Naht)</td><td>Sondergüte</td><td>Zug</td><td>$\sigma_{\perp z\,zul}$</td></tr>
<tr><td>3</td><td rowspan="2">alle Nahtgüten</td><td>Druck</td><td>$\sigma_{\perp d\,zul}$</td></tr>
<tr><td>4</td><td>alle Nähte</td><td>Vergleichswert</td><td>$\sigma_{w\,zul}$</td></tr>
<tr><td>5</td><td>DHY-Naht</td><td>Normalgüte</td><td>Zug</td><td>$\sigma_{\perp z\,zul}$</td><td>140</td><td>160</td><td>210</td><td>240</td></tr>
<tr><td>6</td><td rowspan="2">Kehlnaht</td><td rowspan="3">alle Nahtgüten</td><td>Druck</td><td>$\sigma_{\perp d\,zul}$</td><td>130</td><td>145</td><td>195</td><td>220</td></tr>
<tr><td>7</td><td>Zug</td><td>$\sigma_{\perp z\,zul}$</td><td rowspan="2">113</td><td rowspan="2">127</td><td rowspan="2">170</td><td rowspan="2">191</td></tr>
<tr><td>8</td><td>alle Nähte</td><td>Schub in Nahtrichtung</td><td>$\sigma_{\parallel z\,zul}$</td></tr>
</table>

Bild 4-11 Zulässige Spannungen im Kranbau nach DIN 15 018 [4] beim Allgemeinen Spannungsnachweis in N/mm^2

Für $\sigma_{\parallel z\,zul}$ gelten die zulässigen Spannungen in Bauteilen nach Tabelle a).

Für geschweißte Bauteile aus Aluminiumlegierungen können die zulässigen Spannungen DIN 4113 entnommen werden.
Schweißverbindungen an vorwiegend ruhend beanspruchten Bauteilen des Maschinenbaus werden zweckmäßigerweise in Anlehnung an die vorstehend genannten Regelwerke ausgelegt, wobei üblicherweise folgende Bezeichnungen verwendet werden: für $\sigma_\perp = \sigma_x$; $\sigma_{\|} = \sigma_y$ bzw. $\tau_\perp = \tau_x$ und $\tau_{\|} = \tau_y$.

4.4 Dauerschwingfestigkeit von Schweißverbindungen

Wöhlerlinie

Bei vielen Bauteilen überlagern sich einer ruhenden Beanspruchung noch schwingende Beanspruchungen unterschiedlicher Größe. Derartige Belastungen können auch dann zum Bruch des Bauteils führen, wenn die auftretende Beanspruchung weit unterhalb der Zugfestigkeit des Bauteilwerkstoffs liegt.
Mechanische Kennwerte für derartig beanspruchte Werkstoffe und Bauteile können im Dauerschwingversuch ermittelt werden. Begriffe, Durchführung und Auswertung des Dauerversuchs sind in DIN 50 100 genormt, siehe auch Bild 4-12.

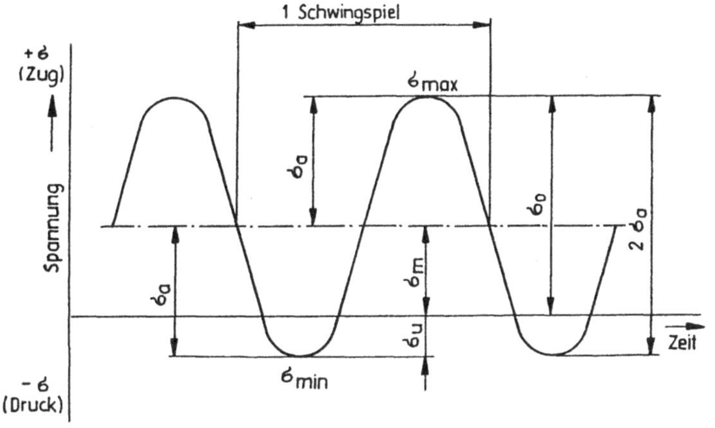

Bild 4-12 Spannungs-Zeit-Schaubild (schematisch), Begriffe

σ_o = Oberspannung σ_u = Unterspannung

σ_m = Mittelspannung σ_a = Spannungsausschlag

$2\,\sigma_a$ = Schwingbreite der Spannung

$\kappa = S$ = Spannungsverhältnis σ_u/σ_o (Vorzeichen berücksichtigen)

Beim Wöhlerverfahren werden die Schwingspiele gezählt, die von einer Probe bei einer bestimmten Beanspruchung bis zum Bruch ertragen werden können. Durch Auftragen der Wertepaare Spannungsausschlag und Anriß- oder Bruchschwingspielzahl erhält man die Wöhlerlinie entsprechend Bild 4-13. Darin lassen sich drei Bereiche unterscheiden:

1. Das Niedriegschwingzahlgebiet, auch als Kurzzeitschwingfestigkeitsbereich bezeichnet, bis $N \approx 10^4$. Für das Versagen ist die örtliche plastische Wechselverformung maßgebend.

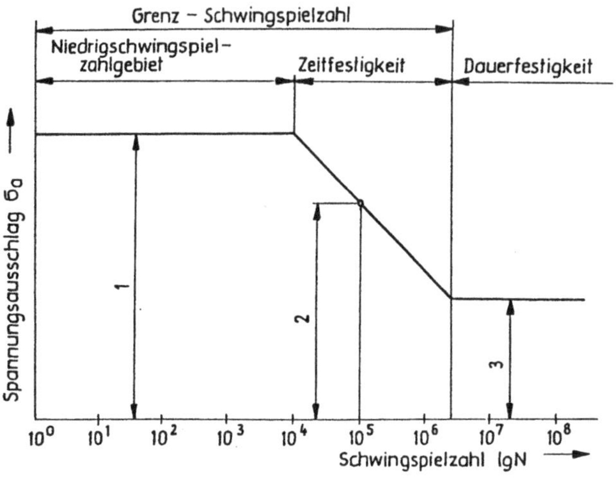

Bild 4-13
Wöhlerkurve in halblogarithmischer Darstellung (schematisch) mit Kennwerten und Begriffen (DIN 50 100)
1 Streckgrenze minus Mittelspannung
2 Zeitschwingfestigkeit $\sigma_{D\,(10^5)}$ für 10^5 Schwingspiele
3 Spannungsausschlag σ_A der Dauerfestigkeit.

2. Der Zeitfestigkeitsbereich von 10^4 bis (2 bis 10) · 10^6 Schwingspielen. Die Lastspielzahl bis zum Bruch wird umso größer, je geringer der Spannungsausschlag ist. Theoretisch nähert sich die Wöhlerkurve asymptotisch der Dauerfestigkeit.
3. Im Dauerfestigkeitsbereich ab (2 bis 10) · 10^6 Schwingspielen tritt unterhalb der Spannungsamplitude σ_A kein Dauerbruch mehr auf.

Die Ergebnisse von Zeit- und Dauerfestigkeitsversuchen streuen erheblich. Die Auswertung einer großen Anzahl von Wöhlerlinien für Schweißverbindungen aus Baustählen ergab jedoch, daß sie sich hinsichtlich ihres Verlaufs und ihres Streubereichs normieren lassen. In doppellogarithmischer Auftragung lassen sich die normierten Wöhlerlinien für Schweißverbindungen aus Baustahl beschreiben durch die drei Zeitfestigkeitsgeraden für die Überlebungswahrscheinlichkeiten $P_ü = 90\,\%$, $50\,\%$ und $10\,\%$, die mit einer Neigung entsprechend $k = 3{,}5$; $3{,}75$ und 4 geradlinig bis zur Grenzschwingspielzahl $N_D = 2 \cdot 10^6$ laufen und von dort horizontal als Dauerfestigkeitslinien fortgesetzt werden, vgl. Bild 4-14.

Für die Gleichungen der Zeitfestigkeitslinien gilt

$$\sigma_A = \left(\frac{N_D}{N}\right)^{\frac{1}{k}} \cdot \sigma_D \qquad (4.18)$$

Dabei gilt nach Bild 4-14 für
$P_ü = 90\,\%$: $k = 3{,}5$ und $N_D = 10^6$
$P_ü = 50\,\%$: $k = 3{,}75$ und $N_D = 2 \cdot 10^6$
$P_ü = 10\,\%$: $k = 4$ und $N_D = 4{,}5 \cdot 10^6$

Beispiel: Von einem Schweißteil sei die Dauerfestigkeit $\sigma_D = 80$ N/mm² bekannt. Gesucht wird der Spannungsausschlag im Zeitfestigkeitsbereich für $N = 10^5$ Schwingspiele bei $P_ü = 90\,\%$.

Lösung: $$\sigma_{D\,(10^5)} = \left(\frac{10^6}{10^5}\right)^{\frac{1}{3{,}5}} \cdot 80\,\frac{\mathrm{N}}{\mathrm{mm}^2} = 154\ \mathrm{N/mm}^2$$

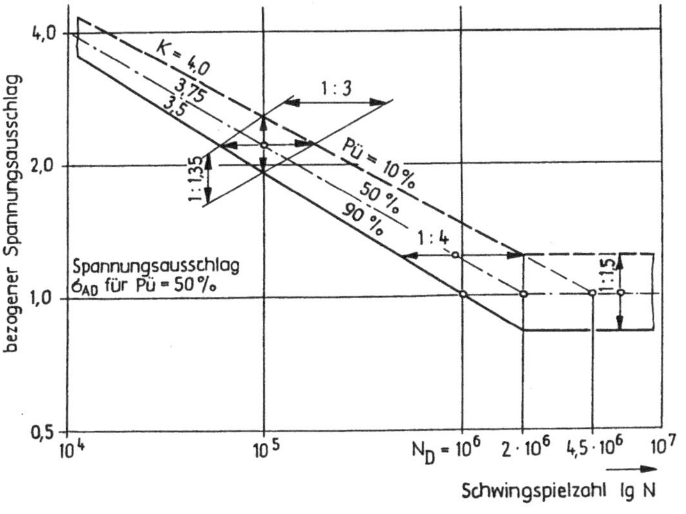

Bild 4-14 Normierte Wöhlerlinie für Schweißverbindungen aus Baustahl
1 : 3, 1 : 4 Streuung der Lebensdauer; 1 : 1,35, 1 : 1,5 Streuung der Festigkeit; Pü Überlebenswahrscheinlichkeit, k Neigungsexponent

Die Gleichung läßt erkennen, daß eine kleine Änderung im Spannungsausschlag eine große Änderung der ertragbaren Schwingspielzahl zur Folge hat. Wird z.B. im Bauteil die Spannung halbiert, so verzehnfacht sich ungefähr die Lebensdauer.
Normierte Wöhlerlinien bilden eine verläßliche Berechnungsgrundlage für Schweißverbindungen. Sie haben Eingang in viele Bemessungsrichtlinien der Regelwerke gefunden.

Dauerfestigkeitsschaubilder

Zur Darstellung der Zusammenhänge für die gegebene Beanspruchungsart, z.B. zwischen Mittelspannung, Spannungsausschlag, Ober- und Unterspannung und für die verschiedenen Beanspruchungsbereiche (Wechsel- und Schwellbereich) werden Dauerfestigkeits-Schaubilder benutzt (DIN 50 100). Meist wird auf eine genaue Darstellung nach den Werten aus der Wöhlerkurve verzichtet und das Dauerfestigkeits-Schaubild näherungsweise bei Kenntnis von R_e, R_m, σ_w und σ_{sch} konstruiert, Bild 4-15.

Je größer die Schweißeigenspannungen sind, desto mehr nähert sich das Smith-Schaubild zwei parallelen Geraden (Bild 4-15a, Linie 1) und desto flacher ist der Kurvenverlauf im Haigh-Schaubild (Bild 4-15b, Linie 1).
Bei höheren Eigenspannungen, also in dickwandigen, nicht spannungsarm geglühten Bauteilen, ist die Schwingfestigkeit nahezu unabhängig vom Spannungsverhältnis κ. Leider können Eigenspannungen zerstörungsfrei nur in dünnen Oberflächenschichten (µm-Bereich) gemessen werden. Ihre Größe kann nur zerstörend – und da noch unvollständig – ermittelt werden. Weiteres hierzu siehe Kapitel 4.6.

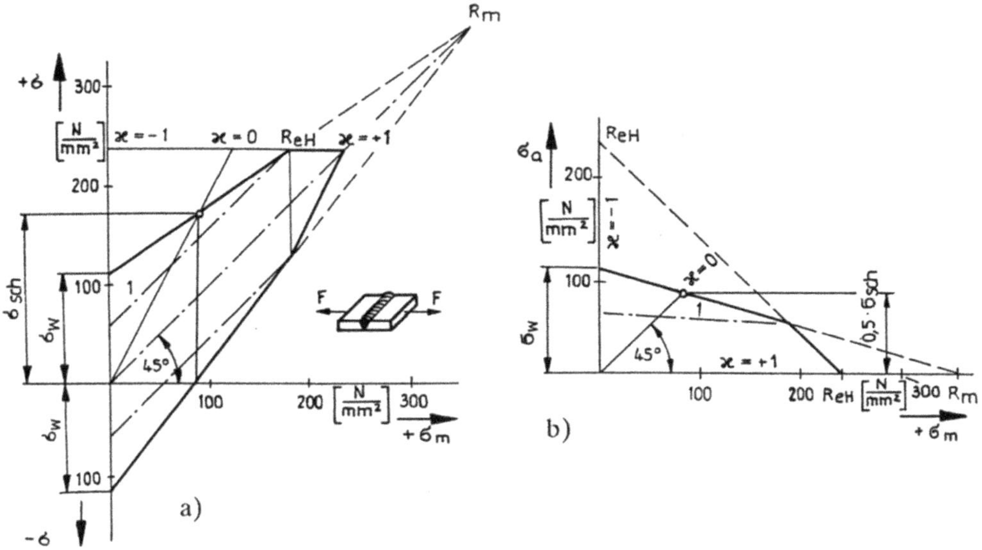

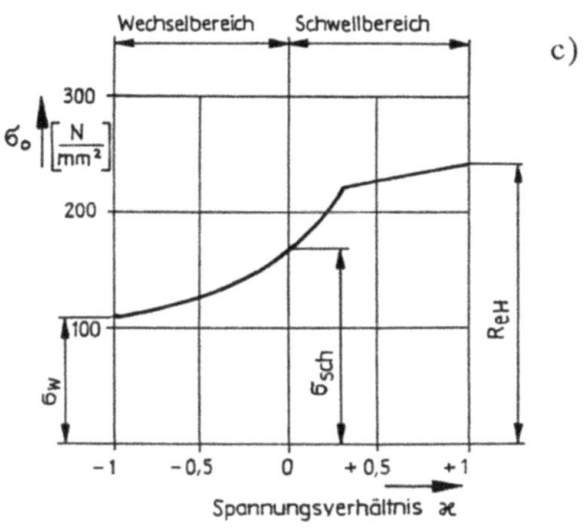

Bild 4-15
Dauerfestigkeits-Schaubilder für quer zur Kraftrichtung beanspruchte Stumpfnaht mit gegengeschweißter Wurzel, Werkstoff St37
a) nach Smith, b) nach Haigh, c) nach Moore-Kommers-Jasper, 1 Verlauf bei hohen Schweißeigenspannungen

Spannungskollektive

Zahlreiche Bauteile (Maschinengestelle, Krane, Fahrzeuge) unterliegen nicht einer periodisch auftretenden sinusförmigen Beanspruchung, sondern die Belastungen treten in unterschiedlicher Größe und Häufigkeit regellos auf. Wird in solchen Fällen nach der Dauerfestigkeit bemessen, so wird in unzutreffender Weise vorausgesetzt, daß der Höchstwert der Beanspruchung immer auftritt. Die Bauteile werden stark überdimensioniert. [6, 7]

Der in Bild 4-16a dargestellte zufallsartige Spannungsverlauf kann praktisch nicht durch eine mathematische Beziehung erfaßt werden. Deshalb wird die Höhe der Spannungsausschläge in Klassen eingeteilt, die Spannungsspitzen ausgezählt und die Häufigkeiten jeder Klasse festgehalten, Bild 4-16b und c.

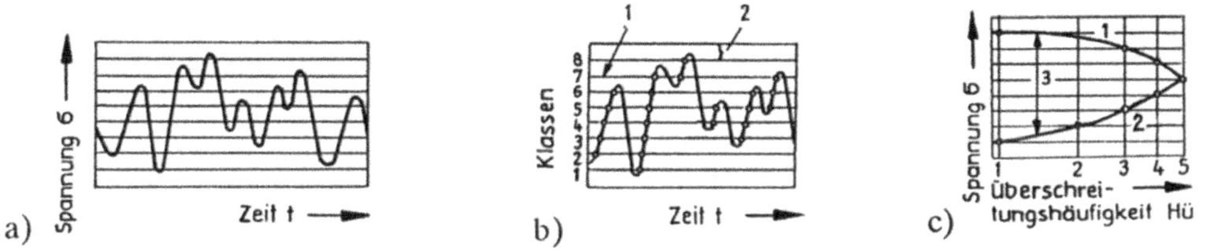

Bild 4-16 Ermittlung eines Spannungskollektivs (schematisch)
a) Spannungs-Zeit-Funktion einer regellos schwingenden Belastung,
b) Klassieren der Spannungsausschläge (1 Klassengrenze, 2 Klasse),
c) durch Klassengrenzenüberschreitungszählung ermitteltes Spannungskollektiv (1 Oberspannung, 2 Unterspannung, 3 doppelte Schwingbreite 2 σ_a).

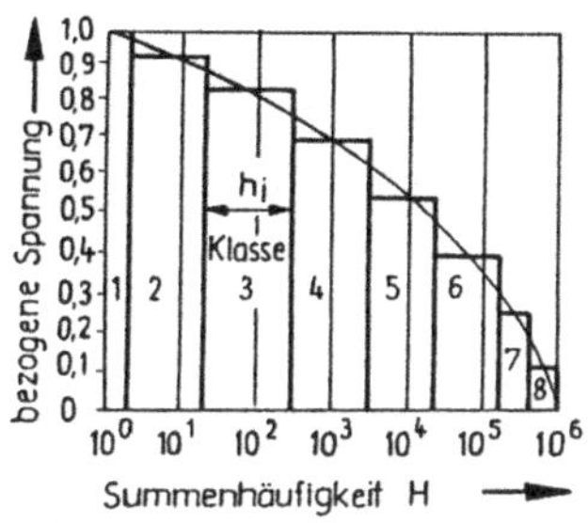

a)

Klasse	bezogene Spannung	Klassenhäufigkeit h_i
1	1,00	2
2	0,95	16
3	0,85	280
4	0,725	2720
5	0,575	20000
6	0,425	92000
7	0,275	280000
8	0,125	605000

b) $\overline{H} = 1000000$

Bild 4-17 Normkollektiv
a) Gaußsche Normalverteilung mit zugehöriger Treppenkurve
b) Wertetabelle für dieses Beispiel

Das Amplitudenkollektiv erhält man durch Ausmittlung der beiden Kollektivzweige gemäß $\sigma_a = 0{,}5 \cdot (\sigma_o - \sigma_u)$ nach Bild 4-16c.
Dadurch reduziert sich das Kollektiv auf einen Zweig. Durch Ausdehnen der Auswertung auf die Gesamtbeanspruchungsdauer erhält man das entsprechende Belastungskollektiv. Vom ursprünglichen Beanspruchungsverlauf gehen die zeitliche Aufeinanderfolge der Amplituden und die Frequenzen verloren.
Da bestimmte Häufigkeitsverteilungen in ähnlicher Form bei Bauteilen immer wiederkehrend vorkommen, lassen sich die Kollektive normieren. Dabei wird der Kollektivumfang auf eine Million Überschreitungshäufigkeiten (Schwingspiele) begrenzt. In Bild 4-17 ist ein Normkollektiv in bildlicher und tabellarischer Form wiedergegeben, dessen Häufigkeitsverteilung einem Gaußschen Zufallsprozeß entspricht. Weitere Kollektivformen siehe Bild 4-19 und 4-20.

Lebensdauerabschätzung

Die Betriebsbeanspruchungen der allermeisten Bauteile laufen regellos ab. Die Schwingfestigkeitsdaten werden dagegen mit konstanter Amplitude (Einstufenversuch) ermittelt. Sie sind deshalb für eine direkte Lebensdauervorhersage nicht brauchbar.

Eine Lebensdauerabschätzung geschweißter Bauteile ist möglich, wenn das Belastungskollektiv und die Bauteil-Wöhler-Linie zur Verfügung stehen und eine geeignete Schadensakkumulationshypothese, wie die Palmgren-Miner-Regel, benutzt wird.
Sie geht von einem linearen Schädigungszuwachs mit der Anzahl N_i der Schwingspiele aus, wobei je Schwingspiel eine Teilschädigung $1/N_i$ auftritt, wenn N_i die Bruchlastschwingzahl für den jeweiligen Spannungsausschlag σ_{ai} im Einstufenversuch ist. Die Schadenssumme für ein Kollektiv mit n_i Schwingspielen je Klasse i ergibt sich dann zu

$$S = \sum_i \frac{n_i}{N_i} \tag{4.19}$$

Der Ermüdungsbruch tritt ein, wenn die Schadenssumme S = 1 erreicht.
Da die nach der Palmgren-Miner-Regel ermittelte Lebensdauer oft beträchtlich von Versuchswerten abweicht, hat die Hypothese viele Erweiterungen und Ergänzungen erfahren, auf die hier nicht eingegangen wird.
Für das im Bild 4-18 mit den dort angegebenen Daten durchgeführte Berechnungsbeispiel wird die Schadenssumme S = 1 bei einer Schwingspielzahl $N = 10^6/0{,}03675 \approx 27$ Millionen. Das Belastungskollektiv kann also 27mal durchfahren werden, bevor das Teil zu Bruch geht. Diese Betriebsfestigkeitsrechnung ergibt gegenüber der einfachen Berechnung nach der Wöhlerlinie mit der Bruchschwingzahl $N_i \approx 95\,000$ für $\sigma_{a\,max} = 160$ N/mm² (Klasse 1) eine rund 280fache Lebensdauer ($27 \cdot 10^6/95\,000$).

Ein ähnliches Bild über die Reserven durch das Bemessen nach Gesichtspunkten der Betriebsfestigkeit vermittelt das Beispiel eines Zugstabes mit aufgeschweißter Quersteife nach Bild 4-19. Daraus ist ersichtlich, daß in Abhängigkeit von der Kollektivform die Lebensdauer um das über tausendfache ansteigen kann, oder – im günstigsten Fall – der kritische Querschnitt auf ein Fünftel reduziert werden darf.

Stufe Klasse i	bezogene Spannung	Spannungsklasse σ_{ai} N/mm²	Stufenhäufigkeit n_i	Bruchschwingspielzahl nach Wöhlerlinie $N_i = 2 \cdot 10^6 \left(\frac{\sigma_{ai}}{\sigma_D}\right)^{-k}$	Schadensanteil $\frac{n_i}{N_i}$
1	1,00	160	2	95 000	0,00002
2	0,95	152	16	115 000	0,00014
3	0,85	136	280	175 000	0,00160
4	0,725	116	2 720	317 000	0,00857
5	0,575	92	20 000	757 000	0,02642
6	0,425	68	92 000	–	–
7	0,275	44	280 000	–	–
8	0,125	20	605 000	–	–
				Schadenssumme	S = 0,03675

Bild 4-18 Beispiel einer Lebensdauerrechnung mit Normkollektiv und Wöhlerlinie ($\sigma_{a\,max} = 160$ N/mm², Wöhlerlinie mit $\sigma_D = 71$ N/mm² und Neigungsexponent k = 3,75 für $P_ü = 50$ %, Spannungen unterhalb der Dauerfestigkeit nicht berücksichtigt)

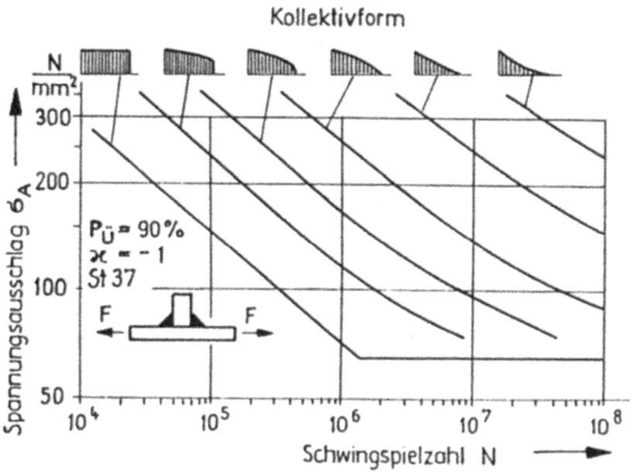

Bild 4-19 Ertragbare Spannungsausschläge einer Schweißverbindung in Abhängigkeit von der Kollektivform

Spannungskollektiv:

S3 = schwer (immer Vollast)

S2 = mittel (häufig Vollast)

S1 = leicht (gelegentlich Vollast)

S0 = sehr leicht (selten Vollast)

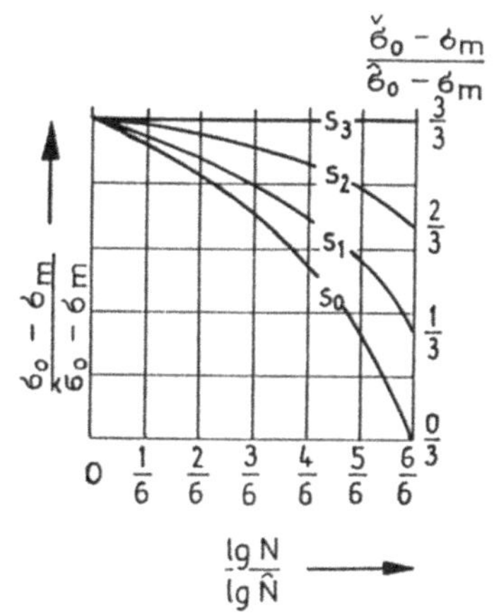

Dabei bedeuten:

$\sigma_m = \frac{1}{2}(\sigma_{max} + \sigma_{min})$

Betrag der konstanten Mittelspannung

σ_0 = Betrag der Oberspannung, die N-mal erreicht oder überschritten wird

$\hat{\sigma}_0$ = Betrag der größten Oberspannung des idealisierten Spannungskollektivs

$\check{\sigma}_0$ = Betrag der kleinsten Oberspannung des idealisierten Spannungskollektivs

$\hat{N}$ = 10^6 Umfang des idealisierten Spannungskollektivs

Bild 4-20 Idealisierte bezogene Spannungskollektive

4.5 Betriebsfestigkeitsnachweis nach DIN 15018

Der Betriebsfestigkeitsnachweis auf Sicherheit gegen Dauerbruch bei zeitlich veränderlichen, häufig wiederholten Spannungen ist für Krantragwerke mit mehr als 20 000 Spannungsspielen für die Lastfälle H vorgeschrieben. [8]

Er beruht auf typisierten Kollektiven und gestuften Lastspielbereichen, die 6 Beanspruchungsgruppen B1 bis B6 ergeben.

Mit vier idealisierten Spannungskollektiven S_0 bis S_3 nach Bild 4-20 wird die relative Summenhäufigkeit gekennzeichnet, mit der eine bestimmte Oberspannung σ_o erreicht oder überschritten wird. Die zugehörigen Kollektivbeiwerte $p = (\check{\sigma}_o - \sigma_m)/(\hat{\sigma}_o - \sigma_m)$

sind 0/3, 1/3, 2/3 und 3/3. Das schwerste Einheitskollektiv S_3 mit p = 1 entspricht dabei einer Beanspruchung mit über den gesamten Schwingspielbereich konstanter Amplitude, während das leichteste Kollektiv S_0 mit p = 0 durch eine Beanspruchung mit normalverteilter Amplitude bestimmt wird. Bei der Berechnung ist das zu erwartende Spannungkollektiv näherungsweise einem dieser idealisierten Kollektive zuzuordnen.
Bei der experimentellen Bestimmung der Betriebsfestigkeitswerte wurden Lebensdauerlinien mit einer Neigung k = 3,3 für geschweißte Bauteile und einer Neigung von k = 6,6 für nicht geschweißte Bauteile (k = 5,3 für St52) ermittelt. Die zulässigen Spannungen haben gegenüber einer Lebensdauerlinie von $P_ü$ = 90 % einen Teilsicherheitsbeiwert von 4/3.
Da die Belastbarkeit eines Bauteiles von der Kollektivform und der zu erwartenden Schwingspielzahl abhängt, wird je nach dem vorliegenden Spannungskollektiv (S_0 bis S_3) und dem vorgesehenen Spannungsspielbereich (N1 bis N4) entsprechend Bild 4-21 eine Beanspruchungsgruppe (B1 bis B6) gebildet, welcher Grundwerte der zulässigen Spannungen zugeordnet sind. Die Beanspruchungsgruppe wird umso ungünstiger, je höher der Spannungsspielbereich N und je schwerer („voller“) das Spannungskollektiv ist.

Spannungsspielbereich	N1	N2	N3	N4
Gesamte Anzahl der vorgesehenen Spannungsspiele $\dot{N}$	über $2 \cdot 10^4$ bis $2 \cdot 10^5$ Gelegentliche nicht regelmäßige Benutzung mit langen Ruhezeiten	über $2 \cdot 10^5$ bis $6 \cdot 10^5$ Regelmäßige Benutzung bei unterbrochenem Betrieb	über $6 \cdot 10^5$ bis $2 \cdot 10^6$ Regelmäßige Benutzung im Dauerbetrieb	über $2 \cdot 10^6$ Regelmäßige Benutzung im angestrengten Dauerbetrieb
Spannungskollektiv	Beanspruchungsgruppe			
S_0 sehr leicht	B1	B2	B3	B4
S_1 leicht	B2	B3	B4	B5
S_2 mittel	B3	B4	B5	B6
S_3 schwer	B4	B5	B6	B6

Bild 4-21 Beanspruchungsgruppen nach Spannungsspielbereichen und Spannungskollektiven nach DIN 15018 T1

Die mit steigendem Kerbeinfluß fallende Betriebsfestigkeit [5] gebräuchlicher Bauformen wird durch 8 Kerbfälle berücksichtigt: W0 bis W3 für unbeeinflußte oder gelochte Bauteile, K0 bis K4 für geschweißte Bauteile. Beispiele für die Einordnung geschweißter Bauteile in Kerbfälle gibt auszugsweise Bild 4-22.
Die von Kerbfall, Stahlsorte und Beanspruchungsgruppe abhängigen Grundwerte der zulässigen Spannungen $\sigma_{D(-1)\,zul}$ enthält für die reine Wechselfestigkeit ($\kappa = -1$) das Bild 4-23. Einer Beanspruchungsgruppenstufe nach Bild 4-23 entspricht der Faktor $\sqrt{2}$ bei geschweißten Teilen (K0 bis K4) und 1,19 (St37) bzw. 1,24 (St52) bei den unbeeinflußten oder gelochten Bauteilen (W0 bis W2). Für beliebige Spannungsverhältnisse $-1 \leq \kappa \leq 1$

Ordnungs-Nr.	Darstellung	Beschreibung	Nahtgüte[1)]	Kerbfall (Kerbwirkung)
011	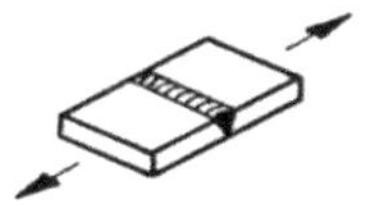	Mit Stumpfnaht quer zur Nahtrichtung verbundene Teile	Sondergüte	K0 (gering)
111			Normalgüte	K1 (mäßig)
021	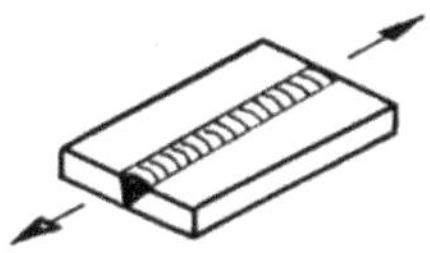	Mit Stumpfnaht längs zur Kraftrichtung verbundene Teile	Normalgüte	K0 (gering)
121			Normalgüte, Stichprobenprüfung	K1 (mäßig)
012	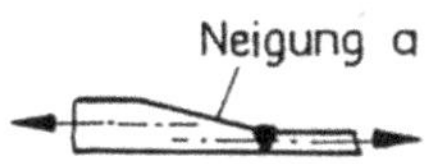	Mit Stumpfnaht quer zur Kraftrichtung verbundene Teile verschiedener Dicke – mit unsymmetrischem Stoß und Neigung a, gestützt; – mit symmetrischem Stoß und Neigung b	Sondergüte a : ≤ 1: b : ≤ 1:3	K0 (gering)
112			Normalgüte a : ≤ 1:4 b : ≤ 1:4	K1 (mäßig)
212	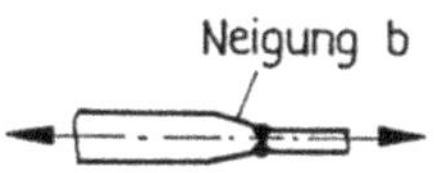		Normalgüte a : ≤ 1:3 b : ≤ 1:2	K2 (mittel)
312			Normalgüte a : ≤ 1:2 b : ≤ 1:1	K3 (stark)
131	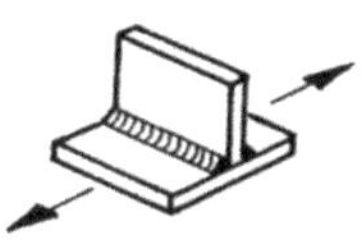	Durchlaufendes Teil, das quer zur an Kraftrichtung Teile mit durchlaufender Naht angeschweißt sind	Sondergüte (DHV-Naht)	K1 (mäßig)
231			Sondergüte (Doppelkehlnaht)	K2 (mittel)
331			(Normalgüte (Doppelkehlnaht)	K3 (stark)
251	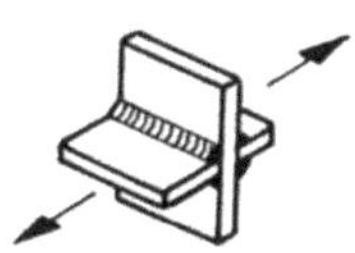	Quer zur Kraftrichtung durch Kreuzstoß verbundene Teile	Sondergüte (DHV-Naht)	K2 (mittel)
351			Normalgüte (DHV-Naht)	K3 (stark)
451			Normalgüte (Doppelkehlnaht)	K4 (besonders stark)
252	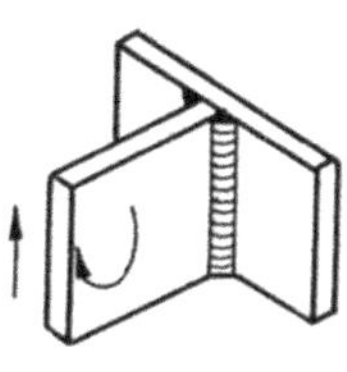	Anschluß durch T-Stoß mit Biegung und Schub	Sondergüte (DHV-Naht)	K2 (mittel)
352			Normalgüte (DHV-Naht)	K3 (stark)
452			Normalgüte (Doppelkehlnaht)	K4 (besonders stark)

Ordnungs-Nr.	Darstellung	Beschreibung	Nahtgüte[1)]	Kerbfall (Kerbwirkung)
442 443	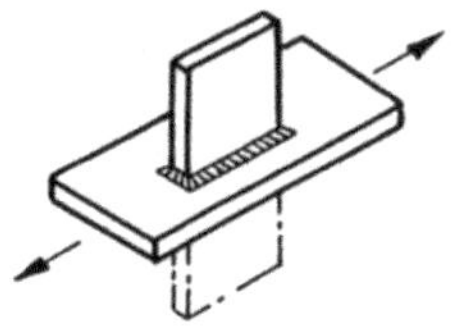	Durchlaufendes Teil, auf das rechtwinklig endende Teile oder Steifen längs zur Kraftrichtung aufgeschweißt oder durchgesteckt und angeschweißt sind.	Normalgüte (Doppelkehlnaht)	K4 (besonders stark)
347	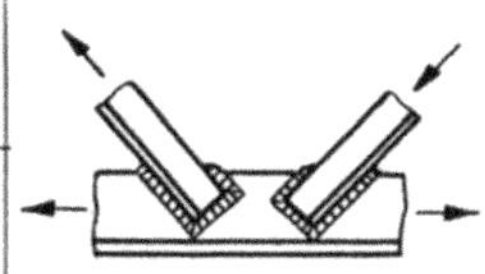	Durchlaufendes Teil, auf das Stäbe mit Kehlnähten aufgeschweißt sind	Sondergüte (Kehlnaht ringsumlaufend)	K3 (stark)
447			Normalgüte	K4 (besonders stark)
154	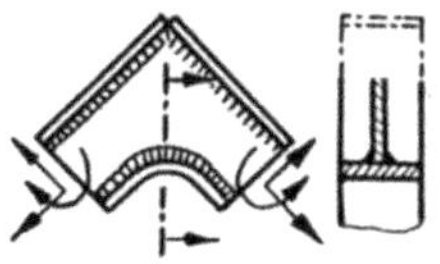	Anschluß eines Stegbleches an gekrümmtes Gurtblech	Sondergüte (DHV-Naht)	K1 (mäßig)
254			Normalgüte (DHV-Naht)	K2 (mittel)
354			Normalgüte (Doppelkehlnaht)	K3 (stark)
414	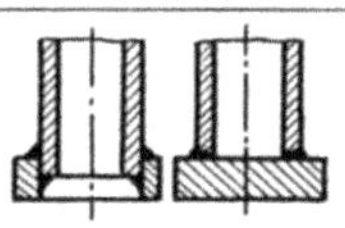	Mit 2 Kehlnähten oder mit HV-Naht mit Kehlnaht verbundene Flansche und Rohre.	Normalgüte	K4 (besonders stark)
253		Naht zwischen Gurt und Steg bei Angriff von Einzellasten in Stegebene quer zur Naht.	Sondergüte (DHV-Naht)	K2 (mittel)
353			Normalgüte (DHV-Naht)	K3 (stark)
453			Normalgüte (Doppelkehlnaht)	K4 (besonders stark)

1) Neben den Schweißnähten mit den Anforderungen entsprechend den Güteklassen nach DIN 8563 T3 sind in DIN 15 018 Schweißnähte mit weitergehenden Güteeigenschaften festgelegt. s. Tabelle 5.3 in Kapitel 5.5 Kranbau.

Bild 4-22 Beispiele für die Einordnung gebräuchlicher Bauformen in Kerbfälle nach DIN 15 018 T1 (Auszug)

<table>
<tr><td>Stahlsorte</td><td colspan="3">St 37</td><td colspan="3">St 52-3</td><td colspan="5">St 37</td><td colspan="5">St 52-3</td></tr>
<tr><td>Kerbfall</td><td>W0</td><td>W1</td><td>W2</td><td>W0</td><td>W1</td><td>W2</td><td>K0</td><td>K1</td><td>K2</td><td>K3</td><td>K4</td><td>K0</td><td>K1</td><td>K2</td><td>K3</td><td>K4</td></tr>
<tr><td>Bean-spruchungs-gruppe</td><td colspan="16">Zulässige Spannungen $\sigma_{D\,(-1)\,zul}$ für $\kappa = -1$</td></tr>
<tr><td>B1</td><td rowspan="3">180</td><td rowspan="2">180</td><td>180</td><td rowspan="2">270</td><td>270</td><td>247,2</td><td rowspan="3">180</td><td rowspan="3">180</td><td rowspan="2">180</td><td>180</td><td>152,7</td><td rowspan="2">270</td><td rowspan="2">270</td><td>270</td><td>254</td><td>152,7</td></tr>
<tr><td>B2</td><td>168</td><td>249</td><td>199,2</td><td>180</td><td>108</td><td>252</td><td>180</td><td>108</td></tr>
<tr><td>B3</td><td>161,4</td><td>141,3</td><td>252,2</td><td>200,6</td><td>160,5</td><td>178,2</td><td>127,3</td><td>76,4</td><td>237,6</td><td>212,1</td><td>178,2</td><td>127,3</td><td>76,4</td></tr>
<tr><td>B4</td><td>169,7</td><td>135,8</td><td>118,8</td><td>203,2</td><td>161,1</td><td>129,3</td><td>168</td><td>150</td><td>126</td><td>90</td><td>54</td><td>168</td><td>150</td><td>126</td><td>90</td><td>54</td></tr>
<tr><td>B5</td><td>142,7</td><td>114,2</td><td>99,9</td><td>163,8</td><td>130,3</td><td>104,2</td><td>118,8</td><td>106,1</td><td>89,1</td><td>63,6</td><td>38,2</td><td>118,8</td><td>106,1</td><td>89,1</td><td>63,6</td><td>38,2</td></tr>
<tr><td>B6</td><td>120</td><td>96</td><td>84</td><td>132</td><td>105</td><td>84</td><td>84</td><td>75</td><td>63</td><td>45</td><td>27</td><td>84</td><td>75</td><td>63</td><td>45</td><td>27</td></tr>
</table>

Bild 4-23 Grundwerte der zulässigen Spannungen $\sigma_{D\,(-1)\,zul}$ in N/mm² für $\kappa = -1$ in Bauteilen beim Betriebsfestigkeitsnachweis nach DIN 15 018 T1

<table>
<tr><td></td><td>Beanspruchung</td><td>zulässige Spannung</td></tr>
<tr><td rowspan="2">Wechselbereich
$-1 < \kappa < 0$</td><td>Zug</td><td>$\sigma_{Dz\,(\kappa)\,zul} = \frac{5}{3 - 2\kappa} \cdot \sigma_{D\,(-1)\,zul}$</td></tr>
<tr><td>Druck</td><td>$\sigma_{Dd\,(\kappa)\,zul} = \frac{2}{1 - \kappa} \cdot \sigma_{D\,(-1)\,zul}$</td></tr>
<tr><td rowspan="2">Schwellbereich
$0 < \kappa < +1$</td><td>Zug</td><td>$\sigma_{Dz\,(\kappa)\,zul} = \frac{\sigma_{Dz\,(0)\,zul}}{1 - \left(1 - \frac{\sigma_{Dz\,(0)\,zul}}{0{,}75 \cdot R_m}\right) \cdot \kappa}$</td></tr>
<tr><td>Druck</td><td>$\sigma_{Dd\,(\kappa)\,zul} = \frac{\sigma_{Dd\,(0)\,zul}}{1 - \left(1 - \frac{\sigma_{Dd\,(0)\,zul}}{0{,}9 \cdot R_m}\right) \cdot \kappa}$</td></tr>
<tr><td>Bauteile</td><td>Schub oder Torsion</td><td>$\tau_{D\,(\kappa)\,zul} = \frac{\sigma_{Dz\,(\kappa)\,zul}}{\sqrt{3}}$ mit $\sigma_{Dz\,(\kappa)\,zul}$ nach Kerbfall W0</td></tr>
<tr><td>Schweißnaht[1)]</td><td>Schub oder Torsion</td><td>$\tau_{D\,(\kappa)\,zul} = \frac{\sigma_{Dz\,(\kappa)\,zul}}{\sqrt{2}}$ mit $\sigma_{Dz\,(\kappa)\,zul}$ nach Kerbfall K0</td></tr>
</table>

Bild 4-24 Gleichungen für die zulässigen Oberspannungen $\sigma_{D\,(\kappa)\,zul}$ und zulässigen Schubspannungen $\tau_{D\,(\kappa)\,zul}$ für Bauteile und Schweißnähte in Abhängigkeit von κ und $\sigma_{D\,(-1)\,zul}$ nach DIN 15 018 T1.

[1)] Für Kehlnähte und Nähte mit Wurzelkerben sind die zulässigen Schubspannungen mit dem Faktor 0,6 abzumindern. Im Schwellbereich $0 \le \kappa \le +1$ darf auch mit höheren Werten nach folgender Formel gerechnet werden, wobei für $\sigma_{Dz\,(0)\,zul}$ und $\sigma_{Dz\,(+1)\,zul}$ der niedrigste der beiden Kerbfälle K0 und W0 einzusetzen ist.

$$\tau_{D\,(\kappa > 0)\,zul} = \frac{0{,}6 \cdot \sigma_{Dz\,(0)\,zul} / \sqrt{2}}{1 - \left(1 - \frac{0{,}6 \cdot \sigma_{Dz\,(0)\,zul}}{\sigma_{Dz\,(+1)\,zul}}\right) \cdot \kappa}$$

lassen sich die zulässigen Oberspannungen $\sigma_{D(\kappa)\,zul}$ aus den Grundwerten $\sigma_{D(-1)\,zul}$ mit Hilfe der Gleichungen nach Bild 4-24 berechnen. Bild 4-25 zeigt die bestehenden Zusammenhänge am Smith-Schaubild. Nach oben sind alle zulässigen Spannungen durch den im Allgemeinen Spannungsweis angegebenen Wert für den Lastfall HZ begrenzt, vgl. Bild 4-11b.
Bei geschweißten Bauteilen gelten abhängig von der Beanspruchungsgruppe und dem Kerbfall für die Werkstoffe St37 und St52 bei hohen Lastspielzahlen die gleichen zulässigen Spannungen.
Ein Berechnungsbeispiel unter 4.7 zeigt die Anwendung des Betriebsfestigkeitsnachweises an einem geschweißten Maschinenteil.

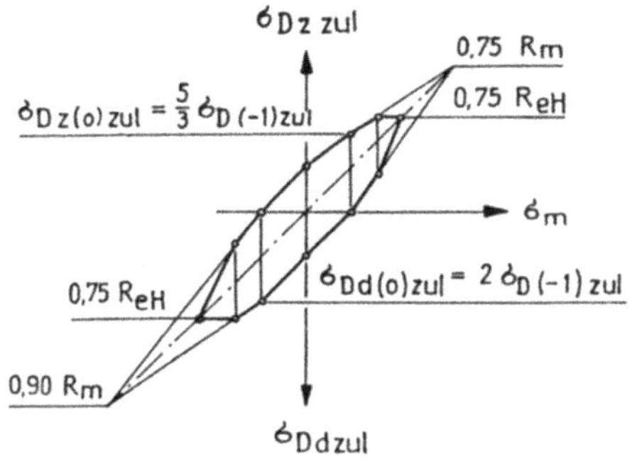

Bild 4-25
Zusammenhänge zwischen $\sigma_{D(x)\,zul}$ und $\sigma_{D(-1)\,zul}$ im Smith-Schaubild

4.6 Eigenspannungen

Eigenspannungen sind Spannungen, die in einem Bauteil vorhanden sind, ohne daß äußere Kräfte und Momente darauf einwirken. Sie stehen zueinander im Gleichgewicht, weshalb immer Bereiche mit Zug- und andere mit Druckeigenspannungen vorliegen.
Die Messung von Eigenspannungen ist zerstörungsfrei röntgenografisch oder magnetisch nur bis etwa 0,5 mm Tiefe möglich und gestattet keine gültige Aussage über den Gesamtquerschnitt. Die zerstörenden Verfahren (Abätzen oder Zerteilen) geben bessere Auskünfte.

Entstehung von Eigenspannungen

Eigenspannungen entstehen durch inhomogene Erwärmungen und plastische Formänderungen. Vor allem beim Schweißen und thermischen Trennen treten lokale Erwärmungen auf: Die örtlich konzentrierten thermischen Formänderungen werden durch angrenzende, weniger intensiv durchwärmte Querschnittsteile, sowohl beim Erwärmen als auch beim Abkühlen behindert, was zu plastischen Verformungen führt [10]. Bild 4-26 zeigt, wie aufgrund der Einspannung in der erwärmten Zone durch Ausdehnung Druckspannungen entstehen, die sich beim Abkühlen in Zugspannungen umkehren. Die Ausdehnungs- und Schrumpfbehinderung ist beim Schweißen durch das Umschließen der angewärmten Zone mit kaltem Werkstoff bedingt. Sonderschweißverfahren, bei denen wenig Wärme oder diese sehr homogen eingebracht wird, ergeben sehr geringe Eigenspannungen: z.B. Kaltpreß-Schweißen, Diffusions-Schweißen.

Unbehinderte Dehnung und Schrumpfung

L_0 = Länge vor Erwärmung und nach Erkalten

L_1 = Wärmegedehnte Länge

keine Eigenspannung keine Längenänderung

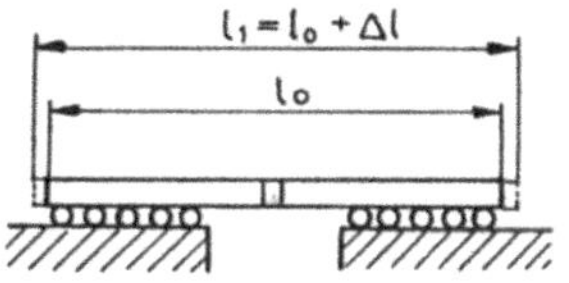

Behinderte Wärmedehnung

(plastische Stauchung der Zonen um Wärmestelle)

Unbehinderte Schrumpfung

L_2 = Länge nach dem Erkalten (um Stauchweg Δ l verkürzt)

keine Eigenspannung bleibende Längenänderung

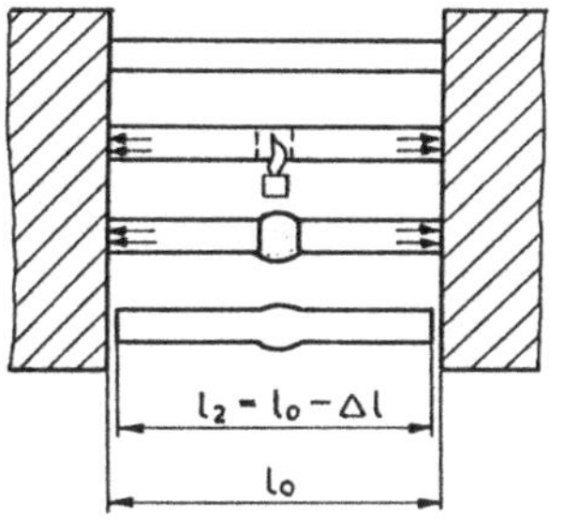

Behinderte Dehnung und Schrumpfung

Behinderte Wärmedehnung (plastische Stauchung)

Behinderte Schrumpfung (nach dem Erkalten)

große Eigenspannung keine Längenänderung

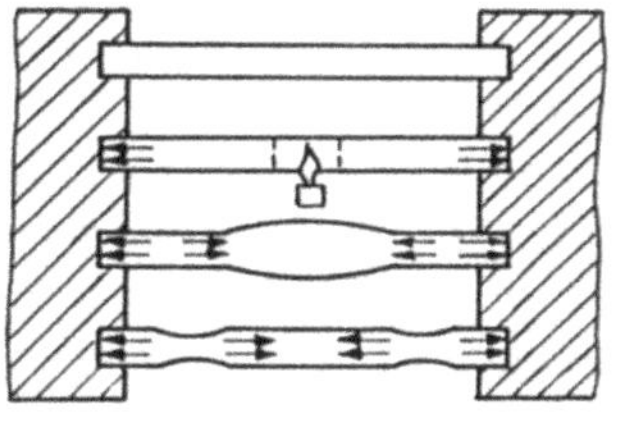

Bild 4-26 Schematische Darstellung der Auswirkungen von lokalen Wärmedehnungen und Schrumpfungen [11]

Schrumpfungsarten

Die Schrumpfungen werden unterschieden in (Bild 4-27):

- *Längsschrumpfungen,* sie führen zu Spannungen in Nahtlängsrichtung (σ_x)
- *Querschrumpfungen,* diese führen zu Spannungen quer zur Naht (σ_y). Ein Sonderfall dieser Schrumpfungsart ist die *Winkelschrumpfung*
- *Dickenschrumpfungen,* die zu Spannungen in Richtung der Blech- oder Nahtdicke führen.

Beeinflussende Faktoren

Schweißeigenspannungen können entstehen, wenn beim Wärmespiel (Aufheizen – Abkühlen) Behinderungen der Dehnung und Schrumpfung vorliegen. Diese sind bei jeder Schmelz-Schweißung gegeben, so daß die vollständige Vermeidung von Eigenspannungen nicht möglich ist. Fertigungstechnisch kann jedoch so verfahren werden, daß sie bei der Einhaltung einer richtigen Schweißfolge gegeneinanderwirken und sich teilweise aufheben.

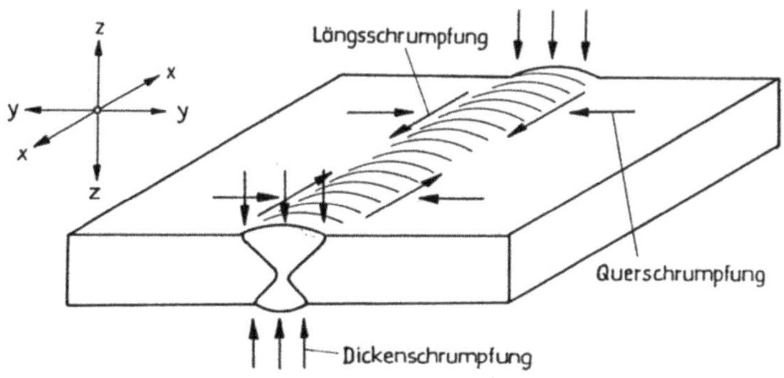

Spannungen in Nahtlängsrichtung	σ_x	(Längsspannungen)
Spannungen quer zur Naht	σ_y	(Querspannungen)
Spannungen in Richtung der Nahtdicke	σ_z	(Dickenspannungen)

Bild 4-27 Schrumpfungsrichtungen – Spannungsbezeichnungen [12]

Wesentliche Faktoren für die Entstehung sind:
- starke Schrumpfbehinderung bei steifen Konstruktionen
- große Blechdicken
- höherfeste Werkstoffe mit erhöhten Streckgrenzen
- Verwendung von Schweißverfahren hoher Leistungsdichte
- geringes Volumen der einzelnen Schweißlagen (Zugraupen) bei Mehrlagenschweißungen

Maßnahmen zur Verminderung von Schweißeigenspannungen

Läßt die Konstruktion einen gewissen Spielraum in der *Werkstoffwahl* zu, führen folgende Eigenschaften zu geringeren Eigenspannungen:
- geringer Wärmeausdehnungskoeffizient
- kleines Streckgrenzenverhältnis
- geringe Festigkeit (bis zu Werten des St52-3)
- großes Formänderungsvermögen

Konstruktiv sind die folgenden Gesichtspunkte zu beachten
- lange, gleichlaufende Nähte vermeiden
- Nahtanhäufungen vermeiden (Bild 4-28)

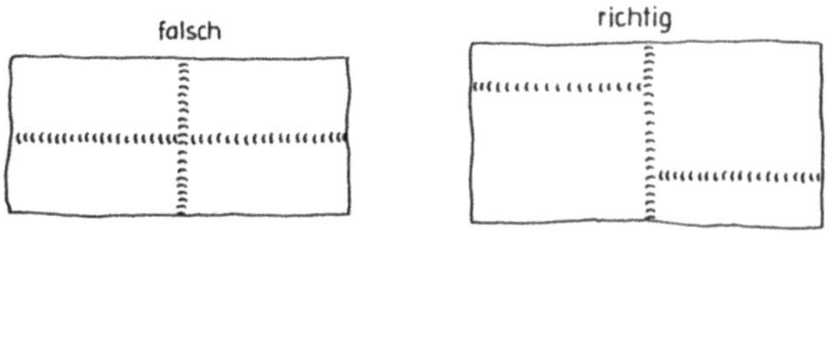

Bild 4-28
Vermeidung von Nahtanhäufungen

- wenig Einspannungen vorsehen (Bild 4-29)
- Blechdicken minimieren
- Nahtdicken minimieren
- große Dehnlängen vorsehen (Bild 4-30)
- kleine Nahtöffnungswinkel wählen
- mehrachsige Spannungszustände meiden (siehe auch Bilder 4-28 und 4-31)

Bei der *schweißtechnischen Fertigung* ist der Schweißfolgeplan die wichtigste Grundlage. Im folgenden werden hierzu noch Hinweise gegeben:

- zuerst Quernähte, dann Längsnähte schweißen
- zuerst Stumpfnähte, dann Kehlnähte schweißen (Bild 4-31)
- Pendelraupen ergeben geringere Schrumpfungen als Zugraupen (Tabellen 1–3 im Anhang)
- bei langen Nähten von der Mitte nach außen schweißen, evtl. mit zwei Schweißern gleichzeitig, bei Doppelkehlnähten mit vier Schweißern gleichzeitig!
- bei mehrlagigen langen Nähten pro Lage die Schweißrichtung ändern

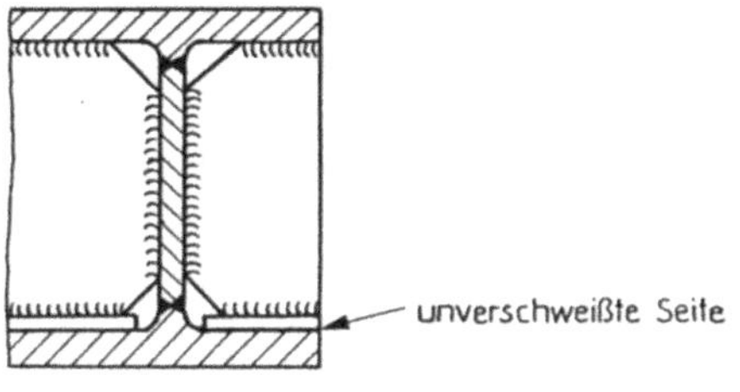

Bild 4-29
Vermeidung von Einspannungen

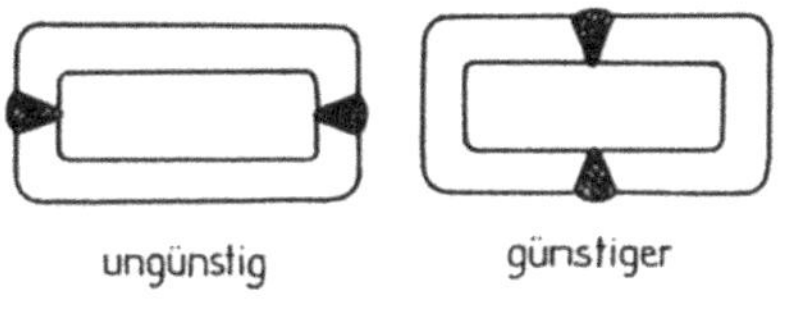

Bild 4-30
Ausnutzung großer Dehnlängen

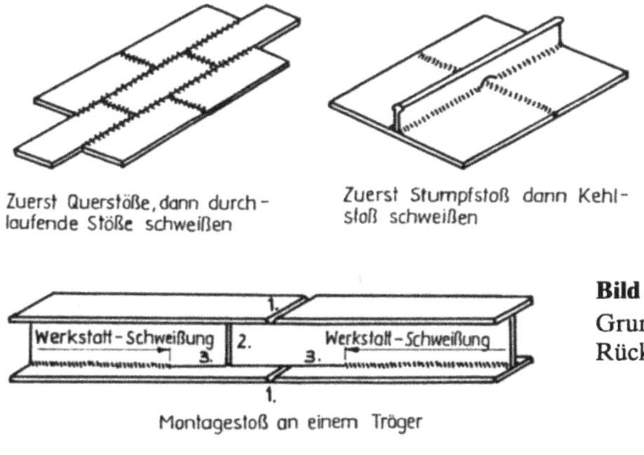

Bild 4-31
Grundregeln für die Schweißfolge mit Rücksicht auf die Querschrumpfung

- unterbrochene Nähte sind zwar schweißtechnisch wegen der vielen Ansätze kritisch, für geringe Eigenspannungen aber empfehlenswert
- in kritischen Fällen (z.B. kleine Wanddicken) wird das Pilgerschritt-Verfahren eingesetzt. Die eingebrachte Wärme soll pro Schweißschritt abgeführt und nicht mitgeschleppt werden – gegebenenfalls Pausen einlegen
- Die Gefahr von Rissen in Schweißverbindungen bei erst teilweise gefülltem Nahtquerschnitt kann durch zähes Schweißgut sowie schmale Nahtform mit geringem Öffnungswinkel gemindert werden
- *Vorwärmen* ist eine metallurgische Maßnahme und *erhöht* die Eigenspannungen, wenn nicht das gesamte Bauteil vorgewärmt wird.

Abbau von Eigenspannungen

Mit den folgenden Methoden können Eigenspannungen abgebaut werden, wobei teilweise die Höhe möglicher Resteigenspannungen bestimmt werden kann:
- *Spannungsarmglühen:* Hier wird das gesamte Bauteil zwischen 450 und 650 °C erwärmt (Stahl), wobei die Streckgrenze erheblich abfällt (auf ca. 20 N/mm^2) und sämtliche Eigenspannungen, die oberhalb der Warmstreckgrenze liegen, durch plastisches Fließen auf den Wert der Warmstreckgrenze abgebaut werden.
- *Niedrigtemperatur-Entspannungen* (auch mit Brennern) wirkt durch thermische Belastung, wobei der erreichte Spannungsabbau nicht quantifiziert werden kann
- *Kaltverformung* – gezieltes Plastifizieren der Eigenspannungen, beispielsweise durch Überlast (Kranbau) oder Überdruck (Kesselbau). Bei definierten Überlasten können maximal verbleibende Resteigenspannungen bestimmt werden
- *Vibrationsentspannen* – lokales Plastifizieren durch Schwingungen des Bauteils im Resonanzbereich
- *Oberflächenverformung* (Kalthämmern, Kugelstrahlen) zur Erzeugung von Druckeigenspannungen, die den Zugeigenspannungen an der Oberfläche entgegenwirken.

Auswirkungen von Schweißeigenspannungen

Eigenspannungen können, wenn keine Fließbehinderung vorliegt, höchstens die Höhe der Streckgrenze erreichen. Liegt jedoch durch einen mehrachsigen Spannungszustand (Nahtanhäufung) eine Fließbehinderung vor, können die Eigenspannungen über die Steckgrenze ansteigen.

Rechnerische Berücksichtigung der Eigenspannungen

In allen einschlägigen Regelwerken werden Eigenspannungen nicht in der Schweißnahtberechnung berücksichtigt. Alle gegebenen Hinweise müssen demnach als Empfehlungen und nicht als Vorschrift angesehen werden (4). In diesem Zusammenhang muß auf den Einfluß der Kerbspannungen der Schweißnähte hingewiesen werden, die sich bei statischen und dynamischen Belastungen gravierender auswirken als Eigenspannungen. In der Schweißnaht selbst, als zuletzt erkaltendem Bereich, stellen sich üblicherweise Zugeigenspannungen ein. Ergibt die Betriebslast nur Druckspannungen, können die Eigenspannungen vernachlässigt und als zusätzliche Sicherheit angesehen werden. Sowohl die Berechnung als auch die Messung von Eigenspannungen bereitet heute noch große Schwierigkeiten, was die Berücksichtigung sehr erschwert und viele Versuche zur Bestimmung von Korrekturwerten erfordert.

Bei *vorwiegend ruhender Beanspruchung* muß nach der Festigkeit der Werkstoffe unterschieden werden:

Baustähle (St37-3, St52-3) haben ein ausreichend großes Formänderungsvermögen, so daß lokale Eigenspannungsspitzen, die im Bereich der Streckgrenze liegen, durch plastisches Fließen gemindert werden.

- *Ausnahme:* Wenn Knick- oder Beulbeanspruchungen vorhanden sind, müssen Druckeigenspannungen rechnerisch berücksichtigt werden (s.u.).

Bei *höherfesten Stählen* (StE 690, StE 960) ist es empfehlenswert, die Eigenspannungen zu berücksichtigen, vor allem, wenn sie in die Größenordnung der Streckgrenze kommen.

- *Rechnerisch* wird empfohlen, die Eigenspannungen mit dem Faktor 0,4. Streckgrenze zu den Lastspannungen zu addieren.
- In besonders kritischen Fällen, in denen die zu berücksichtigende Laststeigerung um 40 % zu extremen Wanddicken führen würde, müssen die oben beschriebenen Maßnahmen des Spannungsabbaus angewandt werden.

Bei *dynamischen Belastungen* muß zuerst geprüft werden, ob überhaupt Kennwerte für die Schwingfestigkeit spannungsarm-geglühter oder ungeschweißter Proben vorliegen. Stammen die Kennwerte aus geschweißten, nicht wärmenachbehandelten Proben, erübrigt sich eine Berücksichtigung der Eigenspannungen, weil die Werte bereits an eigenspannungsbehafteten Proben ermittelt wurden. Die Unterscheidung in kritische und unkritische Werkstoffe kann hier ebenso gemacht werden, weil die Schwingfestigkeit ungeschweißter niedrigfester Werkstoffe höher ist, d.h. niedrigerfeste Werkstoffe unkritischer sind.

Aus Versuchen ist bekannt, daß Eigenspannungen (vor allem Zug) die Schwingfestigkeit herabsetzen bzw. die Lebensdauer verkürzen. Belastungen parallel zur Naht sind wesentlich kritischer als diejenigen in Querrichtung, wo homogenere Spannungszustände vorliegen.

Rechnerisch können Eigenspannungen auch mit einem Faktor berücksichtigt werden, wobei wieder von Eigenspannungen in Steckgrenzenhöhe ausgegangen wird. Die Schwingfestigkeit vermindert sich um 40 % des Eigenspannungsbetrags, dessen Wert mit der Höhe der Streckgrenze anzusetzen ist. Dieser Faktor konnte auch experimentell bestätigt werden (5).

In der Praxis sind diese Abminderungen zu groß, so daß für dynamisch belastete Schweißkonstruktionen, vor allem aus höherfesten Stählen, ein Abbau der Eigenspannungen durch Abhämmern oder Kugelstrahlen durchgeführt wird. Dadurch wird infolge der aufgebrachten Druckeigenspannungen die Schwingfestigkeit stark angehoben, so daß sämtliche Nachteile durch Eigenspannungen sogar überkompensiert sind. Dadurch erhöht sich der Sicherheitsfaktor der Konstruktion.

Für dynamisch belastete Bauteile sind günstige Nahtformen (geringes Aufschmelzvolumen, steile Nahtflanken), abgearbeitete Kerben und verdichtete (gehämmerte oder kugelgestrahlte) Oberflächen empfehlenswert. Dadurch kann mit ausreichender Sicherheit auf eine rechnerische Berücksichtigung der Eigenspannungen verzichtet werden.

4.7 Berechnungsbeispiel

Ein Hebel nach Bild 4-32 soll mit einer a = 5 mm dicken Doppelkehlnaht auf eine Welle d = ∅ 60 mm geschweißt werden. Die Umfangskraft F_1 = 6 kN tritt schwellend ($\kappa = 0$)

stets mit dem Höchstwert auf. Belastungsstöße sollen durch einen Stoßfaktor k = 1,3 berücksichtigt werden. Für den Bauteilwerkstoff St37-2 ist zu prüfen, ob die Rundnaht dauerfest ist.

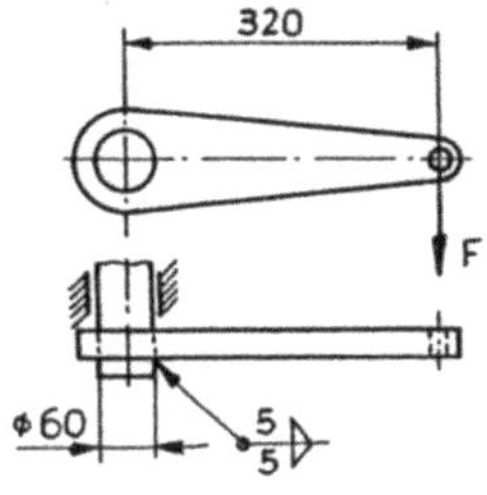

Bild 4-32
Kehlnahtanschluß

Lösung:

Drehmoment $T = F_1 \cdot l \cdot k = 6000\ \text{N} \cdot 320\ \text{mm} \cdot 1{,}3 \approx 2{,}5 \cdot 10^6\ \text{Nmm}$.
Wird die Anschlußschweißnaht auf den Wellenumfang geklappt, ergibt sich die Schubspannung nach Gl. (4.3)

$$\tau_{\parallel} = \frac{T}{2 \cdot \frac{d}{2} \cdot a \cdot d \cdot \pi} = \frac{2{,}5 \cdot 10^6\ \text{Nmm}}{5\ \text{mm} \cdot (60\ \text{mm})^2 \cdot \pi} = 44\ \text{N/mm}^2$$

Für das Spannungskollektiv S3 (konstante Schwingungsamplitude, siehe Bild 4-20) und Beanspruchung auf Dauerschwingfestigkeit entsprechend dem Spannungsspielbereich N4 (über $2 \cdot 10^6$ Spannungsspiele) ergibt sich nach Bild 4-21 die Beanspruchungsgruppe B6. Für diese Beanspruchungsgruppe und den Werkstoff St37 ist die zulässige Schubspannung zu ermitteln. Für Kehlnähte sind dabei die Schubspannungen mit dem Faktor 0,6 abzumindern.
Nach Bild 4-24 gilt

$$\tau_{D\,(0)\,zul} = 0{,}6\,\frac{\sigma_{D\,z(\kappa)\,zul}}{\sqrt{2}}$$

mit $\sigma_{D\,z(\kappa)\,zul}$ nach Kerbfall K0.
Nach Bild 4-23 wird für St37, den Kerbfall K0 und die Beanspruchungsgruppe B6 die zulässige Spannung $\tau_{D\,(-1)\,zul} = 84\ \text{N/mm}^2$. Damit ergibt sich nach Bild 4-25 die zulässige Oberspannung für $\kappa = 0$

$$\sigma_{D\,z(0)\,zul} = \frac{5}{3}\,\sigma_{D\,z(-1)\,zul} = \frac{5}{3}\,84\ \text{N/mm}^2 = 140\ \text{N/mm}^2$$

und damit die zulässige Spannung in der Doppelkehlnaht

$$\tau_{D\,(0)\,zul} = 0{,}6\,\frac{140\ \text{N/mm}^2}{\sqrt{2}} = 59\ \text{N/mm}^2$$

Ergebnis: Kehlnaht dauerfest, da $\tau_{\parallel} < \tau_{D\,(0)\,zul}$.

Anhang

Tabelle 4-1 Querschrumpfungen von Stumpfnähten an Stahl [15]

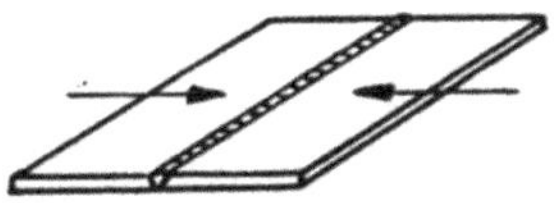

Die Schrumpfmaße sind Mittelwerte von Messungen an großen, gut vorgehefteten Bauteilen. Werkstoff: St 37, St 42.

Querschnitt	Schweißart	Schrumpfmaß mm	Querschnitt	Schweißart	Schrumpfmaß mm
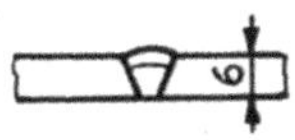	Lichtbogenschweißen, umhüllte Stabelektrode, 2 Lagen	1,0	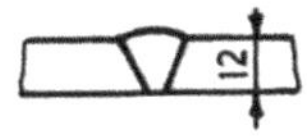	Gasschweißen nach rechts	2,3
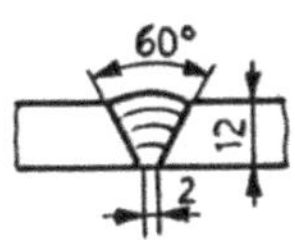	Lichtbogenschweißen, nackte Stabelektrode 4 Lagen, ohne Gegenschweißen	1,4	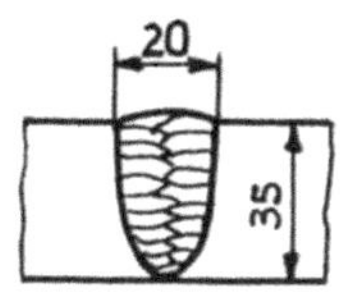	Lichtbogenschweißen, umhüllte Stabelektrode, 20 Lagen ohne rückseitige Schweißung	3,2
	Lichtbogenschweißen, umhüllte Stabelektrode ,5 Lagen, ohne Gegenschweißen	1,6	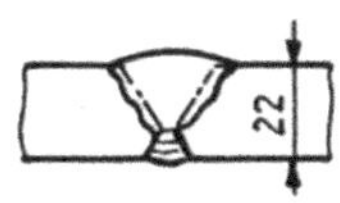	1/3 Lichtbogenschweißen, umhüllte Stabelektrode 1/3 UP-Schweißen, 1 Lage	2,4
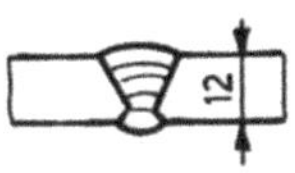	Lichtbogenschweißen, umhüllte Stabelektrode, 5 Lagen, Wurzel ausgefugt 2 Wurzellagen	1,8		UP-Schweißen 1 Lage Kupferunterlage	0,6
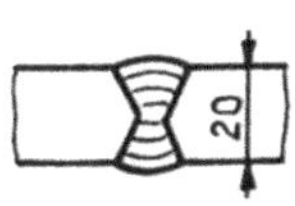	Lichtbogenschweißen, umhüllte Stabelektrode, 4 Lagen auf jeder Seite	1,8	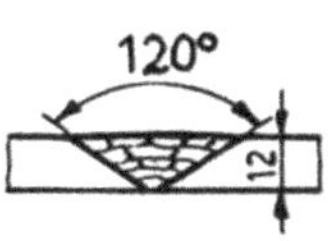	Lichtbogenschweißen, umhüllte Stabelektrode, 120°, nicht zu empfehlen!	3,3
	Lichtbogenschweißen, Tiefeinbrandelektrode	1,6	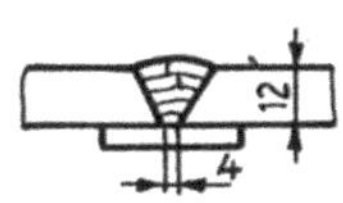	Lichtbogenschweißen, umhüllte Stabelektrode, einseitig mit Unterlage	1,5

Tabelle 4-2 Winkelschrumpfung von Stumpfnähten; Mittelwerte von Meßergebnissen an nicht festgespannten Bauteilen, Werkstoff: St 37, St 42 [15]

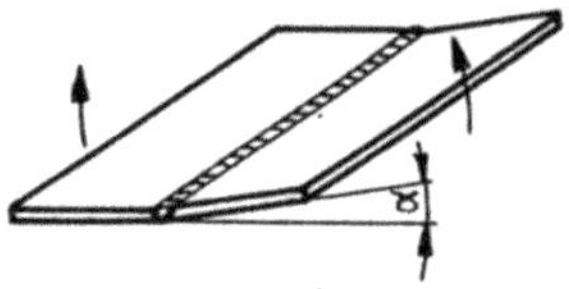

Querschnitt	Schweißart	Schrumpfwinkel α	Querschnitt	Schweißart	Schrumpfwinkel α
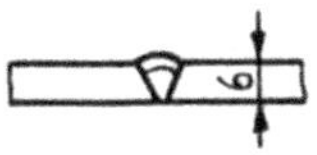	Lichtbogenschweißen, umhüllte Stabelektroden, 2 Lagen	1°	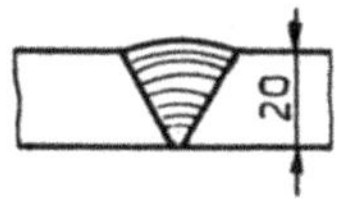	Lichtbogenschweißen, umhüllte Stabelektroden, 8 breite Lagen	7°
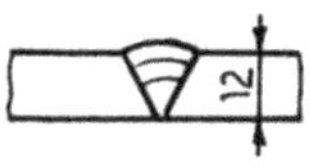	Lichtbogenschweißen, nackte Stabelektroden, 3 Lagen	1°	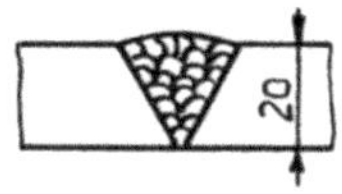	Lichtbogenschweißen, umhüllte Stabelektroden, 22 schmale Raupen	13°
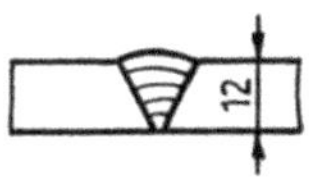	Lichtbogenschweißen, umhüllte Stabelektroden, 5 Lagen	3 1/2°	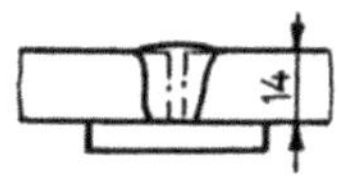	UP-Schweißen, 1 Lage, Kupferunterlage	0°
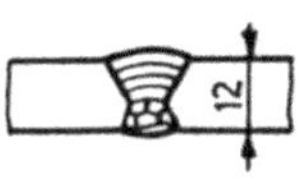	Lichtbogenschweißen, umhüllte Stabelektroden, 5 Lagen, Wurzel ausgefugt 3 Wurzellagen	0°	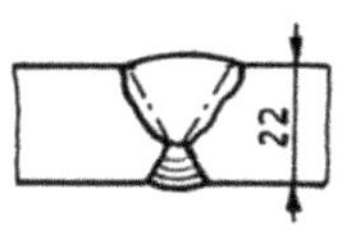	1/3 Lichtbogenschweißen, umhüllte Stabelektroden 1/3 UP-Schweißen 1 Lage	2°
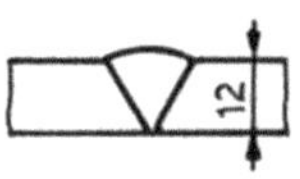	Gasschweißen nach rechts	1°			
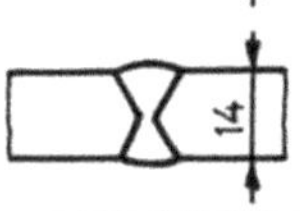	Gasschweißen senkrecht, doppelseitig gleichzeitig	0°	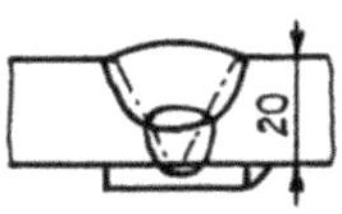	UP-Schweißen, 2 Lagen, Stahlband-Unterlage	5°

Tabelle 4-3 Winkelschrumpfung an Kehlnähten und T-Verbindungen Mittelwerte von Meßergebnissen an nicht festgespannten Bauteilen, Werkstoff: St 00, St 37 [15]

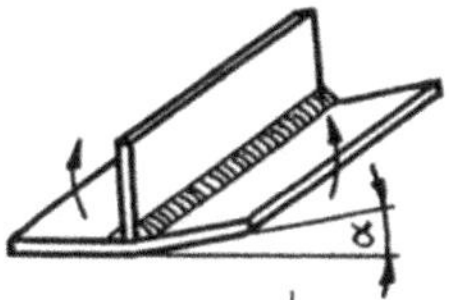

Querschnitt	Schweißart	Schrumpf-winkel α	Querschnitt	Schweißart	Schrumpf-winkel α
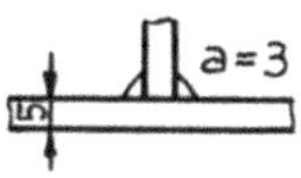	Lichtbogen-schweißen, umhüllte Stabelektroden	3°	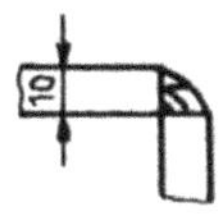	Lichtbogen-schweißen, umhüllte Stabelektroden, 4 Lagen waagerecht	1 1/2°
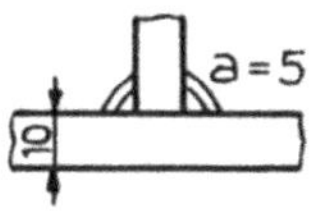	Lichtbogen-schweißen, umhüllte Stabelektroden, je 2 Lagen waagerecht	3°	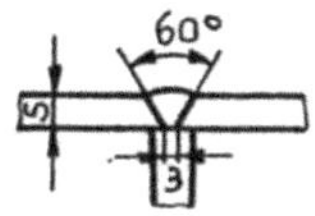	Lichtbogen-schweißen, umhüllte Stabelektroden, 1 Lage	0°
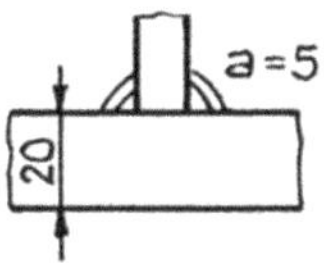	Lichtbogen-schweißen, umhüllte Stabelektroden, je 2 Lagen waagerecht	1°	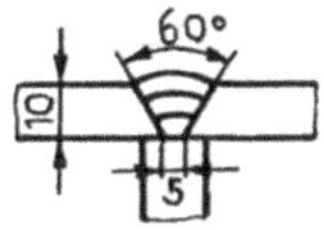	Lichtbogen-schweißen, umhüllte Stabelektroden, 3 Lagen	1°
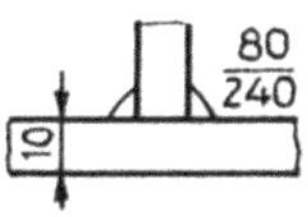	Lichtbogen-schweißen, umhüllte Stabelektroden, unterbrochene Zickzackschweißung, 1/3 frei	0°	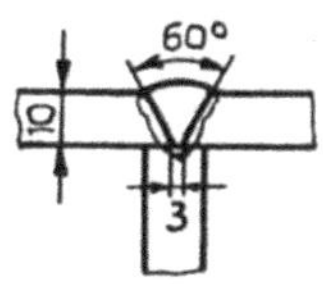	UP-Schweißen 1 Lage	0°
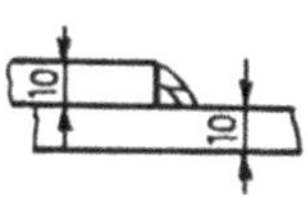	Lichtbogen-schweißen, umhüllte Stabelektroden, 3 Lagen waagerecht	2°			

5 Gestaltung und Ausführung von Schweißkonstruktionen

In diesem Kapitel sind die zeichnerischen Darstellungen und allgemeingültigen Gestaltungsregeln für Schweißkonstruktionen zusammengestellt. Anhand von einigen ausgeführten Beispielen werden diese Grundsätze erläutert.
Der Konstrukteur entscheidet bereits zu Beginn einer Konstruktion, ob ein Bauteil gegossen, geschmiedet, durch thermisches Trennen gefertigt oder geschweißt wird. Er legt den Werkstoff, die Abmessungen, die Größenordnung der Fertigungskosten und den Sicherheitsgrad fest. Diese Werte kann der Schweißfachingenieur in der Werkstatt nur noch geringfügig verbessern. Der Konstrukteur muß die Schweißkonstruktionen bereits „beanspruchungsgerecht" und „schweißgerecht" gestalten.

5.1 Zeichnerische Darstellung

Einteilung und Bezeichnung der Schweißnähte

Die zeichnerische Darstellung der Schweißnähte ist in DIN 1912 zusammengestellt. Die Norm zeigt, welche Informationen für Schweiß- und Lötverbindungen notwendig sind. Im einzelnen sind folgende Angaben notwendig:

Nahtvorbereitung
Art des Schweißverfahrens
Nahtabmessungen
Bewertungsgruppe
Ausführung der Verbindung, Schweißzusätze, Hilfsstoffe

Stumpfnaht

Die Teile liegen in einer Ebene und bilden eine Fuge. Die Fuge ist die Stelle, an der die Teile am Schweißstoß durch Schweißen vereint werden. Sie kann sich ohne Bearbeitung ergeben, z.B. I-Naht (Bild 5-1) oder kann bearbeitet sein, z.B. V-, Y- oder DV-Naht.

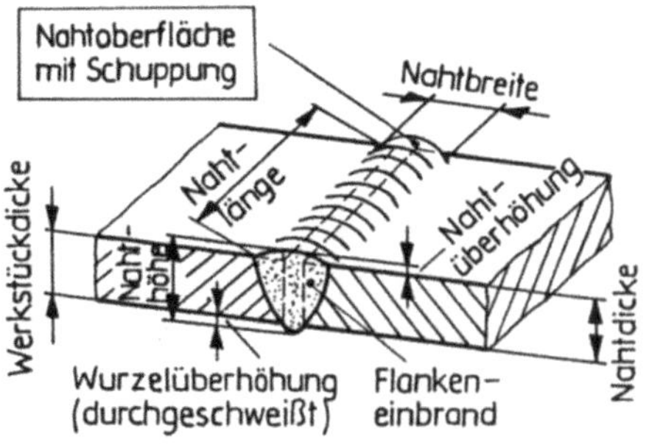

Bild 5-1
I-Naht, einseitig

Grundsymbole für die Stumpfnähte

Die Schweißnähte sollten entsprechend den allgemeinen Regeln für technische Zeichnungen angegeben werden.
Die verschiedenen Nahtarten werden durch jeweils ein Symbol gekennzeichnet, das im allgemeinen ähnlich der zu fertigenden Naht ist (Bild 5-2).

Benennung	Darstellung	Symbol
Bördelnaht[1]) (Die Bördel werden ganz niedergeschmolzen)		
I-Naht		
V-Naht	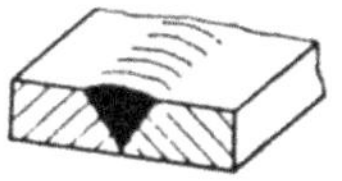	
HV-Naht		
Y-Naht		
HY-Naht		
U-Naht		
HU-Naht		
Gegennaht (Gegenlage)	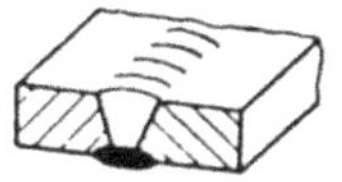	
Kehlnaht	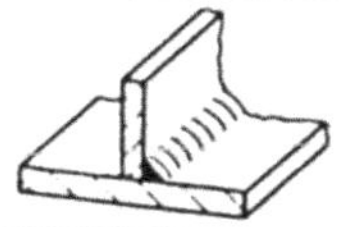	

Bild 5-2
Grundsymbole für Nahtarten

Falls erforderlich, dürfen Kombinationen von Grundsymbolen angewendet werden. Typische Beispiele sind im Bild 5-3 angegeben.

Benennung	Darstellung	Symbol
D(oppel)- V-Naht (X-Naht)	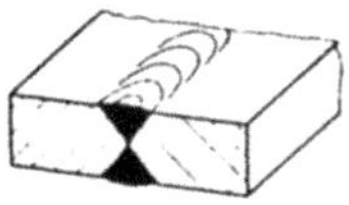	
D(oppel)- HV-Naht (K-Naht)	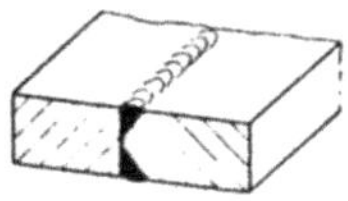	
D(oppel)- Y-Naht	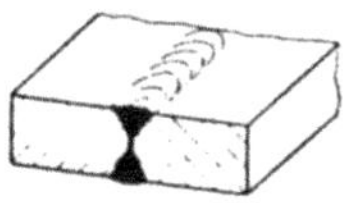	
D(oppel)- HY-Naht (K-Stegnaht)	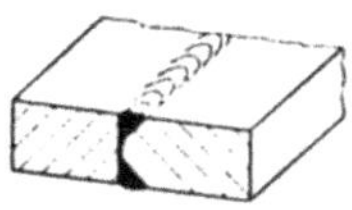	
D(oppel)- U-Naht	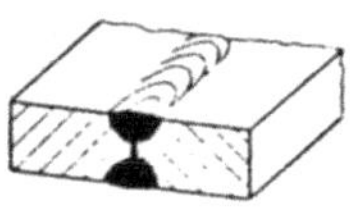	
D(oppel)- HU-Naht (Doppel- ot-Naht)	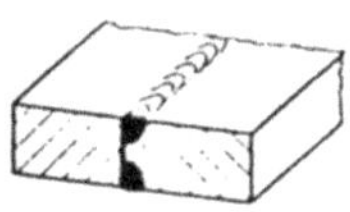	
V-U-Naht	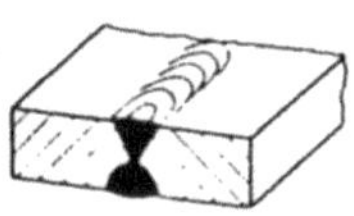	
V-Naht mit Gegennaht	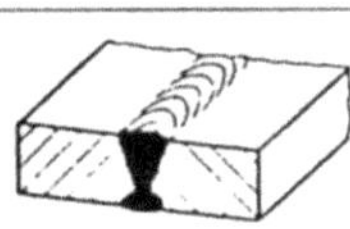	
Doppel- Kehlnaht	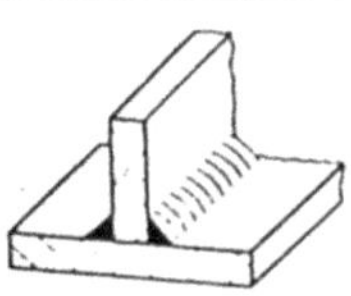	

Bild 5-3
Kombination von Grundsymbolen

Zusatzsymbole für die Oberflächenform der Naht sind in Bild 5-4 dargestellt.
Grundsymbole dürfen durch ein Symbol, das die Form der Oberfläche oder die Ausführung der Naht kennzeichnet, ergänzt werden (Bilder 5-4, 5-5).
Ergänzungssymbole geben Hinweise auf den Verlauf der Nähte z.B. ringsumverlaufende Nähte und Hinweise auf Baustellennähte (Bild 5-6).
Obwohl die Kombination mehrerer Symbole nicht verboten ist, ist es besser, die Schweißnaht gesondert darzustellen, wenn die symbolische Darstellung schwierig ist.

Oberflächenform der Naht	Symbol
a) flach	—
b) gewölbt (konvex)	
c) hohl (konkav)	

Bild 5-4
Zusatzsymbole für Oberflächenform der Naht

	Nahtausführung	Symbol
d)	Wurzel ausgearbeitet und Gegenlage ausgeführt	 *)
e)	Naht eingeebnet durch zusätzliche Bearbeitung	
f)	Nahtübergänge kerbfrei, gegebenenfalls bearbeitet	
g)	Beilage**) benutzt	M
h)	Unterlage**) benutzt	MR

*) Schwärzung darf auch durch Schraffur oder Punktmuster dargestellt werden.
**) Begriffe siehe DIN 1912 Teil 1

Bild 5-5
Zusatzsymbole für die Nahtausführung

Bedeutung	Symbol
ringsum-verlaufende Naht	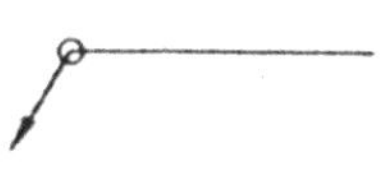
Baustellennähte	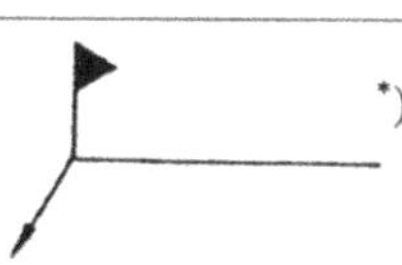 *)

*) Schwärzung darf auch durch Schraffur oder Punktmuster ersetzt werden

Bild 5-6
Ergänzungssymbole

Benennung	Darstellung	Symbol
Flache V-Naht		
Gewölbte Doppel-V-Naht (X-Naht)		
Hohle Kehlnaht	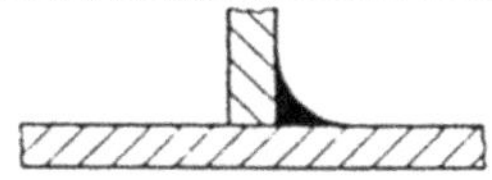	
Flache V-Naht mit flacher Gegennaht		
Y-Naht mit Gegennaht		
Y-Naht mit ausgearbeiteter Wurzel und Gegennaht		
Flache V-Naht von der oberen Werkstückfläche durch zusätzliche Bearbeitung eingeebnet		
Kehlnaht mit kerbfreiem (gegebenenfalls bearbeitetem) Nahtübergang	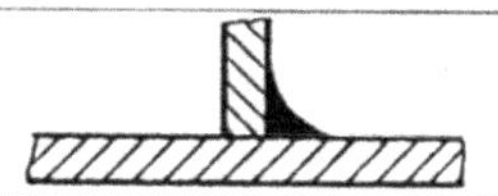	

Bild 5-7 Zusammengesetzte Symbole

Kehlnaht

Die Teile liegen zwei Ebenen rechtwinklig zueinander und bilden eine Kehlfuge. Die Kehlnaht kann, je nach Nahtabmessung, in einer oder mehreren Lagen aufgebaut werden.

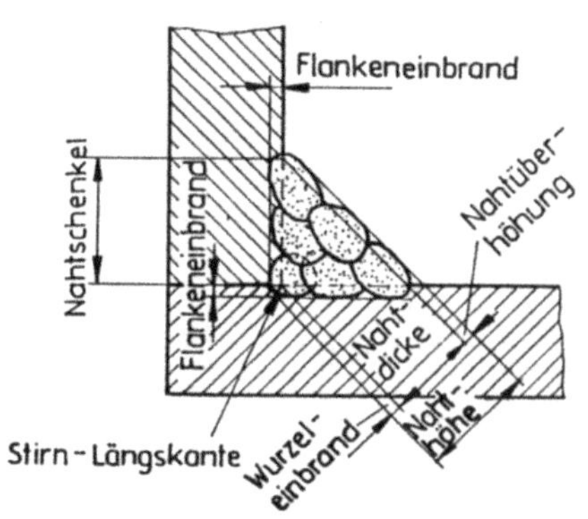

Bild 5-8 Kehlnaht

Man unterscheidet zwischen Kehlnaht und Doppelkehlnaht (Bild 5-9).
Die Kehlnahtdicke „a" ist gleich der Höhe des größten im Nahtquerschnitt eingeschriebenen gleichschenkligen Dreiecks bis zum theoretischen Wurzelpunkt. Bilder a bis e und 5-10 geben den Zusammenhang zwischen Nahtgeometrie und „a"-Maß an.
Bei Kehlnähten mit tiefen Einbrand (Bild 5-12) kann ein Anteil der Einbrandtiefe e mit berücksichtigt werden (siehe DIN 1800 Teil 1). Hierbei ist der Nachweis der Einbrandtiefe anhand eines metallografischen Schliffs zu erbringen.
Das Grundsymbol für Kehlnähte (Bild 5-13) wird als Dreieck dargestellt.

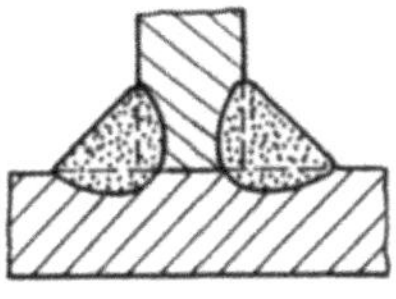

Bild 5-9
Doppelkehlnaht

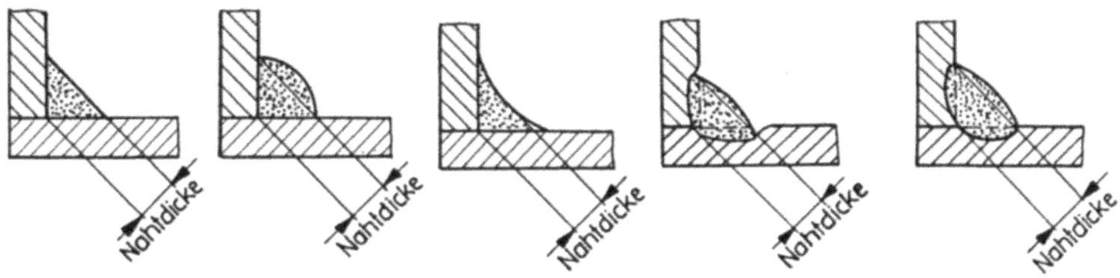

a) Flachnaht b) Wölbnaht c) Hohlnaht d) Kehlnaht mit Einbrandkerben e) Kehlnaht mit nicht erfaßter Wurzel

Bild 5-10 Nahtdicke bei gleichschenkligen Kehlnähten

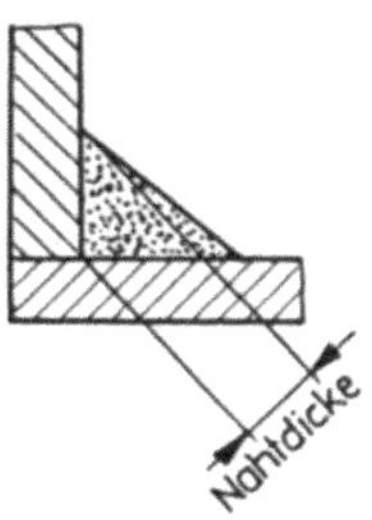

Bild 5-11 Nahtdicke bei ungleichschenkliger Kehlnaht

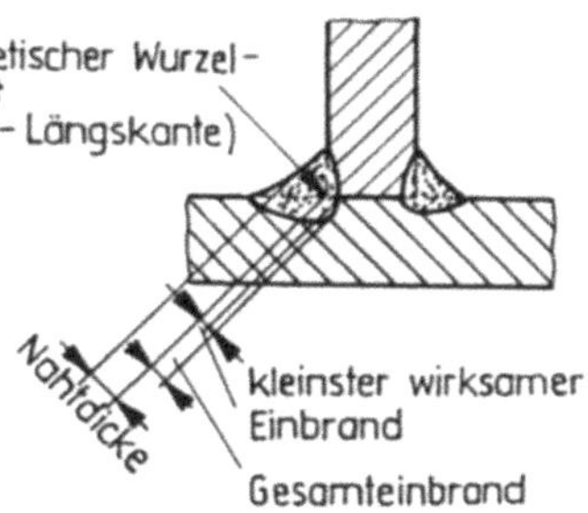

Bild 5-12 Kehlnähte mit tiefem Einbrand

Illustration	Symbol
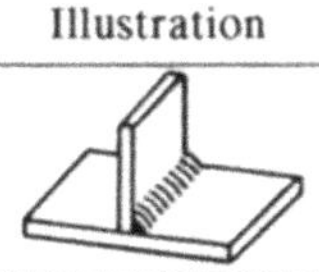	

Bild 5-13
Grundsymbol für Kehlnähte

Lage der Symbole in Zeichnungen

Die Symbole bilden nur einen Teil der vollständigen Darstellungsart. Die Lage der Naht wird durch das Bezugszeichen (Bild 5-14) bestimmt.
Pfeillinie und Bezugslinie bilden das Bezugszeichen. Die Bezugslinie muß entweder parallel zur Hauptlage der Zeichnung oder senkrecht dazu verlaufen. Die Pfeillinie führt immer schräg zum Schweißstoß selbst. Am Ende der Bezugslinie ist die Gabel, wenn Angaben, z.B. über Verfahren, Bewertungsgruppe, Position, Zusatzwerkstoffe und/oder Hilfsstoffe angegeben werden müssen.
Die Pfeillinie weist direkt auf den Schweißstoß hin. Man unterscheidet die sogenannte Pfeilseite“ und die „Gegenseite“ (Bild 5-15).
Die Richtung der Pfeillinie zur Naht hat bei symmetrischen Nähten keine besondere Bedeutung. Bei unsymmetrischen Nähten z.B. HV HY – also den sogenannten Halbnähten – muß die Pfeillinie zu dem Teil zeigen, an dem die Nahtvorbereitung vorgenommen wird (Bild 5-16).
Das Symbol steht immer senkrecht zur Bezugslinie. Das Symbol darf – entsprechend nachfolgender Regel – entweder über oder unter die Bezugslinie gesetzt werden.
Wenn das Symbol auf die rechte der Bezugs-Vollinie gesetzt wird, dann befindet sich die Naht (Nachtoberfläche) auf der Pfeilseite des Stoßes (Bild 5-17a).
Wenn das Symbol auf die Seite der Bezugs-Strichlinie gesetzt wird, dann befindet sich die Naht (Nahtoberfläche) auf der Gegenseite des Stoßes (Bild 5-17b). Die Bezugs-Strichlinie wird uns bei unsymmetrischen Nähten angegeben.

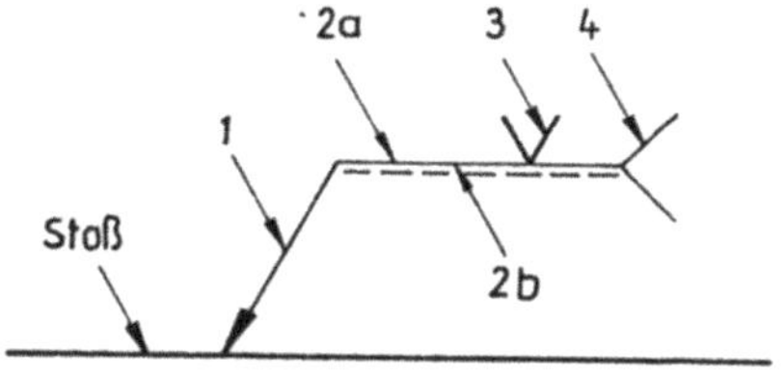

1 Pfeillinie
2a Bezugslinie (Vollinie)
2b Bezugslinie (Strichlinie)
3 Symbol
4 Gabel

Bild 5-14 Bezugszeichen

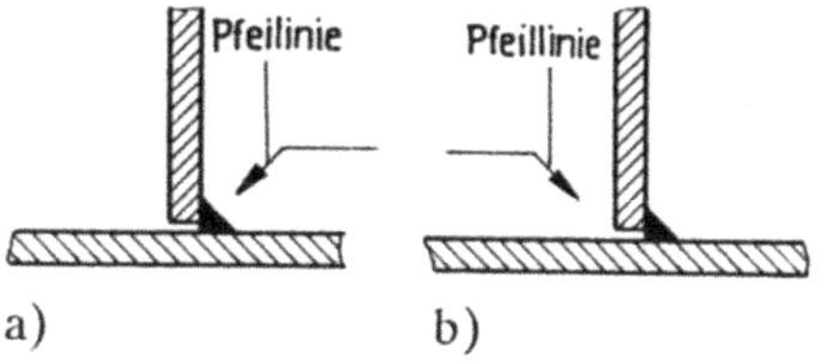

Bild 5-15 a) Naht auf der Pfeilseite
b) Naht auf der Gegenseite

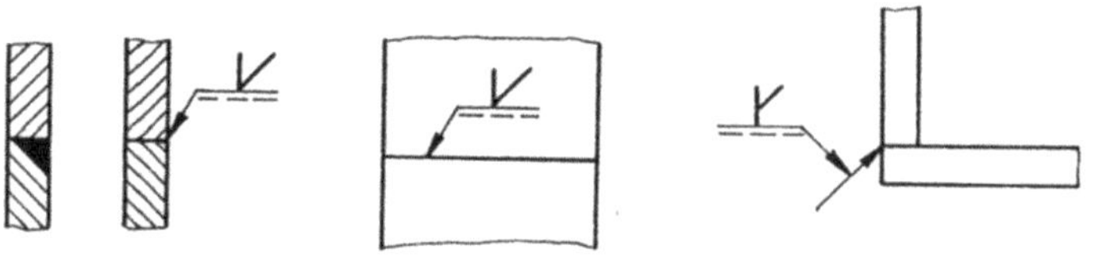

Bild 5-16
Pfeillinie und Nahtvorbereitung

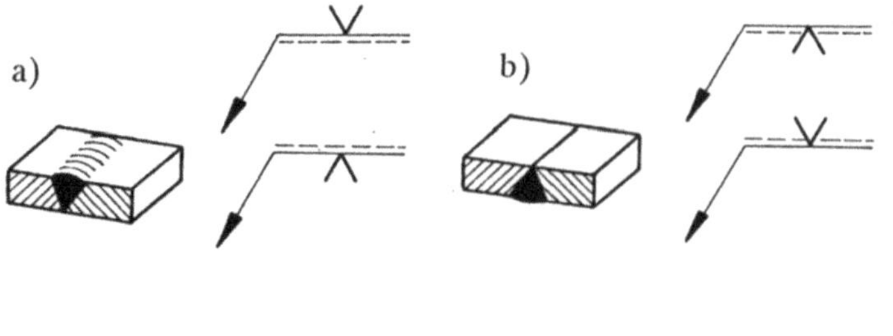

Bild 5-17
Nahtausführung
a) ausgeführt von der Pfeilseite
b) ausgeführt von der Gegenseite

Bei symmetrischen Nähten entfällt die Bezugs-Strichlinie (Bild 5-18).

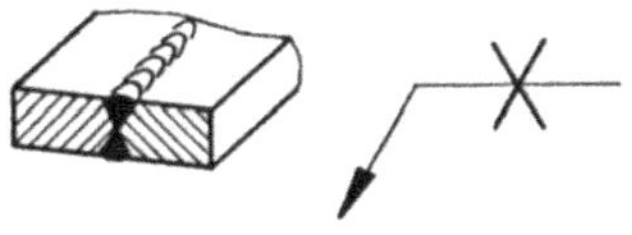

Bild 5-18 Pfeillinie für symmetrische Nähte

Bemaßung der Nähte

Bei der Bemaßung der Nähte ist das anzuwendende Schweißverfahren bedeutungslos. Es müssen eindeutige Bemaßungen vorgenommen werden. Jedem Symbol dürfen Maße zugeordnet werden. Die Eintragung erfolgt entsprechend Bild 5-19, wobei s die Nahtdicke (Nahttiefe bzw. das „a"-Maß) ist und l die Nahtlänge angibt. Hier muß beachtet werden, daß bei Stumpfnähten die Nahtdicke s nur anzugeben ist, wenn nicht der gesamte Querschnitt durchgeschweißt wird. s ist demnach immer kleiner, höchstens gleich der Blechdicke.

Die Nahtdicke (Nahttief s) wird auf der linken Seite des Symbols, d.h. vor dem Symbol, die Nahtlänge auf der rechten Seite, d.h. hinter dem Symbol eingetragen. Wenn keine Nahtlänge angegeben wird, soll die gesamte Bauteillänge durchgeschweißt werden.

Bei Kehlnähten gibt es für die Angabe der Nahtdicke zwei Methoden (Bild 5-20). Als Beispiel ist auch noch die Nahtlänge nach dem Symbol angegeben. Deshalb ist der Buchstabe a oder z stets vor das entsprechende Maß zu setzen. Die Überprüfung der Nahtabmessung ist nicht immer einfach, weshalb zunehmend die Schenkeldicke z angegeben wird, weil sie viel leichter zu messen ist.

Bild 5-19 Eintragungsbeispiel

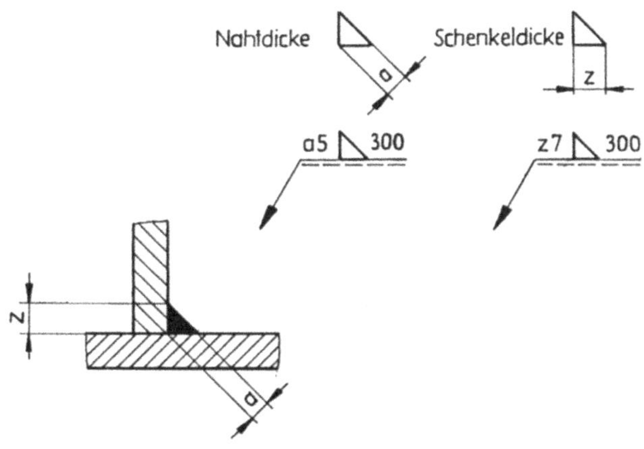

Bild 5-20 Angabe der Nahtdicke

Angaben zur vollständigen Beschreibung der Schweißaufgabe

Außer den Angaben der Nahtdicke und der Nahtlänge können in der Gabel noch weitere die Ausführung der Naht betreffende Angaben gemacht werden, und zwar in folgender Reihenfolge (Bild 5-21):
Als Beispiel einer vollständigen Angabe in der Gabel des Bezugszeichens wird eine V-Naht mit Gegenanlage gezeigt (Bild 5-22). Sie ist durchgeschweißt und nach dem Lichtbogenhandschweißen (Kennzahl 111 nach DIN ISO 4063) hergestellt. Die geforderte Bewertungsgruppe ist BS nach DIN 8563 Teil 3, Wannenposition w nach DIN 1912 Teil 2, verwendete Stabelektroden DIN 1913 – E 5122 RR 6.
Ein weiteres Bezeichnungsbeispiel ist in Bild 5-23 dargestellt. Es handelt sich um eine unterbrochene Kehlnaht mit Vormaß, hergestellt durch Lichtbogenhandschweißen (Kennzahl 111 nach DIN ISO 4063), geforderte Bewertungsgruppe CK nach DIN 8563 Teil 3, Horizontalposition h nach DIN 1912 Teil 2.

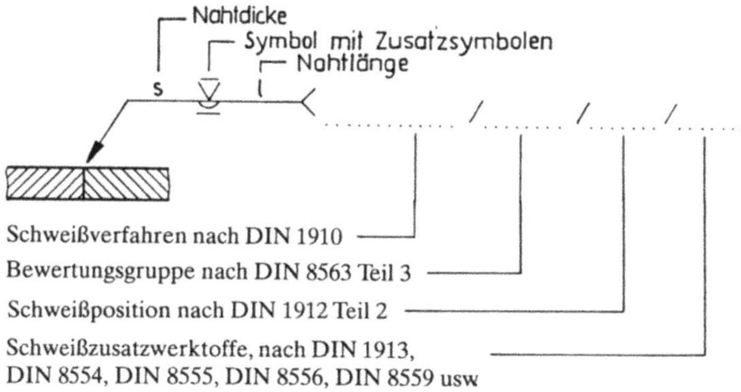

Bild 5-21 Zusatzangaben zur Nahtausführung

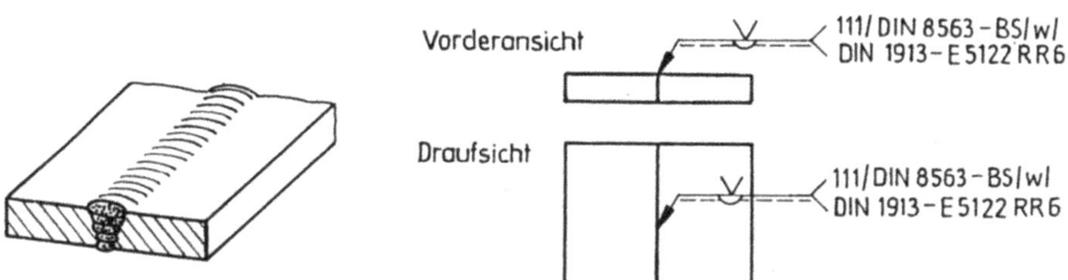

Bild 5-22 V-Naht mit Gegenlage

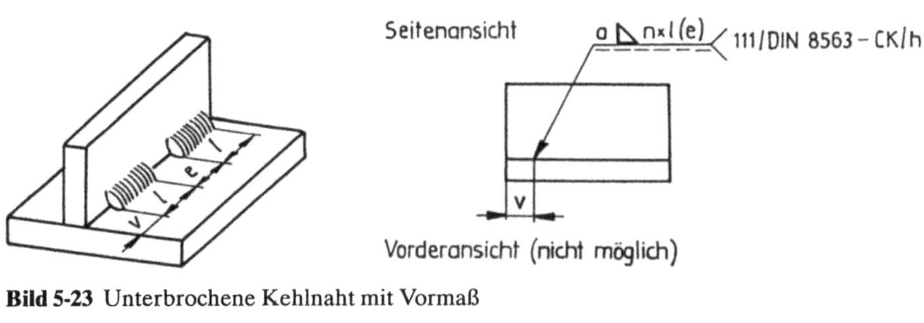

Bild 5-23 Unterbrochene Kehlnaht mit Vormaß

Darstellung im Zeichnungskopf

Einsparung von Konstruktionszeit

Häufig wiederkehrende Schweißanschlüsse in einer Zeichnung werden nach Blechdicken und Nahtformen zusammengefaßt und in einem Zeichnungskopf für Schweißteile angegeben.
Nahtangaben werden nur noch dann gemacht, wenn sie davon abweichen. Der Zeichnungskopf zeigt die Aufnahme vieler Standardinformationen. Hierdurch wird dem Konstrukteur die Angabe der erforderlichen Nahtvorbereitung mit den Schweißparametern erleichtert (Bild 5-24).

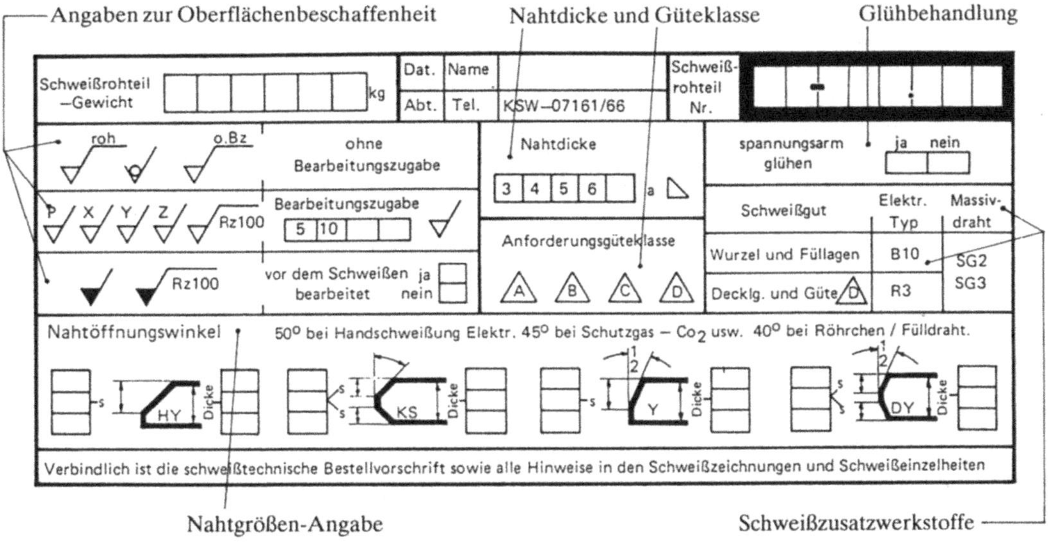

Bild 5-24 Angaben zur Ausführung im Zeichnungskopf

5.2 Gestaltungsregeln und Grundsätze für die Ausführung von Schweißkonstruktionen

Bevor eine Schweißkonstruktion in Angriff genommen wird, sollten folgende Fragen beantwortet werden:

- Welche Aufgabe soll die Konstruktion erfüllen?
- Welche Beanspruchungen treten auf?
- Welche Werkstoffe kommen in Frage?
- Welches Schweißverfahren ist anzuwenden?
- Welche Qualität muß gefordert werden bezüglich
  Wirtschaftlichkeit,
  Lebensdauer,
  Gefahrenmomente?

Einflußfaktoren auf die Gestaltung

Zahlreiche Einflußfaktoren wirken sich auf die Art der Gestaltung von Schweißkonstruktionen aus.

Die wichtigsten sind folgende:

Art der Beanspruchung: ruhend, vorwiegend ruhend; schwellend; wechselnd.

Art der Belastung: Zug, Druck, Biegung, Torsion, Innendruck, Außendruck, Knicken, Beulen, Kippen.

Äußere Einflüsse: Temperaturbeanspruchung, Korrosionsbeanspruchung, Verschleißbeanspruchung.

Einfluß des Schweißverfahrens

Bei der Beurteilung und Auswahl der Schweißverfahren müssen folgende Kriterien betrachtet werden:

- *Leistungsdichte des Verfahrens* (A/mm^2) (s. Bild 2-25)
  Diese bedingt das Wärmeeinbringen und daraus folgend die entstehenden Schrumpfungen und resultierenden Schweißeigenspannungen.
  Außerdem wird damit die mögliche Einbrandtiefe beurteilt.
- *Schweißposition*
  Je nach Schweißverfahren sind nur eingeschränkte Positionen möglich. Beispielsweise eignet sich das Verfahren „Unter-Pulver-Schweißen" üblicherweise nur für die Positionen „Wannenlage" und „Horizontallage".
- *Automatisierbarkeit*
  Verschiedene Verfahren lassen sich nur manuell durchführen (z.B. G und LBH), andere eignen sich besonders zum Automatisieren (z.B. MSG, UP, RP).
- *Wirtschaftlichkeit*
  Die Wirtschaftlichkeit ist eng mit der möglichen Automatisierbarkeit verknüpft.

Einfluß der Nahtart, der Nahtvorbereitung und der Nahtausführung

Die Auswahl der Nahtart soll nach den beschriebenen Grundsätzen erfolgen. Sie sollen geometrisch einfach und leicht herstellbar sein.
Die Nahtvorbereitung kann thermisch durch Brenn- oder Schmelzschneiden, oder durch mechanische Bearbeitung (spanend) erfolgen. Üblicherweise ist die Fertigungsgenauigkeit bei der thermischen Herstellung genau genug. Teurer und etwas genauer wird die spanend erzeugte.
Die Nahtflanken müssen nach der thermischen Bearbeitung immer geschliffen werden. Der Nahtsteg wird oft auch bei mechanisch bearbeiteten Flanken noch geschliffen.
Die Nahtausführung kann einlagig oder mehrlagig erfolgen. Das hängt ganz von der erforderlichen (berechneten) Nahtabmessung ab. Eine gute Oberflächenbeschaffenheit der Naht führt zu kerbfreien Nähten! Ist die Naht von beiden Seiten zu schweißen (Gegenschweißung), müssen entsprechende Wendevorrichtungen vorgesehen werden.
Die *Nahtdicken* sollten nicht größer ausgeführt werden als rechnerisch notwendig ist.
Dadurch wird nicht nur Schweißgut eingespart, sondern es entstehen auch weniger Eigenspannungen und Verwerfungen, die Richtarbeiten erfordern.
Bild 5-25 zeigt anschaulich die Zunahme des Nahtvolumens mit der Nahtdicke „a".

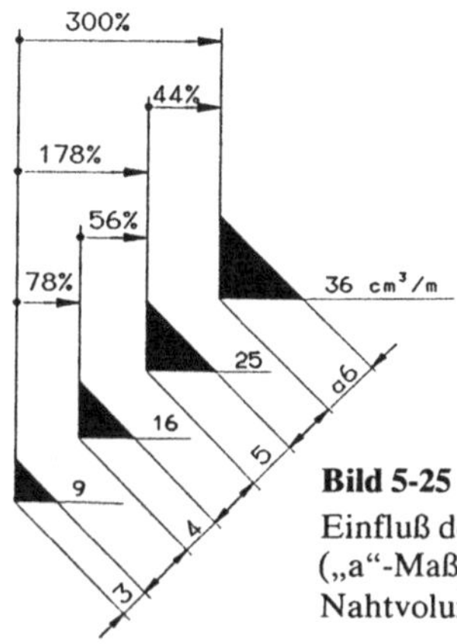

Bild 5-25
Einfluß der Nahtdicke („a"-Maß) auf das Nahtvolumen

Schweißnähte sollten nach Möglichkeit immer in gering beanspruchte Zonen gelegt werden! (Bild 5-26 und 5-27)

5-26 Anwendungsbeispiele aus dem Behälterbau
a) ungünstig
b) günstig

Beispiel aus der Praxis: Stahl- und Maschinenbau

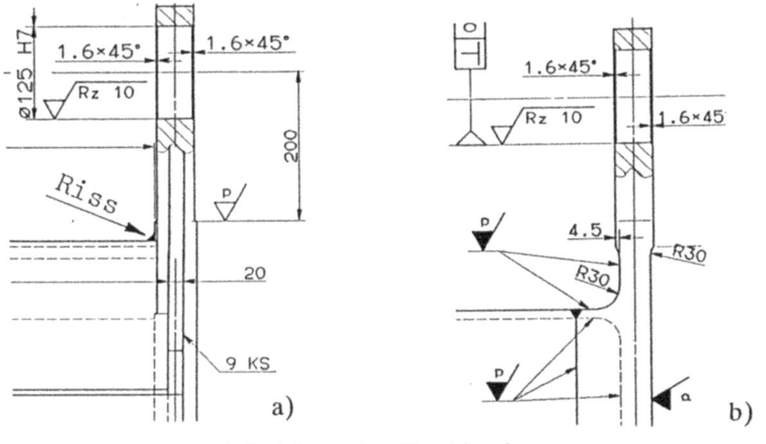

Bild 5-27 Anwendungsbeispiele aus dem Maschinenbau
a) ungünstig
b) günstig

Nahtanhäufungen müssen unbedingt vermieden werden! Sie erzeugen mehrachsige Spannungszustände. Dadurch besteht die Gefahr von Verformungsbehinderungen, die zu Rißbildungen führen können (Bild 5-28).
Bei Nahtform und -anordnung muß auch der Kraftlinienverlauf berücksichtigt werden.

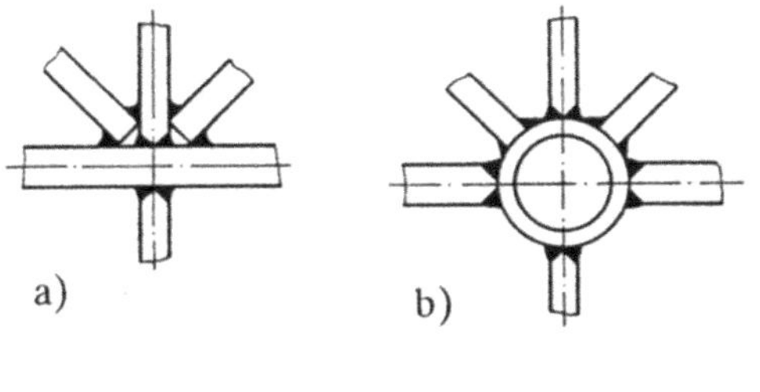

Bild 5-28
Beispiele zur Nahtanhäufung
a) ungünstig
b) günstig

Hier können bei schlechter Nahtausführung hohe Kerbspannungen s_K entstehen. In einer beanspruchungsgerechten Schweißverbindung soll der Kraftfluß möglichst ungestört verlaufen. Jede scharfe Umlenkung der Kraftlinien bedeutet eine Spannungsspitze.

Kehlnähte, die zwar den Vorzug einer leichten Zugänglichkeit und damit einer guten Fertigung haben, besitzen einen ungünstigen Kräfteverlauf, da die nicht verschweißte Stirnlängskante wie eine scharfe Kerbe wirkt (Bild 5-29).

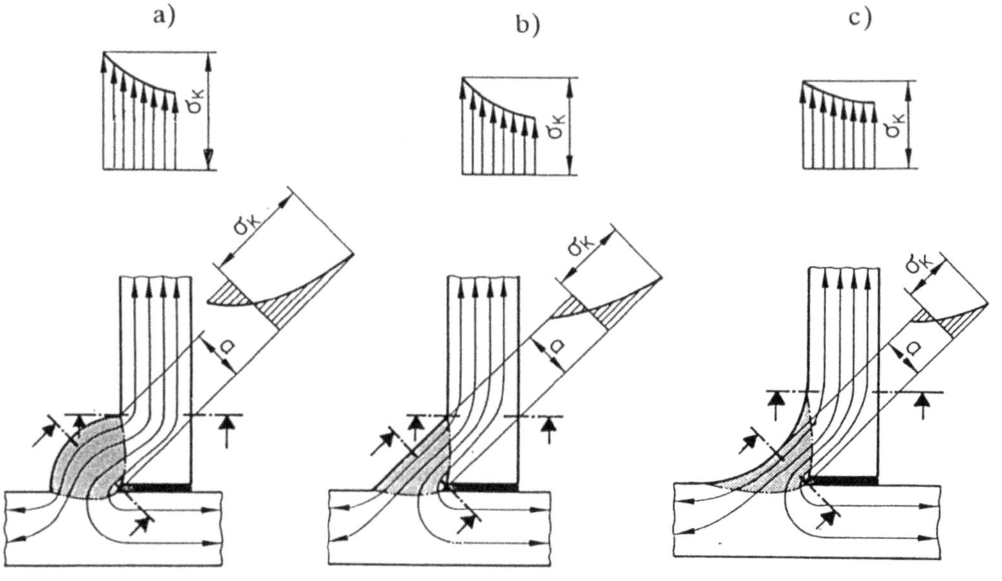

Bild 5-29 Kraftfluß a) Wölbnaht b) Flachnaht c) Hohlnaht

Der Forderung nach einem ungestörten Kräfteverlauf und somit einer gleichmäßigen Spannungsverteilung in Schweißnähten kommen die Stumpfnahtverbindungen entgegen (Bild 5-30). Bei besonders sorgfältiger Ausführung oder nachträglich durchgeführter Bearbeitung der Oberfläche kann der Anteil der äußeren Kerbwirkung noch weiter reduziert werden (Bild 5-30b).

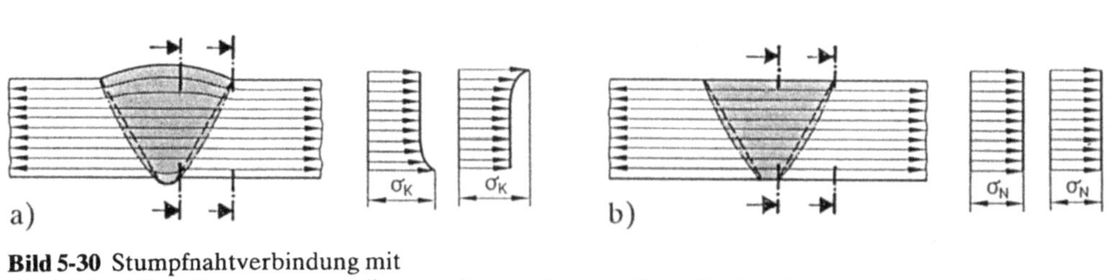

Bild 5-30 Stumpfnahtverbindung mit
a) gleichmäßiger Spannungsverteilung b) reduzierter äußerer Kerbwirkung

Nahtkreuzungen sind grundsätzlich zu vermeiden! Es treten hierbei mehrachsige Zugspannungen auf, die eine Verformungsbehinderung verursachen und zu Rißbildung führen (Sprödbruch), besonders gefährlich bei dickeren Blechen (Bild 5-31).

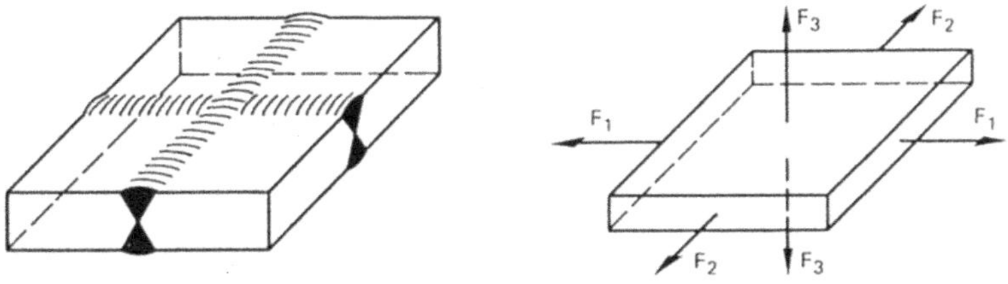

Bild 5-31
Sich kreuzende Schweißnähte bei dicken Blechen (ungünstig angeordnete Nahtkreuzung)

Freischnitte und Dehnungslöcher (Omega-Schnitte)

Die Dehnungs- und Schrumpfungsmöglichkeiten der Nähte sind zu berücksichtigen. Eine Verformung der Bauteile sollte möglich sein, so daß die Schrumpfkräfte der Schweißnähte elastisch aufgenommen werden können. (Bild 5-32) Für Freischnitte an dynamisch hoch beanspruchten Anschlüssen hat sich der Omega-Schnitt bewährt.

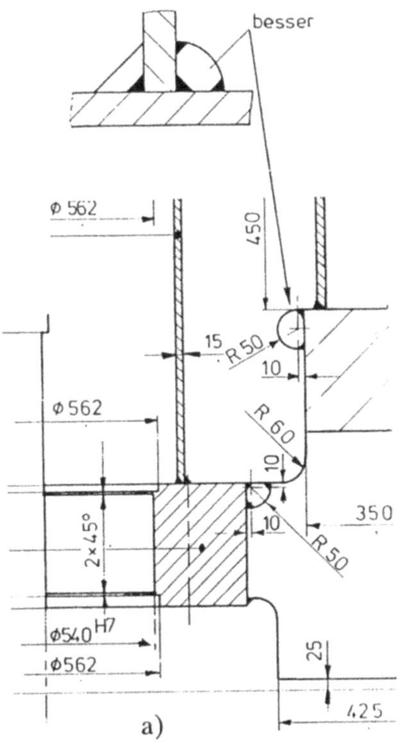

a)

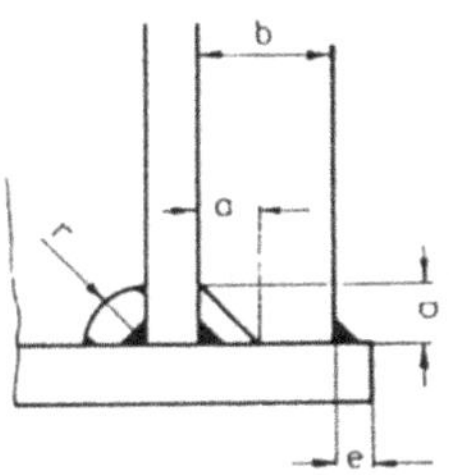

b)

oder

50	15	–
< 100	25	20
> 100	40	35

e min 1,6 a

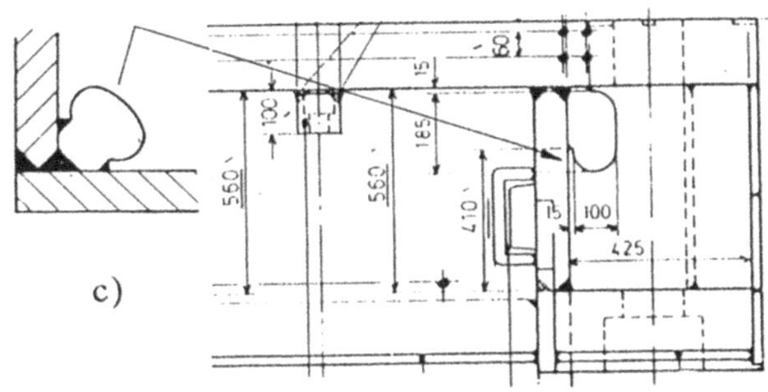

c)

Bild 5-32
Freischnitte
a) im Maschinenbau
b) mit Maßangabe
c) Omega-Schnitt

Vorrichtungsbau

Viele Konstruktionen werden in Vorrichtungen geheftet – andere ungeheftet in Vorrichtungen fertiggeschweißt. Schweißnähte sollten so angeordnet werden, daß diese Hilfen für rationelles Arbeiten verwendet werden können. Diese Überlegungen sind vor allem hinsichtlich des Einsatzes von Robotern wichtig, wo ohne Vorrichtungen überhaupt nicht geschweißt werden kann.

Wirtschaftlichkeit

Die erforderliche Schweißgutmenge ist das eigentliche Maß für die Wirtschaftlichkeit und vor allem auch für die nach dem Schweißen verbleibenden Schrumpfspannungen. Deshalb ist bei allen Schweißkonstruktionen darauf zu achten, daß die Nahtabmessungen so klein wie möglich sind. Die folgenden Überlegungen sollen Möglichkeiten zeigen, wie Schweißgutmengen eingespart werden können. Als erste Möglichkeit bietet sich die Blechdicke an. Bild 5-32c zeigt, welche Einsparung die Verwendung kleinerer Dicken bringt. So können z.B. dicke Stegbleche durch zwei dünnere ersetzt werden, wodurch das notwendige Nahtvolumen wesentlich geringer wird.

Einfluß der Blechdicke auf das Nahtvolumen

Der Konstrukteur sollte die Blechdicken möglichst genau bemessen und keine unnötige Überdimensionierung vornehmen, da bei zunehmender Blechdicke das Schweißvolumen im Quadrat wächst und die Wirtschaftlichkeit entsprechend sinkt. So sollte er z.B. prüfen, ob statt *eines* 20 mm dicken Bleches *zwei* 10 mm dicke Bleche verwendet werden können, was einer Ersparnis von ca. 65 % Schweißgut entspricht. Bei der Gewichtsangabe handelt es sich um ein auf die Nahtfläche bezogenes Gewicht in *kg/m*^{2}.

Nachfolgendes Beispiel zeigt, daß bei einem 20 mm dicken Blech und einer HY-Naht mit 50° Nahtöffnungswinkel und 3 mm Steg das Schweißvolumen um 500° größer ist als bei einem 10 mm Blech (Bild 5-33).

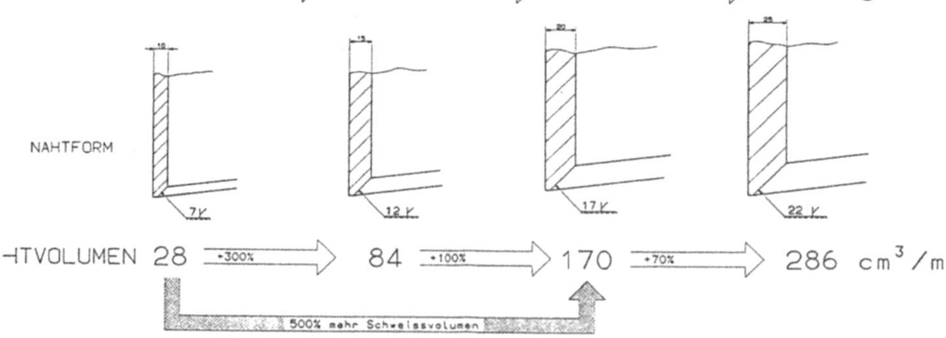

Bild 5-33 Vergleich: Blechstärke – Gewicht – Nahtvolumen

Einfluß von Blechdicke und Nahtform auf das Nahtvolumen

Ein weiteres Kriterium zur Beurteilung der Wirtschaftlichkeit der Nahtform ist das Wirtschaftlichkeitsschaubild für verschiedene Nahtarten und Formen für Blechdicken von 10 bis 50 mm bei gleichem Nahtanschlußquerschnitt (Bild 5-34). Hier ist die Schweißgutmenge auf einen Meter Nahtlänge bezogen in Kubikzentimetern angegeben. Es ist eine klare Abhängigkeit des Nahtvolumens von der Blechdicke abzulesen.

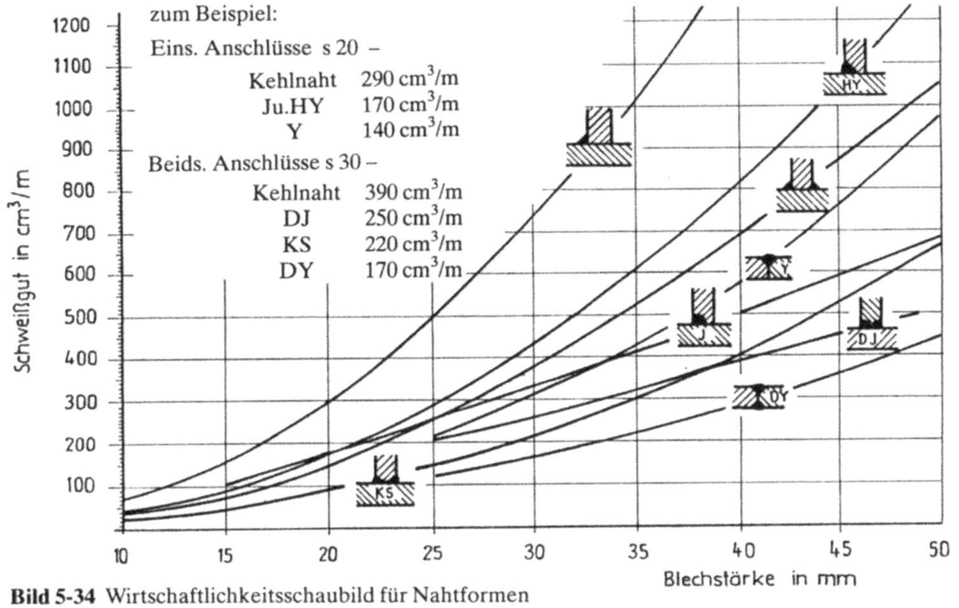

Bild 5-34 Wirtschaftlichkeitsschaubild für Nahtformen

Einfluß des Nahtöffnungswinkels auf das Nahtvolumen

Bild 5-35 veranschaulicht den Einfluß des Nahtwinkels auf das Nahtvolumen bei verschiedenen Schweißverfahren. Beim Lichtbogenhandschweißen (LBH) wird wegen der Zugänglichkeit von einem Nahtöffnungswinkel von 50° ausgegangen; beim Metallschutzgasschweißen (MSG/MAG) von 45°.

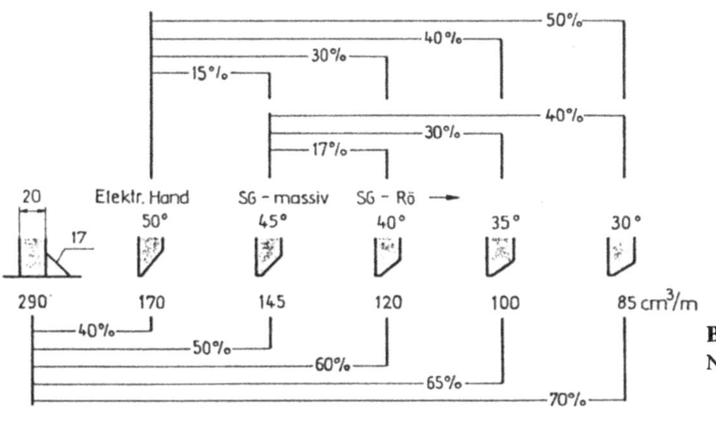

Bild 5-35
Nahtwinkel und Nahtvolumen

Einfluß der Spaltbreite auf das Nahtvolumen

Ähnlichen Einfluß wie die Nahtvorbereitung hat die Spaltbreite auf das Nahtvolumen. Es muß unbedingt darauf geachtet werden, daß beim Zusammenbau der Schweißeinzelteile der Luftspalt so klein wie fertigungstechnisch möglich eingehalten wird. Deshalb müssen die Einzelteile maßhaltig sein und möglichst ohne Luftspalt zusammengebaut werden (Bild 5-36).

Bei einer Zunahme der Spaltbreite um 1 mm erhöht sich das Nahtvolumen um 25 %!

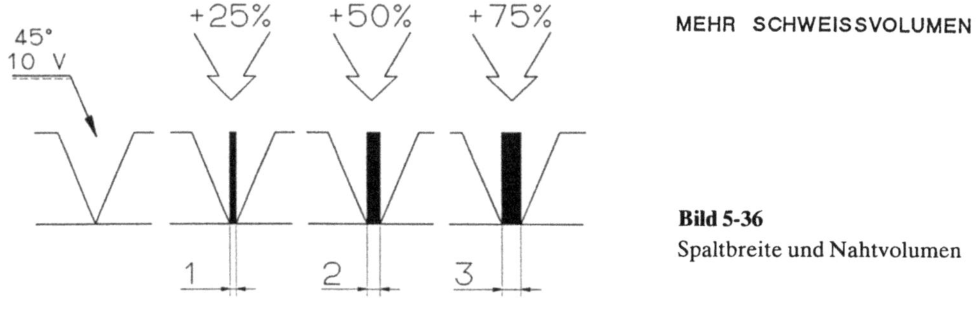

Bild 5-36
Spaltbreite und Nahtvolumen

Einfluß der Nahtüberhöhung auf das Nahtvolumen

Bild 5-37 zeigt am Beispiel einer HV-Naht, wie sich selbst geringe Nahtüberhöhungen auf das Nahtvolumen auswirken. Die überhöhte Naht sieht nicht nur schlecht aus, sie verursacht auch zusätzliche Kerbspannungen. Außerdem hat sie einen wesentlichen Einfluß auf die Wirtschaftlichkeit, weil das Schweißvolumen dadurch entscheidend verändert wird. Das bedeutet, sie sollte nach Möglichkeit vermieden werden.

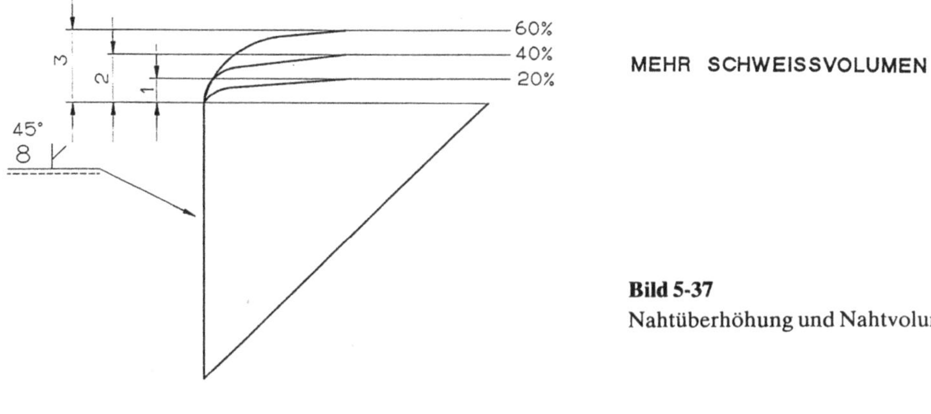

Bild 5-37
Nahtüberhöhung und Nahtvolumen

Einfluß der Nahttoleranz auf das Nahtvolumen

Am Beispiel einer HY-Naht wird gezeigt, wie stark das Schweißvolumen ansteigt, wenn die Nahtvorbereitung nur einige Millimeter toleriert.
Wird die Schweißfuge um 2 mm größer vorbereitet, bedeutet das 60 % mehr Schweißvolumen oder Schweißzeit! (Bild 5-38)
Es muß also größerer Wert auf die genaue Vorbereitung der Schweißfuge gelegt werden.

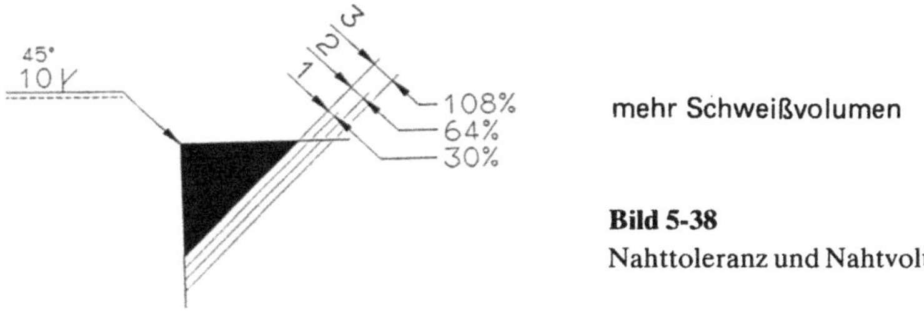

Bild 5-38
Nahttoleranz und Nahtvolumen

Einsparung von Schweißgut durch Kombination verschiedener Nahtformen

Anhand unterschiedlicher Nahtformen wird am Beispiel einer Stumpfnaht gezeigt, welche Einsparungsmöglichkeiten gegeben sind (Bild 5-39). Hier wird eine Doppel-HV-Naht mit 50° Öffnungswinkel mit einer kombinierten Y-Naht mit HV-Naht verglichen. In beiden Fällen handelt es sich um einen Nahtöffnungswinkel von 50°, so daß die gleichen Zugänglichkeiten gegeben sind. Bei einer Wanddicke von 60 mm ergibt sich eine Einsparung von 27 %.

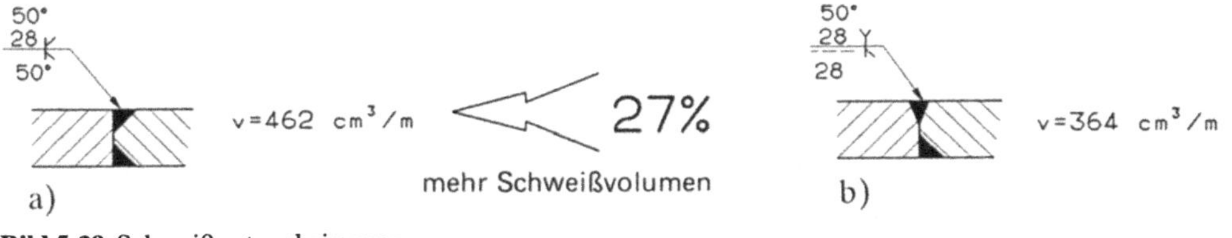

Bild 5-39 Schweißgutausbringung
a) Doppel-HV-Naht ungünstig b) Y+HY-Naht günstig

Bild 5-40 zeigt den Vergleich einer HY-Naht mit einer DHY-Naht hinsichtlich des benötigten Schweißgutes. Durch die Verwendung der DHY-Stumpfnaht ist die Winkelschrumpfung aufgehoben. Bei gleichem Anschlußquerschnitt einer einseitigen HY-Naht wird 100 % mehr Schweißgut abgeschmolzen als bei einer DHY-Naht. Die Belastbarkeit der DHY-Naht ist größer.

Bild 5-40 Schweißgutausbringung
a) HY-Naht ungünstig b) DHY-Naht günstig

Bei den Beispielen hat sich gezeigt, daß eine Schweißkonstruktion immer weniger Schweißgut benötigt, wenn die Nähte beidseitig zugänglich sind.

5.3 Beispiele ausgeführter Schweißkonstruktionen des Maschinenbaus

Die beste Schweißkonstruktion ist die, an der am wenigsten geschweißt wird!

Verbindung von Wellenzapfen mit der Welle

Bild 5-41 zeigt eine Verbindung Welle – Wellenzapfen mit einem bearbeiteten und eingepaßten Zapfendurchmesser. Diese Lösung ist wegen der teuren Vorbearbeitung auf Drehmaschinen nicht wirtschaftlich. Für die Durchführung der Schweißung ist diese Vorbereitung sehr angenehm.

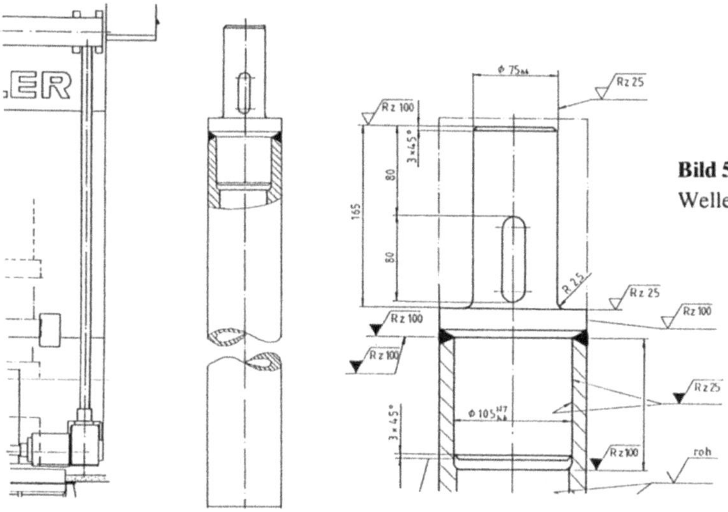

Bild 5-41
Welle – Wellenzapfenverbindung

In Bild 5-41 und 5-42 sieht man Wellenstümpfe oder ähnliche Bauteile, in denen der Zapfen in das Rohr eingesteckt ist.
Bild 5-41 zeigt den bearbeiteten Zapfen, Bild 5-42a den unbearbeiteten; beide Verbindungsarten gehören eigentlich zu den Schraub-, Niet- oder Stiftverbindungen.

a) 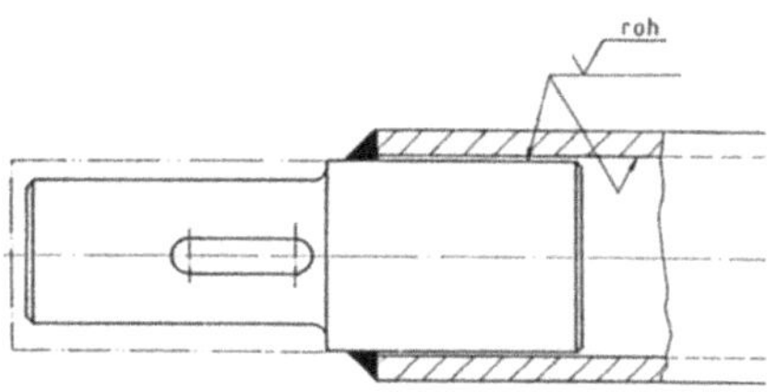

b) 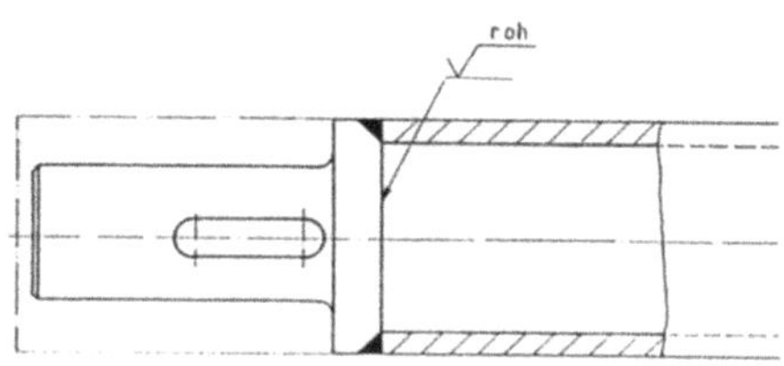

c) 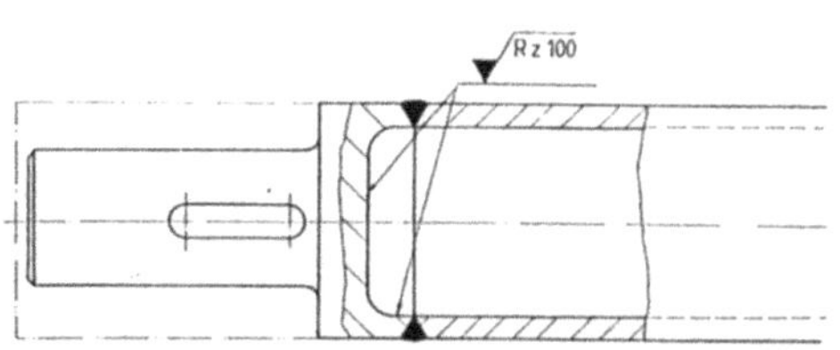

Bild 5-42 Wellenzapfenverbindung
a) mit unbearbeitetem Außendurchmesser
b) kostengünstiger Stumpfnaht
c) mit günstigem Einfluß auf die Festigkeit

Wirtschaftliche Lösungen einer Wellenzapfen-Schweißverbindung sind auf den folgenden Bildern angegeben.
Eine Stumpfnaht (Bild 5-42b und c) ist die billigere Lösung. In Bild 5-42c sieht man, bezogen auf die Festigkeit, die bessere Lösung.

Im folgenden wird eine schweißtechnische Lösung vorgestellt, deren Vorläufer eine Gußkonstruktion war. In zwei Schritten wird gezeigt, wie der Konstrukteur in der Erstlösung mit vielen Einzelteilen versucht, die Gußkonstruktion als Schweißkonstruktion nachzubilden. Bild 5-43 zeigt einen gegossenen Lagerbock, der in Bild 5-44 als nachgebildete Schweißkonstruktion erscheint. Hierfür sind fünf Einzelteile auszubrennen, zusammenzubauen und zu verschweißen. Die Fertigungszeit für das Rohteil beträgt 9,5 Stunden.

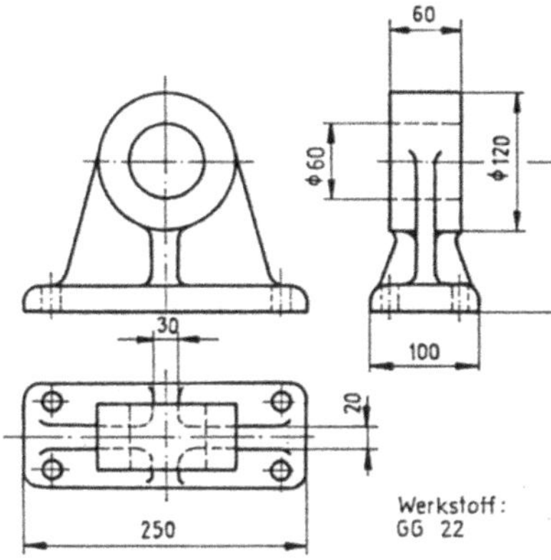

Bild 5-43 Lagerbock, gegossen

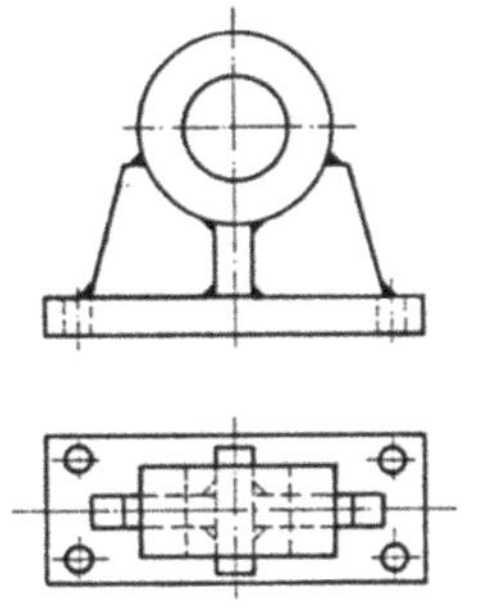

Bild 5-44 Lagerbock, geschweißt

In Bild 5-46 ist das gleiche Bauteil als preisgünstiges Brennschneidteil dargestellt. Zur Herstellung des Rohteils braucht man nur noch Minuten (Bild 5-45) und nicht Stunden wie in Bild 5-44. Das Brennteil kann ohne weitere Bearbeitung aus einem 60 mm dicken Blech herausgeschnitten werden. Fertigungszeit für das Rohteil: 20 Minuten.

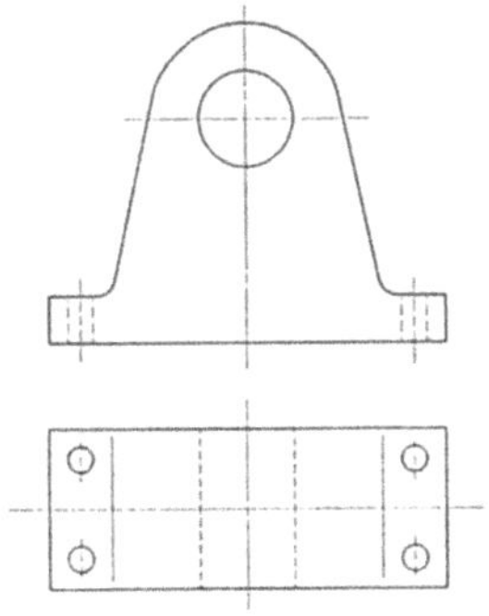

Bild 5-45 Lagerbock als kostengünstiges Brennteil

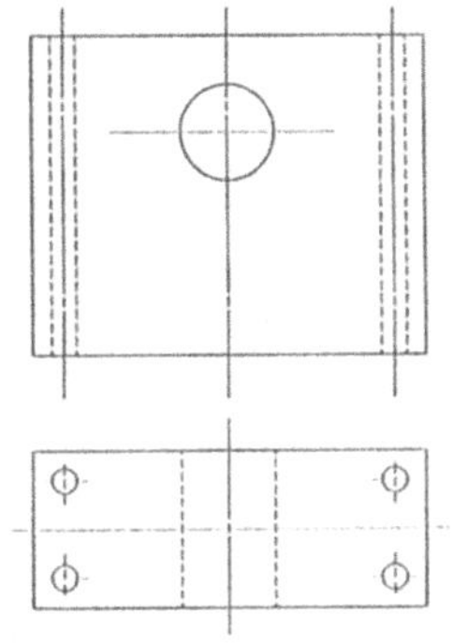

Bild 5-46

Auf das Brennschneiden der Form des Lagerbocks kann verzichtet werden. Ein eckig abgesägter Klotz von 60 mm Wanddicke erfüllt den gleichen Zweck (Bild 5-46). Zudem sind die Materialkosten für allgemeine Baustähle verglichen mit den Stundenlöhnen und Maschinenstundensätzen verschwindend niedrig. Deshalb macht sich das „überschüssige Gewicht" bezahlt.

Ein weiteres Beispiel zum Thema Verringerung der Einzelteile zeigt eine Halterung (Bild 5-47). Sie ist oben am Maschinenkörper starr befestigt und trägt unten zwei Gabeln für einen Schlitten.
Diese Halterung wurde lange Zeit in Gußkonstruktion gefertigt (Bild 5.47) und später in eine Schweißkonstruktion umgewandelt (Bild 5-48).

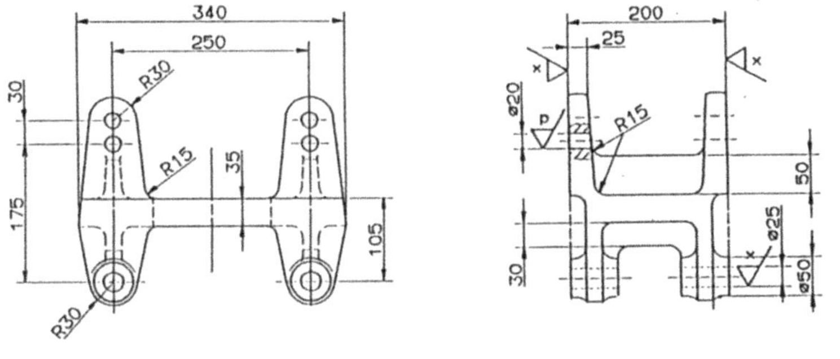

Bild 5-47 Halterung als Gußteil

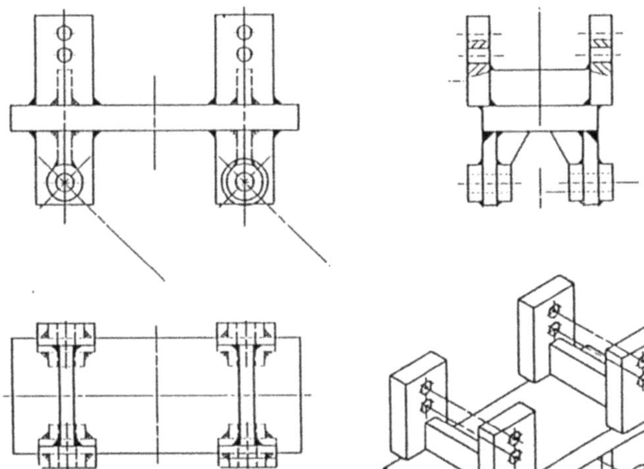

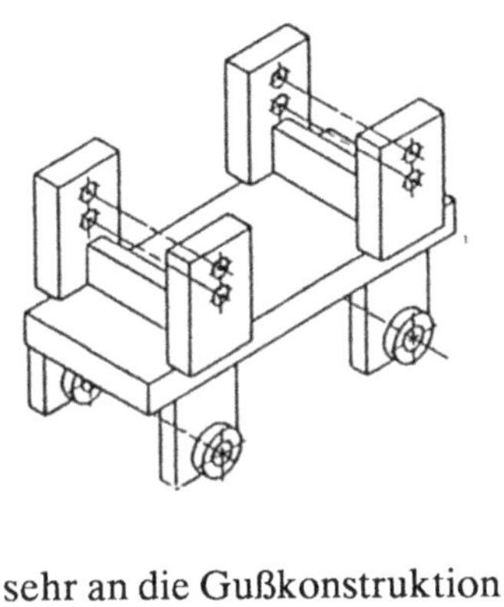

Bild 5-48 Halterung als Schweißteil

Der Konstrukteur lehnte sich aber hier zu sehr an die Gußkonstruktion an. Es entstand eine äußerst umständliche und teure Schweißkonstruktion mit folgenden Nachteilen:

1. Zu viele Einzelteile (19 Teile), die gefertigt, zusammengebaut und geschweißt werden müssen.
2. Umlenkung und Unterbrechung der Kraftlinien durch die Kehlnahtanschlüsse.
3. Das mittlere Blech ist nur in Dickenrichtung beansprucht.
4. Insgesamt zu viele Schweißnähte.

Die bessere und elegantere Lösung sieht man in Bild 5-49, wo die gesamte Halterung nur noch aus zwei Brennteilen besteht. Sie sind steif genug, so daß eine Querverbindung der beiden Platten entfallen kann.

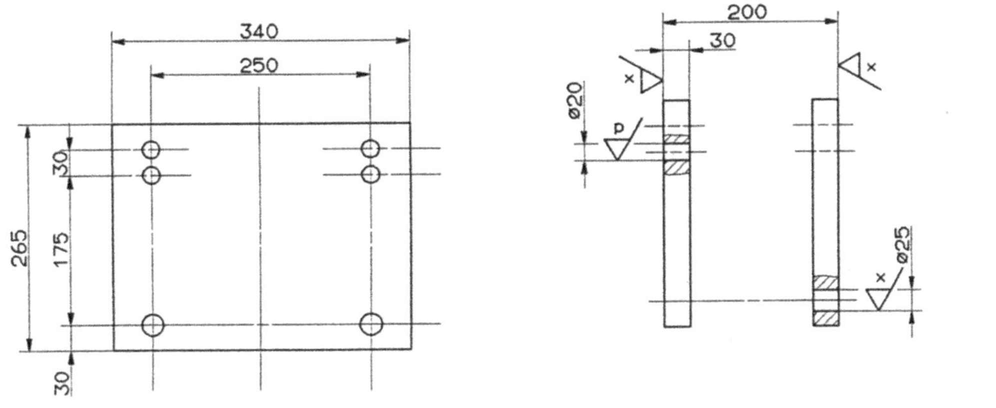

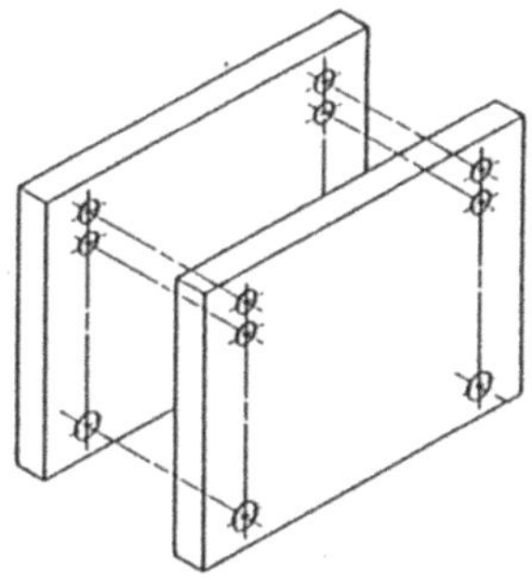

Bild 5-49
Halterung als Brennteil: Einfach – einfach billiger

Anhand dieser Beispiele ist zu sehen, wie einfach heute Schweißkonstruktionen gestaltet werden können. Dabei wurde auch das Thermische Trennen als Produktionsverfahren berücksichtigt. Ein wesentlicher Gesichtspunkt sind die hohen Stundensätze. Die Materialkosten haben sich für Baustähle in den letzten 20 Jahren nur unwesentlich verändert, während sich die Stundensätze um den Faktor 10 erhöhten. Deshalb ist es besonders wichtig, die Schweißzeiten zu reduzieren. Dies kann aus heutiger Sicht auf Kosten größeren Materialeinsatzes geschehen, welches sich wirtschaftlich nicht auswirkt. Die Schweißzeiten lassen sich durch folgende Faktoren *wesentlich* beeinflussen:

- Anzahl der Schweißnähte
- Nahtvolumen pro Schweißverbindung.

Die Beispiele sollten vor allem diesen beiden Gesichtspunkten Rechnung tragen.

5.4 Gestalten und Berechnen im Stahlbau

Tragwerke

Stahlbauten bestehen aus einem System von Stäben (Skelett), deren Querschnitt klein im Verhältnis zur Länge ist. Im Gegensatz zum Massivbau mit seinen tragenden Wänden ist das Stahltragwerk nicht zugleich Raumabschluß.
Bei Stahlskelettbauten (Bild 5-50) werden die lotrechten Lasten durch die Dach- und Deckentragwerke (Pfetten, Unterzüge 3) auf die Stützen (1) übertragen und von dort in die Fundamente geleitet. Die waagerechten Lasten (Wind, Erdbeben) werden über Aussteifungstragwerke (z.B. Ausfachung 2, Rahmen 4) auf die Fundamente übertragen.

Vorschriften

Die Bemessung, Konstruktion und Herstellung der Stahlbauten erfolgt nach den Grundnormen der Reihe DIN 18 800. Im jeweiligen Anwendungsgebiet gelten zusätzlich die Fachnormen, für Stahlhochbauten DIN 18 801, für Tragwerke aus Hohlprofilen DIN 18 808, für Verbundkonstruktionen DIN 18 806, für Straßen- und Wegbrücken DIN 18 809 und für Kranbahnen DIN 4132.
Die neuen Normen der Reihe DIN 18 800, und zwar Teil 1 Bemessung und Konstruktion und die Teile 2 bis 4 Stabilitätsfälle, basieren auf einem probabilistischen Sicherheitskonzept unter weitgehendem Verlassen des bisherigen zul σ-Konzepts. Diese neue Sicherheits- und Bemessungsphilosophie ist die Grundlage zur Vereinheitlichung der technischen Bauvorschriften in Europa [1].

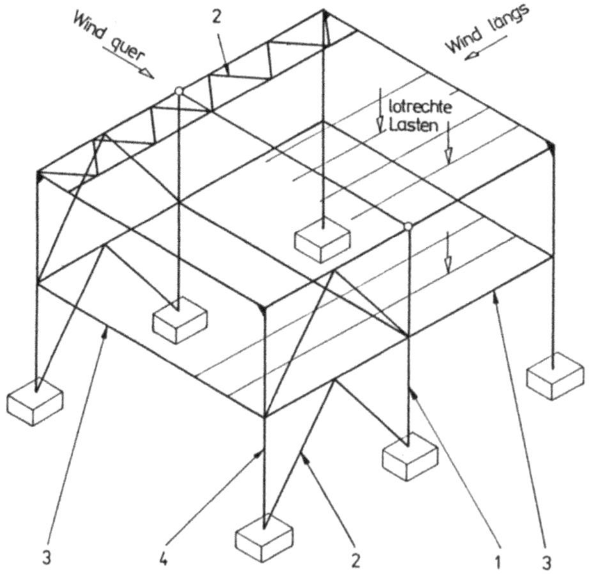

Bild 5-50
Tragwerke eines Skelettbaus (schematisch) 1 Stütze, 2 Fachwerk, 3 Träger, 4 Rahmen (Stütze und Riegel)

Für Stahlkonstruktionen, die während ihrer Nutzungsdauer häufig wiederholten Beanspruchungen ausgesetzt sind, ist ein Betriebsfestigkeitsnachweis zu führen. Dabei gilt für Stahlbauten EDIN 18 800 Teil 6, für Eisenbahnbrücken DS 804 und für Krantragwerke DIN 15 018.

Werkstoffe

Im Gegensatz zu anderen Fachbereichen werden im Stahlbau nur wenige Stahlsorten verarbeitet. Dies läßt sich zum einen damit begründen, daß höherfeste Stähle bei Stabilitäts-, Dauerfestigkeits- und Verformungsproblemen keine Vorteile bringen und überdies keine Anforderung auf Verschleiß- und Warmfestigkeit vorliegt.
Nach DIN 18 800 Teil 1 sind von den allgemeinen Baustählen nach DIN 17 100 die Stahlsorten St37-2, USt37-2, RSt37-2, St37-3 und St52-3 und von den schweißgeeigneten Feinkornbaustählen nach DIN 17 102 die Stahlsorten StE 355, WStE 355, TStE 355 und EStE 355 zu verwenden.
Für Lager, Gelenke und Sonderbauteile darf auch Stahlguß GS-52 nach DIN 1681 und GS-20Mn 5 nach DIN 17 182, sowie Vergütungsstahl C35 N nach DIN 17 200 eingesetzt werden.
Für die verwendeten Erzeugnisse müssen Bescheinigungen nach DIN 50 049 vorliegen.
Für nicht geschweißte Konstruktionen aus Stahl der Sorten St37-2, USt37-2 und St37-3 und für untergeordnete Bauteile darf darauf verzichtet werden, wenn die Beanspruchungen nach der Elastizitätstheorie ermittelt werden.
Andere Stahlsorten dürfen nur verwendet werden, wenn die chemische Zusammensetzung, die mechanischen Eigenschaften und die Schweißeignung in den Lieferbedingungen festgelegt sind und einer der oben genannten Stahlsorten zugeordnet werden können oder ihre Brauchbarkeit auf andere Weise, z.B. durch eine allgemeine bauaufsichtliche Zulassung, nachgewiesen worden ist.
Für die Wahl der Werkstoffgüte sollten die „Empfehlungen zur Wahl der Stahlgütegruppen für geschweißte Stahlbauten“ (DASt-Richtlinie 009) und die „Empfehlungen zum Vermeiden von Terrassenbrüchen“ (DASt-Richtlinie 014) herangezogen werden.

Halbzeuge

Für geschweißte Stahlbauten werden vorrangig Warmwalzerzeugnisse verbaut. Sie sind kostengünstig, weisen eine gute Schweißeignung auf und sind in allen zugelassenen Stahlsorten erhältlich. Von den Profilerzeugnissen kommen Form- und Stabstählen in den Querschnittsformen U, T, L, I und Z für Träger und Fachwerke große Bedeutung zu. Zur Fertigung von Gurten geschweißter I-Träger wird Breitflachstahl nach DIN 59 200 eingesetzt.
Trotz ihres höheren Preises gegenüber Profilerzeugnissen finden zunehmend Hohlprofile Verwendung. Durch warmes und kaltes Umformen runder Rohre werden Rechteck- und Quadrathohlprofile hergestellt. Neben den warmgewalzten Erzeugnissen werden in allen Bereichen zunehmend Kaltprofile eingesetzt. Sie werden durch Walzen oder Abkanten aus flachgewalztem Stahl hergestellt. Querschnittsform und Abmessungen können dem Verwendungszweck optimal angepaßt werden. Neben den Standardprofilen in L-, U-, C-, Z- und Hutform gibt es viele Sonderprofile (DIN 17 118). Dabei haben Trapezprofile für Dächer und Geschoßdecken besondere Bedeutung erlangt [2].

Herstellung

Die Stahlbaufertigung ist gekennzeichnet durch viele Transportvorgänge. Sie läßt sich gliedern in die Fertigungsstellen Lagern und Beschichten; Kennzeichnen, Trennen und Lochen; Verformen; Zusammenbau und Schweißen; Konservieren und Versand. Da der Zusammenbau im Werk kostengünstiger ist als auf der Baustelle, versucht man zunehmend, immer größere Teile bereits im Werk zu fertigen und ggf. mit Sondertransporten auf die Baustelle zu befördern.

Das Herstellen geschweißter Bauteile aus Stahl erfordert in hohem Maße Sachkenntnisse und Erfahrungen der damit betrauten Personen sowie eine besondere Ausstattung der Betriebe mit geeigneten Einrichtungen. Betriebe, die Schweißarbeiten in der Werkstatt oder auf der Baustelle ausführen, müssen ihre Eignung nachgewiesen haben. Die Zulassung der Betriebe zum Schweißen regelt DIN 18 800 Teil 7 mit dem Großen und Kleinen Eignungsnachweis, sowie die Dienstvorschrift DS 804 der Deutschen Bundesbahn. Im Stahlbau dürfen im allgemeinen nur die Lichtbogenschweißverfahren angewandt werden. Bei Anwendung des Widerstandsabbrennstumpfschweißens oder Reibschweißens ist ein Gutachten einer anerkannten Stelle vorzulegen.

Einer RKW-Studie zufolge (DVS-Bericht 59) verteilt sich die Anwendung der Schweißverfahren im Stahlbau wie folgt: E-Hand 39 %, MAG 37 %, MIG 8 % und UP 16 %. Bei Profilfachwerken überwiegt das MIG/MAG-Verfahren mit fast zwei Drittel der Anwendung, das restliche Drittel entfällt auf das Lichtbogenhandschweißen.

Beim Herstellen von tragenden Bauteilen aus Stahl ist DIN 18 800 Teil 7 zu beachten. Sie enthält Bestimmungen für das Herstellen, den Zusammenbau und die Abnahme von Stahlbauten.

Für durch- oder gegengeschweißte Nähte (Stumpfnaht, HV- und DHV-Naht) sind danach folgende Schweißbedingungen im Stahlbau einzuhalten [3] [4]:

- Einwandfreies Durchschweißen der Wurzeln
- Maßhaltigkeit der Nähte
  (Überschreitungen bis zu 25 % der Nahtdicke und stellenweise Unterschreitungen von 5 %, sofern die geforderte durchschnittliche Nahtdicke erreicht wird, sind zulässig)
- Kraterfreies Ausführen der Nahtenden bei Stumpfnähten mit Auslaufblechen oder anderen geeigneten Maßnahmen.
- Flache Übergänge zwischen Naht und Blech ohne schädigende Einbrandkerben.
- Freiheit von Rissen, Binde- und Wurzelfehlern sowie Einschlüssen.

Für nicht vorwiegend ruhend beanspruchte Bauteile wird zusätzlich noch gefordert:

- Die nach den technischen Unterlagen zu bearbeitenden Schweißnähte dürfen in der Naht und im angrenzenden Werkstoff eine Dickenunterschreitung bis 5 % aufweisen.
- Freiheit von Kerben.
- Die Wurzellage muß im allgemeinen ausgearbeitet und gegengeschweißt werden.

Für Kehlnähte oder nicht durchgeschweißte Nähte (HY-, DHY-, DI- und Dreiblechnaht) gelten folgende Festlegungen:

- Genügender Einbrand.
- Maßhaltigkeit der Nähte.
- Weitgehende Freiheit von Kerben und Kratern.
- Freiheit von Rissen; Sichtprüfung ist im allgemeinen ausreichend.

Für nicht vorwiegend ruhend beanspruchte Bauteile wird zusätzlich noch gefordert:

- Schweißnähte kerbfrei bearbeiten, wenn dies in den Ausführungsunterlagen angegeben ist.

- Bei Nahtansätzen, z.B. bei Elektrodenwechsel, darf die zusätzliche Nahtüberhöhung 2 mm nicht überschreiten.

Außerdem wird noch verlangt, daß vor dem Überschweißen die vorhergehenden Lagen von Schlacke zu reinigen sind. Risse, Poren und Bindefehler dürfen nicht überschweißt werden. Der Lichtbogen darf nur an solchen Stellen gezündet werden, an denen anschließend Schweißlagen aufgebracht werden.
Nach DIN 18 800 Teil 1/11.90 gilt der Nachweis der Nahtgüte als erbracht, wenn bei der Durchstrahlungs- oder Ultraschallprüfung von mindestens 10 % der Nähte ein einwandfreier Befund festgestellt und entsprechend dokumentiert wird.

Grundsätze für die Konstruktion [5]

Die Bauteile und ihre Verbindungen müssen schweißgerecht konstruiert werden, Anhäufungen von Schweißnähten sollen vermieden werden. Stöße und Anschlüsse sollen gedrungen ausgebildet werden. Die einzelnen Querschnittsteile (z.B. Flansche, Stege) sollen für sich angeschlossen oder gestoßen werden. Die Verwendung verschiedener Stahlsorten (z.B. St37 mit St52) in einem Tragwerk und in einem Querschnitt ist zulässig. Die in den Fachnormen vorgeschriebenen Mindestwanddicken, bei Hochbauten z.B. 1,5 mm, sind zu beachten.
Im Bereich von Krafteinleitungen oder -umlenkungen, an Knicken, Krümmungen und Ausschnitten ist zu prüfen, ob konstruktive Maßnahmen erforderlich sind, vgl. Bild 5-60. Bei geschweißten Profilen und Walzprofilen mit I-förmigem Querschnitt dürfen Kräfte auch ohne Aussteifungen eingeleitet werden, wenn für den Steg ein entsprechender Festigkeitsnachweis geführt wird.
Werden verschiedene Verbindungsmittel in einem Anschluß oder Stoß verwendet, so ist auf die Verträglichkeit der Formänderungen zu achten. Gemeinsame Kraftübertragung darf z.B. angenommen werden bei GVP-Verbindungen (gleitfeste planmäßig vorgespannte Paßverbindung) und Schweißnähten oder bei Schweißnähten in einem oder in beiden Gurten und Niete oder Paßschrauben in allen übrigen Querschnittsteilen.
Stahlbauten sollen so ausgebildet werden, daß Korrosionsschäden weitgehend vermieden, frühzeitig erkannt und Erhaltungsmaßnahmen während der Nutzungsdauer einfach durchgeführt werden können. Die dem Korrosionsangriff ausgesetzten Oberflächen sollen möglichst klein und wenig gegliedert sein. Bei besonderer Korrosionsbeanspruchung dürfen unterbrochene Nähte und einseitige nicht durchgeschweißte Nähte nur ausgeführt werden, wenn durch besondere Maßnahmen ein ausreichender Korrosionsschutz gewährleistet ist. So kann z.B. bei nicht durchgeschweißten Nähten im Freien die Anordnung einer zusätzlichen Beschichtung im Bereich des Spaltes notwendig werden.
Maßnahmen gegen Korrosion können Beschichtungen, Überzüge, Umhüllungen, geeignete nichtrostende Werkstoffe und kathodischer Schutz sein. Bei zusammengesetzten Profilen sind die Mindestabstände nach Bild 5-51 einzuhalten, damit der Korrosionsschutz durchgeführt, geprüft und instand gehalten werden kann. Anstelle von Maßnahmen gegen Korrosion darf die Auswirkung der Korrosion durch Dickenzuschläge berücksichtigt werden, wenn sie auf den Korrosionsabtrag und die Nutzungsdauer abgestimmt sind. Im übrigen sei auf die Grundregeln zur korrosionsschutzgerechten Gestaltung in DIN 55 928 Teil 2 verwiesen.
Jede Kaltverformung an Bauteilen, z.B. Kaltprofile oder Abkanten von Blech, führt zu einer Festigkeitssteigerung bei gleichzeitiger Minderung der Verformungsfähigkeit.

Wenn in diesen Bereichen eine ausreichende Schweißbarkeit gewährleistet sein soll, so müssen die Teile vor dem Schweißen normalgeglüht werden. Wenn in kaltgeformten Bereichen einschließlich der angrenzenden Breite 5t aber ohne Glühbehandlung geschweißt wird, so sind die Grenzwerte r/t_{min} nach Bild 5-52 einzuhalten.

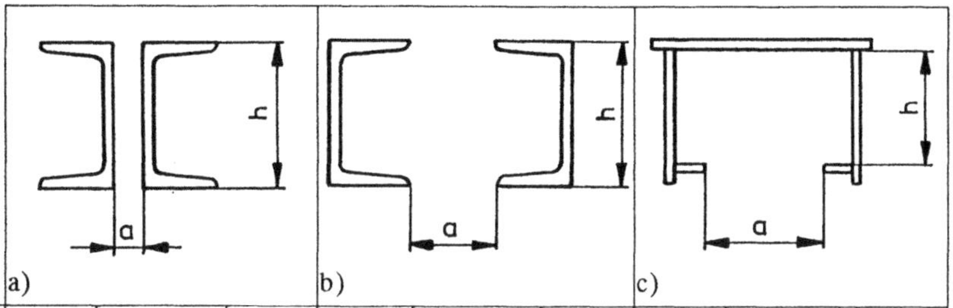

Profilhöhe h mm	≤ 100	> 100 ≤ 1000	> 1000	≤ 100	> 100 ≤ 1000	> 1000	≤ 100	> 100 ≤ 500	> 500
Mindestabstand a_{min} mm	15	0,43 h – 28	500	120	0,31 h + 89	500	120	0,7 h + 50	500

Bild 5-51 Mindestabstände zusammengesetzter Profile zur Aufbringung des Korrosionsschutzes (nach DIN 55 928 Teil 2)
a) und b) für von beiden Seiten erreichbare Flächen, c) für nur von einer Seite erreichbare Flächen

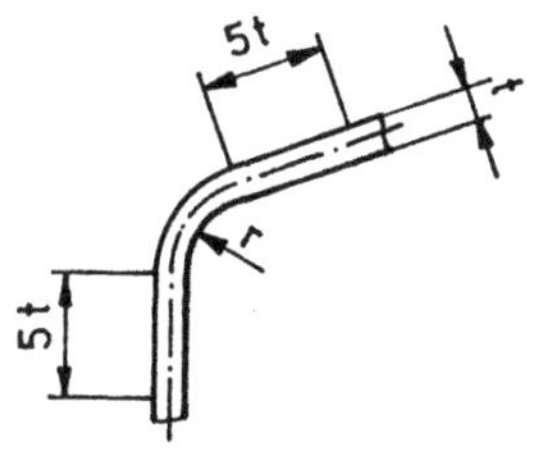

t_{max} mm	r/t_{min}
50	10
24	3
12	2
8	1,5
4*)	1
< 4*)	1

*) 6 mm für St37

Bild 5-52 Grenzwerte r/t_{min} für das Schweißen in kaltgeformten Bereichen (zwischen den Werten darf linear interpoliert werden)

5.4.1 Hinweise zur Berechnung

Die Bemessung von Stahlbauten hat nach dem neuen Grundkonzept der Reihe DIN 18 800 zu erfolgen. Da auf dem „zul σ-Verfahren" beruhende Fachnormen noch nicht umgestellt sind, gilt DIN 18 800 Teil 1/03.81 noch bis zum Erscheinen einer europäischen (EN-)Norm. Die Vorgehensweise nach dem neuen Bemessungs- und Sicherheitskonzept zeigt Bild 5-53 am Beispiel des Tragsicherheitsnachweises.
Bei vielen Tragwerken ist auch ein Nachweis der Sicherheit gegen Instabilitäten und Ermüdung erforderlich. Auf einen Betriebsfestigkeitsnachweis nach EDIN 18 800 Teil 6 darf aber verzichtet werden, wenn die Spannungsschwingbreite $\sigma_{max} - \sigma_{min} = \Delta\sigma < 26$ N/mm^2 oder die Anzahl der Schwingspiele $n < 5 \cdot 10^6 (26/\Delta\sigma)^3$ ist.
Im Stahlhochbau unterteilt DIN 18 801 die Lasten (Einwirkungen) nach der Häufigkeit ihres Auftretens und Zusammenwirkens noch in Haupt-, Zusatz- und Sonderlasten.
Hauptlasten (H) sind alle planmäßigen äußeren Lasten und Einwirkungen, die nicht nur kurzzeitig auftreten, z.B. ständige Last, planmäßige Verkehrslast, Schneelast, sonstige Massenkräfte, Einwirkungen aus wahrscheinlichen Baugrundbewegungen.

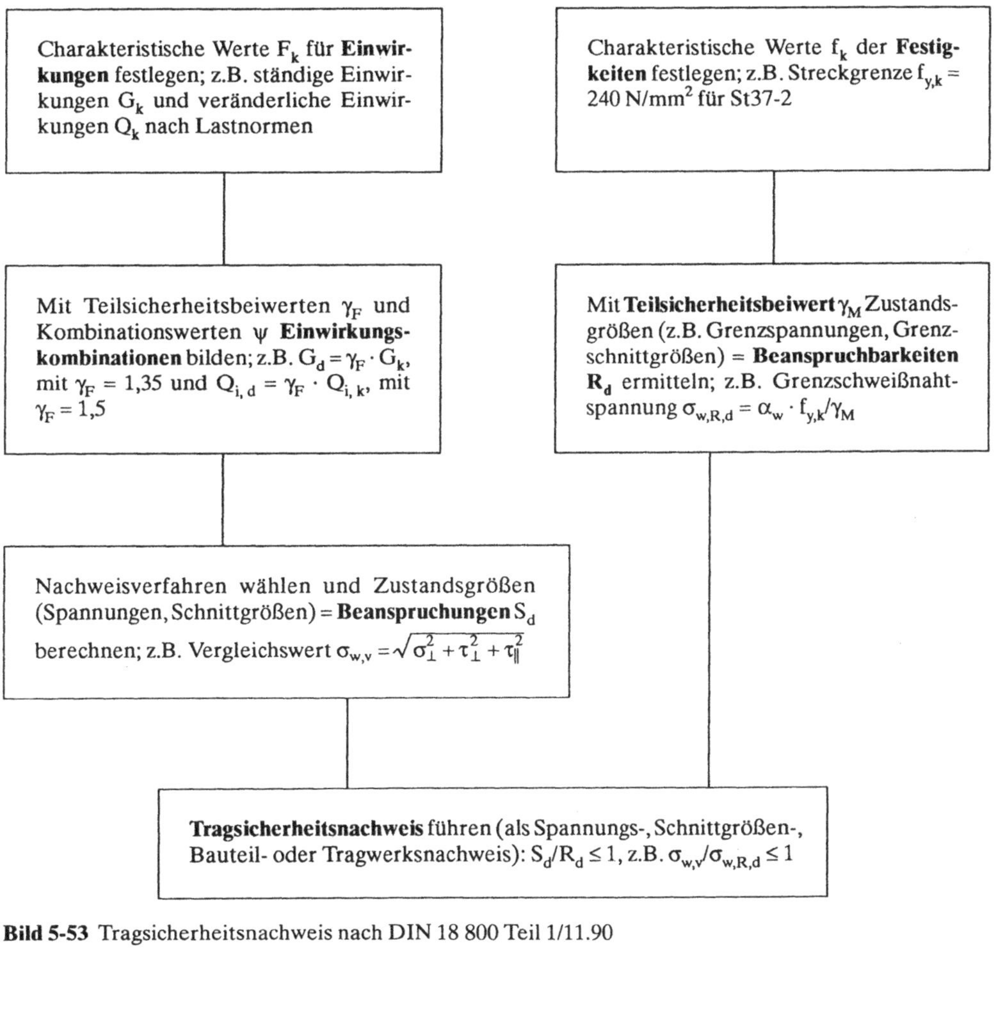

Bild 5-53 Tragsicherheitsnachweis nach DIN 18 800 Teil 1/11.90

Zusatzlasten (Z) sind alle übrigen bei planmäßiger Nutzung auftretenden Lasten und Einwirkungen, z.B. Windlast, Lasten aus Bremsen und Seitenstoß von Kranen, andere kurzzeitig auftretende Massenkräfte, Wärmewirkungen.
Sonderlasten (S) sind nichtplanmäßige, mögliche Lasten und Einwirkungen, z.B. Anprall, Einwirkungen aus möglichen Baugrundbewegungen.
Diese Lasten werden nach DIN 1055 Teil 1 bis Teil 6 „Lastannahmen für Bauten" bzw. den jeweiligen Bauwerksnormen bestimmt.
Für die Berechnung sind die Lasten so zu Lastfällen zu kombinieren, daß sich für den Bauteilquerschnitt jeweils die größten Kräfte und Momente ergeben:

Lastfall H: alle Hauptlasten
Lastfall HZ: alle Haupt- und Zusatzlasten
Lastfall HS: alle Hauptlasten mit einer Sonderlast (und ggf. weiteren Zusatz- und Sonderlasten)

Die Nachweise sind für die einzelnen Lastfälle H, HZ und HS getrennt zu führen, da für jeden Lastfall, aufgrund der Intensität seines Auftretens, eine eigene zulässige Spannung festgelegt ist; dabei gilt: zul σ_H < zul σ_{HZ} < zul σ_{HS}.
Als „Bemessungsfall" maßgebend ist also der Lastfall, der zum größten Querschnitt führt.

5.4.2 Vollwandträger

Im Stahlhochbau kommen für Biegeträger im Regelfall die kostengünstigen Walzprofile zum Einsatz. Durch die Stufung der Widerstandsmomente innerhalb der Profilreihen und die aus walztechnischen Gründen verhältnismäßig dicken Stege ist mit ihnen eine optimale Bemessung oft nicht möglich. Walzträger lassen sich aber durch entsprechende Bearbeitung in für bestimmte Anforderungen geeignete Formen bringen. So kann durch zusätzlich aufgeschweißte Gurtplatten bereichsweise die Biegetragfähigkeit oder seltener, durch eingepaßte und verschweißte Stegbleche die Schubtragfähigkeit erhöht werden. Weitere Trägerformen lassen sich durch Trennen und anschließendes Verschweißen von I-Trägern gewinnen [6].
Fischbauchträger werden aus IPE- und IPB-Trägern nach Bild 5-54a) hergestellt. Zug- und Druckgurt bleiben dabei ohne Schweißnaht. Wegen der beanspruchungsgerechten Geometrie ist er besonders geeignet als Träger auf 2 Stützen mit mittiger Einzellast, Bild 5-54b.

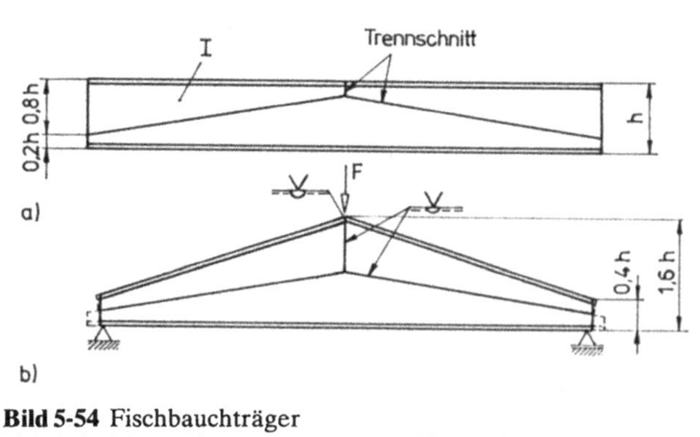

Bild 5-54 Fischbauchträger
a) Schnittführung im Ausgangsträger, b) dachförmig verschweißte Trägerteile

Wabenträger ergeben nach zahnstangenartigem Trennen und Wiederverschweißen von I-Walzträgern bei gleichem Gewicht ein höheres Trägerprofil mit wabenartigen Stegdurchbrüchen, Bild 5-55a) und b). Durch Einfügen von Zwischenblechen (Stelzen) kann das Widerstandsmoment weiter vergrößert werden, Bild 5-55c). Die Vorteile des Wabenträgers sind sein geringes Gewicht und die Anpassungsmöglichkeit an die verlangte Bauhöhe. Sie werden für Deckenträger, Dachpfetten und Fußgängerstege verwendet.
Geschweißte Vollwandträger nach Bild 5-56 werden dem Verwendungszweck optimal angepaßt. Die Gurtplatten (Breitflachstähle) werden durch Doppelkehlnähte, DHV- oder K-Stegnähte schubfest an das Stegblech angeschlossen.
Diese „Halsnähte“ haben die Aufgabe, Gurte und Stege schubfest zu verbinden um eine gemeinsame Tragwirkung zu erreichen.
Bild 5-57a) macht deutlich, wie es zur Schubbeanspruchung der Halsnähte kommt. Liegen die stabförmigen Trägerteile nur lose aufeinander, so biegen sie sich unter der Kraft F durch und verschieben sich längs der Trennfuge gegeneinander. Die Biegetragfähigkeit bzw. Steifigkeit dieses „gestapelten“ Trägers ergibt sich aus der Summe der Widerstandsmomente bzw. Steifigkeiten der einzelnen Querschnitte. Erst wenn diese Verschiebungen durch Schubkräfte unterbunden werden, kommt es zum starren Verbund der Querschnittsteile, Bild 5-57b).

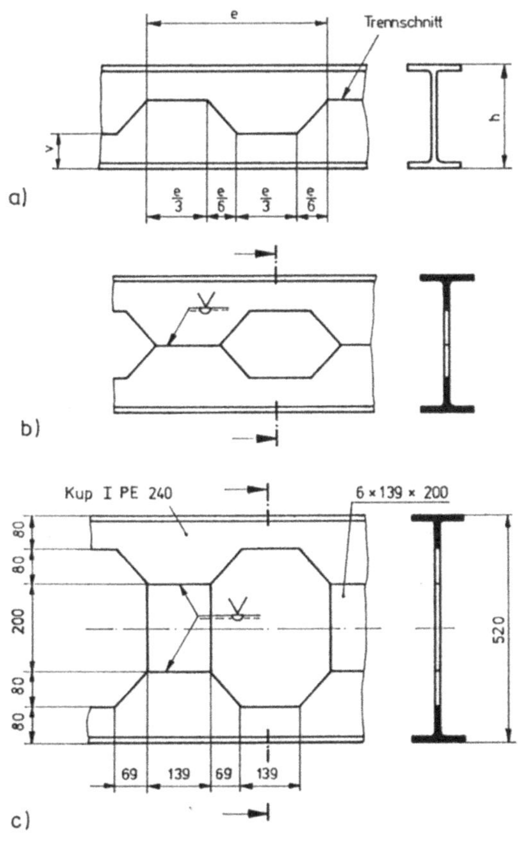

Bild 5-55
Wabenträger
a) Zahnstangenartige Trennschnittführung im I-Walzträger, Richtwerte: v = (0,26 … 0,33)h, e = (1,4 … 1,8)h
b) verschweißte Trägerhälften
c) Ausführungsbeispiel: Wabenträger aus getrennten IPE240 mit 200 mm hohen Zwischenblechen

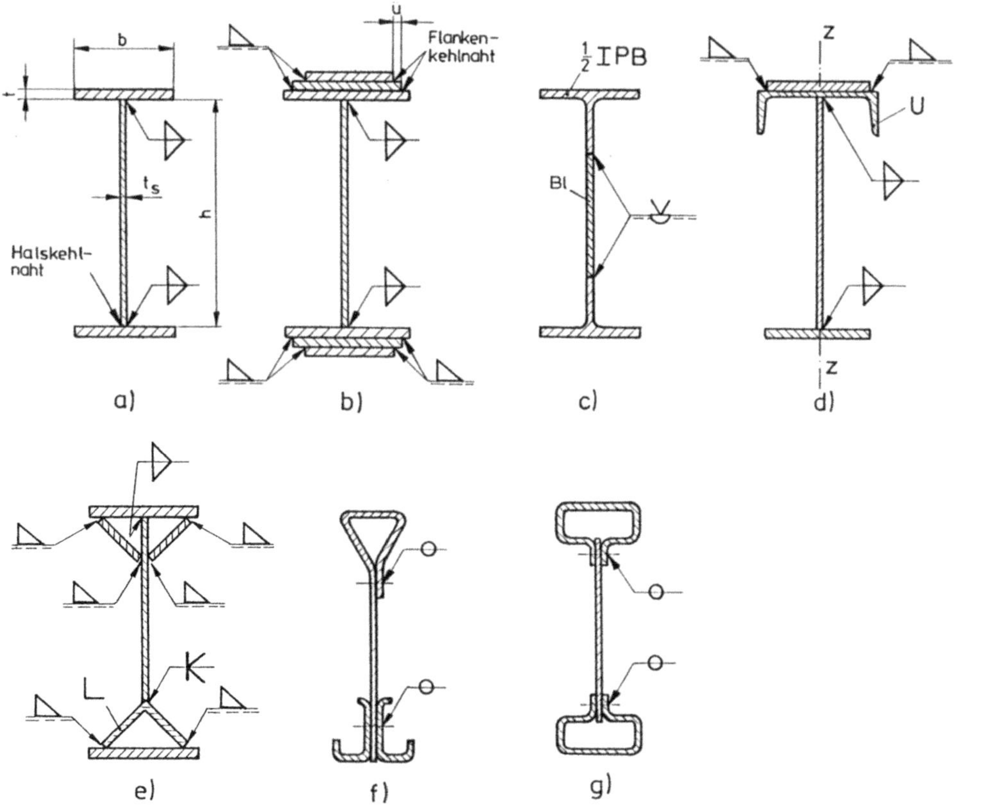

Bild 5-56 Querschnitte geschweißter Vollwandträger (I-Form)

a) Standardausführung. Richtwerte: $b/t \leq 20$ für Druckgurt, $h/t_s \leq 100$ für Stegblech; b) verstärkt durch Zusatzgurtplatten. Richtwerte: Optimale Stegblechhöhe $h = c\sqrt[3]{\frac{\max M}{\text{zul } \sigma}}$, mit c = 4,3 bei sehr guter und c = 5,3 ohne Gurtplattenabstufung, ü = 0,5 t + 5 mm; c) Gurt aus halbierten Walzträgern (1/2IPB), d) Obergurt aus U-Profil, e) torsionssteife Hohlgurte, f) Leichtbauträger mit torsionssteifem Obergurt, g) Leichtbauträger mit Hohlgurten aus Kaltprofilen

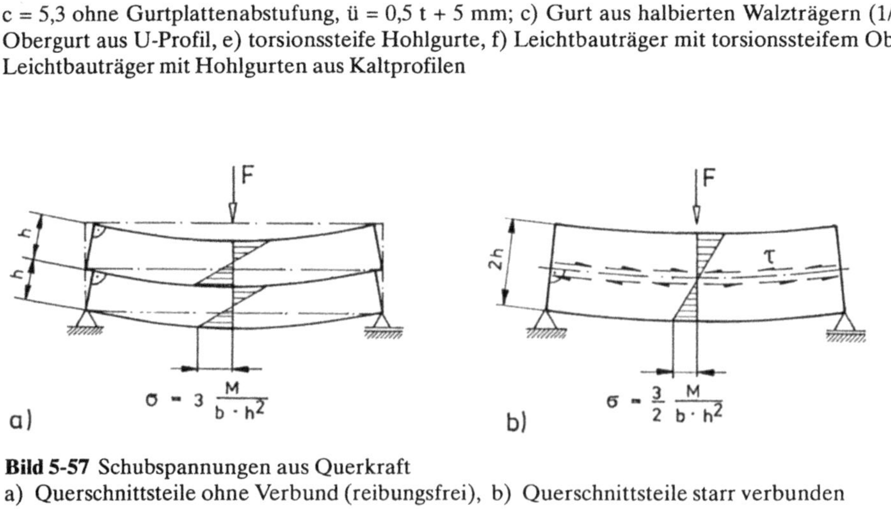

Bild 5-57 Schubspannungen aus Querkraft

a) Querschnittsteile ohne Verbund (reibungsfrei), b) Querschnittsteile starr verbunden

Gurtplatten dürfen wegen des Stegnahtanschlusses aus schweißtechnischen Gründen nicht zu dick sein. Hohe Schrumpfkräfte bewirken Druckeigenspannungen, die zu Sprödbrüchen führen können. Gurtplatten von mehr als 50 mm Dicke dürfen nur verwendet werden, wenn ihre Verarbeitung durch entsprechende Maßnahmen (z.B. Vorwärmen) sichergestellt ist. Deshalb werden auch mehrlagige Pakete (Bild 5-56b)) eingesetzt. Durch den Einsatz von halben IPB-Trägern läßt sich die Schweißnaht aus der Gefahrenzone bringen (Bild 5-56c)). Um bei zusätzlichen Horizontallasten das Ausknicken des Druckgurtes zu verhindern, werden Sonderformen (Bild 5-56d)) ausgeführt. Bei zusätzlich geforderter Torsionssteifigkeit kommen die Lösungen nach Bild 5-56e) bis g) in Frage.

Hohlkastenquerschnitte (Bild 5-58) weisen eine schweißgerechte Form auf, verfügen im Vergleich zu offenen Profilen über eine mehrere hundertmal größere Torsionssteifigkeit und verhalten sich sehr günstig in den Stabilitätsfällen Knicken und Kippen. Bei kleineren Querschnitten läßt sich die Beul- und Knicksicherheit durch Ausgießen der Hohlräume mit Schaumstoff oder Leichtbeton weiter erhöhen.

Beanspruchungsgerechte Trägerquerschnitte werden durch Aufschweißen von Gurtplatten und/oder Verwendung verschiedener Gurtblechdicken erreicht und bei großen Spannweiten eingesetzt. Die Werte W · zul σ zeigen als Momententdeckungslinie anschaulich die gleichmäßige Auslastung der Querschnitte, Bild 5-59a). Diese Anpassung kann grundsätzlich auch durch Verändern der Trägerhöhe erfolgen. In der Regel werden Gurtplatten oder Stegbleche mittels V-Nähte gestoßen. Wechselt an Stumpfstößen die Dicke, so sind bei Dickenunterschieden von mehr als 10 mm die vorstehenden Kanten

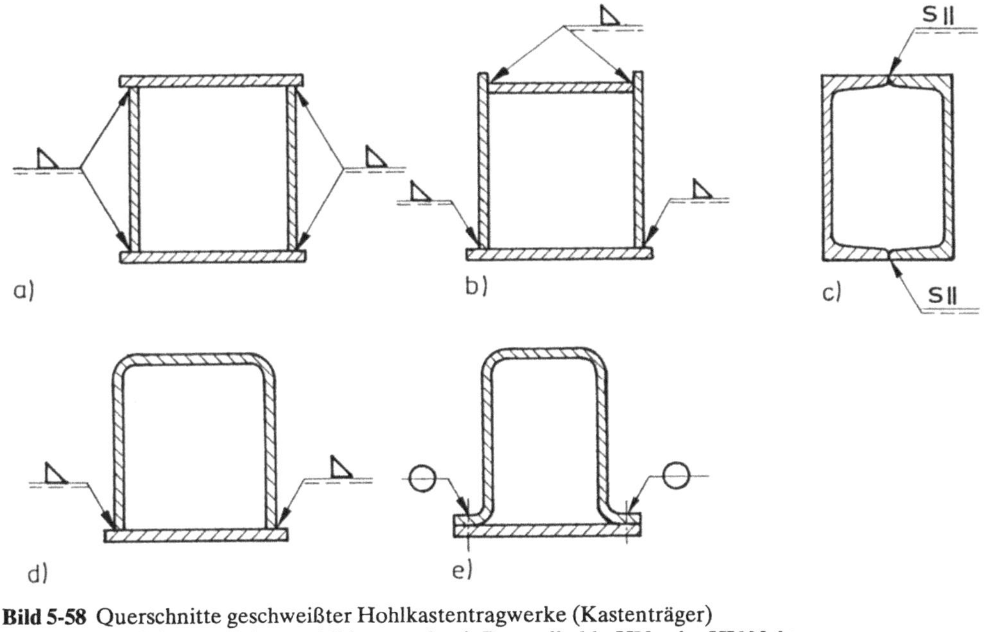

Bild 5-58 Querschnitte geschweißter Hohlkastentragwerke (Kastenträger)
a) Normalausführung; Eckenausbildung auch mit Doppelkehl-, HV- oder HY-Naht,
b) unterschiedlich breite Gurte,
c) gegeneinandergestellte U-Profile,
d) Leichtbauprofil mit Kehlnähten,
e) Leichtbauprofil punkt- oder rollennahtgeschweißt

im Verhältnis 1 : 1 oder flacher zu brechen, Bild 5-59b). Die Enden zusätzlicher Gurtplatten sind rechtwinklig abzuschneiden und durch Schweißnähte entsprechend Bild 5-59c) anzuschließen. Gurtplatten über 20 mm Dicke dürfen an den Enden abgeschrägt werden, um zu große Stirnkehlnähte zu vermeiden.

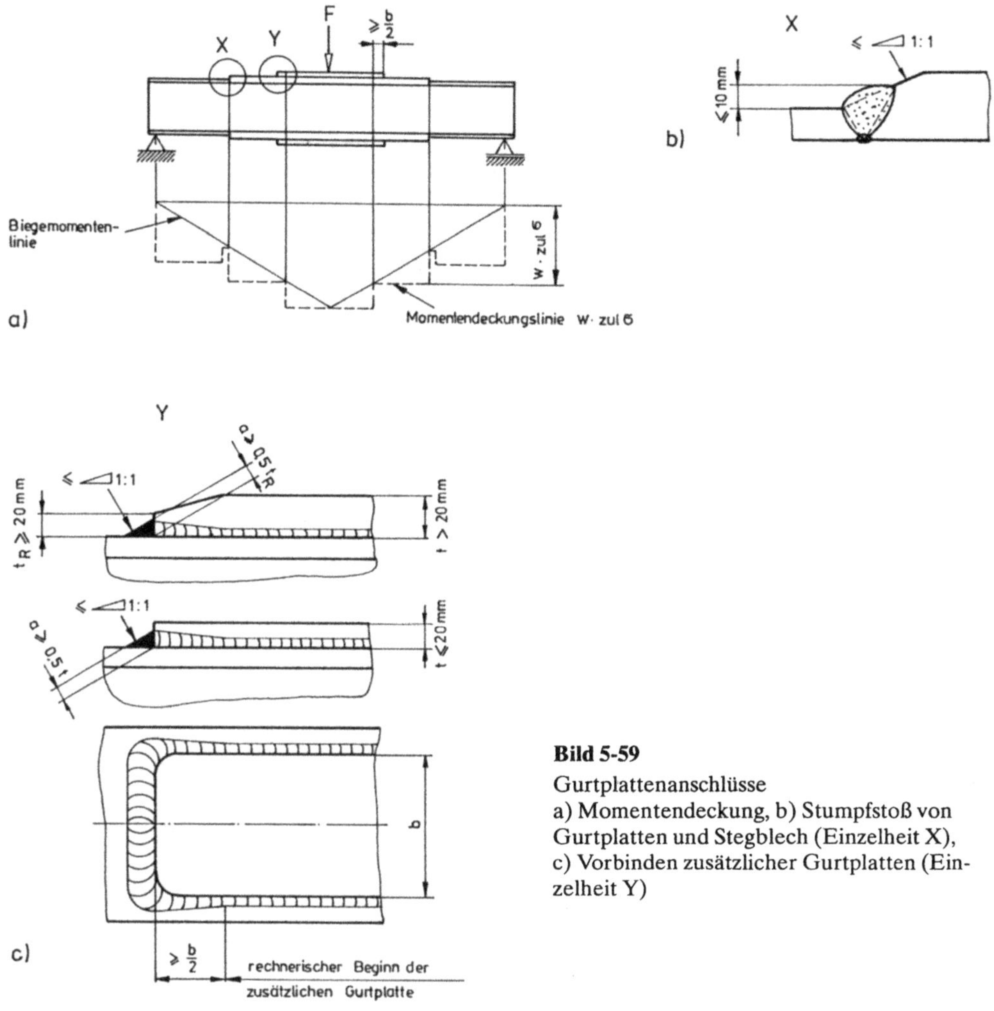

Bild 5-59
Gurtplattenanschlüsse
a) Momentendeckung, b) Stumpfstoß von Gurtplatten und Stegblech (Einzelheit X), c) Vorbinden zusätzlicher Gurtplatten (Einzelheit Y)

Aussteifungen sind bei schlanken Trägern die Voraussetzung für eine ausreichende Stabilität. Bei hohen dünnen Stegblechen ordnet man im Bereich großer Querkräfte und an allen Stellen wo Einzelkräfte in das Stegblech eingeleitet werden Quersteifen an, Bild 5-60a) und b). In der Druckzone der Stegbleche kann der Beulgefahr durch Längssteifen begegnet werden, Bild 5-60a) und e). Bild 5-60g) zeigt die mittragende Trapezhohlsteife im Kreuzungspunkt mit einem Querträger bei einer dynamisch beanspruchten

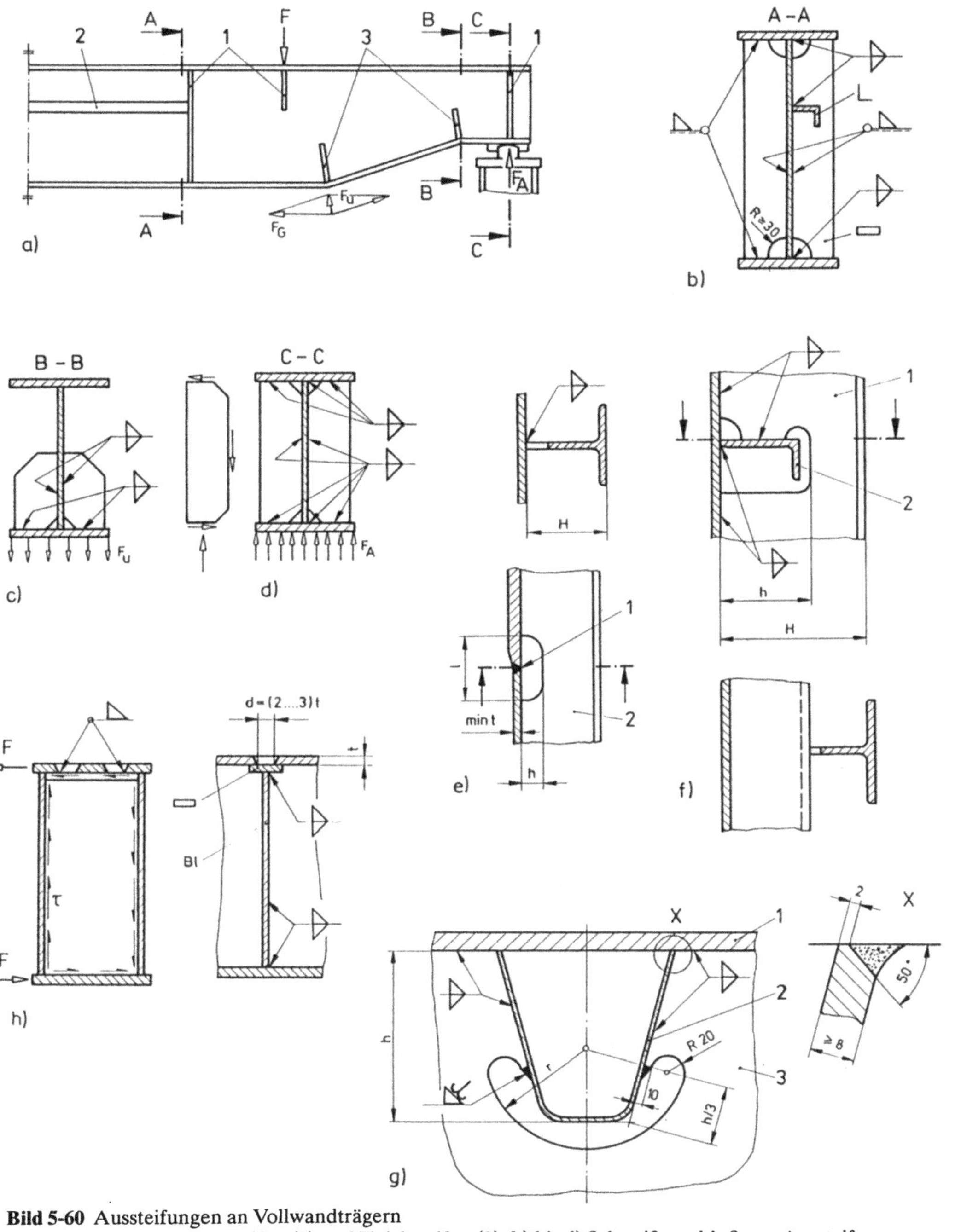

Bild 5-60 Aussteifungen an Vollwandträgern
a) Quersteifen (1), Längssteifen (2) und Knicksteifen (3), b) bis d) Schweißanschluß von Aussteifungen, e) über Plattenstoß (1) durchlaufende Längssteife (2) mit Stegausschnitt (Richtwerte: h ≤ H/4 bzw. ≤ 40 mm, l ≤ (6 ... 15) · min t), f) Quersteife (1) mit Stegausschnitt für durchlaufende Längssteife (2) (Richtwert: h ≤ 0,6 · H), g) Trapezhohlsteife als Fahrbahnlängsträger bei Eisenbahnbrücken; (1) Fahrbahnblech, (2) Trapezhohlsteife, (3) Querträgersteg, h) Einleitung von Torsionsquerkräften in Kastenträger durch eingeschweißtes Schott

Eisenbahnbrücke. Durch Eckausnehmungen (Schrägschnitte) wird vermieden, daß sich die querlaufenden Steifenanschlußnähte mit den längslaufenden Halsnähten kreuzen (Sprödbruchgefahr), Bild 5-60d). Bei kreisförmigen Eckausnehmungen können die Steifenanschlußnähte als endlose Kehlnähte ausgeführt werden, Bild 5-60b). Bei in der Höhe veränderlichen Trägern tritt infolge des Richtungswechsels der Gurtkraft F_G an der Knickstelle eine Umlenkkraft F_u auf, die im ungestützten Gurt quer gerichtete Biegespannungen verursacht, Bild 5-60a). Bei großen Umlenkwinkeln und Gurtkräften ist die Umlenkkraft durch in Richtung der Winkelhalbierenden eingeschweißte Knickrippen zu stützen, Bild 5-60c). An Krafteinleitungsstellen stoßen die Bauteile häufig in Kreuzlage aufeinander, wie z.B. bei der zentrischen Trägerlagerung, Bild 5-60d). Es sind dann Steifen erforderlich, die eine annähernd gleichmäßige Einleitung der Lagerkraft F_A gewährleisten.

Die Verbindungsnähte zwischen Steifen und Steg- bzw. Gurtblech müssen durchlaufen. Zum Schweißen von Stumpfstößen dürfen Längssteifenstege entsprechend Bild 5-60e) ausgeschnitten werden. An Kreuzungspunkten mit durchlaufenden Längssteifen können die Stege von Quersteifen freigeschnitten werden, Bild 5-60f). Der Ausschnitt soll aber nicht größer als 60 % der Quersteifenhöhe sein.

In Kastenträgern sind Schotte zur Erzielung einer gemeinsamen Tragwirkung des Querschnitts, zur Einleitung von Kräften und Torsionsmomenten und bei abgewinkelten Kastenträgern als Umlenkrippen unerläßlich. Bei Torsionsbeanspruchung müssen Schubkräfte zwischen dem Schott und allen vier Kastenwänden übertragen werden. Wenn bei kleineren Querschnitten das Kasteninnere nicht zugänglich ist, muß eine Trägerwand von außen durch Loch- oder Schlitznähte mit dem Schott verschweißt werden, Bild 5-60h).

5.4.3 Fachwerkträger

Fachwerkträger bestehen aus stabförmigem Ober- und Untergurt verbunden durch eine Ausfachung aus Füllstäben. Denkt man sich die Stäbe in den Schnittpunkten gelenkig verbunden, so erfahren sie bei Belastung der Gelenke (Knoten) nur Zug- oder Druckkräfte. Jeder einzelne Stab kann über den ganzen Querschnitt mit der zulässigen Normalspannung ausgenutzt werden. Druckstäbe erfordern für die gleiche Belastung einen höheren Werkstoffaufwand, da sie knicksicher ausgeführt werden müssen. Ökonomisch sind Fachwerksysteme mit wenig Knoten (geringe Stabzahl = geringer Fertigungsaufwand) und kurzen Druckstäben unter Vermeidung von spitzen Winkeln ($\geq 30°$) zwischen Füllstäben und Gurten (Anschlußlänge!) [7].

Pfostenfachwerke werden mit zur Mitte zu fallenden Streben ausgeführt, weil dann die langen Streben Zug und die kurzen Pfosten Druck erhalten, Bild 5-61a).

Strebenfachwerke mit steigenden und fallenden Streben werden wegen ihrer klaren Gliederung und den günstigen Herstellungskosten oft bevorzugt, Bild 5-61b).

Dreiecksträger mit stark geneigten Obergurten werden als Dachbinder eingesetzt, Bild 5-61c). Die Netzhöhe muß verhältnismäßig groß gewählt werden, damit die Winkel zwischen den Stäben nicht für die Anschlüsse ungünstig spitz werden. Das Bindersystem wird so gewählt, daß sich der Träger durch Schraubstöße in gut transportierbare Hälften zerlegen läßt.

Die Füllstäbe werden in den Knotenpunkten zusammengeführt und entsprechend ihrer Stabkraft angeschlossen. Aus Kostengründen ist man bestrebt, die Füllstäbe möglichst ohne Knotenbleche unmittelbar mit dem Steg des Gurtprofils zu verschweißen. Die Knoten sind dann biegeweich und weisen geringe Nebenspannungen auf.

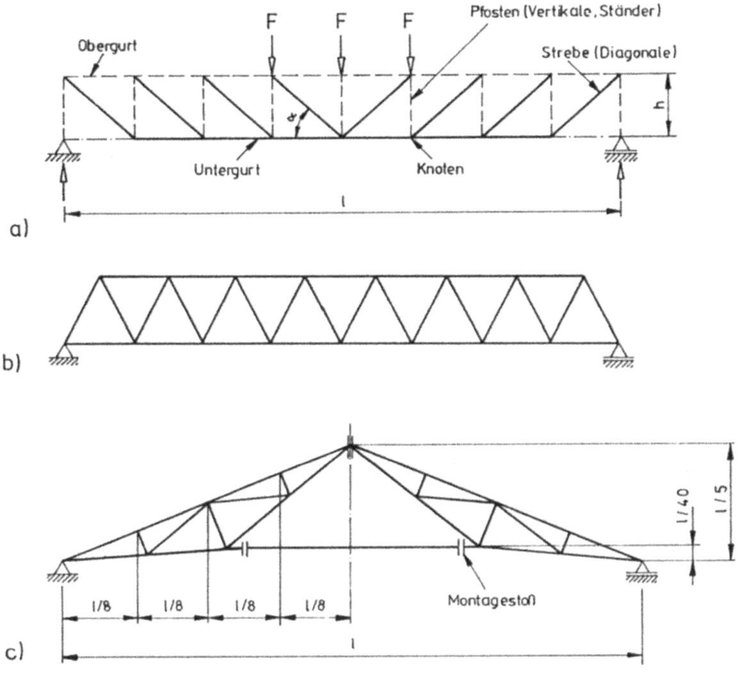

Bild 5-61 Grundformen von Fachwerkträgern
a) Parallelträger (Pfosten- bzw. Ständerfachwerk), —— Zugstäbe - - - Druckstäbe — — — Nullstäbe
Günstig: l/h = 10, $\alpha = 45° \dots 65°$;
b) Trapezträger (Strebenfachwerk),
c) Dreiecksträger (Wiegemann-Polonçeau-Binder)

Füllstäbe aus gerade abgeschnittenen Winkelstählen, die überlappt abwechselnd vorn und hinten am Gurtsteg angeschlossen werden, ermöglichen den kostengünstigsten Schweißanschluß, Bild 5-62a). Da bei diesen Anschlüssen Schweißnahtschwerpunkt und Stabschwerachse nicht zusammenfallen, entstehen zusätzliche Momente, die aber unberücksichtigt bleiben dürfen, wenn die in DIN 18 800 Teil 1 genannten Bedingungen für unmittelbare Stabanschlüsse eingehalten werden, vgl. 4.3.
Hochstegige T-Stähle nach DIN 1024 sind wegen ihrer um 2 % geneigten Stege als Gurtstäbe für den unmittelbaren Anschluß der Füllstäbe nicht geeignet. Man verwendet deshalb halbierte I-Profile mit parallelen Stegflächen.
Mit über Eck auf Gurtstegbreite geschlitzten gleichschenkligen Winkelstählen sind mittige Anschlüsse möglich, Bild 5-62b). Die Anschlußnähte können bei der dargestellten Fugenform als Flankenkehlnähte gelten. Sie liegen um den Fehlhebel e außerhalb der Stabschwerachse. Das Biegemoment $F \cdot e$ ist bei der Bemessung der Stäbe und der Nähte zu berücksichtigen. Bei der Verwendung als Druckstab ist zu beachten, daß der Winkel bezüglich der Minimumachse $\eta - \eta$ nur einen kleinen Knickwiderstand besitzt. Nachteilig sind weiterhin der zum Schlitzen erforderliche Arbeitsaufwand und der bei Zugstäben zu berücksichtigende Querschnittsverlust.

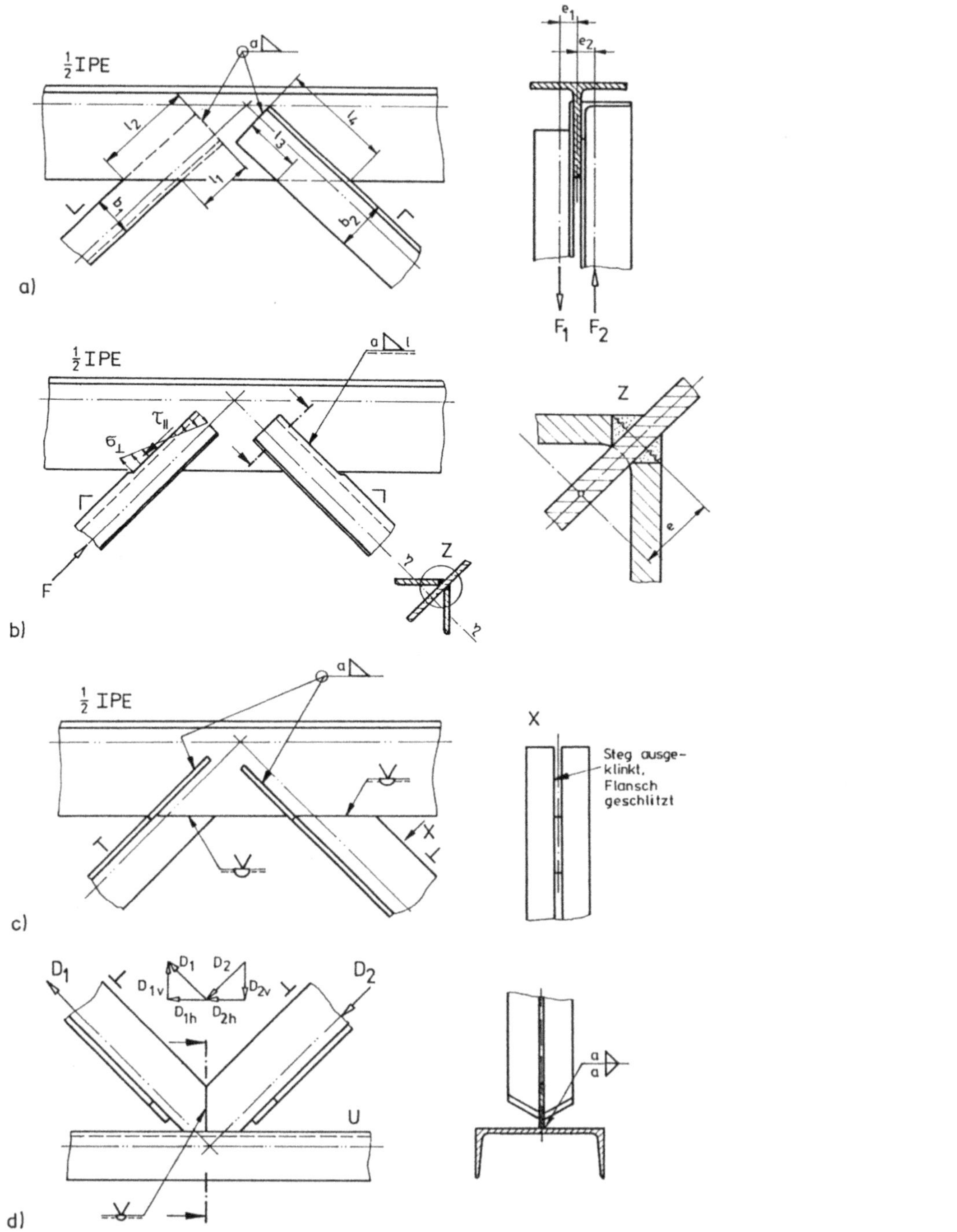

Bild 5-62 Knotenblechlose Stabanschlüsse für einwandige Fachwerke aus Walzprofilen
a) Einzelwinkel flach liegend (außermittiger Anschluß), b) Einzelwinkel über Eck geschlitzt, c) T-förmige Füllstäbe, d) verbundene Füllstäbe

Ein festigkeitsmäßig günstiger Anschluß ist mit T-Profilen möglich, Bild 5-62c). Nach dem endseitigen Ausklinken des Steges und dem Schlitzen des Flansches wird der Steg stumpf angeschlossen und die übergreifenden Flansche mit dem Gurtsteg mittels Kehlnähten verschweißt.

Durch gegenseitiges Verschweißen der Füllstäbe können diese auch am dünnen Steg eines flach liegenden Gurtprofils unmittelbar angeschlossen werden, Bild 5-62d). Die Vertikalkomponenten der Stabkräfte D_{1v} und D_{2v} gleichen sich in der vertikalen Stumpfnaht aus, ohne den Profilsteg quer zu belasten. Die die Füllstabstege mit dem Gurtsteg verbindende Doppelkehlnaht leitet dann nur noch die Summe der Horizontalkomponenten $D_{1h} + D_{2h}$ als Schubkraft in den Gurt ein.

Bei mehrteiligen Druckstäben werden die Teilquerschnitte durch Bindebleche oder Streben (Gitterstab) verbunden. Beim Ausknicken senkrecht zur stofffreien Achse sind diese zur Gewährleistung einer gemeinsamen Tragwirkung unerläßlich, wie folgende Überlegung zeigt. Denkt man sich einen Rahmenstab (Bild 5-63c)) mit in Längsrichtung geschlitzten Bindeblechen mit sinusförmiger Biegelinie ausgeknickt, so sind die gegenseitigen Verschiebungen an den Stabenden am größten, in der Stabmitte dagegen Null, Bild 5-63d). Ein Bindeblech in Stabmitte wäre also wirkungslos. Außer den

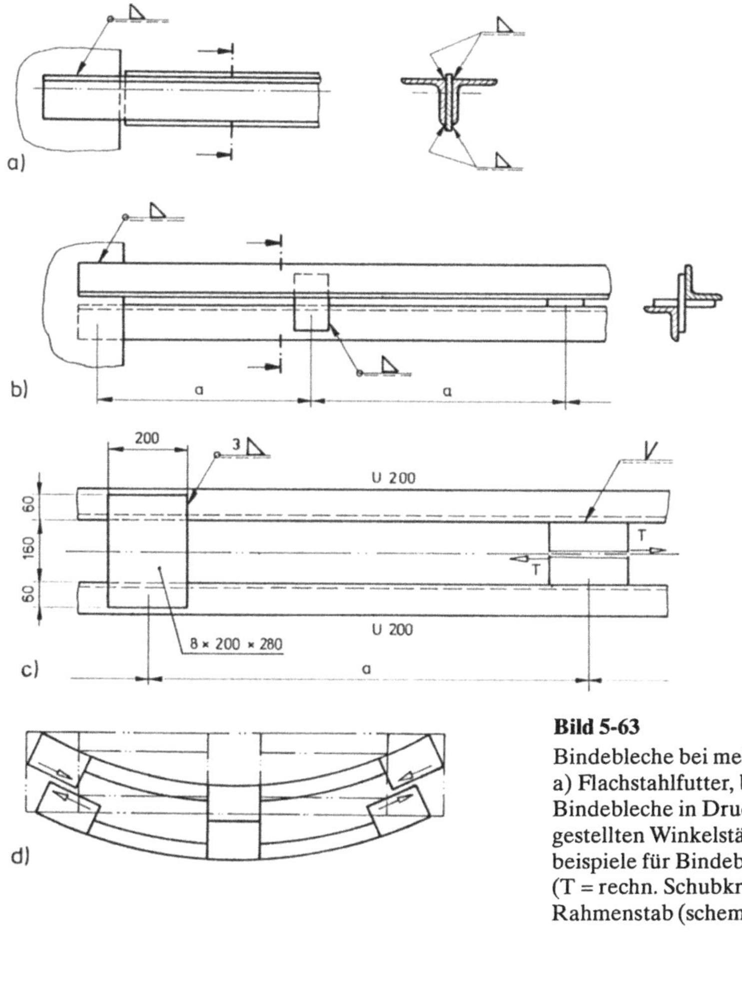

Bild 5-63
Bindebleche bei mehrteiligen Stäben
a) Flachstahlfutter, b) über Kreuz wechselnde Bindebleche in Druckstab aus zwei übereck gestellten Winkelstählen, c) Ausführungsbeispiele für Bindebleche beim Rahmenstab (T = rechn. Schubkraft), d) ausgeknickter Rahmenstab (schematisch)

Bindeblechen an den Stabenden sind deshalb mindestens noch zwei Bleche in den Drittelspunkten anzubringen. Sie sind so aufzuteilen, daß ihre Lichtabstände gleich oder annähernd gleich sind. Dabei ist die Bedingung einzuhalten $a/i_1 \leq 70$, mit i_1 als kleinstem Trägheitsradius des einzelnen Gurtquerschnitts.
Werden zweiteilige Stäbe aus Winkelprofilen an ein gemeinsames Knotenblech angeschlossen, so ersetzt dieses die sonst erforderlichen Bindebleche an den Stabenden, Bild 5-63b). Die Bindebleche sind mit ihren Anschlüssen für die Schubkraft T (nach DIN 18 800 Teil 2) und – bei Rahmenstäben – für den entsprechenden Momentenverlauf zu bemessen, vgl. Bild 5-63c).
R-Träger (Rundstahlträger) sind Fachwerk-Leichtträger mit gleichmäßig durchlaufendem Strebenzug aus Rundstahl und gerade durchlaufendem Ober- und Untergurt mit T-Querschnitt, Bild 5-64a) [8]. Durch Ausklinkung des Gurtsteges kann der Schweißanschluß der Streben verbessert werden, Bild 5-64b). Da Rundstahl eine geringe Knicksteifigkeit besitzt, muß die Knicklänge der Streben durch eine geringe Trägerhöhe ($l/h \approx 20$) kleingehalten werden. R-Träger sind für kleine Lasten bei großen Stützweiten geeignet. Sie wirken leicht und architektonisch ansprechend.
X-Träger (Bild 5-65a)) werden aus kaltprofiliertem Bandstahl St 52 vollautomatisch in Endlosfertigung hergestellt. Die Ober- und Untergurte bestehen aus je zwei U-Profilen mit ungleichen Flanschbreiten, Bild 5-65b). Zwischen den Gurten liegt die zur Erhöhung der Knickfestigkeit rinnenförmig verformte Strebenschlange (Bild 5-65c)), die an den Knoten zum Preßschweißen flach ausläuft (Bild 5-65d)). Er wird in 500 und 1000 mm Höhe einfach oder verstärkt, und bereits feuerverzinkt, geliefert.

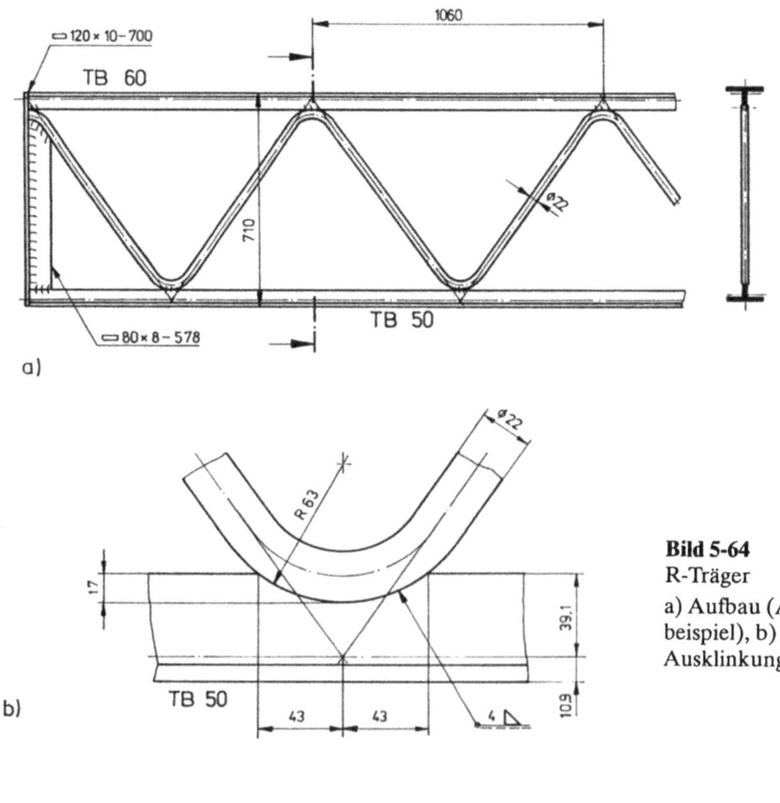

Bild 5-64
R-Träger
a) Aufbau (Ausführungsbeispiel), b) Knoten mit Ausklinkung des Gurtstegs

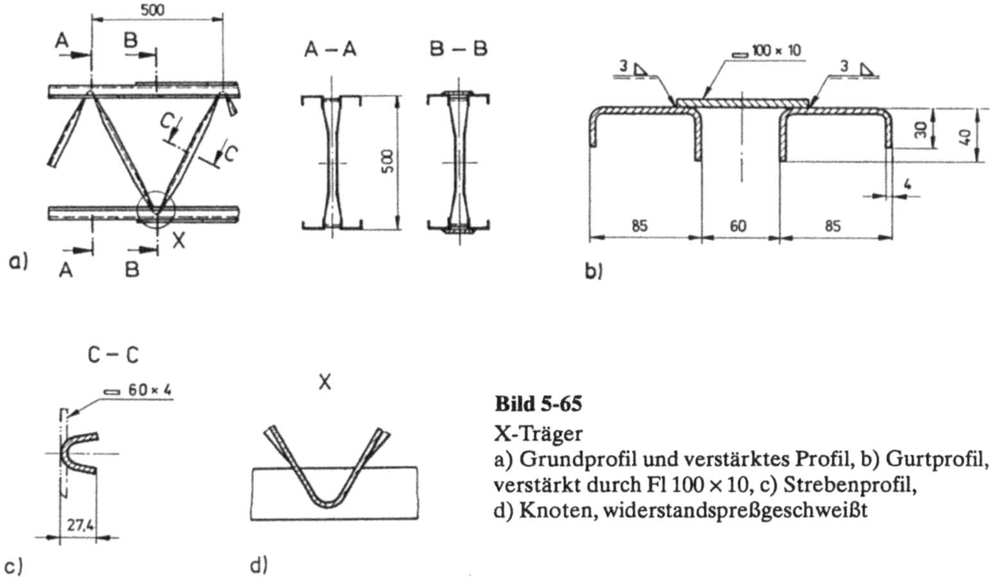

Bild 5-65
X-Träger
a) Grundprofil und verstärktes Profil, b) Gurtprofil, verstärkt durch Fl 100 × 10, c) Strebenprofil, d) Knoten, widerstandspreßgeschweißt

5.4.4 Hohlprofilkonstruktionen

Hohlprofile haben für Druckbeanspruchung die günstigste Querschnittsform, so daß sich bei Knickstäben gegenüber offenen Profilen beachtliche Gewichtsersparnisse erzielen lassen. Meist reichen diese nicht aus, um die wesentlich höheren Materialkosten auszugleichen. Auch sind die im Knotenbereich vorliegenden inhomogenen Spannungszustände sehr kompliziert und mit den Mitteln der elementaren Festigkeitslehre nicht erfaßbar. [9]

Solche Knotenpunkte sind, wenn sie nach DIN 18 808 ausgeführt werden, ausreichend sicher und gebrauchsfähig ausgebildet. Hohlprofile im Sinne dieser Norm sind nahtlose und geschweißte Rundrohre (DIN 2448 und DIN 2458), sowie quadratische und rechteckige Stahlrohre (DIN 59 410 und DIN 59 411). [10] Für die Stäbe ist der allgemeine Spannungsnachweis und ggf. der Stabilitätsnachweis (Knicken, Beulen) zu führen. Für die Stabquerschnitte sind dabei folgende Grenzwerte zu beachten (Klammerwerte für St 52): $d \leq 500$ mm, h und $b \leq 400$ mm, $0{,}5 \leq h/b \leq 2{,}0$; $1{,}5 \text{ mm} \leq t \leq 30$ (25) mm; bei Druckstäben $d/t \leq 100$ (67) und $b/t \leq 43$ (36).

Um eine ausreichende Gestaltfestigkeit und damit ausreichende Tragfähigkeit im Knotenbereich zu gewährleisten sind eine Reihe konstruktiver Bedingungen einzuhalten, das betrifft insbesondere das Verhältnis der Gurtstabdicke T zur Füllstabdicke t: vorh (T/t) ≥ erf (T/t). Für erf (T/t) gelten aus Traglastversuchen abgeleitete Anweisungen, die vom Breitenverhältnis d_i/d_0 bzw. b_i/b_0 und von der Knotenausbildung (Spalt oder Überlappung) abhängen, vgl. Bild 5-66 und 5-69). Anzustreben sind kleine Spaltweiten (Bild 5-66 a) und b)), festigkeitsmäßig günstiger sind überlappt angeschweißte Füllstäbe (Bild 5-66 c) und d)). Bei Rechteckhohlprofilen lassen sich beanspruchungsgerechte Versteifungen ausführen, Bild 5-67. Sie werden bei Anschlüssen angewandt, bei denen die oben genannten

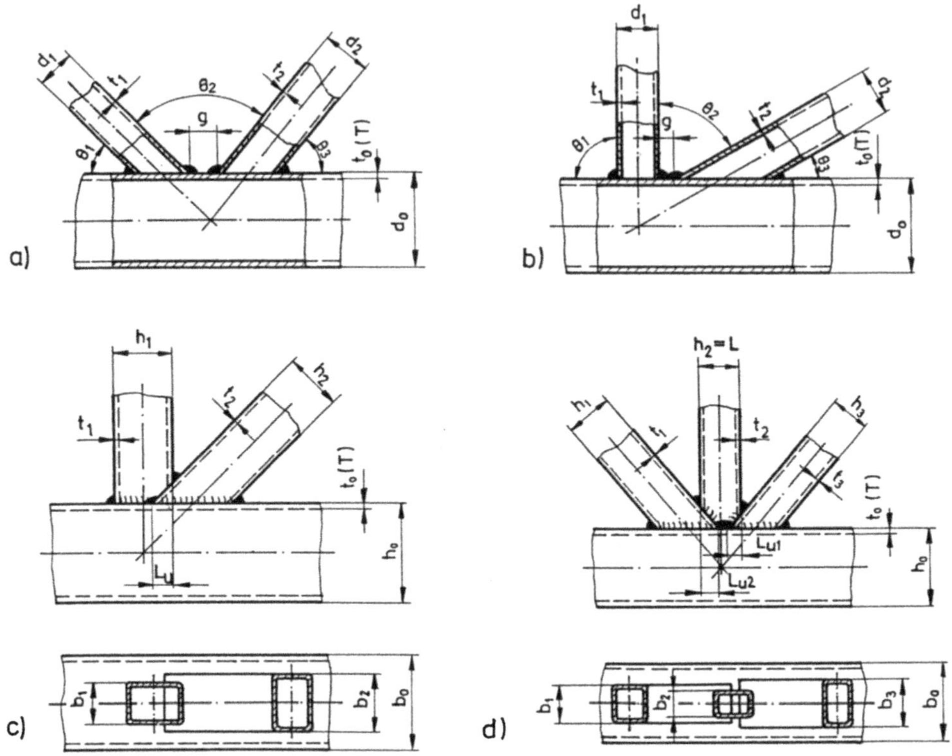

Bild 5-66 Hohlprofil-Knotenpunkte
a) K-Knoten mit Spalt (g) aus Rundrohren, b) N-Knoten mit Spalt (g) aus Rundrohren, c) N-Knoten überlappt ($l_ü$) aus Rechteckrohren, d) K-Knoten mit Vertikalstab überlappt aus Rechteckrohren

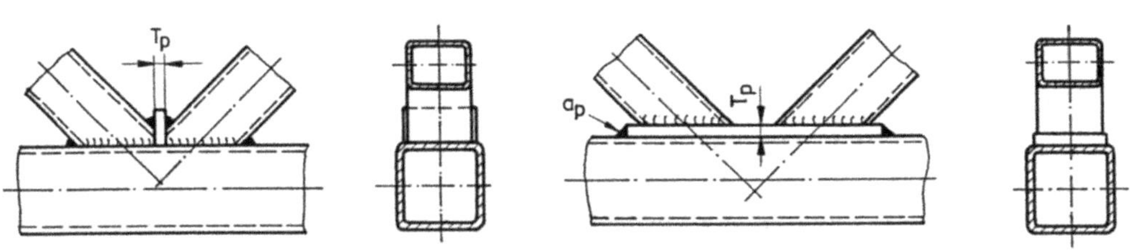

Bild 5-67 Versteifte Hohlprofilknoten
a) mit Zwischenblech versteift, b) mit Unterlegblech versteift und mit Spalt (Bedingung: $T_p \geq 2 \cdot \text{red } t_i$, $a_p \geq \text{red } t_i$, erf (T/t) = 1 für Knoten mit Unterlegblechen)

Bedingungen nicht eingehalten werden können. Dies gilt auch für Anschlüsse mit Knotenblechen, Bild 5-68. Für den Nachweis dieser aufwendigen Anschlüsse gelten die Regeln des allgemeinen Stahlbaus.
Rechnerische Schweißsicherheitsnachweise brauchen nicht geführt zu werden. Es sind aber folgende Bedingungen einzuhalten: Bei aufgesetzten Hohlprofilen mit Wanddicken $t \leq 3$ mm muß die Schweißnahtdicke gleich der Wanddicke des aufgesetzten Profils sein

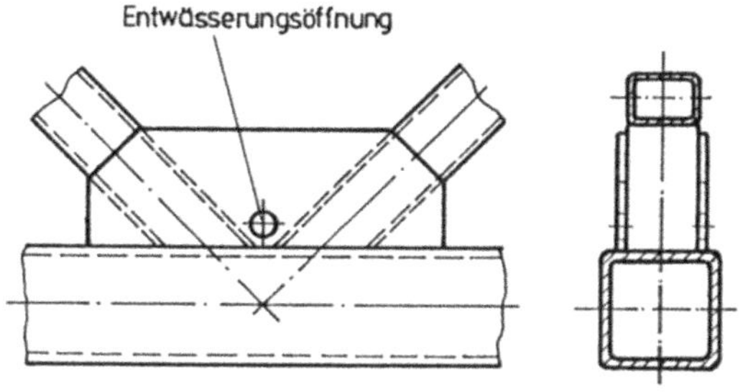

Bild 5-68
Anschluß mit Knotenblech

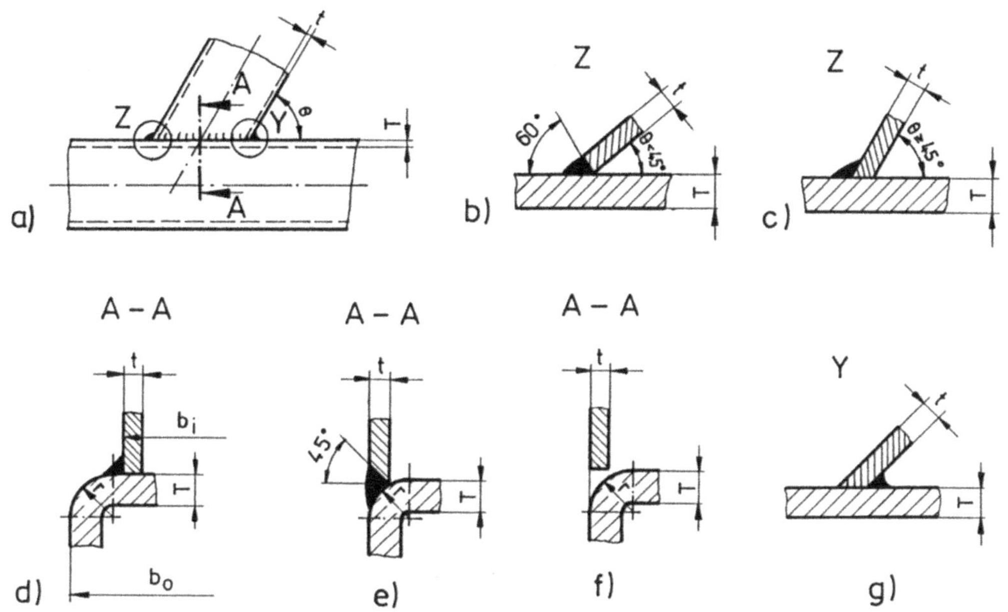

Bild 5-69 Schweißnahtausbildung bei Knoten aus Rechteck-Hohlprofilen
a) Schweißnahtlage am Knoten, b) HV-Naht bei θ < 45°, c) Kehlnaht bei θ ≥ 45°, d) Kehlnahtschweißung bei $B_i/b_0 \leq 0{,}8$, e) vorbereitete Naht bei annähernd gleich breiten Stäben, f) Fuge bei großen Eckradien, g) Kehlnähte im spitzen Winkel

(a = t), bei Wanddicken > 3 mm muß die Schweißnahtdicke mindestens gleich der „reduzierten" Wanddicke des aufgesetzten Profils sein (a ≥ red t), mit red t = t · (vorh σ / zul σ).
Bei Anschlüssen von Rechteck-Hohlprofilen untereinander gelten nach Bild 5-69 folgende Regelungen:

- Im Bereich Z soll die Schweißnaht bei Anschlußwinkeln θ < 45° als HV-Naht (Bild 5-69b)) und bei θ ≥ 45° als Kehlnaht (Bild 5-69c)) ausgebildet werden.
- Im Bereich A abhängig vom Breitenverhältnis
  $b_i/b_o \leq 0{,}8$: Die Schweißverbindungen dürfen als Kehlnähte ausgeführt werden, Bild 5-69d).

$b_i/b_0 > 0{,}8$: Kann bei kleinen Eck-Radien r einwandfreies Durchschweißen nicht sichergestellt werden, so ist die Naht vorzubereiten, Bild 5-69e).
Bei großen Eckradien ist zu überprüfen, ob ein Schweißen möglich ist, Bild 5-69f).

- Im Bereich Y dürfen die Schweißnähte im spitzen Winkel als Kehlnähte ausgeführt werden, Bild 5-69g).

5.4.5 Stoßarten

Trägerstöße sind erforderlich als Werkstattstöße, wenn die Profillängen begrenzt sind bzw. ein Querschnittswechsel vorzunehmen ist, oder als Baustellenstöße (Gesamtstöße), wenn Transport und Montage die Abmessungen und Gewichte begrenzen. Auf Zug oder Biegezug beanspruchte geschweißte Stöße von Formstählen (I-, IP- und U-Stähle) oder Stabstählen (L- und T-Stähle) sollen möglichst vermieden werden. Müssen solche Stöße ausnahmsweise ausgeführt werden, so sind sie möglichst rechtwinklig zur Längsachse anzuordnen, Bild 5-70a). Die Nähte bedürfen einer sehr sorgfältigen Vorbereitung. Ausnehmungen (Bohrungen) in der Steghohlkehle ermöglichen ein durchgehendes Gegenschweißen des Flansches und vermeiden Nahtkreuzungen, Bild 5-70a). Die dadurch entstehenden Kerbspannungen sind bei vorwiegend ruhender Beanspruchung tragbar. Bei dicken Flanschen sollte beruhigter oder doppelt beruhigter Stahl verwendet (Sprödbruchgefahr) und die Naht im Zugbereich durchstrahlt werden. [11]

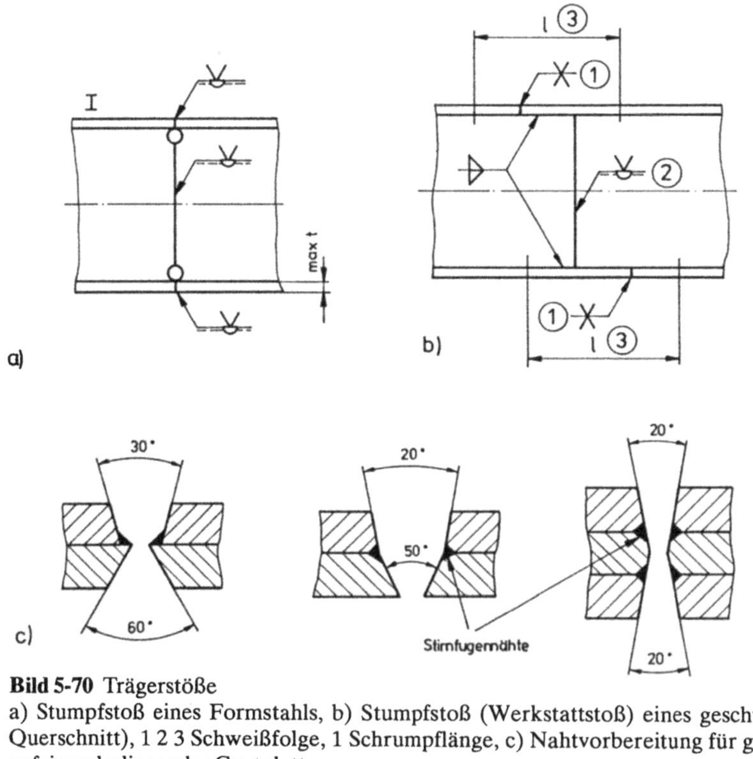

Bild 5-70 Trägerstöße
a) Stumpfstoß eines Formstahls, b) Stumpfstoß (Werkstattstoß) eines geschweißten Biegeträgers (I-Querschnitt), 1 2 3 Schweißfolge, 1 Schrumpflänge, c) Nahtvorbereitung für gemeinsamen Stumpfstoß aufeinanderliegender Gurtplatten

Stöße in geschweißten Vollwandträgern sind möglichst in Z-Form auszuführen, Bild 5-70b). Dabei werden die Gurtstöße gegenüber dem Stegstoß versetzt angeordnet und die Halsnaht zu beiden Seiten auf der Länge l offen gehalten. Werden nun zuerst die Gurtnähte, dann die Stegnaht geschweißt, so kann sich die Schrumpfung der Stumpfnähte auf eine große Länge auswirken. Erst anschließend werden die Halsnähte gelegt.

Wenn mehrere aufeinanderliegende Gurtplatten an derselben Stelle gestoßen werden, z.B. bei Montage, dann ist der Stoß nach Bild 5-70c) vorzubereiten, wobei die Gurtplatten vorher untereinander durch Stirnfugennähte zu verbinden sind. Diese müssen ausreichend dick ausgeführt werden (ca. 5 bis 8 mm), damit sie beim Schweißen der eigentlichen Naht nicht aufgehen und die Gurtplatten klaffen.

Die Möglichkeit, bei zu stoßenden Querschnitten die Kräfte im Druckbereich durch unmittelbaren Kontakt unverschweißt zu übertragen ist wirtschaftlich interessant und hat Eingang in die Stahlbaunormen gefunden.

Nach der Fachgrundnorm DIN 18 800 Teil 1 sind Kontaktstöße möglich, wenn die Stoßflächen der in den Kontaktfugen aufeinanderliegenden Teile eben und zueinander parallel sind und die gegenseitige Lage der zu stoßenden Teile ausreichend gesichert ist. Dabei dürfen Reibungskräfte nicht berücksichtigt werden. Bei Kontaktflächen mit Schweißnähten darf der Luftspalt nach dem Schweißen nicht größer als 0,5 mm sein.

Nach DIN 18 801 dürfen die zur Lagesicherung erforderlichen Schweißnähte zwischen Stütze und ausreichend dicker Kopf- bzw. Fußplatte für nur 10 % der Stützenlast bemessen werden, wenn die Stütze nur planmäßig mittig auf Druck beansprucht wird und die Endquerschnitte rechtwinklig bearbeitet sind.

Einige Gesichtspunkte bei der Bemessung eines solchen Kontaktstoßes sollen am Beispiel des Stützenfußes nach Bild 5-71a) gezeigt werden.

a) Wird das Stützenschaftende nicht rechtwinklig gefräst, so wird ein voller Schweißanschluß zwischen Stützenschaft und Fußplatte erforderlich (Bild 5-71b).

b) Wird das Stützenschaftende bearbeitet und die umlaufende Kehlnaht mit der erforderlichen Mindestdicke ausgeführt, so ergibt sich der gleiche Schweißaufwand wie unter a), obwohl die Kehlnaht für nur 10 % der Stützenlast auszulegen ist.

c) Unter der Voraussetzung, daß unterbrochene Kehlnähte überhaupt zugelassen sind, werden diese bei gefrästem Stützenschaftende für 10 % der Stützenlast bemessen und Steg und Flansche anteilig angeschlossen.

Bild 5-71d) zeigt den Kontaktstoß einer Rohrstütze. Die Lage der zu stoßenden Rohre wird durch ein als Muffe dienendes Rohrstück gesichert. Die Deckungsteile (z.B. Muffe) und die Nähte solcher Kontaktstöße brauchen nur für die halbe Stützenlast berechnet werden, wenn es sich um eine durchgehende Stütze mit einem Schlankheitsgrad $\lambda \leq 100$ handelt, die nur auf Druck beansprucht wird und deren Stöße in den äußeren Vierteln der Knicklänge liegen (DIN 18 801).

Kontaktstöße können auch im Druckbereich biegebeanspruchter Bauteile ausgeführt werden. Sie erfordern eine sorgfältige Ausführung, da sonst mit größeren Verformungen unter Last zu rechnen ist. Bild 5-72b) zeigt einen Trägerstoß mit biegesteifer Stirnplattenverbindung und hochfesten vorgespannten Schrauben, der so bemessen ist, daß er das volle zulässige Biegemoment des gestoßenen Trägers übertragen kann. Durch die Zugbeanspruchung in Dickenrichtung besteht für die Stirnplatten die Gefahr von Brüchen parallel zur Oberfläche (Terrassenbrüche). Die Schweißnähte zur Verbindung von Trägerflanschen und Stirnplatte werden im allgemeinen als Kehlnähte ausgeführt. Diese bewirken einen besseren Kraftfluß in der Stirnplatte und verhalten sich auch günstiger als K-Nähte hinsichtlich der Terrassenbruchgefahr.

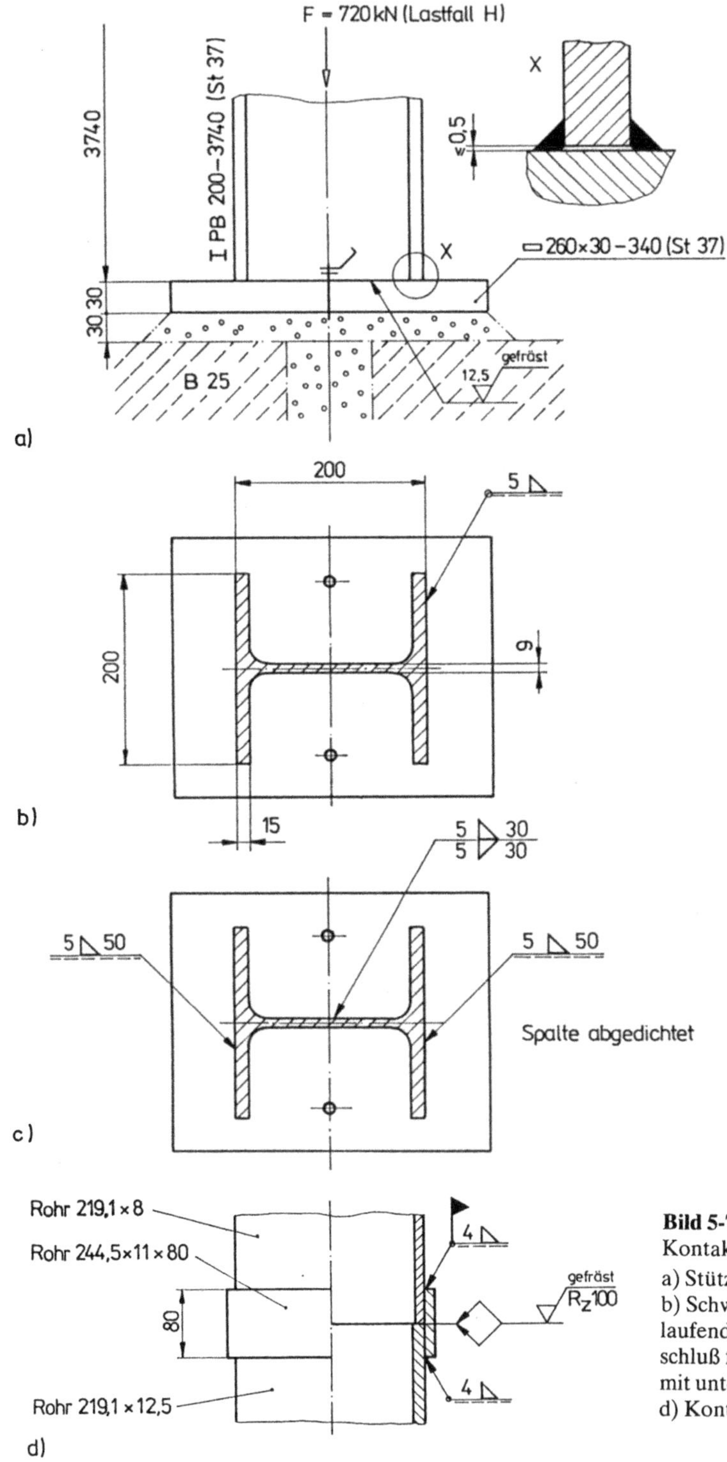

Bild 5-71
Kontaktstöße an Stützen
a) Stützenfuß, zulässiger Luftspalt, b) Schweißanschluß durch ringsum laufende Kehlnaht, c) Schweißanschluß für 10 % der Stützenkraft mit unterbrochenen Kehlnähten, d) Kontaktstoß einer Rohrstütze

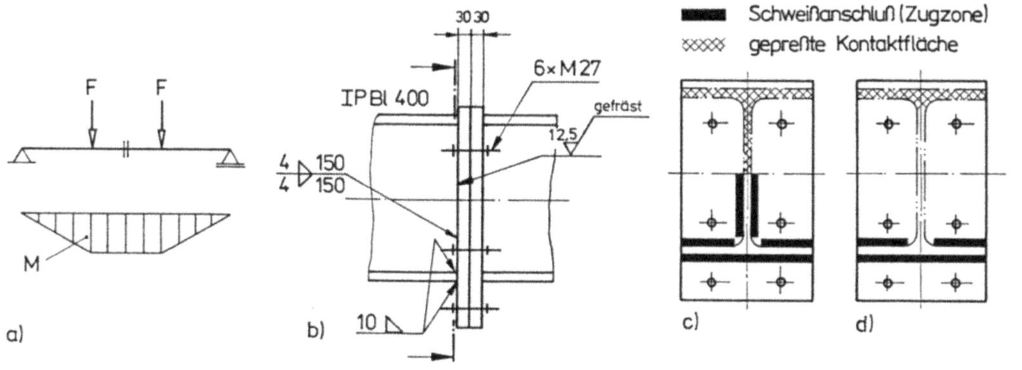

Bild 5-72 Biegeträger mit Kontaktstoß im Druckbereich
a) Belastungsschema, b) biegesteife Stirnplattenverbindung mit hochfesten vorgespannten Schrauben, c) Stoßausbildung mit voll angeschlossener Biegezugzone, d) Stoßausbildung mit auf den Zugflansch beschränktem Schweißanschluß

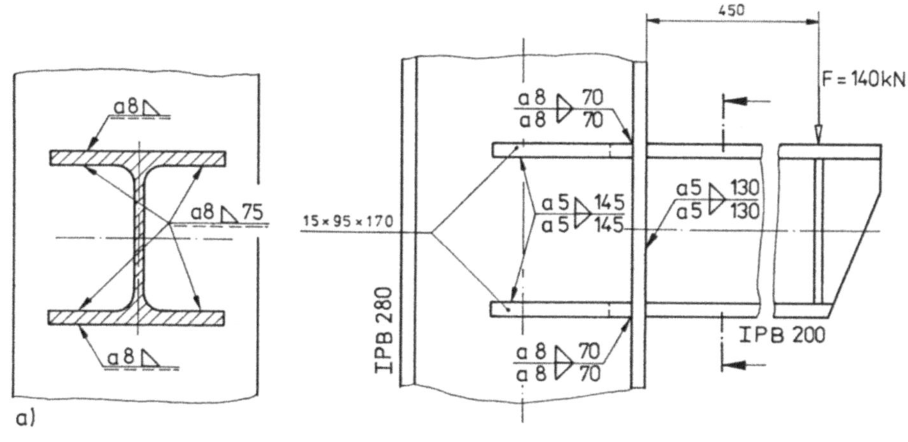

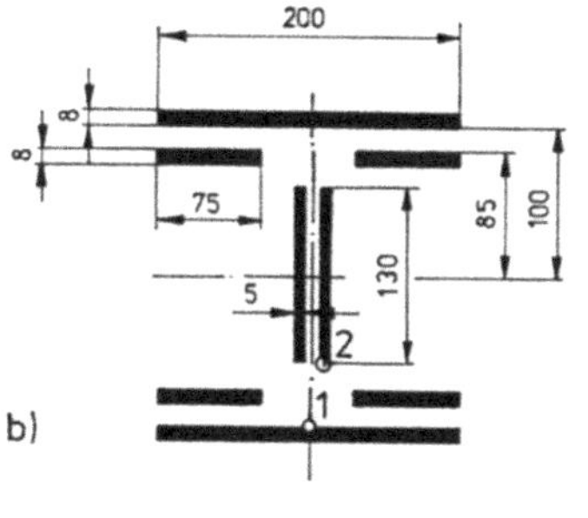

Bild 5-73
Biegefester Trägeranschluß mit Kehlnähten
a) Anordnung, b) Nahtbild

5.4.6 Berechnungsbeispiel

Ein Kragträger IPB 200 soll mit Kehlnähten biegesteif an einen Rahmenstiel aus IPB 280 angeschlossen werden, Bild 5-73a). Er wird im Lastfall H mit F = 140 kN im Abstand von 450 mm von der Anschlußfläche belastet. Bauteilwerkstoff ist St37. Zum Nachweis einer ausreichenden Bemessung ist der allgemeine Spannungsnachweis entsprechend DIN 18 800 Teil 1/03.81 zu führen.

a) Nachweis des Bauteils

Bei Biegeträgern, die ausschließlich durch Querkräfte und einachsige Biegung beansprucht werden, ist der Vergleichsspannungsnachweis zu führen:

$$\sigma_v = \sqrt{\sigma^2 + 3\,\tau^2} \leq 1{,}1 \cdot \text{zul}\ \sigma.$$

Dieser gilt als erfüllt, wenn $\sigma \leq 0{,}5 \cdot \text{zul}\ \sigma$ oder $\tau \leq 0{,}5 \cdot \text{zul}\ \tau$ ist. Anstelle von τ darf dabei die mittlere Schubspannung $\tau_m = Q/A_Q$ eingesetzt werden. Bei I-Querschnitten ist die zur Aufnahme der Querkraft Q geeignete Fläche A_Q die Stegfläche zwischen den Flanschmitten.

Statische Werte des I-Breitflanschträgers IPB 2000 DIN 1025:

$$A = 78{,}1\ \text{cm}^2,\ I = 5700\ \text{cm}^4,\ W = 570\ \text{cm}^3$$

Biegemoment im Anschlußquerschnitt:

$$M = F \cdot l = 140\,000\ \text{N} \cdot 450\ \text{mm} = 63 \cdot 10^6\ \text{N mm}$$

Randspannung (Punkt 1):

$$\sigma = \frac{M}{W} = \frac{63 \cdot 10^6\ \text{N mm}}{0{,}57 \cdot 10^6\ \text{mm}^3} = 111\ \text{N/mm}^2 < \text{zul}\ \sigma = 160\ \text{N/mm}^2$$

Mit der Profilhöhe h = 200 mm, der Flanschdicke t = 15 mm und der Stegdicke s = 9 mm wird die Querkraftfläche des Trägersteges

$$A_Q = h_Q \cdot s = (h - t) \cdot s = (200\ \text{mm} - 15\ \text{mm}) \cdot 9\ \text{mm} = 1665\ \text{mm}^2$$

Mittlere Querkraftschubspannung im Trägersteg:

$$\tau_m = \frac{Q}{A_Q} = \frac{140\,000\ \text{N}}{1665\ \text{mm}^2} = 84\ \text{N/mm}^2$$

Biegespannung am Übergang Steg – Flansch:

$$\sigma = \frac{M \cdot (h - 2\,t)}{I \cdot 2} = \frac{63 \cdot 10^6\ \text{N mm} \cdot 170\ \text{mm}}{57 \cdot 10^6\ \text{mm}^4 \cdot 2} = 94\ \text{N/mm}^2$$

Vergleichsspannung am Übergang Steg – Flansch:

$$\sigma_v = \begin{array}{l} \sqrt{\sigma^2 + 3\,\tau^2} = \sqrt{(94\ \text{N/mm}^2)^2 + 3 \cdot (84\ \text{N/mm}^2)^2} = 173\ \text{N/mm}^2 \\ < 1{,}1 \cdot \text{zul}\ \sigma = 1{,}1 \cdot 160\ \text{N/mm}^2 = 176\ \text{N/mm}^2 \end{array}$$

Die Berechnung der Schubspannungen am Stegende erfolgte einfachheitshalber ohne Berücksichtigung der Stegausrundung. Für den 18 mm dicken Flansch des Rahmenstiels besteht trotz Zugbeanspruchung in Dickenrichtung wegen des günstigen Anschlusses durch Kehlnähte keine Terrassenbruchgefahr.

b) Genauer Nachweis des Schweißanschlusses

Bei der Berechnung der Schweißnahtflächen-Trägheitsmomente I_w sind bei Kehlnähten die Schweißnahtflächen-Schwerachsen an den theoretischen Wurzelpunkten anzusetzen. Das Eigenträgheitsmoment der zur Biegeachse parallel liegenden Gurtnähte wird üblicherweise wegen Geringfügigkeit vernachlässigt.

Flächenmoment 2. Grades für die Schweißnähte (Bild 5-73b)):

$$I_w = \begin{matrix} 2 \cdot 5\,\text{mm}\,\dfrac{(130\,\text{mm})^3}{12} + 2 \cdot 8\,\text{mm} \cdot 200\,\text{mm} \cdot (100\,\text{mm})^2 \\ + 4 \cdot 8\,\text{mm} \cdot 75\,\text{mm}\,(85\,\text{mm})^2 = 51,17 \cdot 10^6\,\text{mm}^4 \end{matrix}$$

Normalspannung quer zur Nahtrichtung in der Gurtnaht (Stelle 1):

$$\sigma_\perp = \frac{M \cdot h}{I_w \cdot 2} = \frac{63 \cdot 10^6\,\text{N mm} \cdot 200\,\text{mm}}{51{,}17 \cdot 10^6\,\text{mm}^4 \cdot 2} = 123\,\text{N/mm}^2$$
$$< \text{zul}\ \sigma_w = 160\,\text{N/mm}^2$$

Schubspannung am Anfang bzw. Ende der Stegnaht (Stelle 2):

$$\tau_{||} = \frac{Q}{A_w} = \frac{140\,000\,\text{N}}{2 \cdot 5\,\text{mm} \cdot 130\,\text{mm}} = 108\,\text{N/mm}^2$$

Normalspannung quer zur Nahtrichtung am Anfang bzw. Ende der Stegnaht (Stelle 2):

$$\sigma_\perp = \frac{M \cdot l}{I_w \cdot 2} = \frac{63 \cdot 10^6\,\text{N mm} \cdot 130\,\text{mm}}{51{,}17 \cdot 10^6\,\text{mm}^4 \cdot 2} = 80\,\text{N/mm}^2$$

Vergleichswert an der Stelle 2:

$$\sigma_{vw} = \sqrt{\sigma_\perp^2 + \tau_{||}^2} = \sqrt{(80\,\text{N/mm}^2)^2 + (108\,\text{N/mm}^2)^2} = 134\,\text{N/mm}^2$$
$$< \text{zul}\ \sigma_{vw} = 135\,\text{N/mm}^2$$

c) Vereinfachter Nachweis des Schweißanschlusses

Die Bestimmung des Vergleichswertes kann entfallen, wenn das größte Biegemoment (und die größte Längskraft) durch die Flanschnähte und die größte Querkraft durch die Stegnähte aufgenommen werden.
Das Biegemoment wird dazu in ein Kräftepaar zerlegt, das im Schwerpunkt der Trägerflansche angreift (Bild 5-74):

$$F_F = \frac{M}{h - t} = \frac{63 \cdot 10^6\,\text{N mm}}{200\,\text{mm} - 15\,\text{mm}} = 340{,}54\,\text{kN}$$

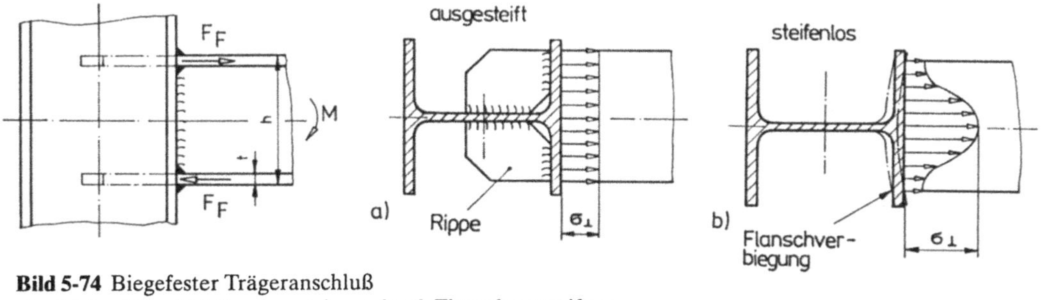

Bild 5-74 Biegefester Trägeranschluß
a) gleichmäßige Nahtbeanspruchung durch Flanschaussteifung,
b) größte Nahtbeanspruchung im Stegbereich durch Flanschnachgiebigkeit bei steifenlosem Anschluß

Flanschnahtfläche:

$$A_w = 8\text{ mm }(200\text{ mm} + 2 \cdot 75\text{ mm}) = 2800\text{ mm}^2$$

Normalspannung in den Flanschnähten:

$$\sigma_\perp = \frac{F_F}{A_w} = \frac{340\,540\text{ N}}{2800\text{ mm}^2} = 122\text{ N/mm}^2 < \text{zul }\sigma_w = 160\text{ N/mm}^2$$

Schubspannung in der Stegnaht:

$$\tau_{||} = \frac{Q}{A_w} = \frac{140\,000\text{ N}}{2 \cdot 5\text{ mm} \cdot 130\text{ mm}} = 108\text{ N/mm}^2 < \text{zul }\tau_w = 135\text{ N/mm}^2$$

Wegen des geringen Rechenaufwandes wird der Nachweis derartiger Anschlüsse zunächst in vereinfachter Form geführt.
Nach DIN 18 800 Teil 1/11.90 erübrigt sich für derartige Anschlüsse mit I-Trägern ein Tragsicherheitsnachweis, wenn die Doppelkehlnähte mit 0,5 mal Bauteildicke bei St37 bzw. mit 0,7 mal Bauteildicke bei St52 (StE355) ausgeführt werden.

d) Festigkeitsnachweis des Rippenanschlusses (Bild 5-75)

Die Rippen als Fortsetzung der Trägerflansche sorgen für eine statisch einwandfreie Einleitung der Flanschkräfte in den Steg des Rahmenstiels. Bei rippenloser Ausführung weichen die abstehenden Flansche des stützenden Rahmenstiels den einzuleitenden Kräften durch Aufbiegen aus, was eine sehr ungleichmäßige Spannungsverteilung in der Anschlußebene zur Folge hat (Bild 5-74).

Die in die Rippen als gedachte Fortsetzung der Kragträgerflansche einzuleitende Kraft $F_F = M/(h - t)$ verteilt sich gleichmäßig auf die Länge $2b_R + s$ (Bild 5-75). Im Stegbereich $2c + s$ des Rahmenstiels wird die Streckenlast $F_F/(2b_R + s)$ unmittelbar vom Rahmenprofil übernommen. Auf jede Rippe entfällt somit die Kraft $F_1 = F_F\,(b_R - c)/(2b_R + s)$, welche im Abstand e_1 am Steg des Rahmenstiels gestützt wird. Für die freigemachte Rippe gilt die Gleichgewichtsbedingung $F_1 \cdot e_1 = F_2 \cdot e_2$ (Bild 5-75b)). Die Kraft F_2 greift im Schwerpunkt des Normalspannungsdreiecks an. Mit den Hebelarmen der Kräftepaare $e_1 = (b_R - c)/2 + c = (b_R + c)/2$ und $e_2 = 2\,(h_R - c)/3 + c = (2\,h_R + c)/3$ erhält man $F_2 = F_1 \cdot e_1/e_2$. Die Kehlnähte a_1 und a_2 erfahren durch $\sigma_\perp$ und $\tau_{||}$ eine zusammengesetzte

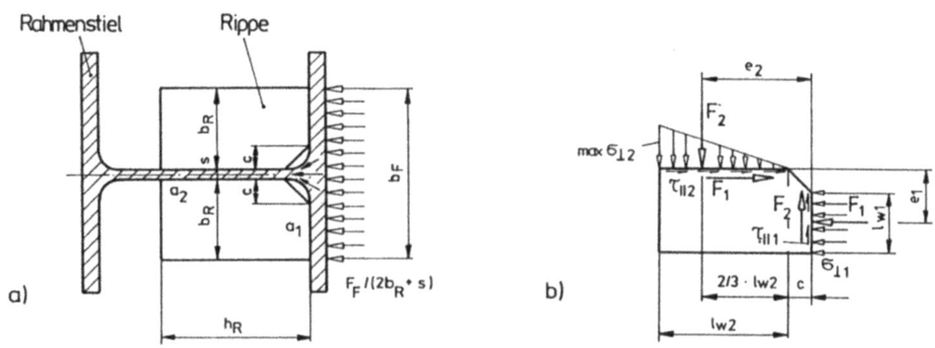

Bild 5-75 Rippenanschluß
a) Einleitung der Flanschkraft in den Steg des Rahmenstiels, b) freigemachte Rippe

Beanspruchung mit dem Vergleichswert $\sigma_{vw} = \sqrt{\sigma_\perp^2 + \tau_{||}^2}$

Mit der bereits unter c) bestimmten Flanschkraft $F_F = 340{,}54$ kN wird mit $b_R = 95$ mm, $c = 25$ mm und $s = 10{,}5$ mm die Kraft

$$F_1 = \frac{340{,}54 \text{ kN } (95 \text{ mm} - 25 \text{ mm})}{2 \cdot 95 \text{ mm} + 10{,}5 \text{ mm}} = 118{,}89 \text{ kN.}$$

Mit den Hebelarmen $e_1 = (95 \text{ mm} + 25 \text{ mm})/2 = 60$ mm und $e_2 = (2 \cdot 170 \text{ mm} + 25 \text{ mm})/3 = 121{,}67$ mm ergibt sich $F_2 = 118{,}89 \text{ kN} \cdot 60 \text{ mm}/121{,}67 \text{ mm} = 58{,}63$ kN.

Nachweis der Naht 1:

Normalspannung:

$$\sigma_{\perp 1} = \frac{F_1}{2\,(b_R - c)\, a_1} = \frac{118\,890 \text{ N}}{2\,(95 \text{ mm} - 25 \text{ mm}) \cdot 8 \text{ mm}} = 106 \frac{\text{N}}{\text{mm}^2}$$

Schubspannung:

$$\tau_{||1} = \frac{F_2}{2\,(b_R - c)\, a_1} = \frac{58\,630 \text{ N}}{2\,(95 \text{ mm} - 25 \text{ mm}) \cdot 8 \text{ mm}} = 52 \frac{\text{N}}{\text{mm}^2}$$

Vergleichswert:

$$\sigma_{vw} = \sqrt{\sigma_{\perp 1}^2 + \tau_{||1}^2} = \sqrt{(106 \text{ N/mm}^2)^2 + (52 \text{ N/mm}^2)^2} = 118 \text{ N/mm}^2 < \text{zul } \sigma_{vw} = 135 \text{ N/mm}^2$$

Nachweis der Naht 2:

Normalspannung:

$$\sigma_{\perp 2} = \frac{2\,F_2}{2\,(h_R - c)\, a_2} = \frac{2 \cdot 58\,630 \text{ N}}{2\,(170 \text{ mm} - 25 \text{ mm}) \cdot 5 \text{ mm}} = 81 \frac{\text{N}}{\text{mm}^2}$$

Schubspannung:

$$\tau_{||2} = \frac{F_1}{2\,(h_R - c)\, a_2} = \frac{118\,890 \text{ N}}{2\,(170 \text{ mm} - 25 \text{ mm}) \cdot 5 \text{ mm}} = 82 \frac{\text{N}}{\text{mm}^2}$$

Vergleichswert:

$$\sigma_{vw} = \sqrt{\sigma_{\perp 2}^2 + \tau_{||2}^2} = \sqrt{(81 \text{ N/mm}^2)^2 + (82 \text{ N/mm}^2)^2} = 115 \text{ N/mm}^2 < \text{zul } \sigma_{vw} = 135 \text{ N/mm}^2$$

5.5 Berechnen, Gestalten und Fertigen im Kranbau

Im Gegensatz zu den klassischen Stahl- und Maschinenbauten unterscheidet sich der *Kranbau* in der Berechnung, Gestaltung und Fertigung durch die dynamische Beanspruchung. Deshalb wird bei den Kranen ein Betriebsfestigkeitsnachweis verlangt. Die Gestaltung und Fertigung ist ganz auf diese Beanspruchungsart abgestimmt. Das bedeutet, daß im Kranbau aufgrund des günstigeren Kraftflusses sehr häufig volle Schweißnahtanschlüsse, d.h. HV- und DHV-Nähte mit Kehlnähten anzutreffen sind und sehr wenig

reine Kehlnähte. Auch sind Oberflächenfehler wie Einbrandkerben, Überlappungen usw. möglichst zu vermeiden, um keine Dauerbrüche zu erhalten.
Krane können ortsfest, auf Schienen, frei verfahrbar oder auf einem Schwimmkörper angeordnet sein. Es gibt in der Praxis eine Vielzahl von unterschiedlichen Krantypen, die nach ihrer Bauart, z.B. Brückenkrane, Portalkrane, Turmdrehkrane, Fahrzeugkrane, Schwimmkrane usw. oder auch nach ihrer Verwendung z.B. Lagerkrane, Werkstattkrane, Baukrane, Hafenkrane, Schiffskrane usw. eingeteilt werden. Diese Einteilung befindet sich in DIN 15001 [12], während die Lastaufnahmemittel in DIN 15002 [13] sowie die Lastaufnahmeeinrichtungen, Lasten und Kräfte in DIN 15003 [14] festgelegt sind.
Anhand der Beispiele Turmdrehkrane und Fahrzeugkrane werden in diesem Kapitel einige Gestaltungs- und Fertigungsgrundsätze beschrieben.

5.5.1 Krane für den Baubetrieb

Zur Erreichung der erforderlichen Standsicherheit wird auf der Drehbühne ein Gegengewicht angebracht.
Der Ausleger befindet sich in horizontaler Lage und wird von einer Seilzuglaufkatze befahren. Der Vorteil dieser Ausführung ist ein horizontaler Lastweg, welcher die Bedienung des Kranes erleichtert und einen relativ geringen Leistungsaufwand für das Verfahren der Laufkatze ermöglicht.
Die Drehverbindung befindet sich am oberen Ende des Turms. Da der Turm selbst nicht drehbar ist, kann der Kran sowohl mit dem Fahrwerk auf einem Betonfundament (Bild 5-77) als auch als Kletterkran ausgeführt sein.

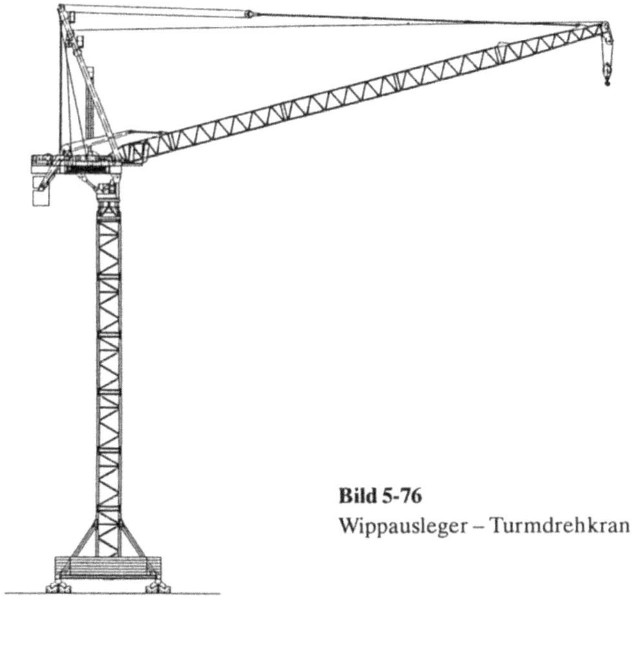

Bild 5-76
Wippausleger – Turmdrehkran (Fa. Liebherr)

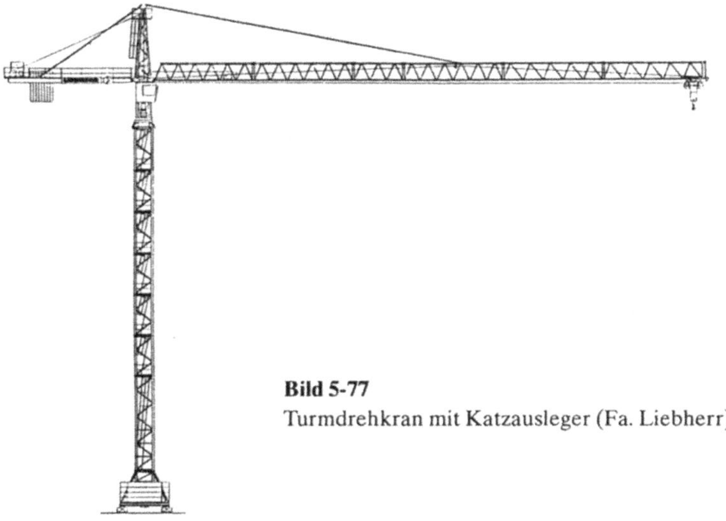

Bild 5-77
Turmdrehkran mit Katzausleger (Fa. Liebherr)

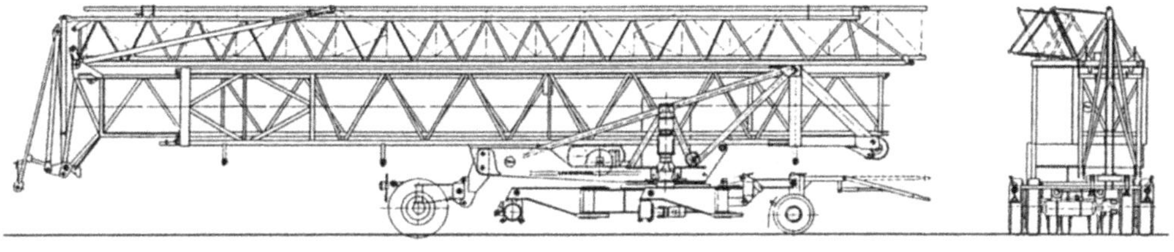

Bild 5-78 Schnellbaukran in Transportstellung (Fa. Liebherr)

Turmdrehkran als Schnellmontagekran

Ausführungen, bei denen der Turm auf einer Drehbühne befestigt und diese über eine Drehverbindung mit dem Unterwagen verbunden ist, nennt man Schnellbaukrane.
Der Schnellbaukran kann mit eigener Kraft, d.h. ohne einen zweiten Kran, relativ rasch auf- und abgebaut werden. Das Gegengewicht wird entfernt, der zusammengelegte Kran mit Transportachsen versehen und kann so, an einen LKW angehängt, den Standortwechsel durchführen (Bild 5-78).

Gleislose Fahrzeugkrane

Gleislose Fahrzeugkrane sind Auslegerkrane, die zur Standortänderung auf einem Fahrgestell aufgebaut sind, welches mit luft- oder vollgummibereiftem Fahrwerk oder mit einem Raupenfahrwerk ausgerüstet sind. Bei solchen Kranen können die Auslegersysteme schnell abgelassen werden, und der am Ober- oder Unterwagen angelenkte Grundausleger ist um eine horizontale Achse betriebsmäßig verstellbar.
Das Eigengewicht der Krane soll einerseits wegen des Transports von einem Einsatzort zum anderen gering sein, andererseits bedingt die geforderte Standsicherheit ein gewisses Eigengewicht. Bei größeren Geräten wird das Gegengewicht demontierbar ausgeführt und auf einem LKW oder Tieflader getrennt transportiert.

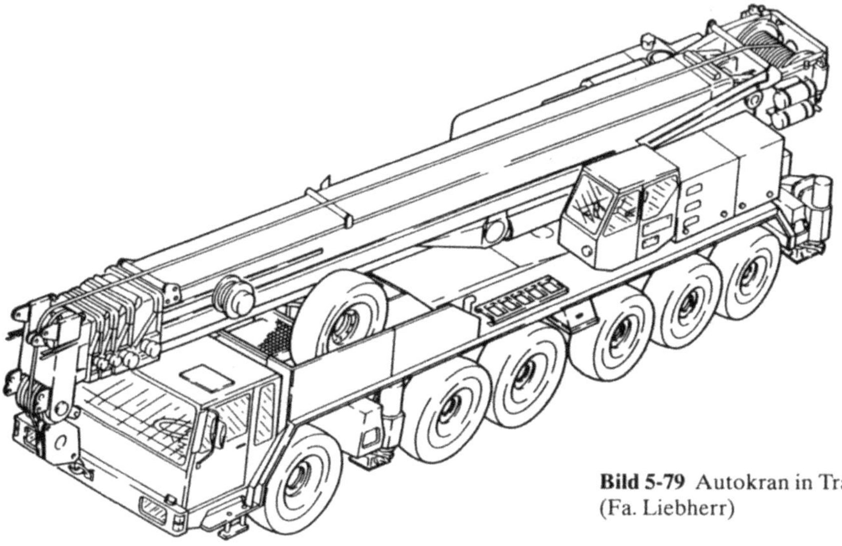

Bild 5-79 Autokran in Transportstellung (Fa. Liebherr)

Beispiel Autokran

Die Autokrane besitzen normalerweise für die Bewegung des Fahrzeugs und die Kranbewegungen je einen Motor. Das Fahrgestell hat im wesentlichen die gleichen technischen Eigenschaften wie ein Nutzfahrzeug. Die Achsen sind entweder starr, mit Ausgleichsbalken, oder durch Federn mit dem Fahrgestell verbunden. Gefederte Achsen sind häufig mit mechanischen oder hydraulischen Blockiereinrichtungen versehen, um die Standsicherheit bei Kranbetrieb ohne Abstützungen zu erhöhen. Die Anzahl der Achsen ist durch das Eigengewicht des Krans und die im Kraftfahrgesetz vorgeschriebenen maximal zulässigen Achslasten gegeben.
Mobilkrane sind meist langsamfahrende Krane und können immer von der Krankabine aus gefahren und abgestützt werden. Sie werden häufig eingesetzt zum Transportieren kleinerer Lasten (auf Rädern frei verfahrbar). *Autokrane* können nicht von der Krankabine (Oberwagen) verfahren werden und arbeiten fast ausschließlich im abgestützten Zustand.
Die Ausleger sind als Kastenträger ausgebildet. Bei großen Hubhöhen ist es erforderlich, den Ausleger als Gitterkonstruktion (Bild 5-80) auszuführen, um die Windbelastung und das Eigengewicht gering zu halten. Um den Gitterausleger transportieren zu können, ist er in Elemente zerlegbar, welche durch Bolzen miteinander verbunden werden. Um größere Hubhöhen und Ausladungen zu erreichen, können auf den Grundausleger noch Zusatzausleger montiert werden.

Gründe für die Verwendung von Feinkornbaustählen

Gesetzliche Vorschriften (z.B. StVZO) regeln die Grenzen von Abmessungen und Gewichten (z.B. max. 12 t Achslast und max. 8–9 Achsen). Dadurch hat der Konstrukteur die Aufgabe, möglichst hohe Traglasten bei geringen Eigengewichten zu verwirklichen. Aus diesem Grund werden auch die Blechdickentoleranzen häufig zusätzlich eingeengt und durch Betriebsvereinbarungen festgelegt.

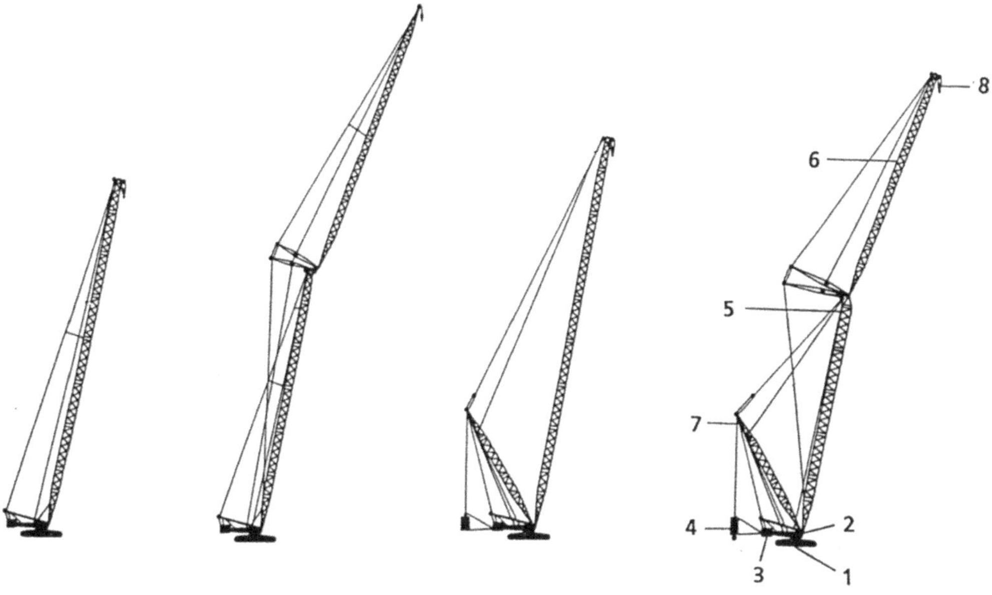

Bild 5-80 Autokrane im Gittermastsystem (Fa. Liebherr)
1 Unterwagen, 2 Oberwagen, 3 Gegengewicht, 4 Schwebeballast, 5 Hauptausleger, 6 Nadelausleger, 7 Derrickauslager, 8 Hakenflasche

Des weiteren haben Feinkornbaustähle den Vorteil, daß sie auch bei tiefen Temperaturen (– 50 °C) gute Kerbschlagarbeitswerte haben. Das heißt, daß sie für besondere Einsatzgebiete wie z.B. Kanada, Sibirien usw. geeignet sind.
Wurde beim Bau von Autokranen früher fast ausschließlich der Stahl StE 690 V eingesetzt, so werden heute vorwiegend die höherfesteren Stähle StE 885 V und StE 960 V verwendet.

5.5.2 Berechnung der Krane

Grundsätze für Stahltragwerke nach DIN 15018 Teil 1 und 2 [15]
Für die Berechnung sind anzugeben:
- Art und Arbeitsweise des Krans,
- die vorausgesetzte Anzahl der gesamten Last- oder Arbeitsspiele,
- die möglichst wirklichkeitsnahen Tragsysteme mit Übersichtsskizzen und Hauptmaßen,
- die Lastannahmen,
- die maßgebenden Hubklassen und Beanspruchungsgruppen,
- die Werkstoffe der einzelnen Bauteile und Verbindungen,
- die Formen, Abmessungen und statischen Querschnittswerte aller tragenden Bauteile,
- die Nachweise für diese Bauteile und die wesentlichen Verbindungen.

Die auf das Tragwerk wirkenden Lasten werden eingeteilt in Hauptlasten (H), Zusatzlasten (HZ) und Sonderlasten (HS) und sind in DIN 15018 Tabelle 7 zusammengefaßt.

Die einzelnen Berechnungsbeiwerte wie Eigenlastbeiwerte, Hublastbeiwerte (abhängig von den Hubklassen) sowie Massenkräfte aus Antrieben, Prüflasten usw. können aus der DIN 15018 entnommen werden. Die vorgesehenen Werkstoffe sind anzugeben. Andere Werkstoffe als die in der Norm genannten Stahlsorten dürfen verwendet werden, wenn die mechanischen Eigenschaften, die chemische Zusammensetzung und gegebenenfalls die Schweißeignung vom Hersteller des *Werkstoffes* gewährleistet werden.

Nachweise

Die nachfolgenden Nachweise (Allgemeiner Spannungsnachweis, Stabilitätsnachweis und Betriebsfestigkeitsnachweis) sind einzeln für die tragenden Bauteile und wesentlichen Verbindungen zu führen. Für untergeordnete Bauteile, z.B. Laufstege, Treppen, Podeste, Geländer und Schutzhäuser, brauchen keine Nachweise in die Berechnungen aufgenommen zu werden.
Die nach Kranart, Lastfall und Nachweis maßgebenden Gesamtspannungen dürfen die jeweils zulässigen Spannungen nicht überschreiten, d.h. die geforderten Sicherheiten dürfen nicht unterschritten werden.

Allgemeiner Spannungsnachweis

Der Allgemeine Spannungsnachweis auf Sicherheit gegen Erreichen der Fließgrenze ist getrennt für die Lastfälle H und HZ mit den zulässigen Spannungen für Bauteile, Schweißnähte und Verbindungsmittel zu führen (s. Kap. 4).

Stabilitätsnachweis

Der Stabilitätsnachweis auf Sicherheit gegen Knicken, Kippen, Beulen der Stegbleche und Beulen der Rechteckplatten, die Teile eines Druckstabes sind, ist nach DIN 4114 für die Lastfälle H, HZ und HS zu führen.
Die Werte der Beulsicherheiten sind ebenfalls der DIN 15018 zu entnehmen.

Betriebsfestigkeitsnachweis

Der Betriebsfestigkeitsnachweis auf Sicherheit gegen Bruch bei zeitlich veränderlichen, häufig wiederholten Spannungen ist nur in den Lastfällen H für Bauteile und Verbindungsmittel für Spannungsspiele über $2 \cdot 10^4$ zu führen.
Die zulässigen Oberspannungen der Normal- und Schubspannungen hängen ab vom Spannungskollektiv, der Zahl der Spannungsspiele (s. Kap. 4), dem Kerbfall (Tabelle 5-1), dem Werkstoff und dem Grenzspannungsverhältnis κ.
Die Linien S_0 bis S_3 sind idealisierte bezogene Spannungskollektive (Belastungen) und die Spannungsspiele (N_1 bis N_4) geben die Häufigkeit dieser Belastungen an. Beide zusammen ergeben die Beanspruchungsgruppen B_1 bis B_6. Aus Bild 4-11 ist ersichtlich, daß z.B. die Beanspruchungsgruppe B4 bei „gelegentlicher – nicht regelmäßiger Benutzung mit langer Ruhezeit“ und dem Spannungskollektiv „schwer“ wie auch bei „regelmäßiger Benutzung im angestrengten Dauerbetrieb“ und dem Spannungskollektiv „sehr leicht“ zustandekommt. Beispiele für die Einteilung der Krane in Beanspruchungsgruppen sind in DIN 15018 Tabelle 23 enthalten. Dem am Bauteil oder an der Verbindungsstelle vorliegenden Kerbfall K0 bis K4 sind die in Tabelle 5-2 enthaltenen zulässigen Spannungen für die Werkstoffe St 37 und St 52-3 bei $\kappa = -1$ zugeordnet.

Tabelle 5-1 Kerbwirkungen von Naht- und Anordnungsformen (Kerbfälle) Auszug aus DIN 15018

Nahtform Anordnung Belastung	Nahtgüte s. Tab. 5	Kerbfall (Kerbwirkung)
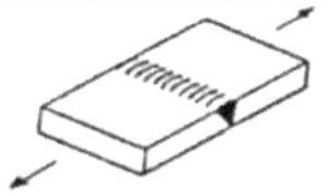	Sondergüte	K0 (gering)
	Normalgüte	K1 (mäßig)
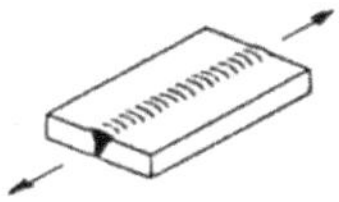	Normalgüte	K0 (gering)
	Normalgüte Stichprobenprüfung	K 1 (mäßig)
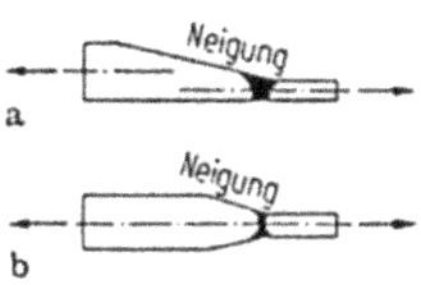	Sondergüte[a]) a ≤ 1 : 4, b ≤ 1 : 3	K 0 (gering)
	Normalgüte[a]) a ≤ 1 : 4, b ≤ 1 : 3	K 1 (mäßig)
	Normalgüte[a]) a ≤ 1 : 3, b ≤ 1 : 2	K 2 (mittel)
	Normalgüte[a]) a ≤ 1 : 2, b ≤ 1 : 0	K 3 (stark)
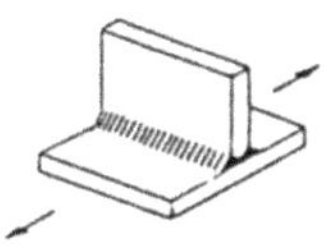	Sondergüte (DHV-Naht)	K1 (mäßig)
	Sondergüte (Doppelkehlnaht)	K 2 (mittel)
	Normalgüte (Doppelkehlnaht)	K 3 (stark)
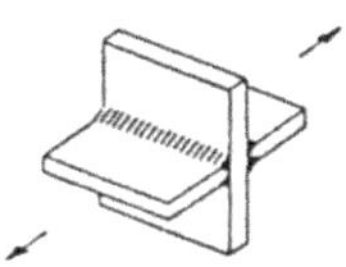	Sondergüte (DHV-Naht)	K 2 (mittel)
	Normalgüte (DHV-Naht)	K 3 (stark)
	Normalgüte (Doppelkehlnaht)	K 4 (besonders stark)
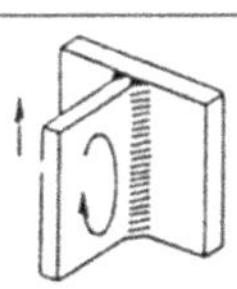	Sondergüte (DHV-Naht)	K 2 (mittel)
	Normalgüte (DHV-Naht)	K 3 (stark)
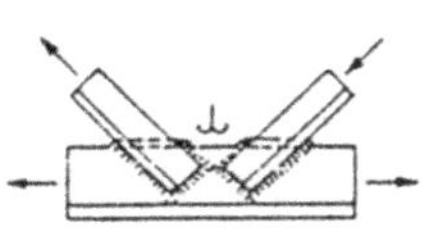	Normalgüte (Kehlnaht)	K 3 (stark)
	Normalgüte (Kehlnaht)	K 4 (besonders stark)

[a]) Neigungsbereiche

Tabelle 5-2 Zulässige spannungen in N/mm² für $\kappa = -1$ beim Betriebsfestigkeitsnachweis

Stahlsorte	St 37			St 52-3			St 37					St 52-3				
Kerbfall	W0	W1	W2	W0	W1	W2	K0	K1	K2	K3	K4	K0	K1	K2	K3	K4
Beanspruchungsgruppe	Zulässige Spannungen $\sigma_{D(-1)\,zul}$ für $\kappa = -1$															
B1	180	180	180	270	270	*(247,2)*	180	180	180	180	*(152,7)*	270	270	270	*(254)*	*(152,7)*
B2			*(168)*		*(249)*	199,2				180	108			*(252)*	180	108
B3		*(161,4)*	141,3	*(252,2)*	200,6	160,5			*(178,2)*	127,3	76,4	*(237,6)*	*(212,1)*	178,2	127,3	76,4
B4	*(169,7)*	135,8	118,8	203,2	161,1	129,3	*(168)*	*(150)*	126	90	54	168	150	126	90	54
B5	142,7	114,2	99,9	163,8	130,3	104,2	118,8	106,1	89,1	63,6	38,2	118,8	106,1	89,1	63,6	38,2
B6	120	96	84	132	105	84	84	75	63	45	27	84	75	63	45	27

Das Stufenverhältnis zwischen den Spannungen zweier aufeinanderfolgenden Beanspruchungsgruppen beträgt bei den Kerbfällen W0 bis W2 für St37: 1,1892 und für St52-3: 1,2409; bei den Kerbfällen K0 bis K4 für St37 und St52-3: 1,4142

Standsicherheitsnachweis

Die Standsicherheit und die Sicherheit gegen Abtreiben durch Wind sind nach DIN 15019 Blatt 2 nachzuweisen.

Berechnung von Fahrzeugkranen nach DIN 15018 Teil 3

Diese Norm ist für Stahltragwerke gleisloser Fahrzeugkrane anzuwenden mit Spannungskollektiven gleich oder leichter als S1, Grenzspannungsverhältnis $\kappa \geq -0{,}25$ und Kerbfällen gleich oder besser als K3 nach DASt-Richtlinie 011 [16], wenn die Spannungsspiele folgende Werte nicht überschreiten:

Für StE 460 $N_G = 2 \cdot 10^5$
StE 690 $N_G = 5 \cdot 10^4$
StE 885 $N_G = 2{,}5 \cdot 10^4$

Mit dieser Norm werden ergänzende Festlegungen zu DIN 15018 Teil 1 getroffen, veranlaßt durch die Weiterentwicklung der Bauweisen und Berechnungsverfahren der Fahrzeugkrane. Sie ist unmittelbar für Fahrzeugkrane mit den genannten werkstoffabhängigen Spannungsspielen anzuwenden, also auf Tragwerke, für die kein Betriebsfestigkeitsnachweis erforderlich ist. Hierbei werden die besonderen Systemeigenschaften der Antriebe und die großen Erfahrungen im Gebrauch dieser Krane berücksichtigt.
Diese Norm gilt für folgende Kranarten:

- Raupenkrane
- Mobilkrane
- Autokrane
- Anhängerkrane
- Sattelkrane.

Im Unterschied zu Teil 1 wird kein Betriebsfestigkeitsnachweis gefordert (nur Zeitfestigkeit mit den werkstoffspezifischen Lastspielzahlen). Der Einsatz höherfester Feinkornbaustähle ist erlaubt.
Die Kennwerte der zugelassenen Stahlsorten bis zu StE 885 V sind in DIN 15018 Tabelle 2 festgehalten.
Bei den Nachweisen – Allgemeiner Spannungsnachweis und Stabilitätsnachweis – wird unterschieden in:

a) nach geometrisch linearer Theorie
 – Methode der zulässigen Spannungen –
b) nach geometrisch linearer oder nicht linearer Theorie
 – Methode der Teilsicherheitsbeiwerte und Grenzspannungen –.

Die einzelnen Werte sind der Norm zu entnehmen. Die zulässigen Spannungen in Schweißnähten sind in der Norm aufgeführt. So beträgt die zulässige Zugspannung in Schweißnähten für den StE 885 V im Lastfall HZ bei einer Stumpfnaht 665 N/mm^2.
Die Standsicherheit der Krane (Sicherheit gegen Umkippen) ist nachzuweisen, und zwar

- durch Prüfbelastung und
- durch Rechnung.

Die Standsicherheit bei *großer Prüflast* kann auch allein durch Prüfbelastung nachgewiesen werden. Bei der Prüfbelastung darf der Kran nicht umkippen, dabei dürfen eine oder mehrere Stützungen abheben. Die Prüfbelastung und Rechnung werden nach DIN 15019 Teil 2 durchgeführt.

Schweißnähte

Neben den Schweißnahtgüten nach DIN 8563 Teil 3 sind in DIN 15018 Schweißnähte mit weitergehenden Güteeigenschaften in Tabelle 5-3 festgelegt.

Wie auch aus Tabelle 5-1 ersichtlich, ist es möglich, bei gleicher Nahtgeometrie durch die Sondergüte anstelle der Normalgüte einen Kerbfall günstiger einzustufen.

Tabelle 5-3 Schweißnähte mit besonderen Güteeigenschaften

Nahtart	Nahtgüte	Nahtausführung	Sinnbild Beispiele	Prüfung auf fehlerfreie Ausführung Prüfverfahren	Kurzzeichen
Stumpfnaht	Sondergüte	Wurzel ausgeräumt, Kapplage gegengeschweißt, blecheben in Spannungsrichtung bearbeitet, keine Endkrater	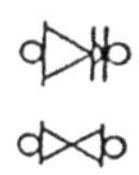	Zerstörungsfreie Prüfung der Naht auf 100 % der Nahtlänge, z.B. Durchstrahlung	P 100
	Normalgüte	Wurzel ausgeräumt, Kapplage gegengeschweißt, keine Endkrater		Wie bei Sondergüte, jedoch nur bei Zug (nach Abschnitt 7.2) mit max. $\sigma_z \geq 0.8 \cdot$ zul σ_z im Zugschwellbereich (nach Abschnitt 4.7) mit max. $\sigma_z \geq 0.8 \cdot$ zul σ_{zD} im Wechselbereich (nach Abschnitt 7.4) mit max. $\sigma_z \geq 0.8 \cdot$ zul σ_{zD} oder max. $\sigma_d \geq 0.8 \cdot$ zul σ_{dD}	P 100
				Zerstörungsfreie Prüfung der wichtigsten übrigen Nähte in Stichproben auf mindestens 10 % der Nahtlänge jedes Schweißers, z.B. Durchstrahlung	P
K-Naht mit Doppelkehlnaht	Sondergüte	Wurzel ausgeräumt, durchgeschweißt, Nahtübergang kerbfrei, erforderlichenfalls bearbeitet		Zerstörungsfreie Prüfung des quer zu seiner Ebene auf Zug beanspruchten Bleches auf Doppelung und Gefügestörung im Nahtbereich, z.B. Durchschallung	D
	Normalgüte	Breite der Restfuge an der Wurzel bis 3 mm oder bis 0,2 mal Dicke des angeschweißten Teiles. Der kleinere Wert ist maßgebend.			
Kehlnaht	Sondergüte	Nahtübergang kerbfrei, erforderlichenfalls bearbeitet			
	Normalgüte	–			

5.5.3 Gestaltungsgrundsätze

Baukrane

Die Zeitfestigkeit ist mit zunehmender Kerbwirkung und höheren Lastspielzahlen für alle Baustähle nahezu gleich. Es sind praktisch nur geringe Unterschiede zwischen den Baustählen St 37 und St 52 und den hochfesten Feinkornbaustählen feststellbar. Viele Teile der Tragstruktur dieser Krane unterliegen einer Wechselbeanspruchung. Der wirtschaftliche Einsatz von hochfesten Feinkornbaustählen ist damit nur auf wenige Komponenten beschränkt, die entweder nur schwellend beansprucht werden und/oder geringe bis mittlere Kerbwirkung aufweisen.

a)

c)

b)

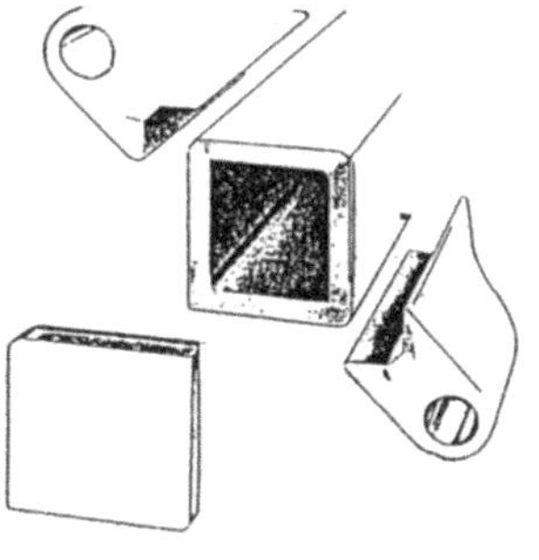
d)

Bild 5-81 Ausschnitte einer Turmverbindung (Fa. Liebherr)
a) Anschluß Diagonale-Eckstiel
b) Anschluß Rohrdiagonale an Eckstiel
c) Turmverbindung
d) Einzelteile – Turmverbindung

Für Bauteile, die in großen Stückzahlen gefertigt werden oder bei Kerbfällen, die sich nicht eindeutig dem Katalog der DIN 15018 zuordnen lassen, bietet sich die Durchführung eines Bauteilversuches an. Dadurch kann der betreffende Schweißnahtanschluß optimal gestaltet werden.
Erwähnt werden soll hier auch, daß der Kerbfallkatalog der DIN 15018 eigentlich nicht für „dickwandige" Teile angewandt werden sollte (s > 20 mm).
Durchführung eines Bauteilversuches dargestellt an einer Turmstückverbindung eines Turmdrehkranes.
Dieser Kran hat aus Korrosionsgründen geschlossene, dichtgeschweißte Eckstiele und Diagonalen. Das Hohlkastenprofil wird aus zwei gleichschenkligen Winkelprofilen vollautomatisch nach dem MAG- oder UP-Verfahren zusammengeschweißt. Der Anschluß der Diagonalen befindet sich in der Profilmitte. Der Schnittpunkt der Schwerlinien liegt deshalb innerhalb der Konstruktion. Die Turmverbindung erfolgt über zwei Gesenkschmiedeteile, die seitlich angeschweißt werden und von unten mit einer Platte verschlossen sind. An dieser Turmverbindung wurde ein Bauteilversuch durchgeführt, um den Betriebsfestigkeitsnachweis einwandfrei führen zu können. Die verschiedenen Begriffe sind in Bild 5-82 dargestellt.

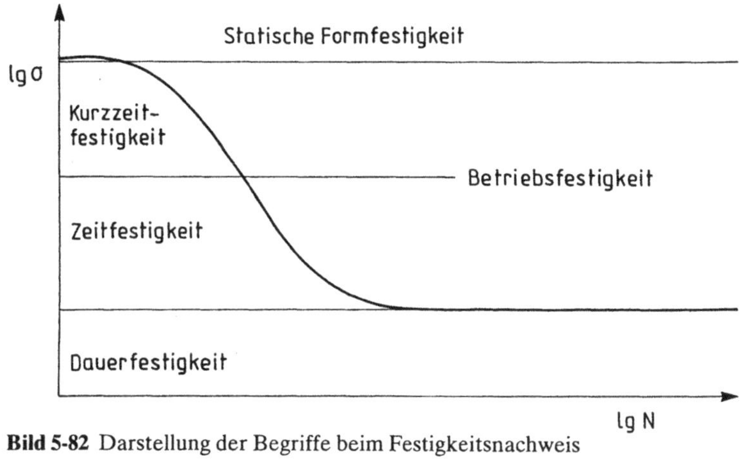

Bild 5-82 Darstellung der Begriffe beim Festigkeitsnachweis

Auswertung eines Bauteilversuches

Um die Anzahl der Prüfstücke klein zu halten (Kosten), führt man meistens den Einstufen-Wöhlerversuch durch. Bild 5-83a zeigt das Probestück, Bild 5-83b die Versuchsanordnung des Schwingversuches.
Bild 5-84 zeigt einen geländegängigen Autokran mit 160 t Traglast und 6 Achsen.
Dieser Kran besteht komplett aus dem Stahl StE 960 V mit folgenden Daten: $Rm = 1000–1130\ N/mm^2$, $Rp_{0,2} \geq 960\ N/mm^2$, $A5 \geq 15\ \%$.
Da jedoch im Druckbereich das Beulen für die Dimensionierung ausschlaggebend ist, müssen hier auch konstruktive Maßnahmen (entsprechende Formgebung, zusätzliche Beulsteifen) ergriffen werden.

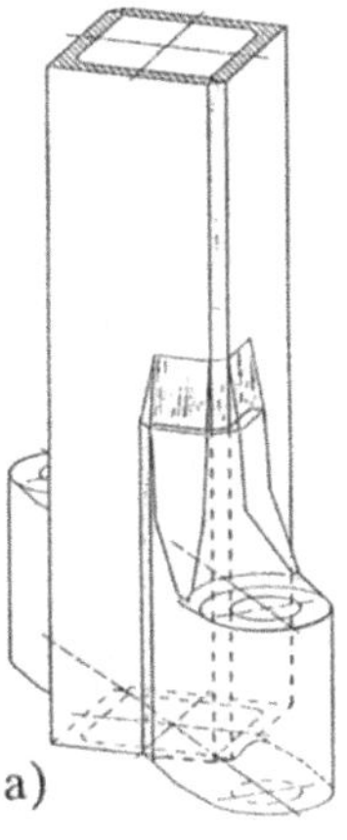

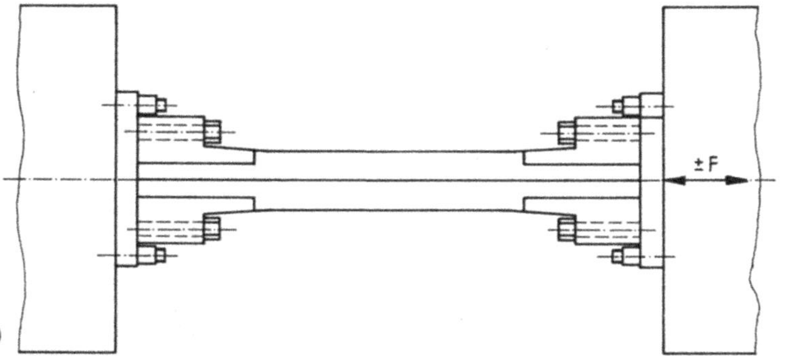

Bild 5-83a Probestück für Betriebsfestigkeitsnachweis

Bild 5-83b Schematischer Versuchsaufbau im Zug-Druck-Gerüst

Bild 5-84
Teleskopkran 160 t Traglast im Gelände (Fa. Liebherr)

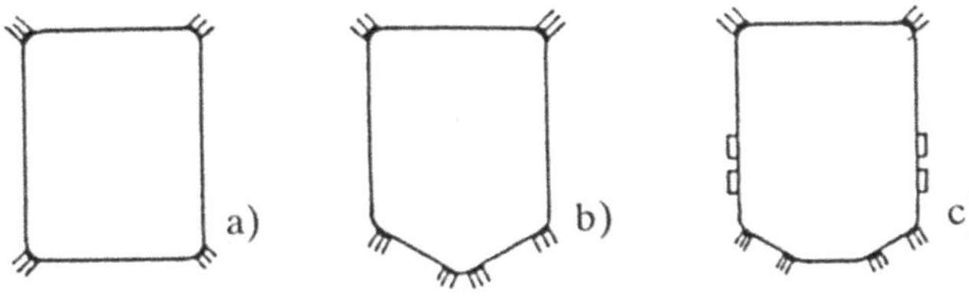

Bild 5-85 Profilformen für Teleskop-Ausleger
a) üblichesProfil
b) Liebherr-Profil,
c) Liebherr-Profil neue Krangeneration

Beim Teleskopausleger brachte eine zusätzliche Kantung (siehe Bild 5-85) im Druckbereich eine noch günstigere Ausnutzung des Werkstoffs. Die Beulbreite wurde halbiert, in Bild 5-85c sogar gedrittelt.
Da der E-Modul des Stahles unabhängig von seiner Festigkeit ist, zeigt sich bei der Ausnutzung der hohen Streckgrenze eine starke elastische Durchbiegung (5fache Streckgrenze = 5fache Durchbiegung siehe auch Bild 5-86).
Ausschnitte des Fahrzeugrahmens (ebenfalls aus StE 960 V) zeigen die Bilder 5-87 und 5-88. Auch hier wurden zur Gewichtsreduzierung die Bleche mit entsprechenden Durchbrüchen versehen und Beulsteifen eingebaut. Für den extremen Leichtbau allein genügt nicht nur die Verwendung von hochfesten Stählen, sondern es muß auch die Abstufung nach erforderlichen Blechdicken durchgeführt werden.

Betrachtet man Schiebeholme (Abstützungen) früherer Generationen, so bestanden diese aus Kästen mit gleichmäßigen Ober- und Untergurten sowie den Stegblechen. Bild 5-89 zeigt die Skizze eines Schiebeholms alter und neuester Ausführung mit abgestuftem Ober-, Untergurt und Seitenblechen (Blechdicke jeweils den Beanspruchungen angepaßt).

Bild 5-86 Elastische Durchbiegung bei Prüflast

Bild 5-87 Vorderteil Fahrzeugrahmen (Fa. Liebherr)

Bild 5-88
Ausschnitt aus Fahrzeugrahmen (Fa. Liebherr)

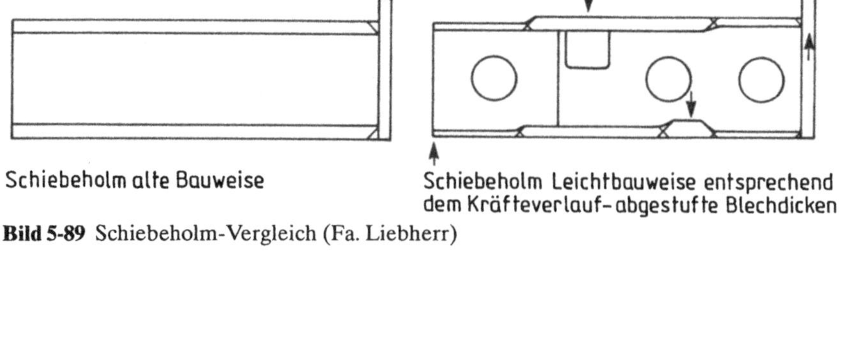

Bild 5-89 Schiebeholm-Vergleich (Fa. Liebherr)

Dies bedeutet jedoch einen wesentlich höheren Fertigungsaufwand bei gleichem Eigengewicht. Moderne Walzgerüste sind in der Lage, diese unterschiedlichen Dicken in Blechlängsrichtung herzustellen, so daß beanspruchungsgerechte Wanddicken *ohne* Schweißstoß zu bekommen sind. (Längsprofilierte Bleche)
Um die Drehbühne und das Fahrgestell möglichst gewichtsoptimiert herzustellen, wurden diese Teile nach der Finite-Elemente-Methode (FEM) berechnet. Bild 5-90 zeigt die verformte Gitterstruktur der Drehbühne. Durch diese exakte Rechenmethode kann die Blechdicke dem Kraftfluß entsprechend so angepaßt werden, daß die zulässigen Spannungen optimal ausgenutzt werden.

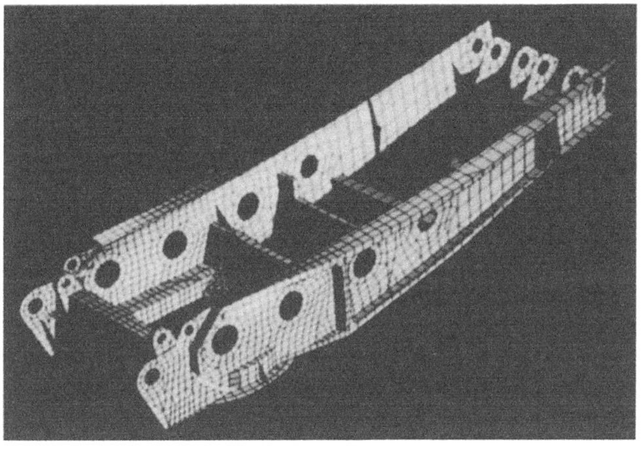

Bild 5-90
Drehbühne nach FEM-Methode berechnet

5.5.4 Fertigungsgrundsätze

Die Grundsätze für die bauliche Durchbildung sind in DIN 15018 Blatt 2 enthalten. Für die Schweißverbindungen gelten folgende Bedingungen für Betriebe und Führungskräfte.

Betriebe

Die Betriebe müssen den „großen Befähigungsnachweis" nach DIN 8563 Blatt 2 und DIN 18800 Teil 7, für Rohrkonstruktionen nach DIN 4115, sowie die nach diesen Normen erforderlichen Fachkräfte und Einrichtungen besitzen. Ausnahmeregelungen mit dem „kleinen Befähigungsnachweis" sind für Unterlieferanten möglich.

Schweißpersonal (siehe auch Kapitel 8)

Der im Rahmen des großen Befähigungsnachweises des Betriebes als Schweißaufsichtsperson anerkannte Schweißfachingenieur muß die Anforderungen nach DIN 8563 Blatt 2 erfüllen. Dabei muß er zusätzlich nach DIN 15018 Blatt 1 (Ausgabe April 1974) namentlich die Einteilung der in Betriebsgruppen nach Tabelle 21 und die Zusammenhänge zwischen Nahtgüten und Kerbfällen nach Tabellen 22 bis 30 beherrschen und beachten. Der anerkannte Schweißfachingenieur eines Unterlieferanten muß ebenfalls ausreichende Kenntnisse über die Zusammenhänge zwischen Nahtgüten und Kerbfällen nach DIN 15018 Blatt 1 und Erfahrungen in der baulichen Ausführung von Kran-Stahltragwerken im Sinne der DIN 15018 Blatt 2 besitzen. Die Schweißer müssen von den als

Schweißaufsichtspersonen anerkannten Schweißfachingenieuren nach DIN 8560, Prüfgruppe B II, geprüft sein und überwacht werden. Sofern in tragenden Bauteilen nur Kehlnähte ausgeführt werden, genügt Prüfgruppe B I, für Rohrkonstruktionen Prüfgruppe R I.
Werden Feinkornbaustähle StE 690 V oder StE 885 V gemäß DIN 15018 T 3 verwendet, wird die Prüfung B III bzw. R III benötigt.
Die Betriebe müssen Einrichtungen für zerstörungsfreie Prüfungen entsprechend DIN 15018 Blatt 1 besitzen oder anderweitig benutzen können. Schweißzusätze müssen DIN 1913 Blatt 1, DIN 8557 und DIN 8559 entsprechen. Die Schweißnähte sind nach Art, Form, Vorbereitung, Bearbeitung und Prüfung in den Fertigungsunterlagen entsprechend DIN 1912, DIN 8551 Blatt 1, DIN 8563 Blatt 1 und DIN 15018 Blatt 1 zu bezeichnen.
Schrumpfbehinderung und große Abkühlungsgeschwindigkeit sind nach Möglichkeit zu vermeiden. Hierfür kann es erforderlich werden, die Teile im Bereich der Nähte vorzuwärmen. Der Lichtbogen darf nur in der Nahtfuge und nie auf den Bauteiloberflächen gezündet werden.

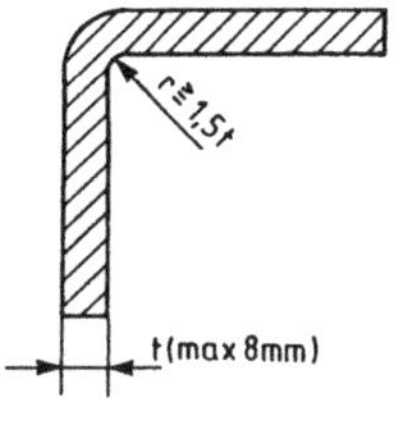

In kaltumgeformten Bereichen darf nur dann geschweißt werden, wenn die Bauteildicke 8 mm nicht übersteigt und das Verhältnis des Biegeradius r der inneren Rundung zur Blechdicke t nicht kleiner als 1,5 ist (siehe Skizze).

Beim Schweißen von Feinkornbaustählen sind an jedem Arbeitsplatz Möglichkeiten für das Vorwärmen zu schaffen.
Die Kontrolle der Vorwärm- und Zwischenlagentemperaturen kann mit Thermochromstiften, Magnet-Haftthermometern und digitalen Temperaturmeßgeräten erfolgen. Erfahrungsgemäß brauchen FK-Stähle bis max. 10 mm nicht vorgewärmt zu werden. Bei großen Bauteilen ist es sinnvoll, die Arbeitstemperatur bis zum Ende der Schweißarbeiten beizubehalten. Dies bedeutet, daß entweder in drei Schichten „rund um die Uhr" gearbeitet wird, oder das Bauteil während der Ruhepause mit geeigneten Brennern bzw. Heizstrahlern auf Temperatur gehalten wird. Beim Brennschneiden ist es auch bei größeren Blechdicken nicht erforderlich vorzuwärmen, sofern die Bleche bei Raumtemperatur längere Zeit gelagert waren.
Um die Kaltrißanfälligkeit der Feinkornstähle zu reduzieren, werden in der Schweißerei u.a. nur gestrahlte Bleche verarbeitet. Durch umfangreiche Untersuchungen wurde festgestellt, daß die mechanisch-technologischen Eigenschaften der Schweißverbindung sehr stark von dem Temperatur-Zeit-Verlauf beim Schweißen abhängen. Sie werden besonders beeinflußt von Streckenenergie, Erzeugnisdicke, Arbeitstemperatur (Vorwärm- und Zwischenlagentemperatur), Nahtform und dem Lagenaufbau.
Zur Kennzeichnung des Temperatur-Zeit-Verlaufes beim Schweißen wird im allgemeinen die Abkühlzeit $t_{8/5}$ gewählt. Dieses Konzept hat sich in Deutschland eingebürgert und fand seinen Niederschlag in dem Stahl-Eisen-Werkstoffblatt 088 vom April 1987 [17].

Aus diesem Grund geben auch die Stahlhersteller in ihren Empfehlungen für das Schweißen der betreffenden Stähle Grenzwerte für die Abkühlzeit (z.B. für StE 960 V mind. 10 s und max. 15 s). Bei zu kurzen bzw. zu langen Abkühlzeiten werden die Festigkeits- und Zähigkeitseigenschaften des Grundwerkstoffs beeinträchtigt.
Mit dem neuen DVS-Merkblatt 0916 [18] vom November 1984 „Metall-Schutzgasschweißen von FK-Stählen" wurde für die Praxis ein zuverlässiges Arbeitsblatt geschaffen. Auf der Basis des SEW 088 wurden hier Diagramme erstellt, aus denen sehr leicht die zulässigen Streckenenergien bei vorgegebenen Abkühlzeiten für die jeweiligen Blechdicken ermittelt werden. Diese Vereinfachung ist möglich, wenn die Arbeitstemperatur konstant bei ca. 150 °C gehalten wird. Zur einfachen Überwachung der Wärmeführung hat sich das Messen der Abkühlzeit bewährt.
Nachdem neuerdings ein handliches mikroprozessorgesteuertes Abkühlzeitmeter erhältlich ist, kann sehr schnell und einfach die Abkühlzeit gemessen werden. Bild 5-91 zeigt dieses Abkühlzeitmeter beim Meßvorgang. Der Schweißfachmann kann bei seinem Rundgang nun Stichproben bei den einzelnen Schweißern durchführen.
Die Einhaltung der vom Stahlhersteller bzw. Schweißzusatzhersteller vorgegebenen Abkühlzeiten erfordert das Schweißen mit entsprechenden Streckenenergien. In der Praxis bedeutet dies das Schweißen in mehreren Lagen (Viellagentechnik) wie in Bild 5-92 ersichtlich ist.

Bild 5-91 Mikroprozessorgesteuertes Meßgerät zur schnellen und exakten Messung der Abkühlzeit $t_{8/5}$

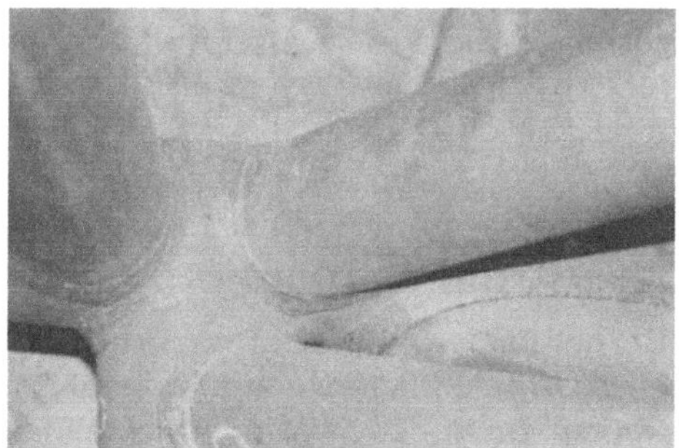

Bild 5-92 Viellagentechnik dargestellt an einem Rohrknoten

Schweißzusätze

Da von den Schweißzusätzen bzw. der Schweißverbindung die gleichen mechanisch-technologischen Eigenschaften erwartet werden wie vom Grundwerkstoff, müssen diese entsprechend der Festigkeitsklasse legiert sein. In der nachfolgenden Tabelle 5-4 ist eine Auswahl von Drahtelektroden für den StE 690 V, StE 885 V und StE 960 V zusammengestellt.
Falls Heft- und Wurzelschweißungen wieder entfernt werden, sollten diese nur mit einem Mn-Legierungstyp (SG 2; SG 3) geschweißt werden. Die Gefahr des Reißens ist dann geringer.

Tabelle 5-4 Auswahl von Drahtelektroden für die Stähle StE 690 V, StE 885 V und StE 960 V (Auszug aus DVS-Merkblatt 0916)

Werkstoff		Drahtelektroden Legierungstyp / Schutzgas	Fülldrahtelektroden Legierungstyp / Schutzgas
StE 690 V	Wurzel[1])	1 NiMo/C od. M	1 NiMo/C od. M
	Füll- und Decklagen	Mn 1,5 NiCrMo/C[2]) [3]) Mn 1,5 NiCrMo/M	2 NiCrMo/C od. M
St E 885V	Wurzel	Mn 1,5 NiCrMo/C od. M	2 NiCrMo/C od. M
StE 960 V	Füll- und Decklagen	Mn 2 NiCrMo/M[3]) [4]) Mn 2 NiCrMo/M[3])	Mn 2 Ni 1 CrMo/M

C = CO2; M = Mischgas M2 gemäß DIN 32526
1) für Heft- und Wurzelschweißung
2) Kerbschlagarbeit max. bis – 40 °C
3) nur ungeglüht
4) max. Blechdicke 10 mm

Durch den hohen Aufmischungsgrad bei MSG-Schweißen (MAG) werden erfahrungsgemäß die mechanisch-technologischen Eigenschaften des Grundwerkstoffes trotzdem erreicht. Werden Wurzeldurchhang und Nahtüberhöhung nicht abgearbeitet, wirkt die angreifende Last auch auf einen größeren Querschnitt, so daß die Spannung in der Naht absinkt. Beide Effekte lassen die Verwendung der zähen niedriglegierten Drahtelektroden für die Wurzelschweißung zu.

5.6 Gestalten und Fertigen im Kraftwerksbau

Bei der Planung von Kraftwerken sind die schweißtechnischen Prinzipien zu beachten. Dies wird deutlich, wenn man berücksichtigt, daß bei der Leistung eines Kernkraftwerkes von ca. 700 MW im Druckteilbereich ca. 50 000 Montageschweißnähte anfallen. Darauf müssen die Konstruktion wie auch die Fertigung Rücksicht nehmen.

Vorschriftenwerke

Hersteller, die die schweißtechnische Fertigung des Druckteils eines Kraftwerks übernehmen, müssen die Voraussetzung der TRD-Reihe 201 erfüllen.
Die gesamte TRD gliedert sich wie folgt auf:
- TRD-Reihe 001 Allgemeines
- TRD-Reihe 100 Werkstoffe
- TRD-Reihe 200 Herstellung
- TRD-Reihe 300 Berechnung
- TRD-Reihe 400 Ausrüstung-Aufstellung
- TRD-Reihe 500 Prüfung
- TRD-Reihe 600 Betrieb
- TRD-Reihe 700 Dampfkessel Gruppe II
- TRD-Reihe 800 Dampfkessel Gruppe I und II
- TRD-Reihe DDA[1] Auslegung und Auskünfte

Gestaltungsbesonderheiten

Bei der Gestaltung von Kraftwerken werden die oben genannten Grundlagen der TRD-Reihe vorausgesetzt.
Die Werkstoffauswahl erfolgt entsprechend den Werkstoffkennwerten und der Berechnungsgrundlage der TRD 300.
Hierbei ist folgendes mit zu berücksichtigen:

- *Temperaturbereiche im Kraftwerk*
  z.B.
  - Umfassungswand des Dampferzeugers
  - Rohrleitungen
  - Überhitzerschlangen
  - HD-Sammler

  wobei Temperaturen bis 550 °C bei Drücken von ca. 220 bar auftreten können.
- Die *konstruktive Ausführung* muß die folgenden Gesichtspunkte berücksichtigen:
  - wärmebewegliche Konstruktion
  - schweißtechnische Zugänglichkeit
  - Berücksichtigung örtlicher Wärmebehandlung
  - Wanddickenveränderung und -angleichung
  - Montagemöglichkeit
- Die angewendeten *Schweißverfahren* werden unterschieden in
  - Werkstatt- und
  - Montageschweißung

  Hierbei werden die folgenden Punkte beachtet:
  - Maschineneinrichtung
  - geometrische Verhältnisse – Bauteilgröße
  - Wärmebehandlungseinrichtung
  - Montagemöglichkeit
  - Dehnungsbehinderungen
  - Prüfmöglichkeiten

Werkstoffauswahl

Der Rohrwerkstoff spielt bei Kraftwerken eine wichtige Rolle. Die Auswahl der warmfesten und hochwarmfesten Werkstoffe ist unter Berücksichtigung des Betriebes (Temperatur-Druck-Zeitstandsfestigkeit) jedoch auch hinsichtlich ihrer Verarbeitung (Schweißung) kritisch zu betrachten. Die Auslegung erfolgt bis ca. 400 °C nach den statischen Festigkeitswerten.
Oberhalb 400 °C ist die Zeitdehngrenze und Zeitstandsfestigkeit mit zu beachten.

Werkstoffe für Kesselrohre und Heißdampfleitungen

Anhand von Bild 5-93 wird deutlich, daß bei steigenden Temperaturen die Zeitstandsfestigkeit abnimmt.
Durch höhere Mo- und Cr-Gehalte wird die Zeitstandsfestigkeit erhöht sowie der Einsatz bei höheren Temperaturen möglich. Aus Gewichtsgründen kann die Verwendung höherwertiger Werkstoffe notwendig werden.

Tabelle 5-7 Einsatzbereich warmfester Stähle für den Dampferzeuger und die Rohrleitungen [19]

Kurzbezeichnung	Bleche	Kesselrohr	Sammler	Speisewasser-Druckleitung	Heißdampfleitung
St 35.8		x	x	x	x
15 Mo 3	x	x	x	x	x
15 NiCuMoNb5	x		x	x	
13 Cr Mo 44	x	x	x		x
10 Cr Mo 910	x	x	x		x
X20CrMoV121		x	x		x
X8CrNiNb1613		x	x		x

Tabelle 5-8 Zusammensetzung und Kennwerte warmfester Stähle [19]

Kurz-bezeichnung	Kennzeichen chemischer Analyse in %								Zug-festigkeit* N/mm2	mind. Bruch-dehnung %
	C	Mn	Cr	Mo	Ni	V	Nb	So.	bei RT	
										längs/quer
St 35.8	≤ 0,17	0,6	–	–					360–480	25/23
15Mo3	0,16	0,6	–	0,30					450–600	22/20
15NiCuMoNb5	≤ 0,17	1,0	–	0,35	1,15		0,02	Cu 0,65	610–670	–/16
13CrMo44	0,14	0,55	0,9	0,55	–	–	–	–	440–590	22/20
10CrMo910	0,22	0,55	2,25	1,05					450–600	20/18
X20CrMoV122	0,20	≤ 1,0	11,25	1,0	0,55	0,3			690–840	17/14
X8CrNiNb1613	0,07	≤ 1,5	16,0		13,0		0,8			

* Mittelwerte für Wanddicken ca. 20–50 mm

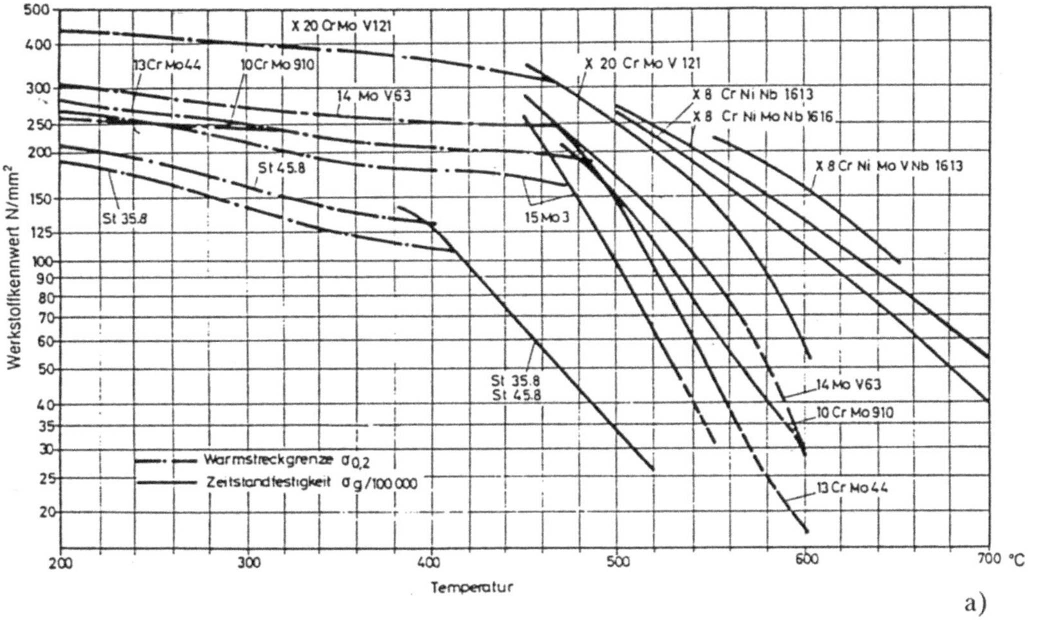

a)

b)

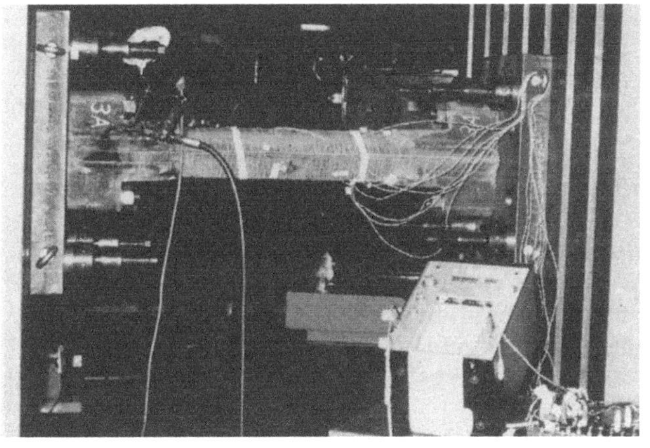

Bild 5-93

Festigkeitskennwerte für warmfeste Rohrwerkstoffe [19]

Hitzebeständige Werkstoffe

Hitzebeständige Stähle werden verwendet für

- Halterungen
- Schutzhülsen
- Prallbleche etc.

Die möglichen Temperaturbereiche dieser Werkstoffe liegen zwischen 500 °C und 900 °C.

Tabelle 5-9 Zusammensetzung und Kennwerte hitzebeständiger Stähle [19]

Stoff-Nr.		1.4713	1.4841	1.4876
Bezeichnung		X 10 Cr Al 7	X 15 Cr Ni Si 2520	X 10 Ni Cr Al Ti 3220
chem. Analyse in %	C	≤ 0,12	≤ 0,20	< 0,12
	Si	0,5–1,0	1,5–2,5	≤ 1,0
	Mn	≤ 1,0	2,0	2,0
	Al	0,5–1,0	–	0,15–0,6
	Cr	6,0–8,0	24–26,0	19,0–23,0
	Ni		19–22,0	30,0–34,0
	Ti			0,15–0,6
Zugfestigkeit in N/mm2		420–620	550–80	450–700
Zeitstandsfestigkeit GB/100000 in N/mm² bei 600 °C		20	80	114

Die hitzebeständigen Stähle werden unterschieden in
- ferritische } Cr, Cr-Si und
- ferritisch-perlitische } Cr-Si-Al-Typen
- ferritisch-perlitische Cr-Ni-Si-Typen
- austenitische } Cr-Ni-Si-Typen
- austenitische Stahlgußsorten }

5.6.1 Schweißverfahren

Warmfeste ferritische Stähle erhalten ihre besonderen Eigenschaften durch die Legierungselemente Mo und Cr; für hohe Betriebstemperaturen mit dem karbidbildenden Element V. Diese Stähle liegen im allgemeinen im vergüteten Zustand vor.
Die mechanisch technologischen Werte können durch den Schweißprozeß, seine Vorbereitung und thermische Nachbehandlung beeinflußt werden:
- Schweißzusätze: ungenügende Trocknung, Verunreinigung
- Nahtvorbereitung: Nahtversatz, Oberflächenverunreinigung wie Rost, Farbe, Feuchtigkeit
- Schweißen: Wetter, Gasschutz, Schutzeinrichtungen wie Zelte, Wände
- Wärmeführung: falsche Vorwärm-, Zwischenlagentemperatur, Streckenenergie
- Nahtaussehen: Überhöhung, Kerben, Wurzelrückfall
- Innerer Befund: Poren, Risse, Bindefehler, Einschlüsse
- Wärmebehandlung: Art und Dauer der Wärmebehandlung

5.6.2 Einsatzmöglichkeiten der Schweißverfahren

Gasschweißung

Der Einsatz erfolgt an Rohren aus warmfesten Stählen bis zur Güte 13 Cr Mo 44 und einer Abmessung bis ca. ∅ 57 × 5,6 mm.

Der Einsatz von 10 Cr Mo 910 ist für Wanddicken bis ca. 4,5 mm problemlos, darüber ist die Gefahr der Grobkornbildung (Überhitzung) zu beachten.
Im Kesselaufbau wird dieses Verfahren bei der Montage unter schwierigen Bedingungen eingesetzt. Zu beachten sind:
- Windverhältnisse (z.B. Kaminwirkung)
- Reparaturschweißung (alt auf neu) wegen der Porenanfälligkeit beim Verschweißen von Rohren mit geringem Abstand
- enge Platzverhältnisse

WIG-Schweißung

Die WIG-Schweißung ist für die Fertigung und Montage ein verbreitetes Verfahren. Sie wird üblicherweise als Wurzelschweißung und bei Rohrabmessungen bis ca. ∅ 100 mm und einer Wanddicke bis 7,0 mm als Füll- und Decklagenschweißung eingesetzt Beweglichkeit, sauberes Nahtaussehen, geringe Nebenzeiten, keine Schlackenentfernung sowie gute mechanische Schweißguteigenschaften zeichnen das Verfahren aus. Beim Baustelleneinsatz sind bei ungünstigen Witterungsverhältnissen (Wind-Kaminzug) entsprechende Abschottungen anzubringen, um die Schutzgaswirkung für die Schweißung zu gewährleisten. Die Zündung soll berührungslos erfolgen (HF-Zündung), um Wolframeinschlüsse auszuschließen. Ebenso soll der Zünd- sowie Endkraterstrom bei ca. 30–50 Ampere eingestellt sein. Der Schweißbeginn läßt sich somit leichter kontrollieren. Dies gilt auch am Schweißende, um Endkraterrißbildung zu unterbinden.
Die Gas-Vorströmzeit sollte auf ca. 2–4 s und die Nachströmzeit auf 5–10 s eingestellt sein. Somit ist ein optimaler Gasschutz gewährleistet.
Wesentlicher Vorteil ist dabei die ausgewogene und gleichmäßige Schweißgutausbildung bei gleichzeitig guten mechanischen Eigenschaften.

Lichtbogenhandschweißung

Dieses Verfahren wird im *Druckteilbereich* fast ausschließlich für Füll- und Decklagen bei größeren Wanddicken eingesetzt.
Als Elektroden werden bevorzugt Typen mit basischer Umhüllung eingesetzt. Das bessere Zähigkeitsverhalten und die größere Rißsicherheit rechtfertigen den Einsatz, obwohl dieser Typ schwieriger zu verschweißen und das Nahtaussehen nicht so feinschuppig ist. Rutilumhüllte Elektroden werden wegen ihres feinschuppigen Nahtaussehens für die Decklagenschweißung eingesetzt.
Die Zündung ist in der Nachtflanke ca. 15 mm nach Nahtbeginn vorzunehmen. Es wird dann zurückgefahren und die Zündstelle wieder aufgeschmolzen. Zur Begrenzung der eingebrachten Wärmemenge (Streckenenergie) ist im Kesselbau der Elektroden-∅ auf max. 4 mm zu begrenzen. 5 mm Elektroden dürfen nur in Strichraupen mit Drehvorrichtungen verschweißt werden. Grundsätzlich sind Strichraupen zu bevorzugen. Die maximale Pendelbreite ist auf 3 × Kerndrahtdurchmesser zu begrenzen.

Metall-Schutzgas-Schweißung (MIG-MAG)

Der Einsatz im Kesselbau ist an druckführenden Teilen nicht üblich. Diese Verfahren finden ihren Einsatz bei
- Konstrukstionsschweißungen (Rauchgaskanäle – Luftkanäle etc.)
- Rohr-Steg-Rohr-Verbindungen
- Halterungen etc. (an Rohren-Sammler-Konstruktionen), d.h. untergeordnete Schweißverbindungen.

Unterpulververschweißung

Die Unterpulverschweißung wird bei dickwandigen Bauteilen mit Außendurchmessern über 200 mn (s > 15 mm) als Füll- und Decklagenschweißung eingesetzt (z.B. bei Sammlern, Kühlern und Trommeln).
Ebenso findet diese Art der Schweißung Anwendung in der Rohrwandfertigung (siehe auch Kap. 5.7) als:
- Rohr-Steg-Rohr oder
- Flossenwand.

Die Auswahl der Draht-Pulver-Kombination muß entsprechend dem Grundwerkstoff hinsichtlich der Zu- und Abbrände der Legierungselemente erfolgen.
Beim Schweißen von Rundnähten ist auf die *Streckenenergie* (als Faustformel 18–20 kJ/cm) zu achten. Als Anhaltspunkt für typische Schweißparameter gelten folgende Werte:

– Drahtdurchmesser	3	mm
– Schweißstromstärke	380 – 450	Amp.
– Schweißspannung	26 – 30	Volt
– Schweißgeschwindigkeit	40 – 55	cm/min

Bei einer Unterbrechung bzw. am Ende der UP-Schweißung ist der Endkrater zu beschleifen, um evtl. Endkraterrisse zu beseitigen. Dieses Verfahren findet fast ausschließlich als Werkstattsschweißung Verwendung.

Abbrennstumpfschweißen

Dieses Verfahren findet beim Schweißen von Überhitzerrohren für warmfeste Werkstoffe bis zu 12 %igem Chromstahl Anwendung. Eine Bearbeitung der Stoßflächen ist dabei nicht erforderlich, ein werksseitiger Sägeschnitt reicht. Die Rohrenden sollen im Bereich der Spannbacken blank sein, um einen guten Stromkontakt zu gewährleisten sowie innenseitig ca. 20 mm beschliffen sein, um den Einfluß von Verunreinigungen zu vermeiden. Die Rohrinnenseite muß bei Cr-legierten Stählen zur Vermeidung störender Oxidation mit Formiergas gespült werden.
Als Prüfverfahren eignet sich neben den Fertigungsproben die Magnetpulver-Prüfung.

Automatenschweißung

Hierbei wird das WIG- und UP-Schweißverfahren als vollmechanisches Verfahren eingesetzt. Die Unterscheidung erfolgt in diesem Fall ganz eindeutig zwischen Montage und Werkstattschweißung. Auf der Montage ist die automatisierte Schweißung im Druckteilbereich unbedeutend.
Der Einsatz von WIG-Orbitalköpfen für Rohrstumpfnähte hat sich auf Baustellen noch nicht bewährt. Dagegen hat in der Werkstattfertigung die Automatisierung im Bereich der Wurzelschweißung bei
- Rundnähten (Überhitzerschlangen)
- Stutzenschweißungen

einen festen Platz erobert.

Einsatzmöglichkeiten der Schweißverfahren

Die Schweißnahtvorbereitung im Druckteilbereich muß folgende Punkte berücksichtigen:
- kein unbearbeiteter Brennschnitt (Oxidschicht)
- kein Fett-Öl-Farbe-Rost
- normgerechte Nahtform

- kein Versatz der Naht
- keine Feuchtigkeit (Kondensatbildung – Vorwärmen)
- keine mech. Beschädigung
- spannungsfreie Heftung

Rohrrundnähte

Die Rundnähte sind so zu fixieren, daß kein Versatz entsteht. Ebenso ist der erforderliche Wurzelspalt von ca. 2 mm zu gewährleisten. Dies ist am einfachsten mit einer Spannzange zu erreichen.
Das Ausrichten der Rohre erfolgt üblicherweise am Rohraußendurchmesser.

Stutzen-Nippelnähte

Die Berechnung legt hier fest, ob ein zulässiger Wurzelrestspalt erlaubt ist. Dies wird an den folgenden Bildern 5-94 bis 5-97 deutlich.

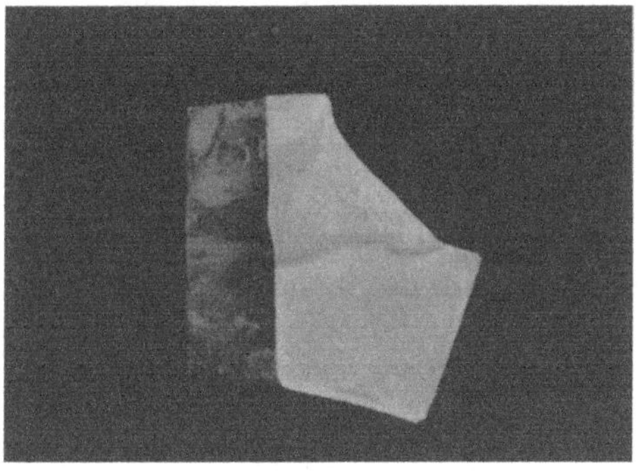

Bild 5-94 Schliffbild „Durchgeschweißte Wurzel"; Schweißung: WIG/E, Werkstoff: 10 Cr Mo 910 (Bild: Energie- und Verfahrenstechnik GmbH EVT)

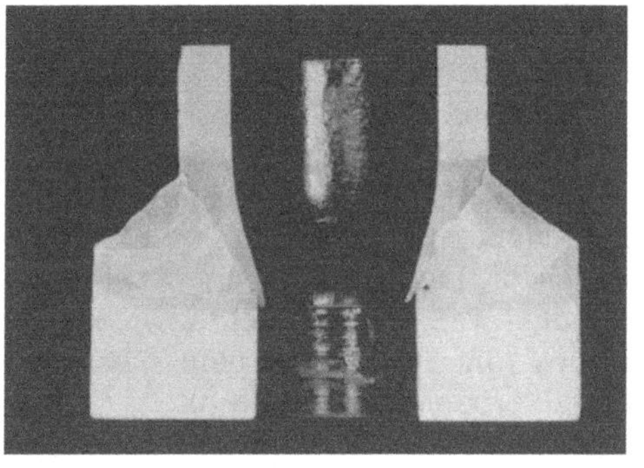

Bild 5-95 Schliffbild „Nippel eingezogen"; Schweißung: E-Hand; Werkstoff: 15 Ni Cu Mo Nb 5 (Bemerkung: Wurzel nicht durchgeschweißt mit Restspalt; (Bild: EVT)

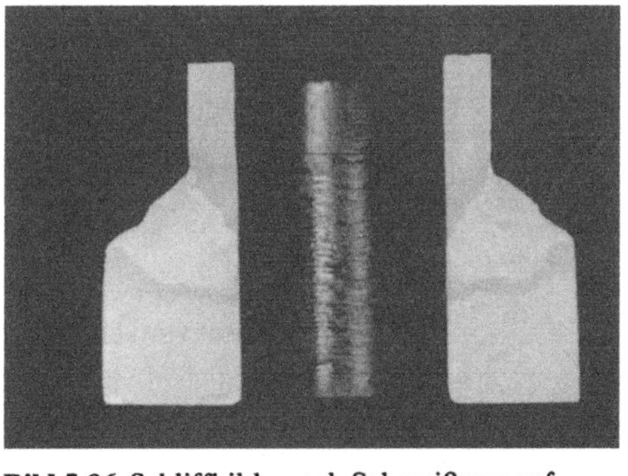

Bild 5-96 Schliffbild „nach Schweißung aufgebohrt ohne Restspalt". Der Restspalt wurde durch das Aufbohren vollständig entfernt. (Bild: EVT)

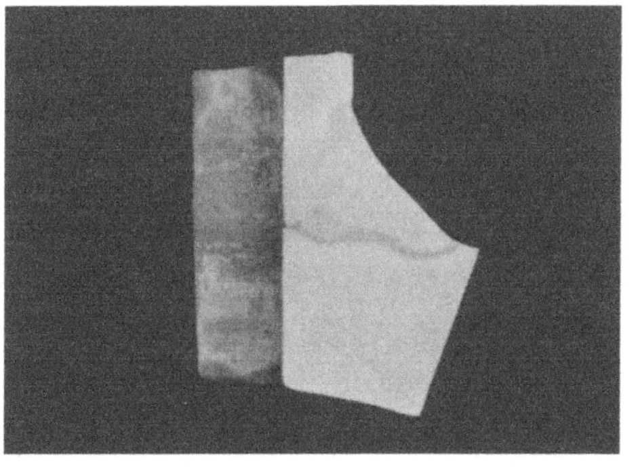

Bild 5-97 Schliffbild „Schweißung mit Restspalt; Werkstoff: 10 Cr Mo 910 (Bild: EVT)

zu Bild 5-94:
Die Wurzelschweißung wird hier mit der WIG-Handschweißung mit oder ohne Luftspalt (1–2 mm) ausgeführt.
Der Stutzen wird mit einer Spannvorrichtung durch die vorhandene Bohrung zentriert.
Bei der sogenannten Langbenippelung (Schweißen ohne Luftspalt) sind die Nippel auf der Rohrinnenseite zu bearbeiten, um zulässige Fertigungstoleranzen auszugleichen.
Die Fixierung erfolgt auf einer am Sammler angebrachten Fase. Somit ergibt sich auch eine ringsum gleichmäßige Schweißnahtfase. Diese Gleichmäßigkeit ist der Grundstein für eine einwandfreie Durchschweißung.
Bei der Automatenschweißung wird die Wurzel von der Rohrinnenseite geschweißt. Der Nippel wird ohne Luftspalt aufgesetzt und von außen geheftet. Der Schweißautomat wird sodann am Nippel befestigt und die Wurzel mit oder ohne Zusatzwerkstoff geschweißt.
Die Füll- und Decklagenschweißung richtet sich nach den jeweiligen Gegebenheiten und wird entsprechend den werksinternen Festlegungen mit WIG-E oder UP ausgeführt. Die Automatenwurzelschweißung kann bei Sammlerbenippelungen nur an kurzen Stutzen ausgeführt werden, da sie nur von innen erfolgt.
Zu Bildern 5-95 bis 5-97:
Die Zentrierung des Nippels erfolgt über eine Fase am Sammler. Die Wurzelschweißung wird mit der Lichtbogenhandschweißung (E) ausgeführt. Die Füll- und Decklagen in der Regel ebenso, wobei in einigen Fällen die UP-Schweißung eingesetzt wird. Als Schweißzusatz werden basische Stabelektrodentypen verwendet. Es ist jedoch auch üblich, die Decklage mit einem rutilumhüllten Zusatz auszuführen (feinere Schuppen). Bei dünnwandigen Nippeln sowie kleinem Durchmesser ist die Schweißung der letzten Raupe zum Stutzen mit dem WIG-Verfahren zu empfehlen, um die Gefahr der Einbrandkerben zu vermindern.

UP-Schweißung – rauchgasdichte Rohrwände

Für die Herstellung von rauchgasdichten Rohrwänden gilt als Grundlage zur TRD die VdTÜV-Vereinbarung Dampfkessel 451–68/1.

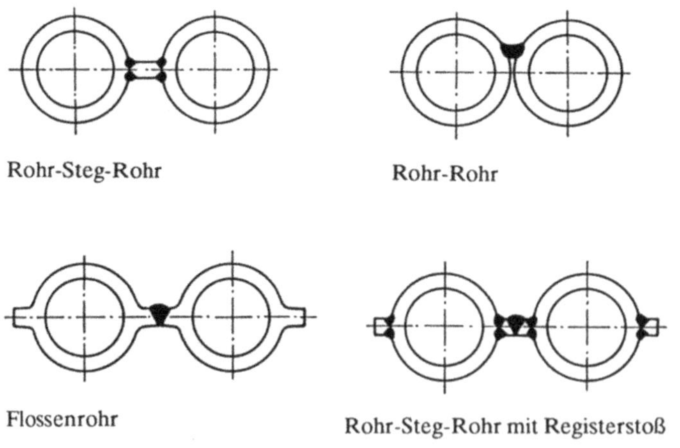

Bild 5-98
Herstellungsarten (Verfahrensvarianten)

Die Herstellung dieser Rohrwände geschieht heute vorwiegend nach dem UP-Verfahren. Die Lichtbogenhandschweißung sowie das Schutzgasschweißen (Fülldraht) werden nur bedingt für Ausbesserungen herangezogen. Die Vorteile der UP-Schweißung sind:

- nahezu porenfreie Schweißnähte
- keine Nahtvorbereitung – gute Durchschweißung
- hohe Schweißgeschwindigkeit 90–100 cm/min
- Einsatz von Tandemschweißköpfen zur Steigerung der Abschmelzleistung möglich.

Bild 5-99
Makroschliff einer Flossenrohrverbindung als UP-Schweißung; Werkstoff: St 35.8 III
(Bild EVT)

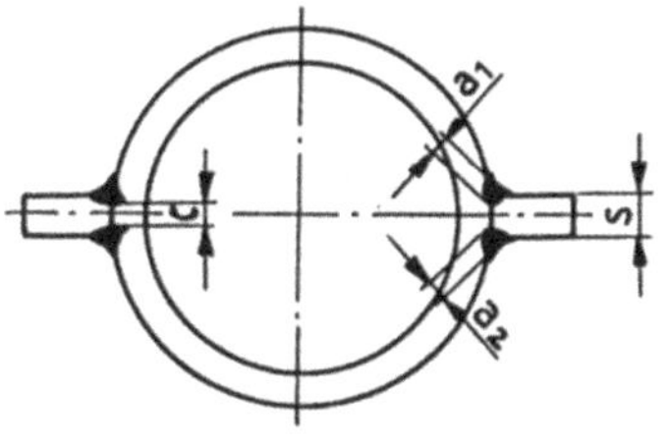

Bild 5-100
Ausführungszeichnung nach VdTÜV-Merkblatt 451-68/1

Nahtabmessungen für befloßtes Rohr
$a_1 + a_2 \geq 1{,}25 \cdot s$
$c \leq 0{,}3 \cdot s$
C = max. zul. undurchgeschweißter Restspalt

Bei der Herstellung von Rohr-Steg-Rohr-Verbindungen sind die Bedingungen des VdTÜV-Merkblatt 451-68/1 einzuhalten.
Grund für diese Forderung ist, daß ein ausreichender Wärmeübergang gewährleistet ist.
Abweichungen von dieser Forderung sind in der Ausführungszeichnung anzugeben.

Schweißzusätze

Grundsätzlich sind nur Schweißzusätze einsetzbar, die eine TÜV-Eignungsprüfung besitzen. Die entsprechenden Informationen sind den VdTÜV-Kennblättern zu entnehmen.
Schweißstäbe für das GAS/WIG-Verfahren dürfen nicht vertauscht werden. Es gibt Unterschiede in der Richtanalyse der verschiedenen Schweißstäbe.

Da der Einsatz von basisch umhüllten Elektroden für warmfeste Stähle überwiegt, ist es sehr wichtig, die Rücktrockung und Lagerungsvorschriften der Elektrodenhersteller zu beachten. Hier einige Grundregeln:
- Trockene Lagerung in temperierten Räumen (15 °C, 60 % rel. Luftfeuchtigkeit)
- Rücktrocknung ca. 2 Stunden bei ca. 250 °C
- Lagerung in Halteöfen bei ca. 100–150 °C

Einige Anhaltspunkte zur Elektrodenauswahl bei Werkstoffkombinationen zeigt Tabelle 5-11.

Bestiften (Bolzenschweißung) an leeren Rohren

Bestiftungen werden im Kesselbau nach dem Bolzenschweißverfahren durchgeführt und zwar dort, wo aus thermischen und Gründen der Abzehrung (Erosion) die Rohre durch Stampfmasse geschützt werden. Außerdem können Temperaturfühler (Bild 13 hohler Bolzen) nach dem gleichen Schweißverfahren angebracht werden. Für die Aufbringung von Stampfmasse werden Bolzen aus Vollmaterial verwendet. Um eine einwandfreie Güte zu erzielen, ist darauf zu achten, daß die Rohroberfläche sowie der Bolzen frei von Verunreinigungen sind. Bei der Verwendung von Keramikringen ist die Trockenheit derselben zu überprüfen. Die Schweiß-Pistole ist während des Schweißvorganges radial fest auf das Rohr zu halten. Eine rechtwinklige Verschweißung muß gewährleistet sein.

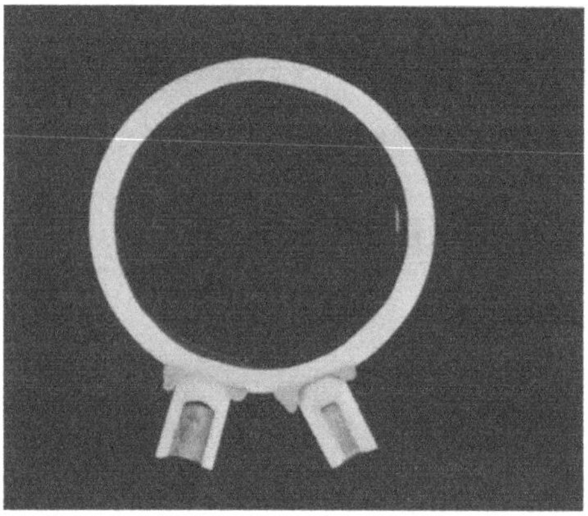

Bild 5-101
Makroschliff: Bestiften am Rohr; Stifte für Temperaturmeßstellen
(Bild EVT)

Verwendete Werkstoffe für die Bestiftung:

Rohr und Flacheisen (DIN 17175, 17155, 17100) St 35.8, St 45.8, 15 Mo 3, 13 Cr Mo 44, 10 Cr Mo 910, RST 37-2.
Bolzenwerkstoffe
RST 34.2, X 10 Cr Al 18, X 10 Cr Al 24 und X 20 Cr Ni Si 254
Abmessungen:
Rohre da ≥ 31,8 mm mit s ≥ 4,0 mm
Bolzen von 5–12 mm Durchmesser
Ausnahme: Bestiften an wassergefüllten Rohren

Tabelle 5-10 Richtanalyse von Schweißstäben

Schweißzusätze	Analyse	C	Si	Mn	Mo	Cr
15 Mo 3	GAS	0,12	0,15	1,0	0,5	–
	WIG	0,10	0,60	1,10	0,50	–
13 Cr Mo 44	GAS	0,12	0,15	0,9	0,50	1,0
	WIG	0,11	0,60	1,0	0,50	1,10

Tabelle 5-11 Empfohlene Schweißzusätze für Werkstoffkombinationen

Werkstoffkombination		Empfohlene Schweißzusätze
St 35.8 St 45.8	St 35.8 – 15 Mo 3 13 Cr Mo 44	ähnlich 15 Mo 3
15 Mo 3	10 Cr Mo 910	ähnlich 13 Cr Mo 44
13 Cr Mo 44	13 Cr Mo 44 10 Cr Mo 910	ähnlich 13 Cr Mo 44 ähnlich 13 Cr Mo 44
10 Cr Mo 910	10 Cr Mo 910 X 20 Cr Mo V 121	ähnlich 10 Cr Mo 910 bzw. ähnlich X 20 CR Mo V 121
X 8 Cr Ni X 8 Cr Ni Mo 1613	13 Cr Mo 44 10 Cr Mo 910 X 0 Cr Mo V 121	ähnlich Nickel-Basis
15 Ni Cu Mo Nb 5 X 8 Cr Ni Mo 1613	15 Mo 3 13 Cr Mo 44 15 Ni Cu Mo Nb	ähnlich 15 Mo 3 ähnlich 15 Ni Cu Mo Nb 5

Ohne Einschränkungen können wassergefüllte Rohre aus dem Werkstoff St 35.8 und 15 Mo 3 bestiftet werden. Grundsätzlich sind folgende Punkte zu beachten:
- erforderliche Mindestwanddicke (≥ 3,2 mm)
- kein Druck im System
- Rohrwandtemperatur etwa Raumtemperatur
- vor Schweißbeginn sollte eine Arbeitsprobe geschweißt werden
- statische Wasserhöhe beachten (ca. ≤ 30 m)

Allgemein ist darauf zu achten, daß die nicht aufgeschmolzene Restwanddicke in der Regel ≥ 2 mm beträgt. Dies ist an der Arbeitsprobe nachzuweisen.

5.6.3 Schweißtechnisches Fertigen

Schweißarbeiten auf der Baustelle

Die Schweißplätze sind gegen Witterungseinflüsse wie Wind, Regen, Kälte, Staub etc. abzuschirmen.
Bei Umgebungstemperaturen unterhalb + 5 °C müssen Vorkehrungen getroffen werden. Der Bereich der Schweißstelle ist unabhängig von der Werkstoffgüte vorzuwärmen und

nach den Schweißarbeiten eine verzögerte Abkühlung (Isoliermatten) sicherzustellen. Bei Temperaturen unterhalb 0 °C darf nur geschweißt werden, wenn die Arbeitsbedingungen des Schweißers ein sorgfältiges Arbeiten zulassen. So sollte z.B. mit Planen und Heizkörpern die entsprechenden Bedingungen geschaffen werden. Eine großflächige Vorwärmung des Werkstücks auf ca. 80–100 °C ist sicherzustellen. Schweißarbeiten bei Temperaturen von unter – 10 °C am Arbeitsplatz dürfen nicht mehr ausgeführt werden.

Vorwärmen

Dickwandige Bauteile (> 25 mm), Kesselbaustähle 13 Cr Mo 44 sowie höher legierte Chromstähle sind vorzuwärmen. Die entsprechende VW-Temperatur ist während des gesamten Schweißvorgangs beizubehalten.
Folgende Möglichkeiten zur Temperaturkontrolle haben sich bewährt:
- Thermochromstift
- Temperaturtaster (Sekundenthermometer)
- Haftthermometer
- Thermoelement mit Schreiber

Als Richtlinie gelten folgende VW-Temperaturen:

Tabelle 5-12 Vorwärmtemperatur

Werkstoff	Wanddicke mm	VW Temperatur °C	Wanddicke mm	VW Temperatur °C
St 35.8– 15 Mo 3	< 30 < 20	– –	> 30 > 20	100 100–200
13 Cr Mo 44	< 10	100	> 10	200
10 Cr Mo 910	< 10	200	> 10	200
X 20 Cr Mo V 121	< 10	200-250	> 10	350–450*
15 Ni Cu Mo Nb 5	< 10	180–200	> 10	180–200

* Sonderfall siehe sep. Abhandlung Kapitel X 20 Cr Mo V 121

Heften

Die für das Schweißen vorgegebene VW-Temperatur ist auch für das Heften verbindlich. Zum Heften und Schweißen werden dieselben Schweißzusätze verwendet.

Fehlerhafte oder gerissene Heftstellen sind sorgfältig zu entfernen. Selbst bei der WIG- und G-Schweißung, wo ein fachgerechtes Aufschmelzen derselben möglich ist, wird ein Ausschleifen dieser Fehlstellen notwendig.
Ein Anschleifen der Heftstellen ist ebenso für ein besseres Aufschmelzen beim Schweißwiederbeginn der Ansatzstelle zu empfehlen.

Zündstellen

Das Zünden des Lichtbogens ist nur *in* der Schweißnaht (Fuge) zulässig. Zündstellen außerhalb der Nahtfuge auf der Rohroberfläche sind unzulässig und durch Ausschleifen

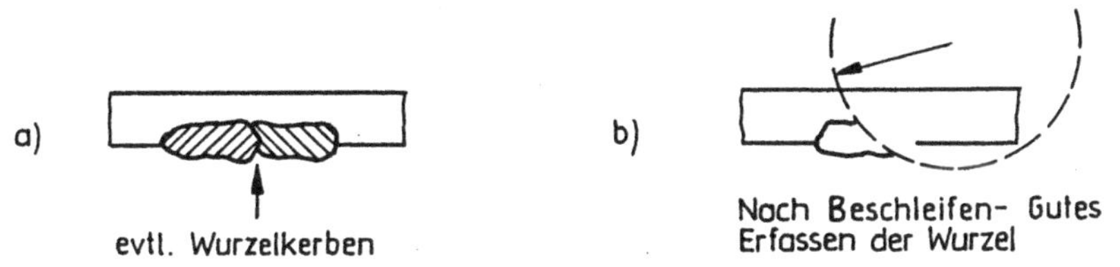

Bild 5-102 a) evtl. Wurzelkerben, b) nach Beschleifen gutes Erfassen der Wurzel

zu entfernen. Bei aufhärtungsfreudigen Stählen können an solchen Zündstellen bereits Risse entstehen.

Formieren

Bei höherlegierten Werkstoffen (z.B. 10 Cr Mo 9, 10 und höher, sowie Cr-Ni-Stählen) ist ein Verzundern im Wurzelbereich zu verhindern. Durch Spülen mit einem Schutzgas (z.B. Argon, Formiergas) wird die Rohrinnenseite während des Schweißvorganges vor Sauerstoffzutritt geschützt.
Bei der Werkstattfertigung ist es relativ einfach festzustellen, ob das Schutzgas die Schweißstelle umspült.
Bei der Kesselmontage, speziell beim Verschweißen von Verbindungsnähten der Überhitzerschlangen, sowie bei Reparaturen, müssen sehr häufig Wege bis zu 10 m Länge vom Schutzgas zurückgelegt werden. Um sicherzugehen, daß das Schutzgas an der Schweißnaht vorhanden ist, wird ein brennbares verwendet (z.B. 85/15 N_2/H_2), welches am Ende der Leitung abgefackelt wird.

Kaminwirkung

Eine große Gefahr beim Schutzgasschweißen ist die Zugluft bzw. Kaminwirkung während des Schweißens. Die häufigste Art von Wurzelfehlern ist dabei die Porosität. Durch das Zuschweißen der Rohrenden wird der Kaminwirkung entgegengewirkt. Zugluft ist durch äußeres Abschotten zu verhindern.

Endkraterbildung

Bei der WIG-Schweißung ist das Problem der Endkraterbildung durch die neueren Maschinentypen mit Endkraterfüllung nicht mehr so groß. Bei den Austeniten sowie 12 %igen Chromstählen ist eine Endkraterbeschleifung empfehlenswert, weil durch das relativ zähflüssige Schweißgut eine Kraterbildung am Nahtende entsteht. In dieser Kraterbildung entstehen sehr schnell „Endkraterrisse“.

Mehrlagenschweißung

Jede Druckteilnaht ist als Mehrlagenschweißung auszuführen. Wichtig ist, daß der erste und jeder weitere Endkrater zueinander versetzt angeordnet werden.

Reparaturen

Bei Schweißarbeiten sind Reparaturen nie ausgeschlossen. Es ist zwischen örtlichen Reparaturen und Totalerneuerung zu unterscheiden. Hiermit soll keine Reparaturanweisung gegeben, sondern nur auf einige Punkte eingegangen werden.

Schleifen

Beim Ausschleifen von Rissen sollte nach Möglichkeit mit einem Fräser vorgegangen werden, da bei der Arbeit mit der Schleifscheibe bei zu großer Anpreßkraft der Riß getrieben und somit der Reparaturumfang erhöht wird.

Wasserstoffarmglühung

Manche Stähle neigen beim Schweißen zur Wasserstoffaufnahme (z. B. 15 Ni Cu Mo Nb5). Hier ist eine Wasserstoffarmglühung (2 Stunden ca. 250°–300 °C) erforderlich. Die letzte Raupe wird als Vergütungslage ausgeführt. Folgt unmittelbar nach dem Schweißen eine Wärmebehandlung, entfällt die Wasserstoffarmglühung.

Schweißfolge

Ein Schweißfolgeplan legt fest, in welcher Reihenfolge die Nähte zu schweißen sind, damit die Schweißspannungen sich nicht ungünstig verteilen.

Wärmeeinflußzone

Falls es eine kritische „Wärmeeinflußzone" gibt, der sog. Härtesaum, der in der Regel nicht breiter als max. 1–3 mm ist, sollte dieser vor Schweißbeginn ausgeschliffen oder mechanisch abgearbeitet werden.

Allgemein unterliegen Reparaturschweißungen den gleichen Bedingungen wie eine Neuschweißung.

Schweißnahtkennzeichnung

Im Kesselbau ist es üblich, daß jeder Schweißer einen Schlagsstempel mit einer ihm zugeordneten Zahl besitzt. Jede Schweißnaht (außer X 20 Cr Mo V 121) ist nach Fertigstellung und Wärmebehandlung zu stempeln.

5.6.4 Wärmebehandlungseinrichtungen

Durch die beim Schweißen eingebrachte Wärme entstehen im Bauteil beim Aufheiz- und Abkühlungsvorgang innere Spannungen (Eigenspannungen). In ungünstigen Fällen kann dies zum Versagen des Bauteils führen. Durch Spannungsarmglühen mit kontrollierter Abkühlung werden die Spannungen vermindert (siehe Kapitel 4).

Ofenglühung

Bei dieser Wärmenachbehandlung werden ganze Bauteile im geschlossenen System einer Glühung unterzogen.

Bei der Beschickung des Ofens sollte die Ofentemperatur der Werkstück-Temperatur entsprechen, um eine gleichmäßige Erwärmung (auch bei unterschiedlichen Wandstärken) zu erreichen.

Die Temperaturkontrolle erfolgt über festinstallierte Temperaturmeßstellen.

Es ist empfehlenswert, am Werkstück zusätzlich Temperaturmeßstellen anzubringen.

Bei der Ofenglühung kann von einer vollkommenen Durchwärmung ausgegangen werden, weshalb als Ofentemperatur die gewünschte Glühtemperatur eingestellt wird.

Zur Dokumentation wird ein Glühdiagramm erstellt.

Induktionsglühen – Widerstandsglühen (Glühen mit beheizten Matten)

Diese beiden Verfahren eigenen sich gut für den Einsatz auf der Baustelle oder dort, wo Einzelglühungen oder die geometrischen Abmessungen einer Ofenglühung im Wege stehen.

Bild 5-103
Induktionsverfahren
(Foto: AEG-Elotherm)

Bild 5-104
Widerstandsverfahren
(Foto: Weldotherm)

Bei beiden Glüharten muß eine höhere Glühtemperatur eingestellt werden. Bei der Temperaturmessung an der äußeren Oberfläche ist der Temperaturabfall zur Rohrinnenseite zu berücksichtigen. Durch entsprechende Maßnahmen ist auch evtl. auftretenden Kaminwirkungen zu begegnen. In der Praxis haben sich beide Verfahren gut bewährt.

Aufheizgeschwindigkeit – Abkühlbedingungen

Als Grundlage hat sich im Kesselbau das Merkblatt FDBR Nr. 18 bewährt [22].

Folgende Bedingungen werden zugrunde gelegt:

Stähle Gruppe 1: Feinkornbaustähle nach DIN 17102, übliche Kesselbaustähle

Stähle Gruppe 2: X 20 Cr Mo V 12 1

Es ist ausreichend, die Abkühltemperatur bis 400 °C zu überwachen.

Verzögerte Abkühlung:

Bei dieser Abkühlung sind die Bauteile durch Isolation vor äußeren Einflüssen zu schützen.

Luftabkühlung:

Bei dieser Abkühlung setzt man eine Umgebungstemperatur von ca. 10 °C bei ruhender Luft voraus.

Tabelle 5-13 Anwärmbedingungen – Abkühlbedingungen

Stahlgruppe	Nennwanddicke s [mm]	Anwärmrate in °C/h	Abkühlrate in °C/h
1	bis 20	–	ruhender Luft abgedeckt
–	> 20	9000/Wanddicke	ruhender Luft abgedeckt
2	≤ 10	–	ruhender Luft
	> 10	7000/Wanddicke	abgedeckt 10000/Wanddicke*

* Unterhalb 400 °C kann an ruhender Luft abgekühlt werden.

Zwischenlagentemperatur

Die Einhaltung einer bestimmten Zwischenlagentemperatur (die Temperatur, die die bereits geschweißte Raupe unmittelbar vor dem Überschweißen hat), oft auch Arbeitstemperatur, dient der gezielten Wärmeeinbringung.
Für die Kesselbaustähle gelten folgende Werte:

15 Ni Cu Mo Nb 5 ca. 200–220 °C
X 20 Cr Mo V 121 max. 500 °C

Bei den anderen Kesselbaustählen ist der Unterschied zwischen Vorwärm- und zulässigen Zwischenlagentemperaturen so groß, daß keine besonderen Maßnahmen einzuleiten sind.
Bei X 20 Cr Mo V 121 führt die Überschreitung derselben zu Karbidausscheidungen (ca. > 550 °C).
Bei 15 Ni Cu Mo Nb 5 bewirkt eine zu hohe Abkühlgeschwindigkeit (kurze t8/5-Zeit) eine schlechte Zähigkeit.

Wärmebehandlung (Spannungsarmglühung)

Für die Wärmebehandlung (WBH) sind in den VdTÜV-Vereinbarungen 451-82/1 verbindliche Angaben über die Höhe und Mindestdauer gemacht.
Sonderfall X 20 Cr Mo V 121
Bei Schweißverbindungen mit diesem Werkstoff sind Sondermaßnahmen zu berücksichtigen. Jede Schweißverbindung muß einer Wärmebehandlung unterzogen werden.

Tabelle 5-14 Mindestzeiten für die Wärmebehandlung

Dauer der Wärmebehandlung: (Mindestzeiten)	
≤ 15 mm	mind. 15 min.
> 15 mm bis ≤ 30 mm	mind. 30 min.
> 30 mm	ca. 60 min.

Tabelle 5-15 Glühtemperaturen für artgleiche Schweißverbindungen zum Spannungsarmglühen

Stahlsorte	Glühtemperatur °C
St 35.8 / St 45.8	520 bis 600
HI / HII 17 Mn 4	520 bis 580
15 Mo 3	530 bis 620
13 Cr Mo 4 4	600 bis 700
10 Cr Mo 9 10	650 bis 750
X 20 Cr Mo V 121	720 bis 780
15 Ni Cu Mo Nb 5	530 bis 590
Feinkornbaustähle nach SEW 089	530 bis 580

Kombinationen		Glühtemperatur °C
St 35.8	15 Mo 3	530 bis 600
HI / HII 17 Min 4	15 Mo 3	530 bis 580
St 35.8 St 45.8	13 Cr Mo 44	540 bis 600
15 Mo 3	13 Cr Mo 44 10 Cr Mo 910	550 bis 620 570 bis 620
13 Cr Mo 44	10 Cr Mo 910	650 bis 700
14 Mo V 63	13 Cr Mo 44 10 Cr Mo 910	680 bis 720 690 bis 730
10 Cr Mo 910	X 20 Cr Mo V 121	700 bis 750
15 Ni Cu Mo Nb 5	St 35.8 St 45.8 C 22.8, C 22.3 15 Mo 3 13 Cr Mo 44 13 Cr Mo 44	530 bis 590
Feinkornbaustähle nach SEW 089	St 35.8 St 45.8 17 Mn 4 15 Mo 3 17 Min Mo V 64 13 Mn Ni Mo 54	530 bis 580

Wanddicken bis 10 mm:
Die Vorwärm-Temperatur beträgt 200–250 °C.
Nach dem Schweißen kann vor der WBH auf Raumtemperatur abgekühlt werden. Die Schweißverbindung ist vor Feuchtigkeit und Erschütterungen zu schützen (Stempeln, Transport). Die WBH sollte auf der Montage binnen 48 Stunden erfolgen, geschieht dies nicht, besteht die Gefahr der wasserstoffinduzierten Spannungsrißkorrosion.
Wanddicken über 10 mm:
Hierbei wird je nach Hersteller bei der Füll- und Decklagenschweißung mit verschiedenen Vorwärmtemperaturen gearbeitet.
a) Wurzel: 350 °C, F + D 400–500 °C
b) Alternativ zu a) VW nur 200–250 °C

Diese Alternative (martensitisches Schweißen) wird auch angewandt. Als Vorteil wird angesehen, daß die Vorwärmtemperatur niedriger ist und nach dem Schweißen, vor der Wärmebehandlung auf Raumtemperatur abgekühlt werden kann.
Zu a)
Nach dem Schweißen ist die Temperatur auf 130–80 °C abzusenken und danach die WBH durchzuführen. Beim Werkstoff X 20 Cr Mo V 121 wird auch von einer Anlaßwirkung gesprochen. Die Abkühlung der Schweißverbindung auf 130–80 °C wird gezielt vorgenommen (kontrollierte Abkühlung und Haltezeit).

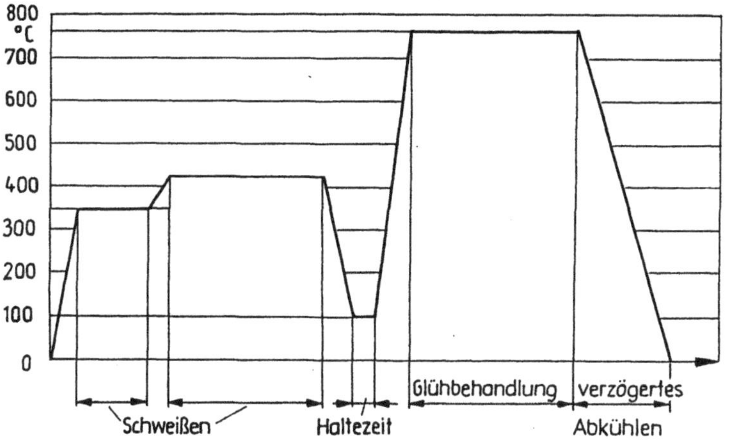

Bild 5-105 Wärmeführung für X 20 Cr Mo V 121

Die geforderten Zähigkeitseigenschaften erreicht man, wenn nach Beendigung der Schweißung langsam abgekühlt und anschließend angelassen wird. Erst bei diesem Temperaturbereich wird ein vollmartensitisches Gefüge erreicht. Aus dieser Temperatur muß anschließend die „Anlaßglühung“ (hier 720–780 °C Spannungsarmglühen) erfolgen.
Folgende Wärmeführung ist für X 20 Cr Mo V 121 zu beachten.
Die Zeiten der WBH sind wie folgt:

Tabelle 5-16 Mindestzeiten für Wärmebehandlung

Wanddicke	≤ 8 mm	mind.	30 min.
	> 8 mm – ≤ 30 mm	mind.	60 min.
	> 30 mm – ≤ 60 mm	mind.	120 min.
	> 60 mm	ca.	180 min.

Meßeinrichtungen

Der Erfolg der Wärmebehandlung ist von einer sachgemäßen Temperaturermittlung abhängig.

Übliche, zum Einsatz kommende Temperaturmeßmethoden sind:

- Thermochromstift – keine Dokumentation
  – Temperaturerfassung nur in Stufen
- Haftthermometer – beschränkter Einsatz bis ca. 400 °C (vorzüglich für das Messen von Vorwärmtemperaturen geeignet) nur für magnetische Werkstoffe
- Thermofühler – genaue Erfassung keine Dokumentation
- Pyrometer – gute optische Temperaturerfassung keine Dokumentation
- Thermoelemente mit Schreiber – genaue Temperaturerfassung
  – laufende Temperaturkontrolle
  – vorhandene Dokumentation

Die beste und exakteste Temperaturerfassung erfolgt mit dem Thermoelement und dem angeschlossenen Schreiber. Für die Anbringung des Thermoelements haben sich zwei Methoden bewährt:

a) Schlitzmutter:

Hier ist das Thermoelement mit einer Madenschraube an die Oberfläche gepreßt. Die Schlitzmutter muß vorher angeheftet und nach der WBH abgeschliffen werden.

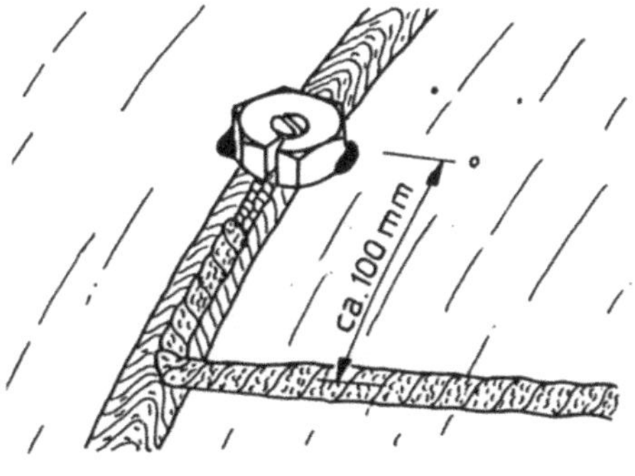

Bild 5-106
Thermoelement mit Madenschreibe

b) Feinpunktschweißgerät
Hierbei wird das Thermoelement mit einer Punktschweißung aufgeschweißt. Durch eine extrem kurze Schweißzeit ca. 4 ms ist die Wärmeeindringtiefe ca. 0,1–0,2 mm. Diese Methode eignet sich besonders dort, wo schon die Vorwärmtemperature mitgeschrieben werden soll. Die Schweißung (Punkten) kann ohne VW erfolgen. Das Haupteinsatzgebiet ist überall dort, wo nur eine WBH durchgeführt wird. Die gering aufgeschmolzene Zone ist durch Schleifen zu beseitigen. Bei feinkörnigen Stählen ist die Möglichkeit von Kaltrissen nicht ausgeschlossen.

5.7 Gestalten, Fertigen und Prüfen im Apparate-, Druckbehälter- und Tankbau

Druckbehälter und Tanks werden in erster Linie bei hohen oder tiefen Temperaturen, meist mit gas-, dampfförmigen oder korrosiven Medien betrieben und haben damit große Energie gespeichert, deren plötzliches Freiwerden für Mensch und Umwelt erhebliche Konsequenzen nach sich ziehen würde. Bei der Konstruktion müssen neben der Form und den Abmessungen vor allem auch die Werkstoffe, Fertigungsverfahren und Betriebsbedingungen beachtet werden. Einen Hauptpunkt bildet dabei die Möglichkeit, Nähte zerstörungsfrei prüfen zu können.
Apparate, Druckbehälter und Tanks werden grundsätzlich in Mischbauweise hergestellt, d.h. die Behälter werden aus vorgefertigten Untergruppen und Halbzeugen zusammengebaut.
Dem Apparatebauer werden warmgewalzte Bleche, Rohre oder fertige Schüsse, warm- oder kaltgepreßte Böden, geschmiedete Flansche, Nippel sowie Armaturen angeliefert. Mit modernen Schweißverfahren wie E (LBH), MAG, MIG, WIG, Plasma, UP und RES, werden sie zu einem hochwertigen Bauteil zusammengefügt.
Das jeweils eingesetzte Schweißverfahren hängt in erster Linie vom Verwendungszweck, den Betriebsbelastungen und der Konstruktion des Behälters ab. Zusätzlich spielen die Schweißeignung des Werkstoffs, die Fertigungsmöglichkeiten des Betriebs und die Wirtschaftlichkeit des Verfahrens eine entscheidende Rolle.
Mit Kombinationen mehrerer Schweißverfahren, wie beispielsweise

WIG	–	MIG/MAG
WIG	–	E (LBH)
MIG/MAG	–	UP/RES
Plasma	–	UP

stehen zusätzliche Lösungsmöglichkeiten zur Verfügung.
Ein weiterer wichtiger Punkt für die Erstellung einer Konstruktion ist die Auswahl der Werkstoffe und Werkstoffkombinationen.
Hierbei müssen folgende Eigenschaften bei der Gestaltung geschweißter, druckführender Bauteile berücksichtigt werden:
- Verhalten unter hohen und tiefen Temperaturen (+ 300 bis – 196 °C)
- Neigung zu Terrassenbruch
- Verbinden unterschiedlicher Werkstoffe (Schwarz-Weißverbindungen) miteinander
- Behandlungszustand, Rißempfindlichkeit (Neigung zum Aufhärten, Warmriß, Kaltriß) [44]

Eine besondere Rolle spielen hier die Eigenschaften von Sondermetallen wie Nickel, Nickellegierungen, Superferrite, Sonderaustenite, Titan, Zirkonium, Tantal, Aluminium und Aluminiumlegierungen. Die speziellen Eigenschaften beziehen sich auf Schmelztemperatur, Elastizitätsmodul, Wärmeausdehnungskoeffizient sowie deren Verhalten bei Wärmeeinwirkung (hohe Affinität zu Sauerstoff und Wasserstoff: Versprödungsgefahr).
Zur Auswahl schweißgeeigneter Werkstoffe kann der Konstrukteur auf folgende Quellen zurückgreifen:
DIN Normen, EURO bzw. ISO Normen, Stahl-Eisen-Werkstoffblätter (SEW), AD Merkblätter der Reihe W und HP, VdTüV Werkstoffblätter und Technische Unterlagen der Werkstoffhersteller. [23] bis [27], [28] bis [30], [35], [42] bis [50], [52], [56] bis [58]
Die Wanddickenbereiche für den konventionellen Behälter- und Apparatebau bewegen sich etwa zwischen 3 und 100 mm. Bei Wanddicken darüber, bis beispielsweise 500 mm, sind besondere Bedingungen bei den Werkstoffen und deren Verarbeitung zu beachten, wie z.B.:

- schwierige Nahtvorbereitung,
- große Massen (bis 3 t),
- kritische Wärmeführung beim Schweißen,
- schwer abschätzbare Eigenspannungsverhältnisse,
- hoher Prüfaufwand.

Für den Bereich Druckbehälter und Tankbau werden derzeit folgende Schweiß- und Schneidverfahren angewendet.

Schmelzschweißen

- *Gasschweißen* (G) (Nur noch in Sonderfällen bei Rohren
- *Lichtbogenhandschweißen* (E) mit umhüllten Stabelektroden
- *Schutzgasschweißen WIG, Plasma* mit zusätzlichen Impulsvarianten und Schutzgasen. *MIG* und *MAG* mit Massiv- und Fülldrähten, zusätzlichen Impulsvarianten und Schutzgasen.
- *Unterpulverschweißen* (UP) mit Massiv- und Fülldrähten
- *Elektroschlacke- und Elektrogasschweißen* (RES)
- *Engspaltschweißen UP und MAG*
- *Auftragschweißen* mit UP-Band, Elektroschlacke-Band sowie Plasma-Heißdraht
- *Preßschweißen:* Bolzenschweißen, Widerstands-Punkt- und Rollennahtschweißen
- *Schneidverfahren:* Autogenes Brennschneiden, Metallpulver Brennschneiden (in Sonderfällen bei plattierten Werkstoffen mit Wanddicken von 100 mm), Brennfugen (Ausfugen von Nahtwurzeln bei Stahlschweißungen)
- Lichtbogen Druckluftfugen (Arc-Air-Verfahren)
- Plasmaschneiden, Laserbrenn- und Laserschmelzschneiden

Sämtliche angeführten Schweiß- und Schneidverfahren werden hauptsächlich in einer Werkstatt durchgeführt. Für Montagen, d.h. Schweißungen im Freien ohne Überdachung, werden alle angeführten Verfahren, bis auf Engspalt-, Auftragschweißen mit Band und Plasma-Heißdraht- sowie Punkt- und Rollennahtschweißen eingesetzt. Besonderes Augenmerk ist jedoch auf Umwelt- und Wettereinflüsse zu richten. Bei Baustellenvorbereitungen sind Abschirmmöglichkeiten vorzusehen, um besonders bei den Schutzgasverfahren die gleichmäßige Schutzgasabdeckung zu gewährleisten.
Im Gegensatz zu anderen technischen Bereichen werden im Apparate-, Druckbehälter- und Tankbau bevorzugt *Stumpfstöße* angestrebt. Durch einen ungestörten Kräfteverlauf

können unter Ausnutzung der max. zulässigen Schweißnahtspannungen große Normalkräfte übertragen werden. Ein weiterer Vorteil von Stumpfnähten ist ihre gute Prüfbarkeit. Mit den üblichen zerstörungsfreien Prüfverfahren wie Röntgen-, Ultraschall- und Oberflächenrißprüfungen (Eindring- und Magnetpulververfahren) lassen sich einwandfreie Fehlerbeurteilungen erzielen. Vom Konstrukteur sind für die Fertigung und Qualitätssicherung entsprechend den Belastungsgruppen der Bauteile, Nahtbewertungskriterien vorzugeben. Die wichtigsten technischen Regeln sind hier in die AD-Merkblättern der Reihe HP [23] und den Normen zur Sicherung der Güte von Schweißarbeiten an Stahl und Aluminium, die Sicherung der Güte von Schweißarbeiten an Stahl und Aluminium nach DIN 8563 Teil 3 bzw. DIN 8563 Teil 30 zu finden.
Das komplette Vorschriftenwerk im Apparate- und Druckbehälterbau wird in Kapitel 5.7.3 beschrieben.
Für Tankanlagen, d.h. brennbare und wassergefährdende Lagergüter und entsprechende Betriebsweisen, gelten im Vergleich zu den Druckbehältern folgende Verordnungen und Rechtsbedingungen: Bild 5-107

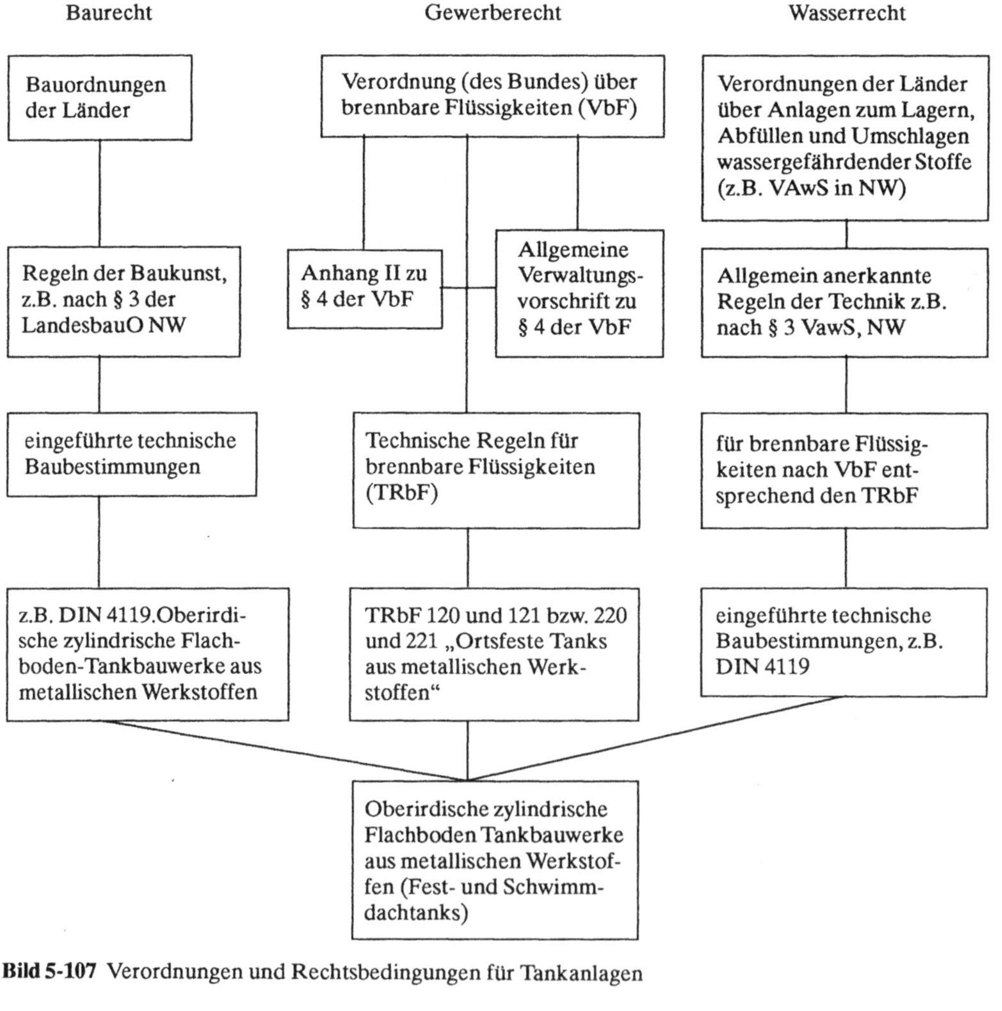

Bild 5-107 Verordnungen und Rechtsbedingungen für Tankanlagen

Zusätzlich werden auch hier die AD-Merkblätter und bestimmte Grundsätze des Druckbehälterbaus angewandt. [23], [26], [27], [28] bis [32], [35], [45], [40] bis [48]

5.7.1 Praxis des Schweißens

Jede Schweißnaht besteht aus einem Gußgefüge, verändert thermisch den Grundstoff im Bereich der Wärmeeinflußzone und erzeugt Eigenspannungen unbekannter Höhe. Sie ist daher eine metallurgische Kerbe und stellt das schwächste Glied einer Konstruktion dar. Dieses Verhalten wird durch einen Schweißnahtfaktor ausgedrückt, z.B. Nahtbewertung 85 % oder 100 %.

Der Konstrukteur entscheidet deshalb schon in der Planungsphase eines Apparats oder Tanks und bei der Entwicklung am Reißbrett oder durch CAD über die Schweißnahtbewertung. Daraus folgen der erforderliche Prüfaufwand, die wirtschaftliche Fertigung und die spätere Lebensdauer.

Folgende *Faktoren* beeinflussen maßgebend eine *schweißgerechte Verbindung*:

- der Werkstoff bzw. die Werkstoffkombination
- das Schweißverfahren mit den entsprechenden Schweißzusätzen und Hilfsstoffen (Gase, Pulver)
- die schweiß- und prüfgerechte Gestaltung des Bauteiles
- die Fertigung im Betrieb (Ablauf, Betriebs- oder Montagefertigung, Vorrichtungen, Nachbehandlungen, Prüfungen, Abnahme).

Folgende *schweißtechnischen Grundsätze* und *Gestaltungsrichtlinien* sind unbedingt zu berücksichtigen:

- Zugänglichkeit für den Schweißer; bei vollmechanisierten Anlagen die einwandfreie Positionierung bzw. Zugänglichkeit für Schweiß- und Schneidbrenner.
  Dies gilt auch für das Ausarbeiten von Wurzelbereichen und Schweißfehlern durch Schleifen, d.h. Zugänglichkeit der Handschleifgeräte.
- Maßtoleranzen durch Schrumpfen
  Jeder Werkstoff, ob Stahl, nichtrostender CrNi-Stahl, Aluminium, Kupfer, Nickel- bzw. Nickelbasislegierungen, Titan oder entsprechende Verbundkonstruktionen schrumpfen aufgrund der verschiedenen Wärmeausdehnungskoeffizienten unterschiedlich. Diese Maßänderungen müssen bei der Konstruktion bereits berücksichtigt werden.
- Bei *einseitigen* Nähten müssen Nahtformen mit ausreichenden Naht-Öffnungswinkeln und Luftspalten festgelegt werden, um ein einwandfreies Durchschweißen zu gewährleisten.
  Bewährte Daten zeigt Bild 5-108 (sowie [34] und [36]) [37]

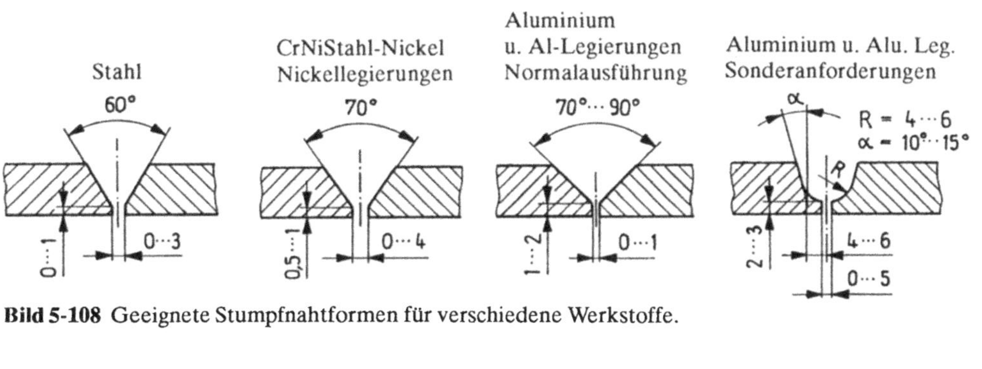

Bild 5-108 Geeignete Stumpfnahtformen für verschiedene Werkstoffe.

- Maschinelle Schweißverfahren sollen besonders aus wirtschaftlichen Gründen eingesetzt werden. Deshalb müssen die Schweißnahtvorbereitungen für das mechanisierte Schweißen geeignet sein. Dies bedeutet wesentlich engere Toleranzen bei den Nahtvorbereitungen, Kantenversätze und Halbzeugdicken (0 bis 0,5 mm). Des weiteren sind bei vollmechanisierten Anlagen wie Robotern die verwendeten Werkstoffe und Schweißzusätze besonders zu spezifizieren, d.h. mit eingeengten Toleranzen zu bestellen.
- Bei Pratzen, Flanschen und allgemeinen Anbauteilen muß auf die Krafteinleitung geachtet werden. Spannungsspitzen sind zu vermeiden (Bild 5-109).
- Kehlnähte sollen sowohl aus wirtschaftlichen Gründen als auch wegen der Winkelschrumpfung mit den kleinstmöglichen Abmessungen (a-Maßen) ausgeführt werden (siehe Kapitel 5.1 bis 5.3).
- Bohrungen, Stutzen und Ausschnitte dicht an Längs- oder Rundnähten sind zu vermeiden. Längsnähte sind grundsätzlich zu versetzen, um Kreuzstöße (Nahtanhäufungen) zu vermeiden (Bild 5-110)
- Längs- und Rundnähte immer versetzt anordnen, um Nahtkreuzungen zu vermeiden. Hier sollte besonders das Maß y entsprechend Bild 5.110 beachtet werden.
- Als Nahtform möglichst Stumpfnähte als Verbindungsnähte wählen. Sie haben einen günstigeren Kräfteverlauf, geringere Spannungsspitzen, eine höhere Dauerfestigkeit und bessere Prüfbarkeit (Röntgen und Ultraschall). (Bild 5-111)

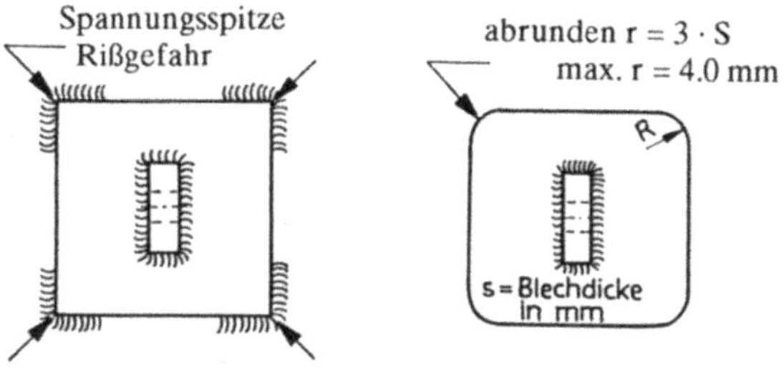

Bild 5-109
Beispiel zur Vermeidung von Spannungsspitzen (Verstärkungsblech mit Öse)

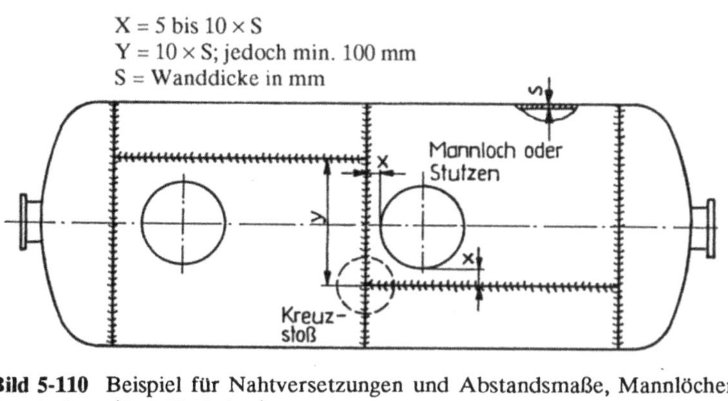

Bild 5-110 Beispiel für Nahtversetzungen und Abstandsmaße, Mannlöcher, Stutzen zu Längs- und Rundnähten (Druckbehälter)

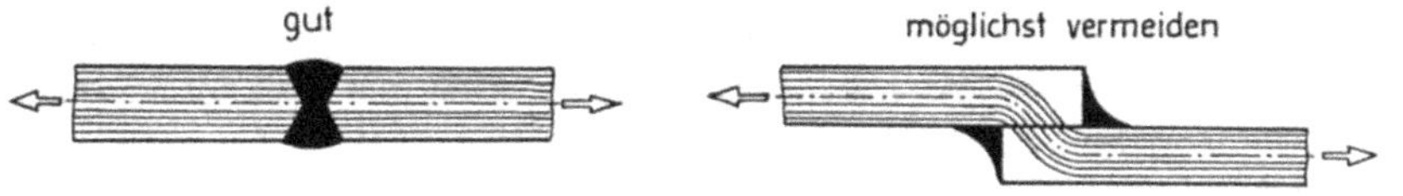

Bild 5-111 Kraftfuß bei Stumpf- und Überlappungsnähten

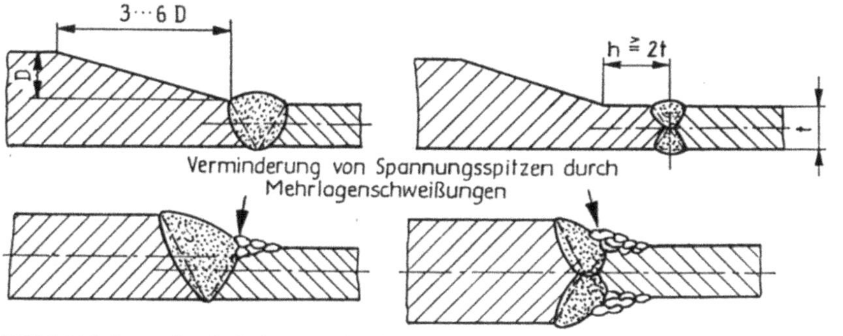

Bild 5-112 Stumpfstöße bei unterschiedlichen Wanddicken

- Beim Verbinden unterschiedlicher Wanddicken auf stetige Übergänge achten. (Bild 5-112)
- Bei korrosionskritischen Behältern und Tanks sind Spalte zu vermeiden (Spaltkorrosionen): keine unterbrochenen Nähte, sondern durchgezogene, dichte Nähte ausführen.
- Hochbeanspruchte Stutzen mit hohen Drücken und/oder schwellender Beanspruchung müssen vollständig durchgeschweißt werden (Gesamtfläche anschließen).
- Schweiß- und Schweißfolgepläne aufstellen und genau einhalten.
- Entsprechend den Werkstoffen und Schweißverfahren die Wärmeführung beim Schweißen steuern (Vorwärmung, definierte Streckenenergie, Zwischenlagentemperaturen und Wärmenachbehandlung).
- Warmrißempfindliche Werkstoffe wie Austenite und Nickelbasislegierungen erfordern besondere Behandlung (Kühlung durch Wasserbrausen auf der Gegenseite, spülen auf der Wurzel- oder Gegenseite mit Formiergas).
- In geschlossenen Räumen z.B. unter Verstärkungsplatten Entlüftungsbohrungen vorsehen.
- An Oberflächen, die nach dem Schweißen gummiert, einbrennlackiert oder nach anderen Verfahren nachträglich geschützt werden, sind alle scharfen Kanten, Spritzer und Schweiß-Unebenheiten zu beseitigen.

Nahtformen, Schweißnahtvorbereitungen

Im Druckbehälter- und Tankbau werden außer den Schweißfugenformen nach DIN 8551, 8552 besondere abgewandelte Nahtformen gewählt, die besser auf die Werk-

stoffeigenschaften, Wanddicken, Schweißverfahren und Prüfmöglichkeiten abgestimmt sind. Hier spielen beispielsweise interne Werksnormen und die Werksnormen der Großchemie eine wichtige Rolle.
Für austenitische Chrom-Nickel-Stähle und Nickelbasislegierungen bieten die in Bild 5-113a–g dargestellten Nahtvorbereitungen einige Hilfen. Sie sind auf die verschiedenen Schweißverfahren, Verfahrenskombinationen und ein- bzw. beidseitige Schweißungen abgestimmt. Bei UP und Plasma handelt es sich immer um mechanisierte Schweißungen.

a) Bördelnaht

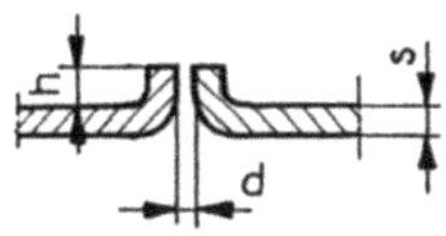

Schweiß-verfahren	Maße usw.	Bemerkungen
WIG-Schweißung	$s \leq 2$ $h = 1{,}5$–2 $d = 0$	Die Bördelkanten werden niedergeschmolzen, so daß eine Stumpfnaht entsteht

b) I-Naht

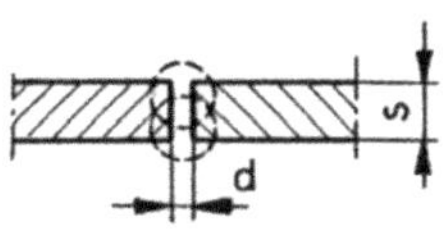

Schweiß-verfahren	Maße usw.	Bemerkungen
Lichtbogen-Schweißung	$s = 3$–4 $d = 0$–2	
UP-Schweißung	$s = 4$–8 $d = 0$	Unterlegstreifen sind zu empfehlen
WIG-Schweißung von Hand	$s = 3$–5 $d = 0$–1	Mit Zusatzdraht
WIG-Schweißung mechanisiert	$s = 3$–6 $d = 0$	Mit Zusatzdraht
MIG-Schweißung von Hand	$s = 4$–8 $d = 0$–1	
MIG-Schweißung mechanisiert	$s = 3$–8 $d = 0$–1	

c) V-Naht

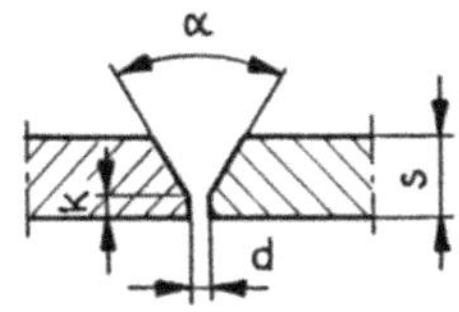

Schweiß-verfahren	Maße usw.	Bemerkungen
Lichtbogen-Schweißung	$s = 3$–12 $d = 1$–3 $k = 0$–2 $\alpha = 60°$	Ein- oder beidseitige Schweißung
UP-Schweißung	$s = 8$–12 $d = 0$–2 $k = 0$–2 $\alpha = 60°$	Ein- oder beidseitige Schweißung. Lichtbogengeschweißte Wurzellagen als Wurzelstütze bzw. Badsicherung
WIG-Schweißung	$s = 4$–6 $d = 0$–$0{,}3$ $k = 1{,}5$–2 $\alpha = 90°$	Einseitige Schweißung. Wird zum Schweißen der Wurzellagen benutzt, wenn hohe Qualitätsanforderungen besonders hinsichtlich der Oberflächengüte vorliegen. Die Naht wird nach einem anderen Verfahren gefüllt.
WIG-Schweißung mit Zusatzdraht	$s = 6$–15 $d = 0$–$0{,}4$ $k = 1{,}0$–$1{,}5$ $\alpha = 70°$	
MIG-Schweißung von Hand	$s = 4$–12 $d = 0$–2 $k = 2$–3 $\alpha = 60°$	Ein- oder beidseitige Schweißung.
MIG-Schweißung mechanisiert	$s = 8$–12 $d = 0$–2 $k = 0$–2 $\alpha = 60°$	Ein- oder beidseitige Schweißung. Lichtbogengeschweißte Wurzellagen als Wurzelstütze

Bild 5-113 Beispiele von Nahtvorbereitungen

d) V-Naht für waagerechtes Schweißen an senkrechter Wand

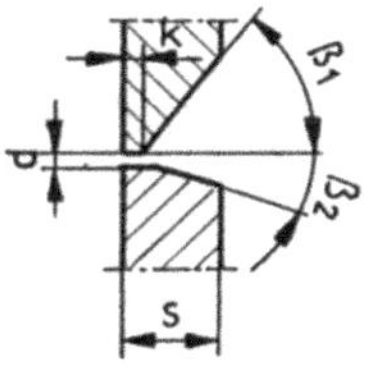

Schweiß-verfahren	Maße usw.	Bemerkungen
Lichtbogen-Schweißung MIG-Schweißung von Hand	s = 8–25 d = 1,5–3,5 k = 1–2,5 β_1 = 55° β_2 ≈ 10°	Es können auch andere Winkel gewählt werden, aber $\beta_1 + \beta_2 \geq 60°$

f) Doppel-U-Naht

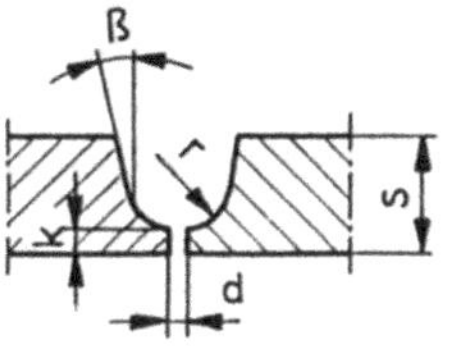

Schweiß-verfahren	Maße usw.	Bemerkungen
MIG-Schweißung MIG-Schweißung von Hand	s = 12–20 d = 0–2 k = 2–3 r = 6 β = 15°	Ein- oder beidseitige Schweißung. Bei MIG-Schweißung lichtbogengeschweißte Wurzellagen als Wurzelstützen

e) U-Naht

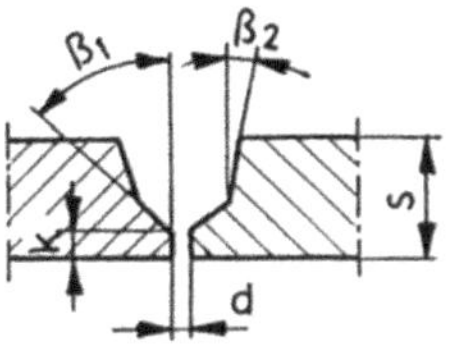

Schweiß-verfahren	Maße usw.	Bemerkungen
Lichtbogen-Schweißung UP-Schweißung	s = 12–20 d = 0–2 k = 2–3 β_l = 30–40° β_r = 15°	Ein- oder beidseitige Schweißung. Lichtbogengeschweißte Wurzellagen als Wurzelstützen

g) X-Naht

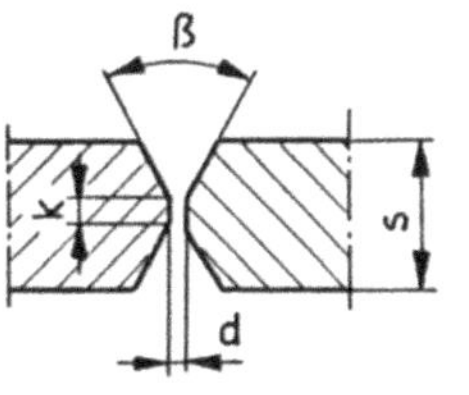

Schweiß-verfahren	Maße usw.	Bemerkungen
Lichtbogen-Schweißung UP-Schweißung	s = 12–30 d = 1–3 k = 0–2 α = 60°	Bei UP-Schweißung lichtbogengeschweißte Wurzellagen als Wurzelstütze.
MIG-Schweißung MIG-Schweißung von Hand	s = 12–30 d = 0–2 k = 2–3 α = 60°	Bei MIG-Schweißung lichtbogengeschweißte Wurzellagen als Wurzelstütze.

Bild 5-113 Beispiele von Nahtvorbereitungen

Schweißen plattierter Bleche

In DIN 8553 sind für unlegierte und niedriglegierte schweißgeeignete Stähle mit einer Plattierung aus nichtrostenden und hitzebeständigen Chrom- und Chrom-Nickelstählen, sowie Nickel und Kupfer und deren Legierungen die Fugenformen festgelegt.

Zusätzlich werden in dieser Norm allgemeine Forderungen und die Vorgehensweise beim Schweißen beschrieben. Des weiteren sind bei Plattierungen das AD-Merkblatt W8 und die Stahl-Eisen-Lieferbedingungen 408 zu beachten. [26], [38], [43]

Nahtvorbereitungen für Sonderwerkstoffe als Plattierungen wie Titan, Titanlegierungen, Tantal und Silber sind nicht genormt und werden je nach Anwendungsfall gesondert festgelegt.
Nachfolgend werden Nahtvorbereitungen und Schweißfolgen an zwei Beispielen dargestellt (Bilder 5-114 und 5-115).

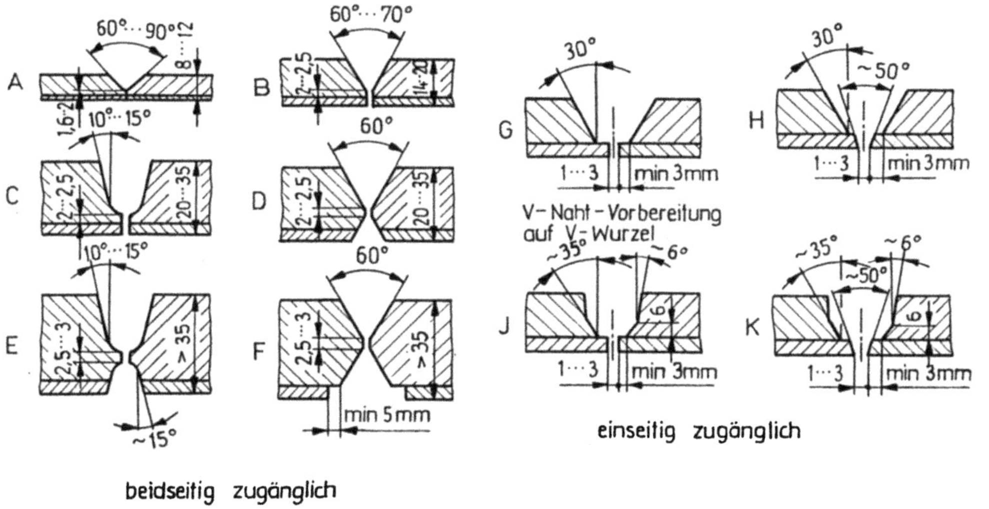

Bild 5-114 Nahtvorbereitung plattierter Bleche (Stumpfstöße)

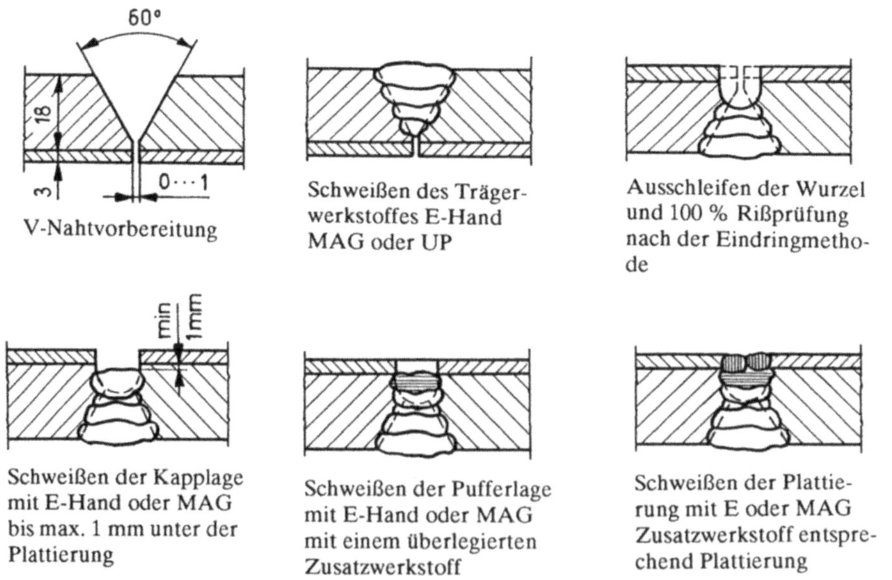

Bild 5-115 Schweißfolge bei plattierten Blechen mit unterschiedlichen Schweißverfahren. (Trägerwerkstoff HII 18 mm, Plattierungswerkstoff 1.4306, 3 mm)

Wärmenachbehandlung an geschweißten Behältern

Durch die beim Schweißen eingebrachte Wärme entstehen durch behinderte Dehnungen und Schrumpfungen hohe mehrachsige Eigenspannungen. Dies gilt besonders für dickwandige Schweißkonstruktionen (s ≥ 30 mm). Dadurch erfährt das Bauteil eine Vorlast, die das Formänderungsvermögen mindert und bereits bei geringen Betriebslasten zum Versagen des Werkstoffs führen kann.
Im Druckbehälter- und Apparatebau wird zum Abbau von Eigenspannungen hauptsächlich das Spannungsarmglühen eingesetzt. Die Temperaturen liegen in der Regel unter dem Ac1-Punkt, d.h. unter 720 °C. Mit diesem Verfahren werden die Eigenspannungen auf die Höhe der Warmstreckgrenze des jeweiligen Werkstoffs bei Glühtemperatur abgebaut.
Grundlagen und Daten über die Wärmebehandlung sind in den AD-Merkblättern HP 7/1 bis HP 7/4 enthalten [23]. Bei warmfesten, nichtrostenden Chrom-Nickelstählen, Nickelbasislegierungen und Schweißverbindungen unterschiedlicher Werkstoffe sollten die Glühdaten unbedingt mit dem Werkstoffhersteller bzw. mit dem Sachverständigen (z.B. TüV) abgestimmt werden (Korrosionsprobleme!).
In den nachfolgenden Bildern 5-116 und 5-117 sind bei einem St37 der Abfall der Streckgrenze bei steigender Glühtemperatur und der Temperaturverlauf beim Spannungsarmglühen dargestellt.

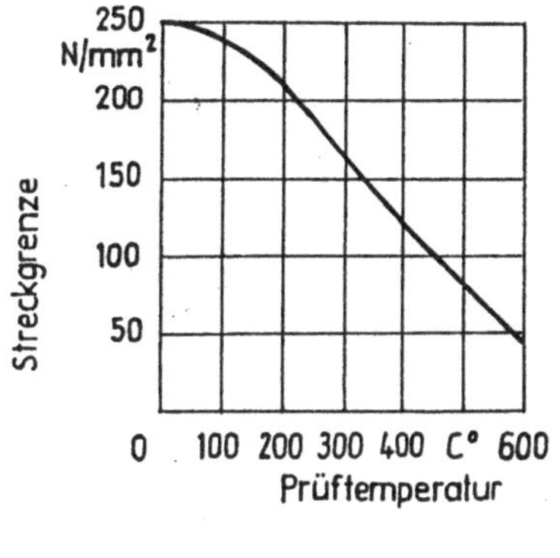

Bild 5-116
Streckgrenze eines St37 in Abhängigkeit von der Prüftemperatur

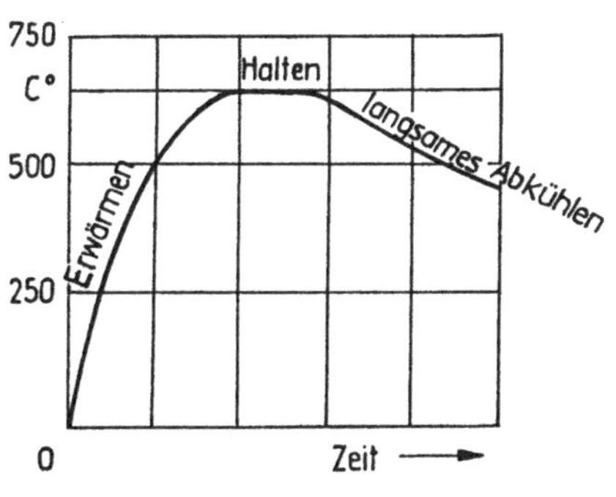

Bild 5-117
Temperatur-Zeit-Verlauf beim Spannungsarmglühen
Beispiel einer Glühvorschrift für Baustähle.
Glühdaten:
a) Teile in kalten Ofen einfahren
b) Aufheizen 60 bis 80 °C/h
c) Haltedauer 1 bis 2 min/mm Wanddicke
d) Ofenabkühlung ca. 50 °C/h bis auf 100 °C herunter, dann Teile aus dem Ofen fahren

Schweißplan – Schweißfolgeplan

siehe hierzu auch Kapitel 7.1

Im Druckbehälter-, Apparate- und Tankbau werden aus zahlreichen Bauelementen und Normteilen komplette Anlagen erstellt. Für das Schweißen in der Werkstatt wie auch auf der Baustelle sind zwischen dem Konstrukteur und der Schweißaufsicht genaue Festlegungen über den Ablauf der Schweißarbeiten zu machen.

In einem *Schweißplan* werden für die Fertigung genaue Angaben über Grundwerkstoff, Schweißzusatz, Nahtformen, Schweißverfahren, Abmessungen und Vorbereitung der Nähte, Anzahl der Schweißlagen, Angaben über Prüfungen, Hilfsmittel (Gase, Pulver, Maßnahmen für den Schutz der Wurzel), Schweißposition, Montagenähte, Nachbehandlung und Nahtfaktor schriftlich festgelegt.

Ein ergänzender *Schweißfolgeplan* enthält noch zusätzlich Daten über die Reihenfolge der Nähte und Schweißrichtungen, vor allem bei Mehrlagennähten. Spezielle Schweißfolgepläne werden besonders im Tankbau erstellt, um den Boden in den nach DIN 4119 [35] vorgeschriebenen Toleranzen zu halten (Verwerfungen).

Nachfolgend Beispiele eines Schweißplanes und zwei Schweißfolgepläne Bilder 5-118 bis 5-120.

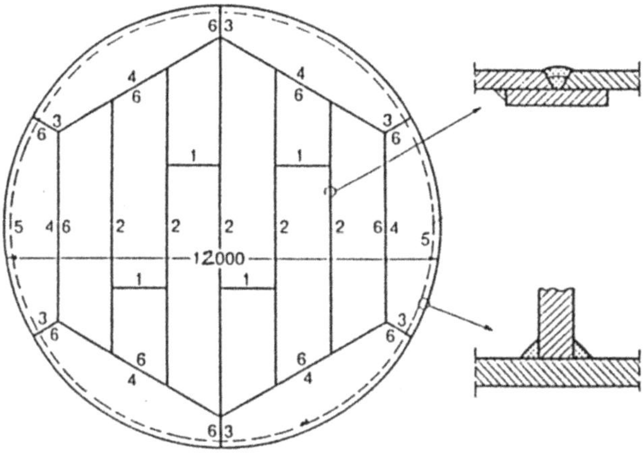

Bild 5-119
Stoßausbildung und Schweißfolge bei einem Tankboden

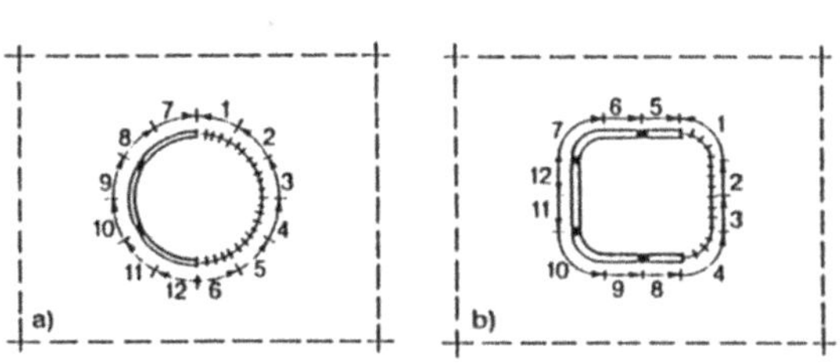

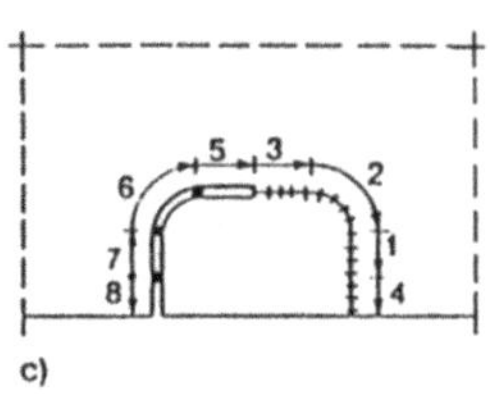

Bild 5-120
Schweißfolge beim Flickenschweißen: runder und rechteckiger Innenflicken (a, b), rechteckiger Randflicken (c)

Schweißfachingenieur	Schweißplan SP	Projekt:	Besteller Bestell-Nr.	Zchg.-Nr. Auftr.-Nr. Fabrik-Nr.	Zugehörige Spezifikation	Blatt Nr. … Anzahl d. Bl. …

Naht-Nr.	Nahtform (Skizze)	Wertigkeit der Naht	Pos. nach Zeichng. u. Stückliste	Grundwerkstoff: DIN-Bezeichnung	Grundwerkstoff: Stoff-Nr.	Werkstoff-Dicke [mm]	Schweiß-position	Schweiß-verfahren	Schweißzusatz u. Hilfsst.: Elektroden-Drähte, Pulver, Gase, DIN-Bezeich.	Schweißzusatz u. Hilfsst.: Firmenbezeichnung	Wärmebehandl.: Vorwärmen	Wärmebehandl.: Wärme-Nachbehandlung	Schweißnahtprüfung: Prüfverfahren und Prüfangaben	Schweißnahtprüfung: Zwisch.-Endabnahme durch	Bemerkungen
			Pos.N.						Wurzel:						
									Füll- u. Decklag.						
			mit Pos.N.						Plattierung:						
			Pos.N.						Wurzel:						
									Füll- u. Decklag.						
			mit Pos.N.						Plattierung:						

Abkürzungen:			
D = Durchstrahlung	S = Sichtprüfung	F = Füll- und Decklagen	ausgestellt:
US = Ultraschallprüfung	MK = Maßkontrolle	PL = Plattierung	
M = Magnetpulverprüfung	VGL = Vor dem Glühen	TÜV = Technischer Überwachungsverein	Datum
FE = Eindringprüfung	NGL = Nach dem Glühen	Her = Hersteller	
H = Härteprüfung	O = Ofen (Abkühlung)	A = Auftraggeber	Name
AP = Arbeitsprobe	L = Luft (Abkühlung)	Z = Zwischenabnahme	
	W = Wurzel	E = Endabnahme	

Bild 5-118 Schweißplan eines plattierten Druckbehälters

5.7.2 Beispiele ausgeführter Verbindungen und Schweißkonstruktionen

In diesem Kapitel werden Verbindungsbeispiele und konstruktive Lösungen aus dem Apparate-, Druckbehälter- und Tankbau, auch mit plattierten Blechen, vorgestellt.

Beispiele aus dem Apparate- und Druckbehälterbau

Flansch- und Stutzenverbindungen für normale Apparate und Druckbehälter.
Je nach Zugänglichkeit, Druckstufen und Werkstoffarten kommen die Ausführungsformen Bild 5-121a)–d) in Frage.
Die Dichtflächen müssen entsprechend den Erfordernissen bearbeitet werden.

a)
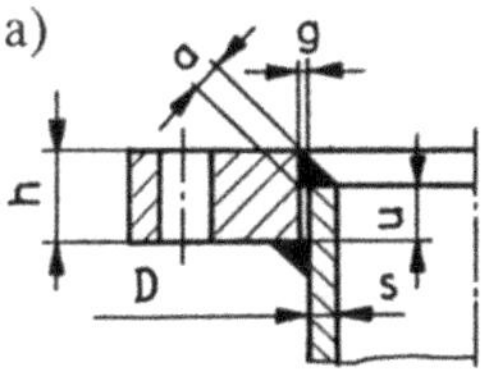

Standard für Rohrleitungen
für s ≤ 8 mm
Stahl, Cr-Ni-Stahl, Al

c)
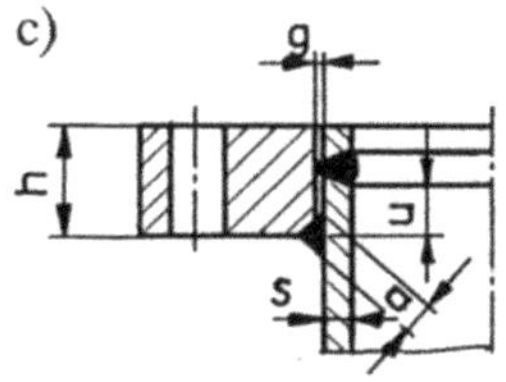

Standard für Druckbehälter
(s ≥ 16 mm)
Stahl, Cr-Ni-Stahl

b)
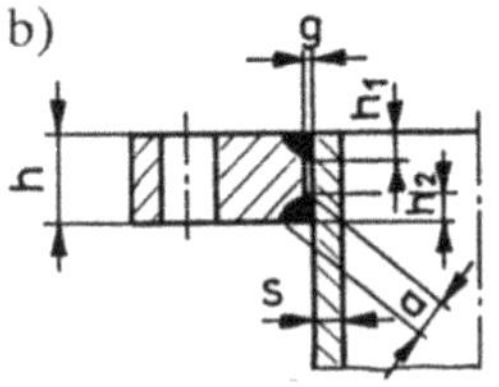

Standard für Druckbehälter
(s ≥ 16 mm)
Stahl, Cr-Ni-Stahl, Al

d)
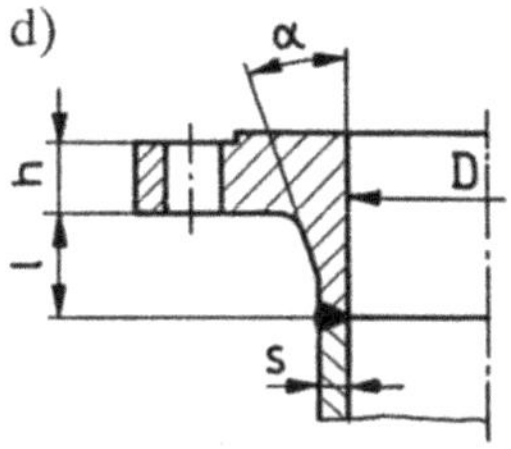

Teure Sonderform für alle
Drücke, Wand und Werkstoffe

Bild 5-121 Ausführungsformen von Flansch- und Stutzenverbindungen für verschiedene Werkstoffe

Stutzeneinschweißungen und *Blockflansche* sind in den verschiedensten Ausführungsformen in Bild 5-122 dargestellt. Die Stutzeneinschweißungen (Bildteile a–c und e, f) sind für alle Werkstoffe (Stähle, Cr-Ni-Stähle, Nickel und Nickellegierungen und Aluminium) geeignet. Teil d) A nicht für Aluminium; B muß für Al 60° Öffnungswinkel haben, wobei $s_1 = s_2$ sein muß. Für höherwertige Stähle (Cr-Ni, Ni-Leg.) sind exakte Nahtvorbereitungen erforderlich. Die Wurzelseite muß mit Formiergas gespült werden. Bei nicht voll angeschlossenen Lösungen muß eine Entlüftungs- und Prüfbohrung vorgesehen werden (≥ Ø 6 mm!). Die Blockflansche der Bildteile g) und h) eignen sich für alle Werkstoffe.

a)

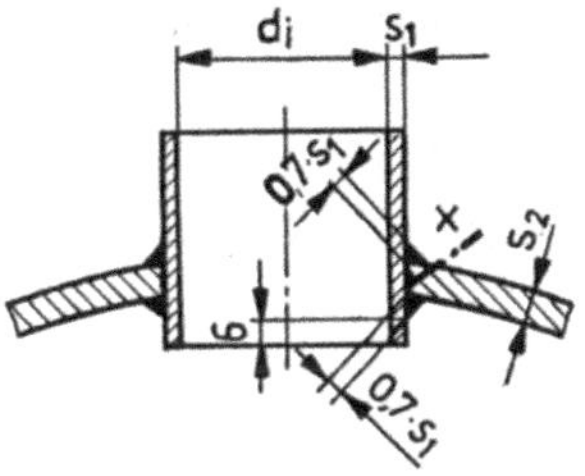

Unverstärkter Stutzen für Druckbehälter ohne schwellende Beanspruchung. Bei $s_1 \geq 10$ mm K-Stegnaht oder Doppel-J-Naht verwenden.

b)

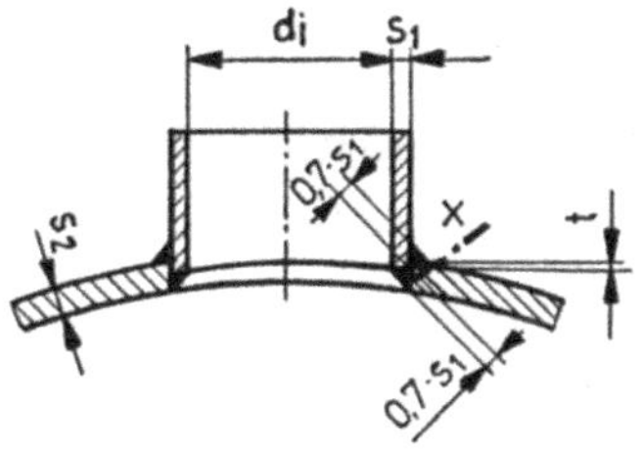

Unverstärkter Stutzen für Druckbehälter ohne schwellende Beanspruchung. Bei $s_1 \geq 10$ mm K-Stegnaht oder Doppel-J-Naht verwenden. Diese Ausführung ist nur zulässig bis $s_1 \leq 16$ mm.

c)

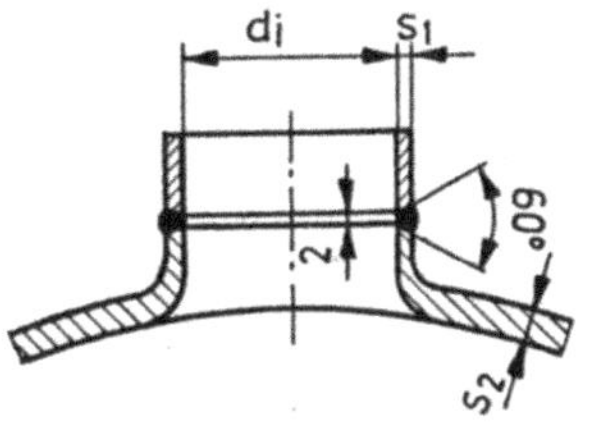

Ausgehalster Stutzen für Druckbehälter ohne Einschränkungen anwendbar. Sauberes Durchschweißen der Wurzel ist unbedingt erforderlich. Fugenvorbereitung nach DIN 2559.

d)

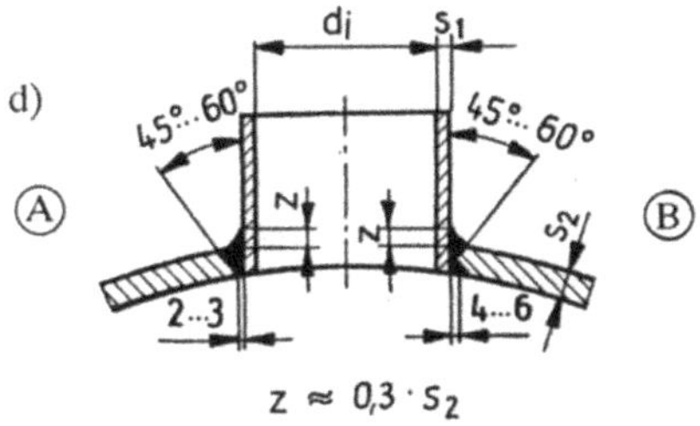

Ein- und beidseitig voll eingeschweißte Stutzen für wechselnde Beanspruchungen (Temperaturschocks)

Ⓐ : $s_2 \leq 10$ mm Ⓑ : $s_2 \geq 10$ mm

e)

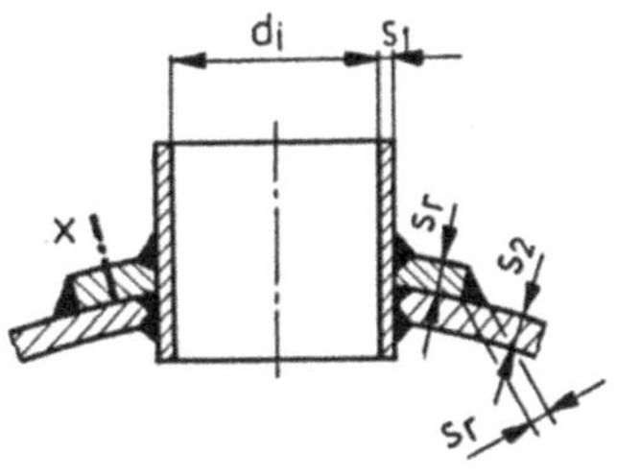

Scheibenförmig verstärkter Stutzen für Druckbehälter mit schwellender Beanspruchung. Bei s_1 bzw. $s_r \geq 16$ mm zusätzlich innere Stirnfugennaht anordnen.

f)

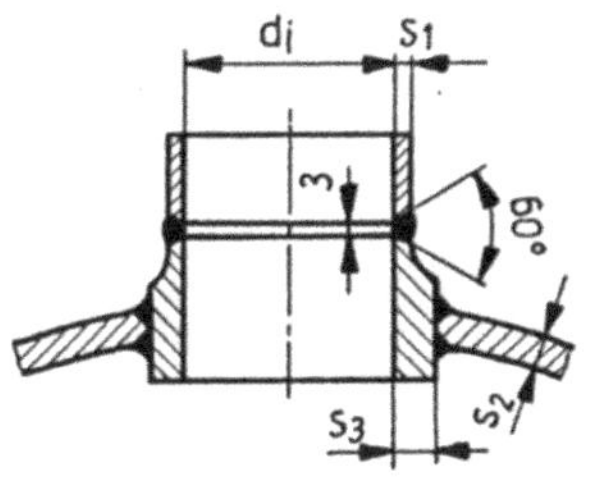

Rohrförmig verstärkter Stutzen für Druckbehälter mit schwellender Beanspruchung. Diese Lösung ist der eines scheibenförmigen Verstärkungskragens vorzuziehen.

g)

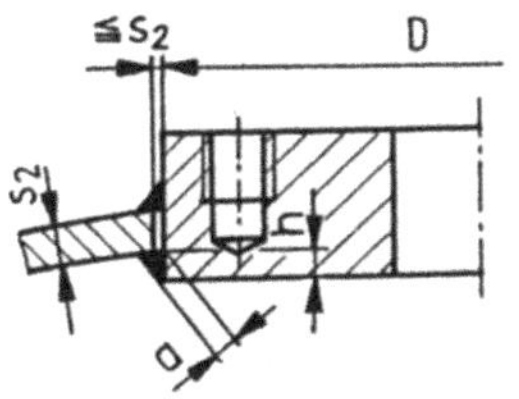

Eingesetzter Blockflansch für Druckkugeln, Mäntel und ebene Platten: s_2 = 5–20 mm, $a = 0{,}7 \cdot s_2$, $h \geq s_2$.

h)

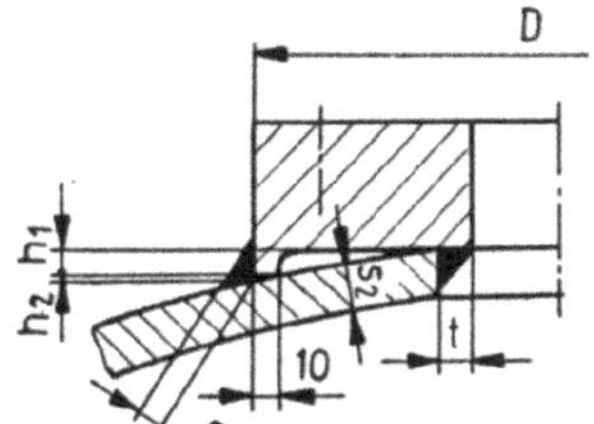

Aufgesetzter Blockflansch für Druckkugeln und Mäntel

Typabmessungen: $h_1 \leq 15$ mm, $s_2 \leq 30$ mm; $a = 0{,}5 \cdot s_2 \geq 5$ mm, $t = 0{,}7 \cdot s_2$ mit voll angeschlossener Wanddicke s_2, $h_2 \leq 3$ mm.

Bild 5-122 Stutzeneinschweißungen und Blockflansche für verschiedene Werkstoffe und Wanddicken bei ein- und beidseitiger Zugänglichkeit

Stutzen bei dickwandigen Apparaten und Druckbehältern

Für Stutzen in dickwandigen Behältern haben sich je nach Druckniveau und Wanddicken verschiedene Ausführungen bewährt (Bilder 5-123 bis 5-125).

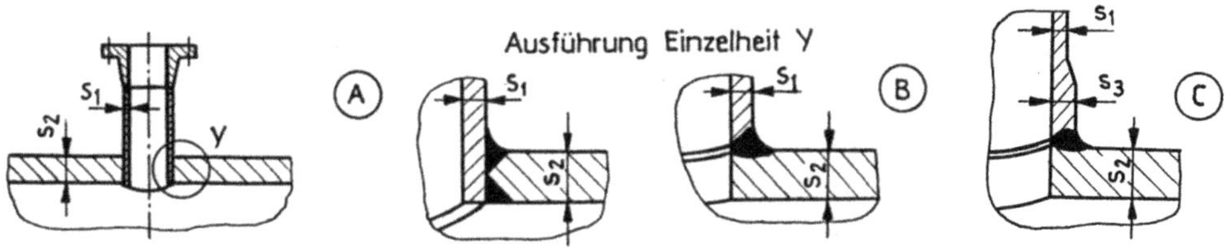

A = herkömmliches Einschweißen, siehe auch Bild 5-122 und f; es muß auf die hohe Belastung in Dickenrichtung bis S1 geachtet werden (ausreichend vorwärmen, Z3 Güten einsetzen, weiche Zusatzwerkstoffe verwenden).

C = für Wanddicken $s_1 \le s_2$; s_3; $s_2 \ge 1{:}3$ u. Hochdruckapparate; Nahtvorbereitung wie bei B

Bei kleineren Stutzen können bei B u. C der Rohrinnendurchmesser ausgedreht werden.

B = bessere Ausführung; auf gute Wurzel durch Schweißung muß geachtet werden (WIG-Schweißung).

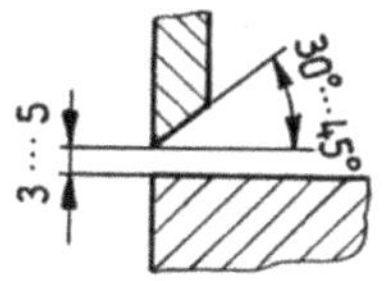

Bild 5-123
Stutzeneinschweißungen in Mäntel und Böden

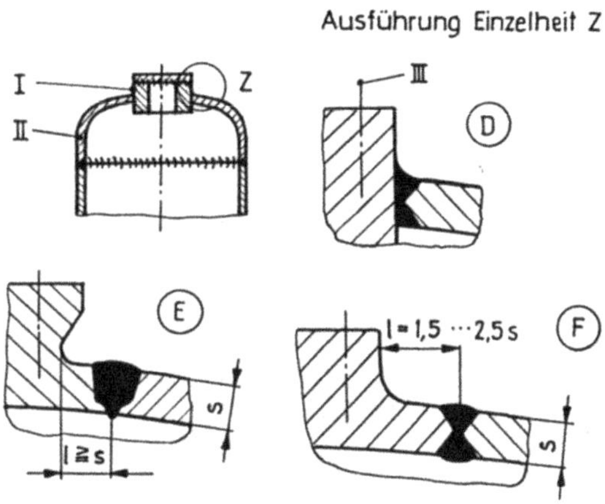

I = Blockflansch
II = Korbbogenboden
III = Gewindebohrung (nicht durchgehend)
D = Ausführung entsprechend A von Bild 5-123
E = Verbesserte Ausführung, gleichmäßigere Spannungsverteilung, gute Prüfbarkeit
F = Vorteile wie bei E; Nachteil ist der erhöhte Materialbedarf.

Die Nahtvorbereitungen bei D bis F entsprechend DIN 8551, 8552.

Bild 5-124 Einschweißen von Blockflanschen in gewölbte Böden

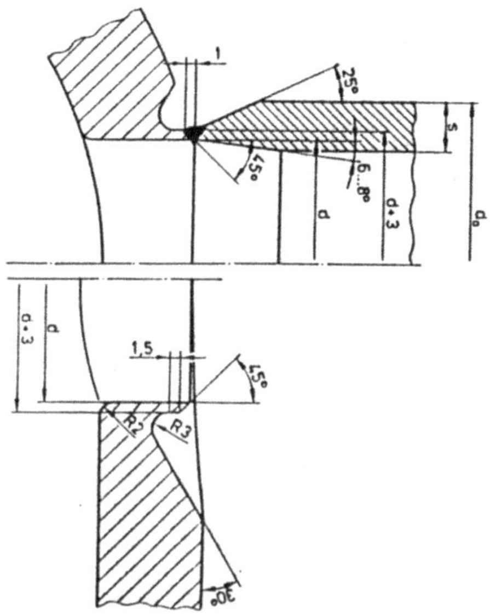

Sonderfall: für rißempfindliche Werkstoffe bei einwandfreier Prüfbarkeit der Naht (aufwendige Nahtvorbereitung)

Bild 5-125 Konischer Stutzen mit Innenanschrägung auf zentrierendem Kragen im dickwandigen Behälter

Rohrverbindungen als Stumpfnähte und Rohrabzweigungen

Bei den Stumpfnähten in Rohrverbindungen werden sowohl besondere Lösungen zur Anpassung unterschiedlicher Rohrwanddicken als auch unterschiedliche Nahtvorbereitungen angeboten, die sich u.a. an den absoluten Wanddicken orientieren.
Die Bilder 5-126 bis 5.129 zeigen Anwendungsbeispiele von Rohrverbindungen unterschiedlicher Wanddicken und Rohre mit Wanddicken über 12 mm.
Für normale Anwendungen gelten die Fugenformen nach DIN 2559.
Die Nahtabmessungen der Bilder 5-126 bis 5-129 gelten für nahtlose Rohre, Formstücke und zylindrische Hohlkörper mit unterschiedlichen Wanddicken.
Als Werkstoffe kommen unlegierte und legierte sowie austenitische Stähle in Frage. Für Aluminium sind bevorzugt die Bilder 5-128 und 5-129 anzuwenden, jedoch ohne Luftspalt, (b = 0 bis 0,5 mm).
Schweißverfahren: Wurzel bevorzugt G, E, MIG/MAG weitere Lagen E, MIG/MAG.
Bei austenitischen Stählen muß der Wurzelbereich formiert werden.
Für Rohrabzweigungen sind sowohl die stumpf angeschweißten als auch verschieden ausgehalste Lösungen möglich. Bild 5-130a)–e) zeigt auch die zugehörigen Nahtvorbereitungen. Die Ausführungsformen auf Bildteil a) und b) sind die Regelfälle für die Hauptrohre DN 100. Das Abzweigrohr muß mindestens eine Nennweite kleiner sein. Ausführung a) ist bevorzugt anzuwenden, da besser ausführbar. Der Vorteil ist hierbei, daß die Wurzel immer noch geschliffen werden kann. Werkstoffe: un- bzw- niedriglegierter Stahl, austenitischer Stahl, Nickelbasislegierung. Ausführung c) für hoch-

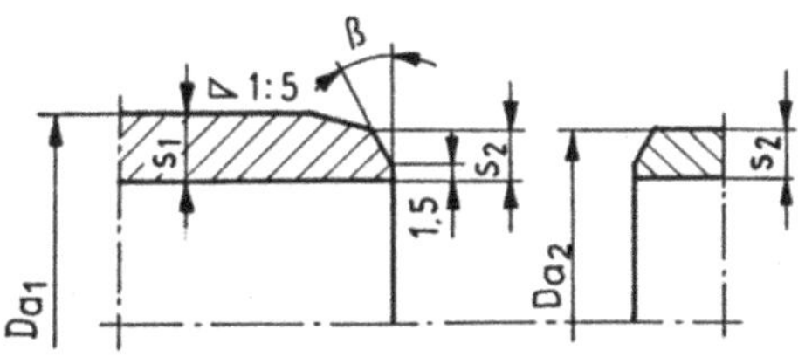

Nahtabmessung:
DIN 2559; DIN 8551; $(s_1 - s_2) \geq 6$ mm; $\beta = 30 \ldots 35°$.

Bild 5-126 Anwendungsbereich $Da_1 > Da_2$

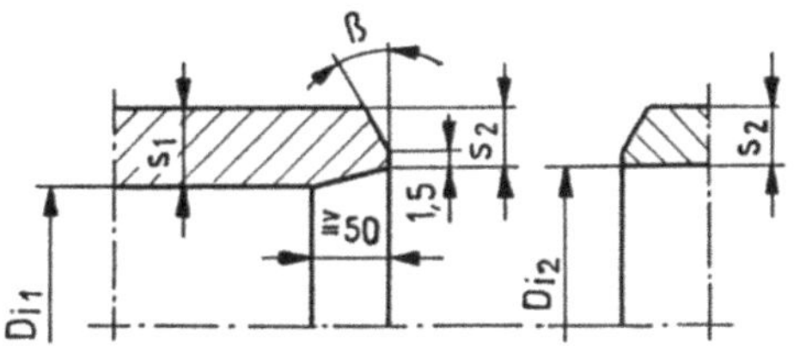

Nahtabmessung:
DIN 2559; DIN 8551; $(s_1 - s_2) \geq 2$ mm; $\beta = 30 \ldots 35°$.

Bild 5-127 Anwendungsbereich $Di_1 < Di_2$

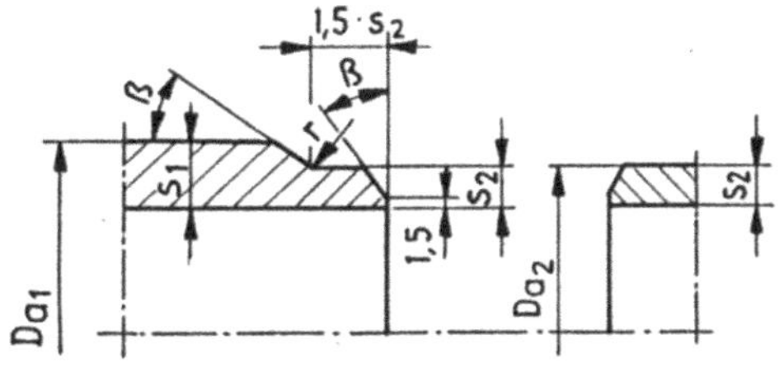

Nahtabmessung:
DIN 2559; DIN 8551; $(s_1 - s_2) \geq 6$ mm; $r \approx 10$ mm; $\beta = 30 \ldots 35°$.

Bild 5-128 Anwendungsbereich $Da_1 > Da_2$

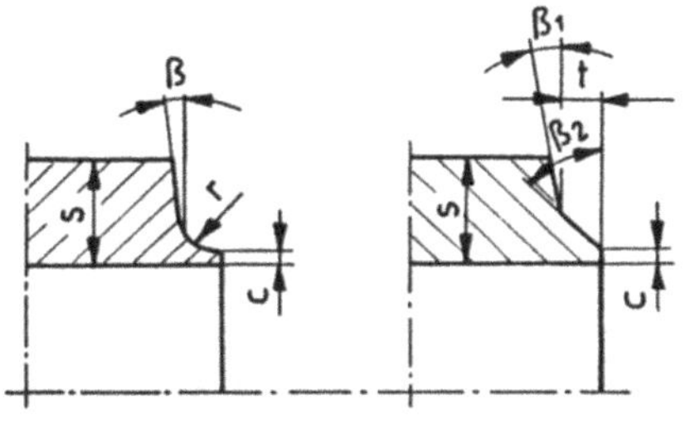

Nahtabmessungen DIN 2559

Bild 5-129 Anwendungsbereich $s \geq 12$ mm

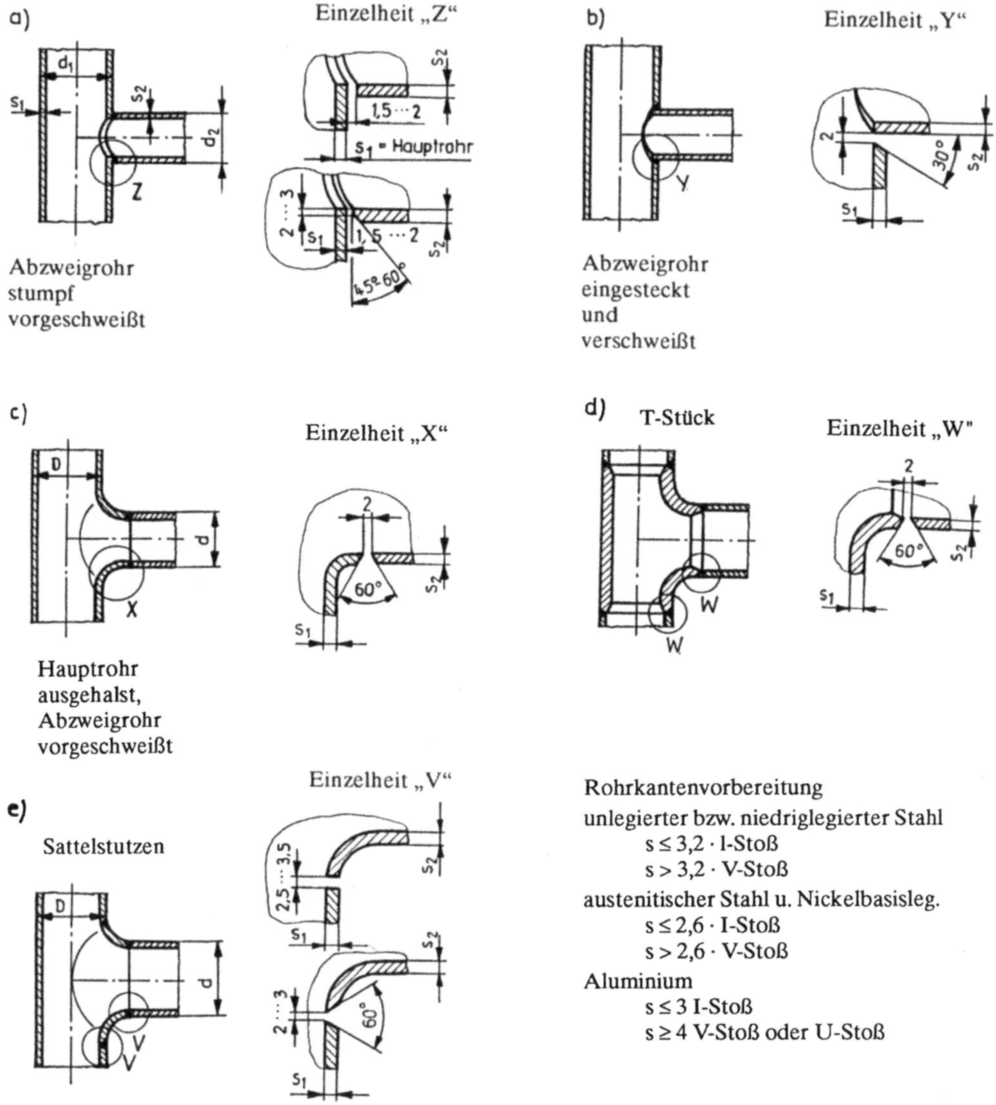

Bild 5-130 Stumpf angeschweißte und ausgehalste Rohrabzweigungen

beanspruchte (Druck, Temperatur) Rohrabzweigungen. Schweißverbindung gut prüfbar. Gute Strömungsverhältnisse. Voraussetzung: d = max. 0,5 · D. Für alle Werkstoffe einsetzbar.

Ausführung d) optimale, jedoch teure Lösung für hohe Beanspruchungen. Strömungsverhältnisse und Prüfbarkeit sehr gut. Für alle Werkstoffe geeignet. Bevorzugt bei hohen Stückzahlen eingesetzt. Beschaffung des T-Stückes schwierig und teuer.

Ausführung e) wird selten eingesetzt, da die Anpassung des Sattels schwierig ist. Strömungsverhältnisse und Prüfbarkeit sehr gut. Für alle Werkstoffe geeignet. Beste Lösung, wenn D = d. Beschaffung des Sattelstückes schwierig und teuer.

Mantel-Doppelmantel-Verbindungen

Diese Verbindungsart wird bevorzugt an Druckbehältern eingesetzt, damit Außenmäntel angebaut werden können, die Kühl- oder Heizmedien aufnehmen. (Bild 5-131a)–e)

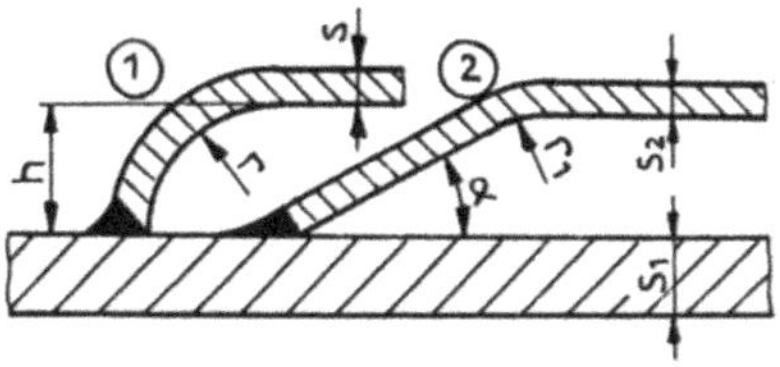

a)

Naht vollständig durchgeschweißt
r = h $s_2 \leq 15$ mm
$\alpha \leq 45°$ $r_1 \geq 3 \cdot s_1$

① Für Druckbeanspruchung hohe Axialkräfte
② Für Druckbeanspruchung geringe Axialkräfte

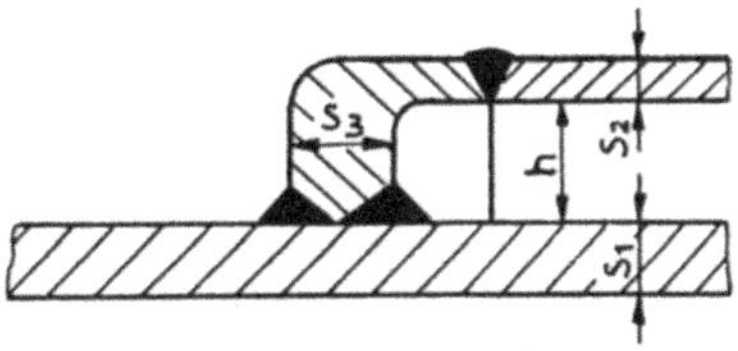

b)

Nähte vollständig durchgeschweißt
Für Druckbeanspruchung hohe Axialkräfte und hohe Temperaturen
$h \geq 30$ mm; $s_3 > s_2$

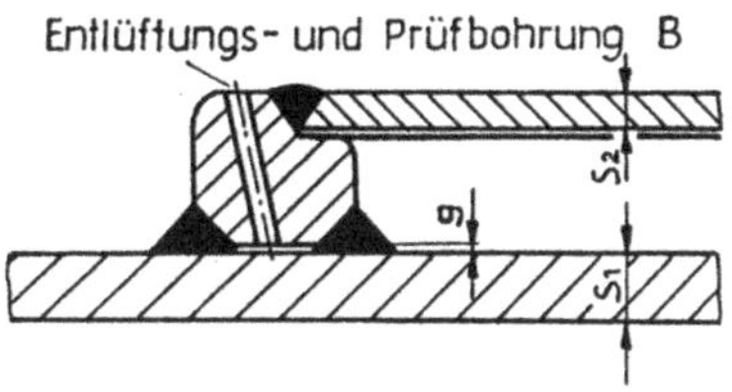

c)

Für mittlere Druckbeanspruchung
$g \leq 3$ mm
Bei Gefahr von Spaltkorrosion nicht geeignet
Anpaßtoleranzen des Außenmantels sind gut auszugleichen.

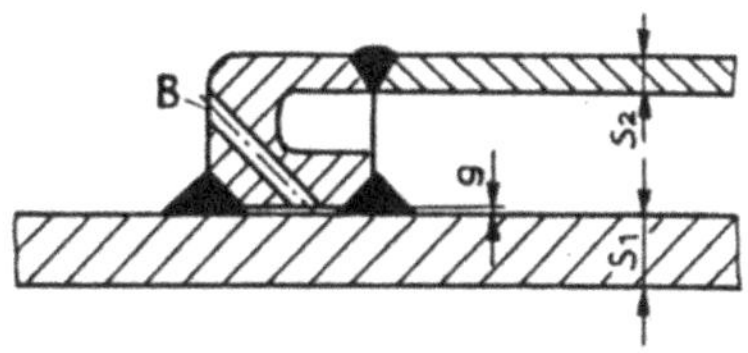

d)

Für hohe Druck- und Temperaturbelastung
$g \leq 3$ mm
Die Lösungen Bild 5-131a bis d sind für alle Werkstoffe geeignet. Je nach Werkstoffart sind entspr. Nahtöffnungswinkel und Luftspalte vorzustehen (DIN 8551, 8552).

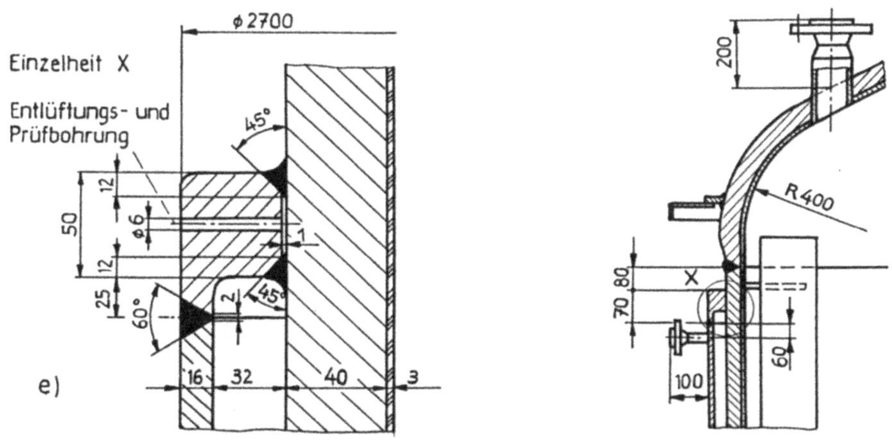

e)

Beispiel eines Außenmantelanschlusses bei einem 25 m³-Polymerisations Reaktor. Werkstoffe: WStE 355 plattiert mit 1.4404, Außenmantelanschluß Werkstoff H II

Bild 5-131 Verschiedene Ausführungsformen für Mantel-Doppelmantel-Anschlüsse

Einschweißen von Rohren in Rohrböden

Die früher praktizierte Fertigungsart bei der Herstellung von Wärmetauschern war das Einwalzen der Rohre in die Rohrplatte. Bedingt durch die verschiedenen Werkstoffe und Beanspruchungsverhältnisse, werden heute 80 bis 90 % der Rohre von Hand oder vollmechanisiert eingeschweißt. Einige grundsätzliche bewährte Lösungen werden nachfolgend aufgezeigt. (Bild 5-132a)–d))

Für hohe Wärmespannungen und Schwingungsbeanspruchung sind je nach Größe und Rohrkräften die Formen a, b sowie c bis e zu wählen. Bohrlöcher auf der Rückseite mit einem Radius R = 1 bis 2 mm versehen. Rohrplatten nach dem Bohren sorgfältig entfetten (Porengefahr beim Schweißen). Vor dem Schweißen müssen die Rohre spaltlos angewalzt oder aufgedornt werden. Möglichst 2-Lagen schweißen. Die Dichtprüfung erfolgt nach der 1. Lage. Schweißverfahren: E-Hand, MAG und WIG, bevorzugt jedoch WIG. Werkstoffe: Un-, niedrig- und hochlegierte nichtrostende Cr-Ni-Stähle, Nickel, Nickellegierungen und Sonderwerkstoffe wie Titan. Aluminium wird selten verwendet. Falls erforderlich, sollen die Formen 3 und 4 angewendet werden. [26], [27], [42] bis [51], [52]

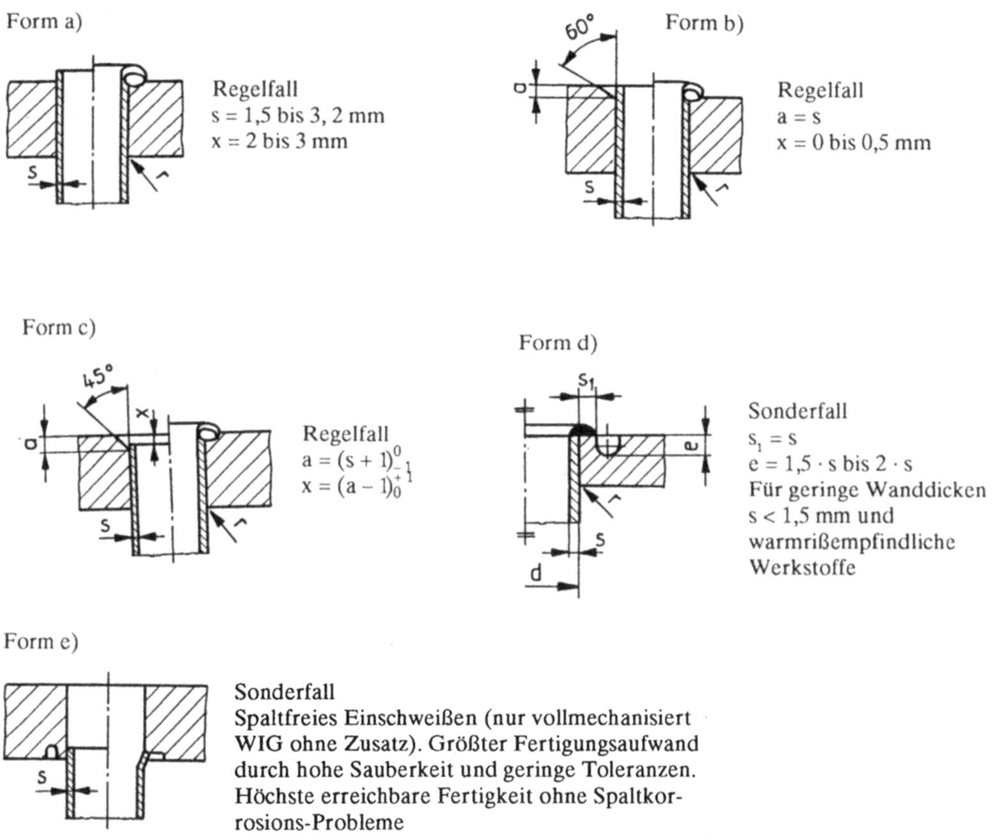

Bild 5-132 Verschiedene Ausführungsformen zum Einschweißen von Rohren in Rohrböden

Verbindungen Rohrboden mit zylindrischem Mantel

Die Verbindungen Rohrboden mit dem zylindrischen Mantel sind besonders bei Wärmetauschern hohen thermischen und korrosiven Beanspruchungen ausgesetzt und daher besonders sorgfältig auszuführen. In den nachfolgenden Bildern 5-133 bis 5-134 werden einige Lösungen aufgezeigt.

a)

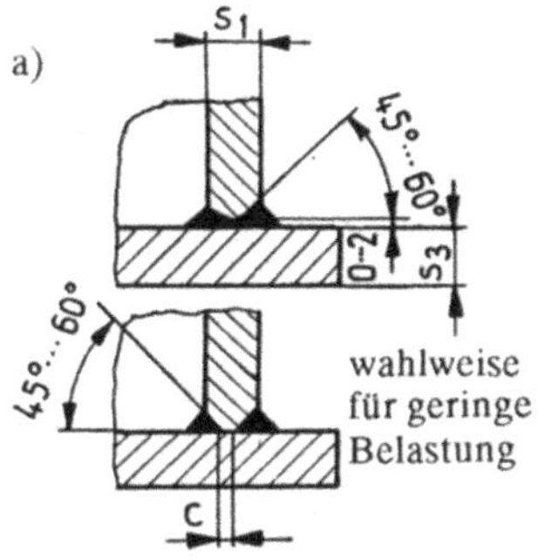

Bei Anwendung für s_3 > 30 mm sind gegebenenfalls Zusatzbedingungen abhängig von Werkstoff und Abmessungen zu beachten (z.B. Vorwärmen oder Auswahl besonderer Schweißzusatzwerkstoffe)

Rohrbodenanschluß Regelfall für Rohrboden s ≤ 30 mm

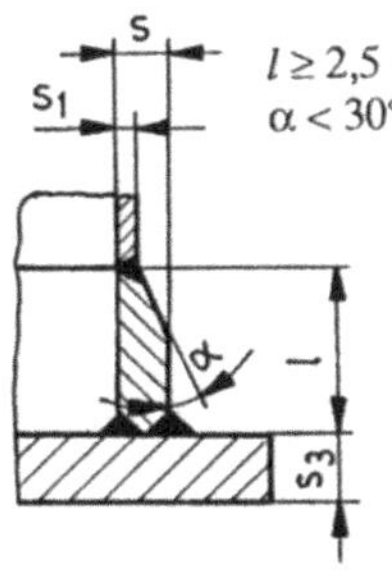

$l \geq 2{,}5 \cdot s$, jedoch ≥ 50 mm
$\alpha < 30°$ oder Bild 5-112

b)

Rohrbodenanschluß für Rohrboden s_3 > 30 mm u. Zwischenzarge

c)

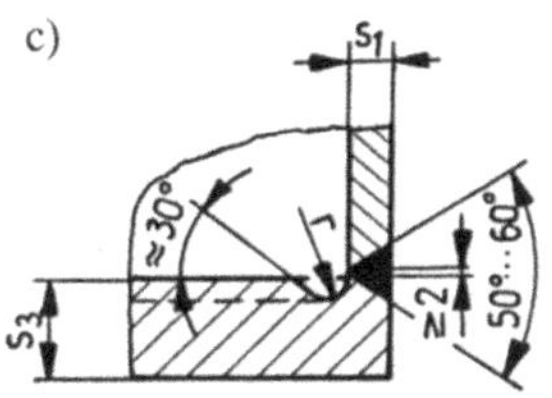

$r \geq 0{,}2\, s_3$, jedoch mindestens 5 mm. Bei Rohrplatten $r \leq 0{,}25\, s_1$, jedoch mindestens 6 mm.

Im Anschlußbereich auf Dopplungen prüfen!

Rohrbodenanschluß bei nur einseitiger Zugänglichkeit

d)

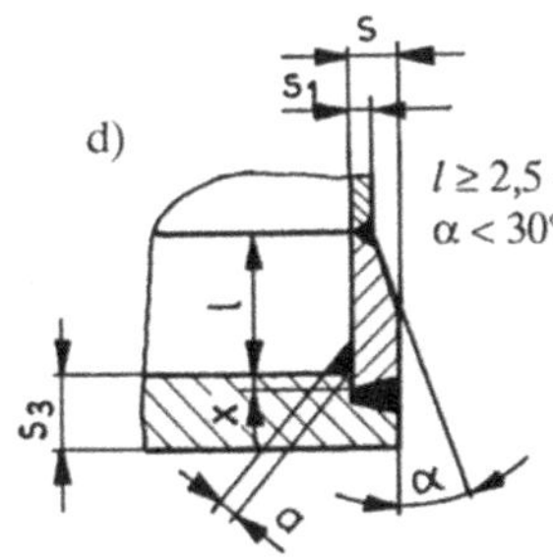

$l \geq 2{,}5 \cdot s$, jedoch ≥ 50 mm
$\alpha < 30°$ oder Bild 5-112

$a \geq 0{,}5 \cdot s_1$
$x \geq 3$

Rohrbodenanschluß Regelfall für Rohrboden s_3 > 30 mm u. Zwischenzarge

Bild 5-133 Verschiedene Verbindungsformen für den Rohrboden in den zylindrischen Mantel

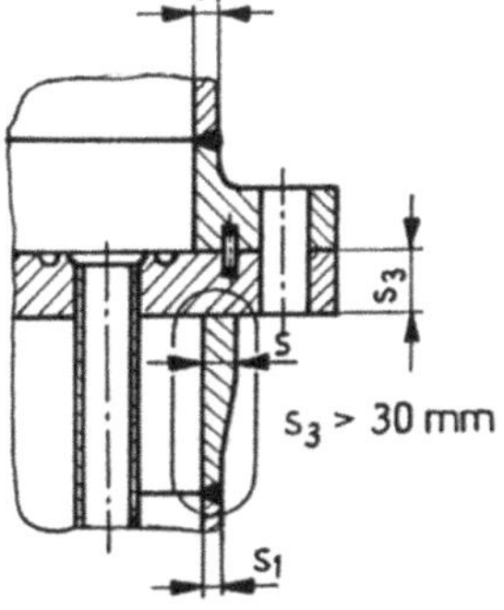

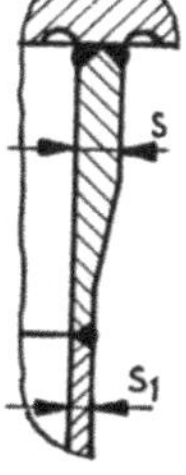

Umlaufende Nuten erhöhen Elastizität der Stumpfnaht. Nutentiefe erhöht jedoch Rohrbodendicke.

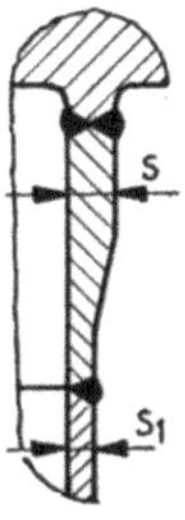

Auftragsschweißung ergibt verformungselastische Stumpfnaht bei unverschwächtem Rohrboden

Bild 5-134 Verbindung dickwandiger Rohrböden mit zylindrischem Mantel

Die Rohrbodenanschlüsse Bild 5-133 sind für un- und niedriglegierte Stähle sowie nichtrostende Cr-Ni-Stähle geeignet. Für Sonderwerkstoffe wie Nickel, Nickelbasislegierung und Aluminium sind die Nahtvorbereitungen den Werkstoffeigenschaften anzupassen. Bei allen in Dickenrichtung beanspruchten Rohrböden sind besondere Werkstoffgüten (Z1 bis Z3) vorzusehen und mit Ultraschall auf Dopplungen zu prüfen. [44], [46]

Halbrohre zum Anschweißen auf Behälter

Für die Zu- und Abführung von Wärme bei Reaktionsapparaten werden außer den Doppelmänteln Halbrohrsysteme eingesetzt. Sie erfordern entsprechende Nahtausführungen, um die erforderliche Betriebssicherheit der Apparate zu gewährleisten. (Bild 5-135a)–d))
Der Abstand zwischen den Halbrohren ist so festzulegen, daß je nach Schweißverfahren eine einwandfreie Verbindung hergestellt werden kann. Die Behälterwanddicke sollte wegen der Gefahr des Durchschmelzens ausreichend bemessen sein (≥ 4 mm). Bei einseitig geschweißten Stumpfnähten zwischen den Halbrohren muß auf eine gute Wurzelerfassung geachtet werden (2 Lagen). Nichtrostende Werkstoffe sollten beim Schweißen innen mit Formiergas gespült werden.

a)

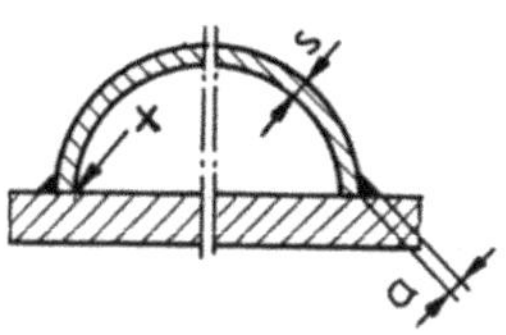

Für drucklosen Betrieb bei Heiz- bzw. Kühlmedien ohne Korrosionsgefahr.
x = Gefahr von Spaltkorrosion
x ≤ 3mm ; a ≥ 3 mm; Werkstoff der Halbrohre: unlegierter Stahl

b)

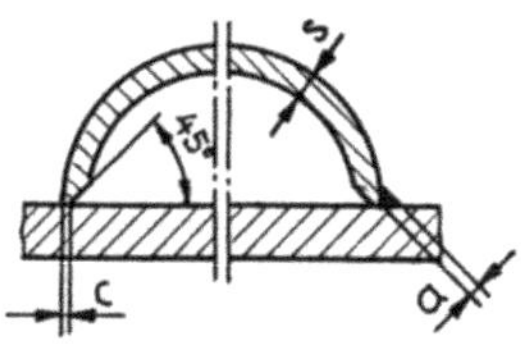

Für Druckbelastung, geringe Spaltkorrosionsgefahr, da definierter Spalt
c ≤ 1,5 mm
s ≥ 2,6 mm
a ≥ s

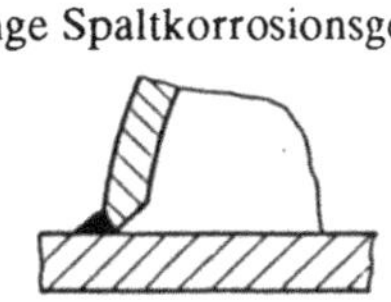

Werkstoff der Halbrohre: Unleg. Stahl, CrNi Stahl

c)

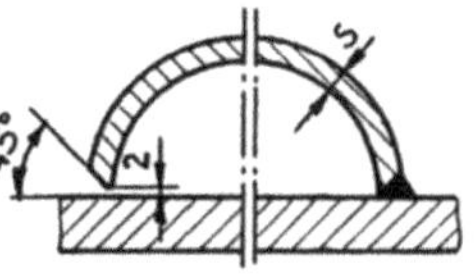

Für Druckbelastung mit guter Durchschweißung (mindestens 2 Lagen)
s ≥ 2,6 mm
Werkstoffe der Halbrohre: Unleg. Stahl, CrNi Stahl

d)

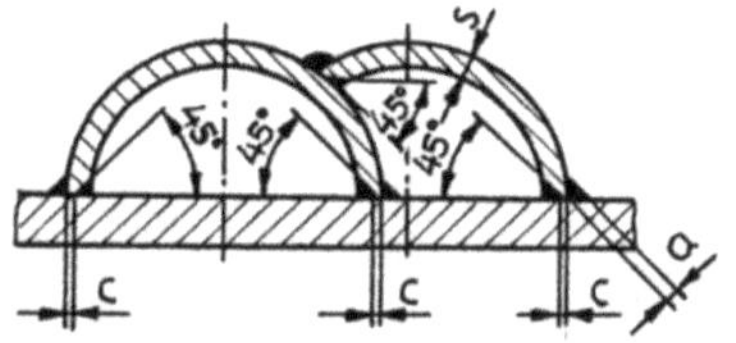

Geschulterte Halbrohre für beste Heiz- bzw. Kühlleistung. Sonstige Daten wie Nr. 2
s ≥ 3 mm
c ≤ 1,5 mm

Bild 5-135 Unterschiedliche Ausführungen zum Anschweißen von Halbrohren an Behältern

Anschweißen von flachen und gewölbten Böden

Für Druckbehälter und Apparate werden je nach Druckstufe, Behälterabmessungen und Werkstoffe, flache und gewölbte Böden eingesetzt. Anschweißlösungen sind in Bild 5-136 dargestellt. Die Lösungen a)–d) sind für alle Werkstoffarten geeignet. Die Nahtvorbereitungen sollten den Werkstoffeigenschaften angepaßt werden.

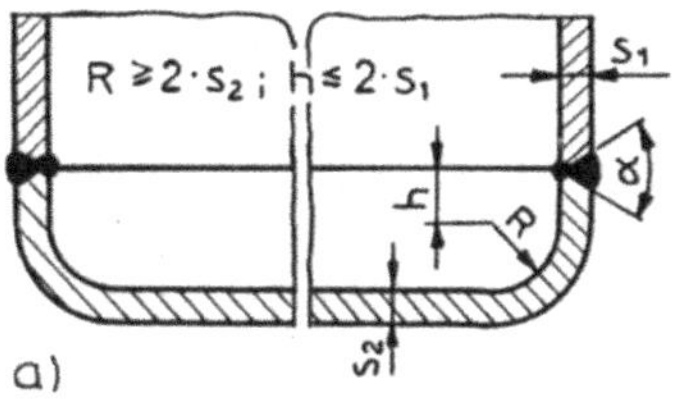

a)

Nahtabmessung:
DIN 8551: $\chi \approx 60°$.

Bei s_2 ist die zulässige Durchbiegung zu beachten. Je nach Zugänglichkeit V- oder X-Naht wählen.

Flacher Boden für Behälter mit geringen Drücken und Rohrleitungen.

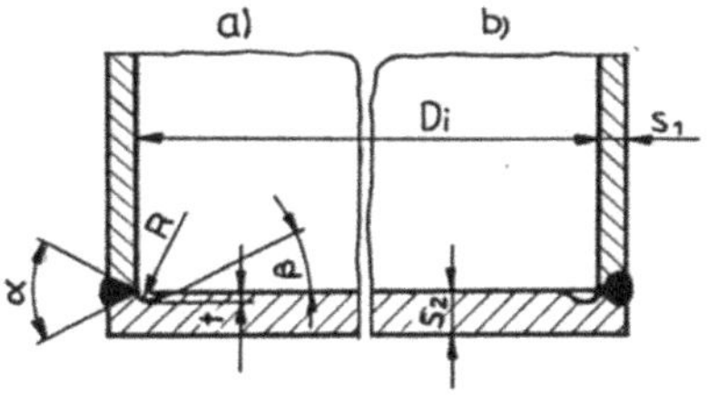

b)

Nahtabmessung:
$\alpha = 60°$; $\beta = 30°$; ≥ 3 mm; R = 6 mm.

Bei s_2 ist die zulässige Durchbiegung zu beachten, je nach Zugänglichkeit V- oder X-Naht nach DIN 8551 wählen.

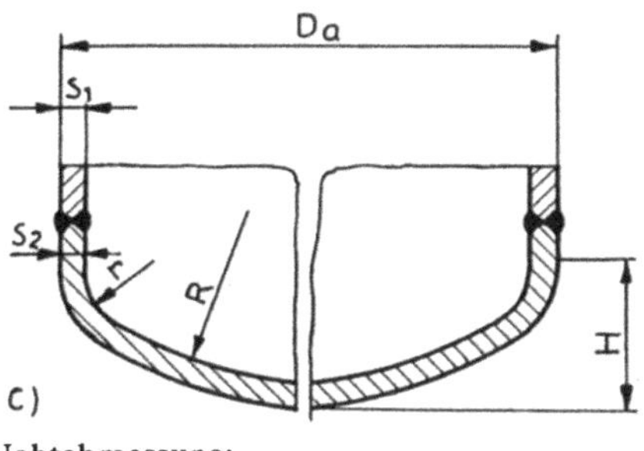

c)

Nahtabmessung:
DIN 8551

Bemerkungen:
Klöpperbodenform:
$R = D_a$; $r = 0{,}1D_a$; $H = 0{,}2D_a$.

Korbbogenform:
$R = 0{,}8D_a$; $r = \frac{1}{6{,}5}D_a$; $H = 0{,}25D_a$.

Halbkugelform:
$R = r = (D_a - 2s_2)/2$; $H = 0{,}5D_a$.
Je nach der Zugänglichkeit und dem Verwendungszweck kann eine andere geeignetere Nahtform gewählt werden.

Gewölbter Boden durch Druckbehälter aller Größen (uneingeschränkt anwendbar)

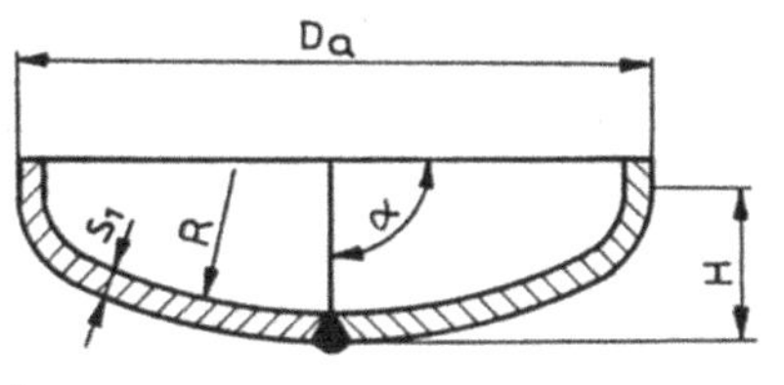

d)

Nahtabmessung:
DIN 8551

Bemerkungen:
Zwei- oder mehrteilige Böden.
Bei $a = 60°$ und $H/D_a < 0{,}25$ wird bei geteilten Böden als Schweißnahtfaktor v = 1 gesetzt.

Gewölbter Boden für größere Böden mit Druckbeanspruchung.

Bild 5-136 Verschiedene Lösungen zum Anschweißen flacher und gewölbter Kesselböden

Mischverbindungen und Auskleidungen

Wie schon weiter oben bei „Schweißen plattierter Stähle" dargestellt, werden bei Druckbehältern und Tanks die produktberührten Seiten oft aus nichtrostenden Werkstoffen und die Gegenseitigen aus unlegiertem oder niedrig-legiertem Stahl (drucktragendes Teil) ausgeführt.

Hierbei sind folgende Besonderheiten zu beachten: Plattierungen und Auskleidungen sollten eine Wanddicke von 2 mm nicht unterschreiten (üblicher Wanddickenbereich $s = 2$ bis 4 mm; in Sonderfällen bis 10 mm). Plattierte Halbzeuge müssen mit einer Ultraschallprüfung auf Ablösungen untersucht werden. Prüf- und Entlüftungsbohrungen sind grundsätzlich erforderlich.

Bei Auskleidungen / Verkleidungen sind thermische Beanspruchungen und Unterdrükke rechnerisch zu überprüfen und zu berücksichtigen. In den Bildern 5-137 bis 5-139 sind mögliche Lösungen für Mischverbindungen und Auskleidungen dargestellt.

Anwendungsbereich: $s_1 \geq 5$ mm.

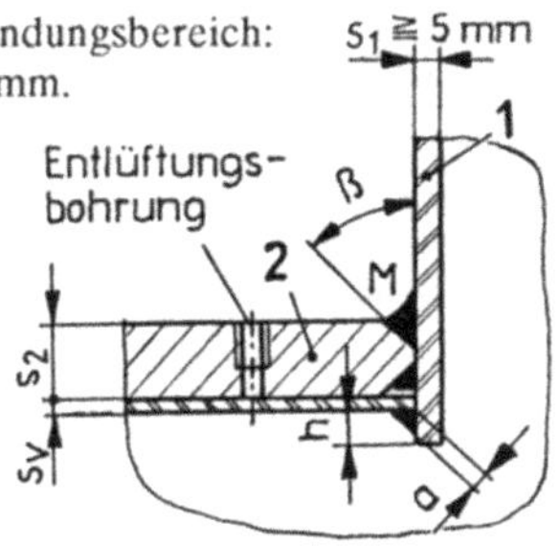

Nahtabmessung: DIN 8551; $a = s_v$;

$h \geq s_v$;

$\beta = 45 \ldots 60°$.

M = Mischverbindung
1 = Stutzenrohr aus massivem korrosionsbeständigen Werkstoffen
2 = plattierte Mantel oder Boden oder ausgekleidete Ausführung

Bild 5-137 Stutzenanschluß für alle korrosionsbeständigen Werkstoffe

Nahtabmessung: DIN 8551; $\beta = 45 \ldots 60°$

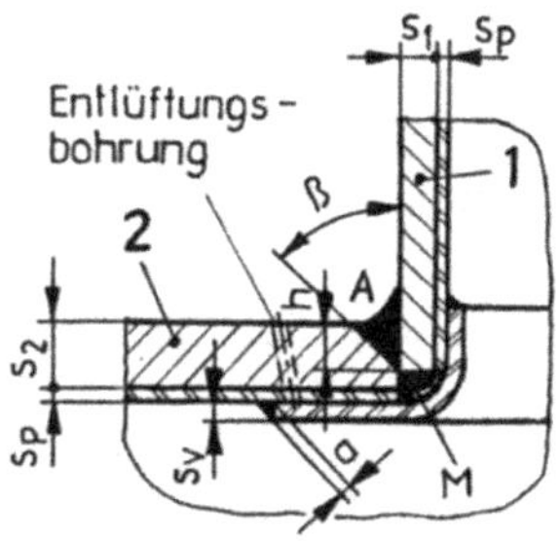

Für besondere Anforderungen.

Bild 5-138
Stutzenanschluß für plattierte Mäntel und Böden mit plattiertem Stutzenrohr

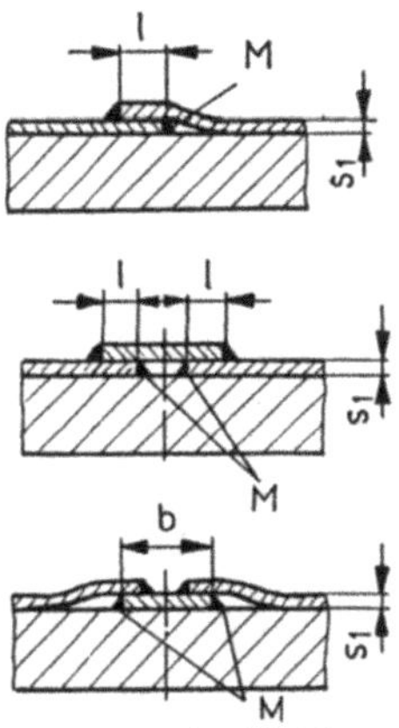

$s_1 \leq 3$ mm
$l \geq 5 \cdot s_1$ jedoch mindestens 10 mm

M = Mischverbindung

$s_1 \leq 3$ mm
$b \geq 30$ mm

Bild 5-139 Auskleidungen für Behälter und Tanks mit korrosionsbeständigen Werkstoffen mit Überlappung bzw. Deck- oder Unterlegstreifen

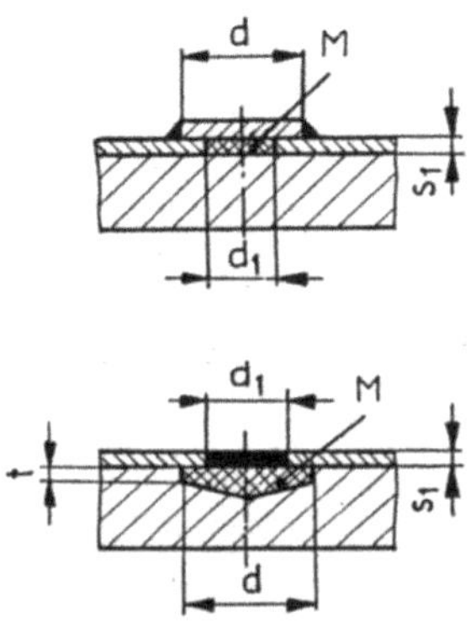

M = Mischverbindung

$d_1 \geq 15$ mm
$s_1 \geq 2$ mm
$d = d_1 + 20$ mm

$t \geq 3$ mm
$d_1 \geq 15$ mm
$d = d_1 + 20$ mm

Bild 5-140
Lochschweißungen – für alle Werkstoffarten geeignet

Bild 5-137 zeigt einen Stutzenanschluß für nichtrostende Werkstoffe, wobei das AD-Merkblatt W8 sowie die Schweißzusätze für Mischverbindungen (M) zu beachten sind. Bild 5-138 stellt eine Lösung für plattierte Mäntel und Böden dar.
Bild 5-139 zeigt Schweißstöße für Innenplattierungen, die sich für alle Werkstoffarten eignen. Die Nähte müssen mit Rißprüfverfahren und Absaugen mit Unterdruckglocken (Bubble-Test) auf ihre Dichtheit geprüft werden. Zwei Ausführungen von Lochschweißungen plattierter Bleche sind in Bild 5-140 gezeigt. Sie werden bei Tanks für große Verkleidungsbleche und bei Druckbehältern mit geringem Unterdruck und nachfolgenden Wärmebehandlungen angewandt.

Sonderplattierungen – Verbundkonstruktionen

An zwei Beispielen aus dem Tank- und Druckbehälterbau sollen Möglichkeiten dargestellt werden, schwierige Verbundkonstruktionen zu beherrschen. (Bild 5-141 bis 5-144)

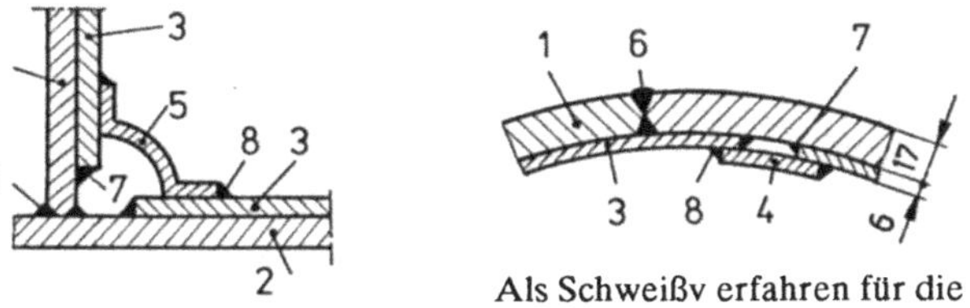

Hinweise über Konstruktionsausführung siehe auch Bild 5-139 sowie DIN 4119.

Als Schweißv erfahren für die Auskleidung kommt hauptsächlich das MIG-Impulsschweißen zur Anwendung.

1,2 = Tragende Tankwand aus AlMg 4,5 Mn W 28
3 = Auskleidung z.B. Al 99,8
4 = Deckstreifen z.B. Al 99,8
5 = Eckprofil z.B. Al 99,8
6 = Schweißgut SG-AlMg 4,5 Mn
7 = Schweißgut Sg-AlMg 4,5 Mn
8 = Schweißgut SG-Al 99,8

Bild 5-141 Großbehälter für Salpetersäure mit Auskleidung

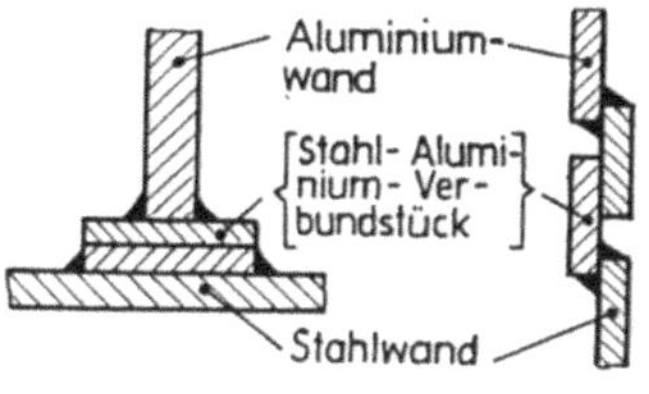

Verbundstück St-Al = sprengplattiert

Verbindungsschweißungen zwischen Stahl und Aluminium sind nur mit untergeordneter Qualität möglich (intermetallische Phasen). Die beste Lösung stellen sprengplattierte oder diffusionsgeschweißte Verbundstücke dar.

Bild 5-142 Mischkonstruktion Schweißverbindung Stahl-Aluminium

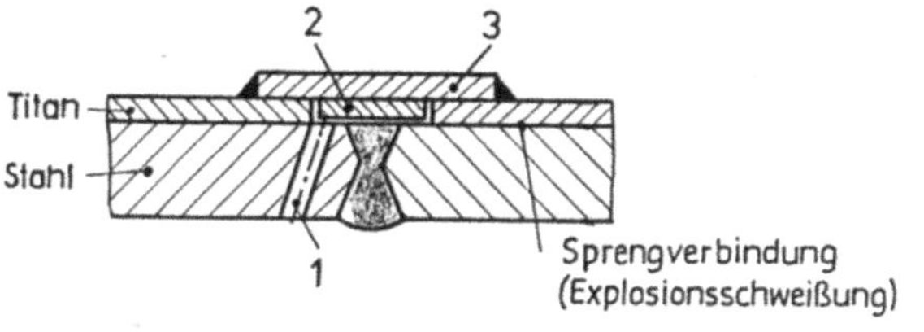

1 = Prüf- und Spülbohrungen für Formiergas Reinargon
2 = Einlagestreifen aus Titan oder nichtrostendem CrNi Stahl
3 = Deckstreifen aus Titan.
Sprengverbindung (Explosions-Schweißung)

Bild 5-143 Schweißen einer Titan-Sprengplattierung mit Einlegestreifen

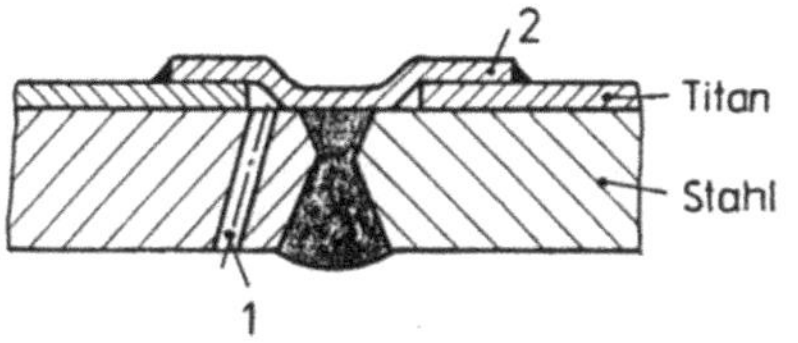

1 = Prüf- und Spülbohrungen für Formiergas Reinargon
2 = Vorverformter Deckstreifen aus Titan
Bei allen Schweißungen an Titan sind die besonderen Eigenschaften dieses Werkstoffes zu beachten.

Bild 5-144 Schweißen einer Titan-Sprengplattierung ohne Einlegestreifen

Oberirdische Tanks

In Tanks werden hauptsächlich Produkte gelagert, die beim Versagen erhebliche Umweltprobleme hervorrufen.
Durch die Abmessungen bedingt, erfolgt die Fertigung in den meisten Fällen im Freien, d.h. unter schwierigen Bedingungen, hervorgerufen durch oft wechselnde Wetterlagen. Dies erfordert an die Gegebenheiten und Vorschriften ausgelegte Konstruktionen, der Witterung angepaßte Montagebedingungen und gut ausgebildete Schweißer.
In den drei nachfolgenden Beispielen werden Tanks aus Baustahl, nichtrostendem Cr-Ni-Stahl und Aluminium dargestellt (Bilder 5-145 bis 5-147).

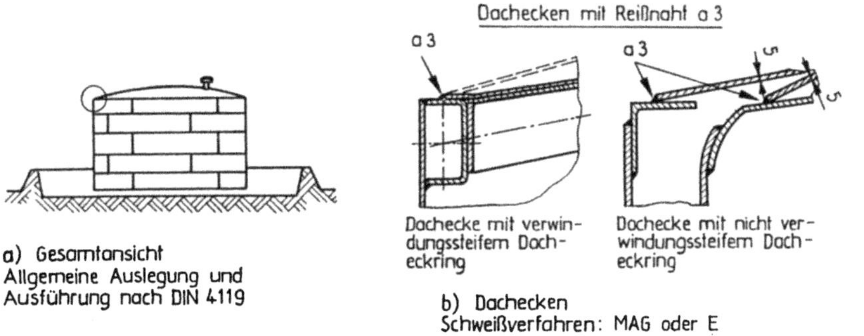

Bild 5-145 Tank (10 000 m^3) aus Baustählen nach DIN 17 100, Dacheckring ausgeführt als Explosionsdach

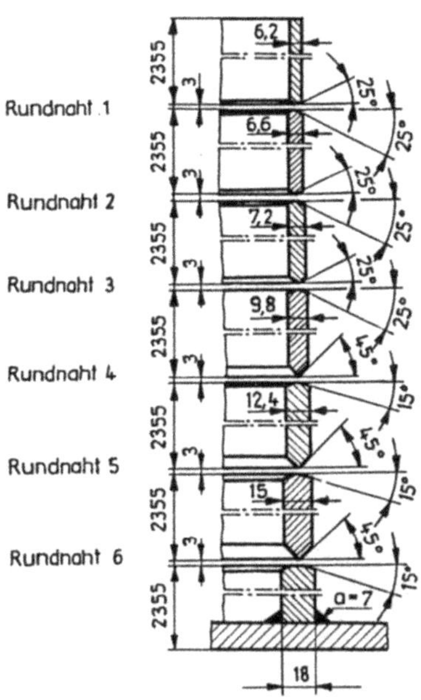

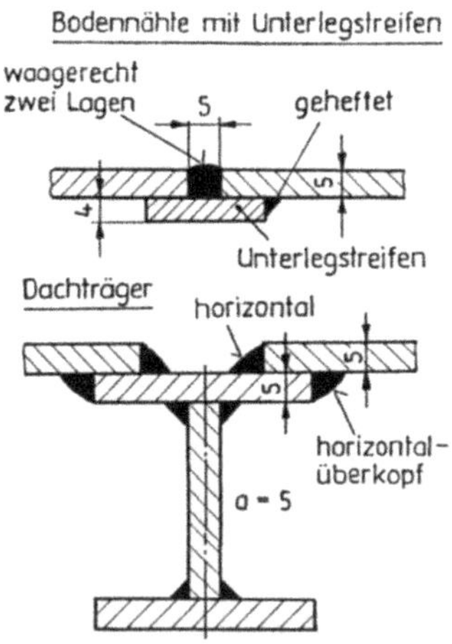

Schweißverfahren: Wurzellagen WIG
Stumpfnähte: beidseitig-gleichzeitig Füller- und Decklagen MAG mit Fülldraht

Kehlnähte: MAG mit Fülldraht
Bodennähte: MAG mit Fülldraht
Zusatzwerkstoff: 1.4430

Bild 5-146 Details eines Tanks (8500 m^3), ∅ 25 m/20 m Höhe, Werkstoff: Cr-Ni-Stahl (1.4571) nach DIN 17 440

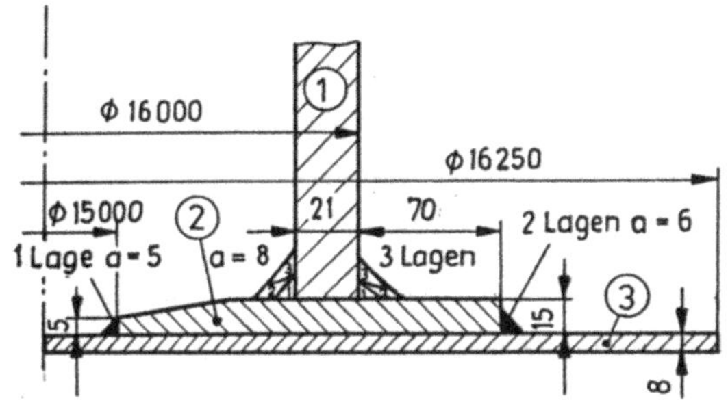

Detail A:
Bereich Mantel-Boden

(1) = Unterster Mantelschuß
(2) = Fußeckring
(3) = Boden

Vorwärmung nur bis zum Entfernen des Schwitzwassers.

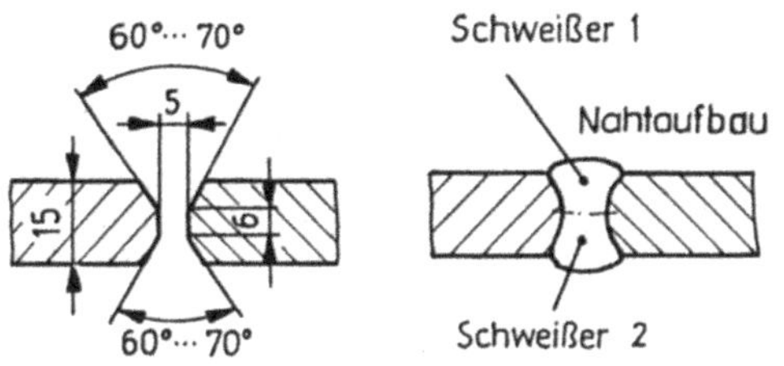

Detail B:
Nahtvorbereitung
Steignähte

Schweißung WIG doppelseitig mit 2 Schweißern gleichzeitig.
Gas: Argon/Helium 50/50
Schweißzusatz: S-AlMg 4,5 Mn DIN 1732 5 Ø
Vorwärmung ca. 80 °C bei Schweißbeginn.
Schweißposition: senkrecht

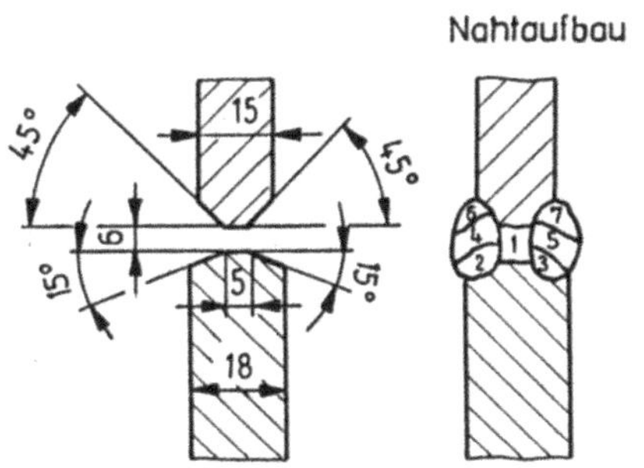

Detail C:
Nahtvorbereitung
Rundnähte

Lage 1 Schweißung wie bei Detail A
Schweißposition: 9 Lagen 2 bis 7 MIG
Gas: Argon/Helium 50/50
Schweißzusatz: S-AlMg 4,5 Mn
DIN 1732 1,6 Ø
Vorwärmung ca. 80 °C bei Schweißbeginn.
Schweißposition quer.

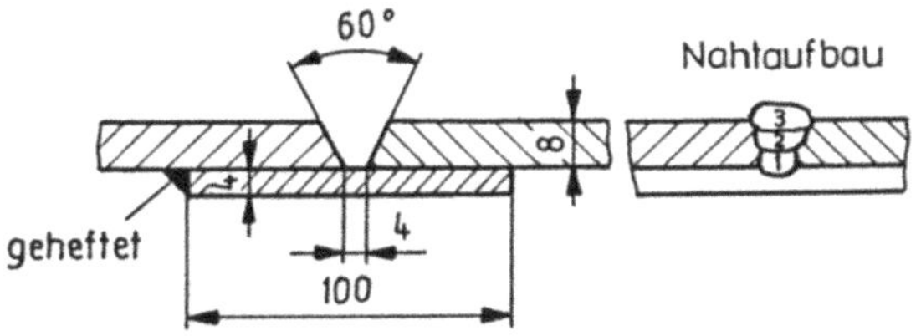

Detail D:
Bodenausführung

Werkstoff Boden und Unterlagstreifen Al99,5 F7
Schweißung MIG;
Schweißposition: W
Gas: Argon 99,996 %
Schweißzusatz: S-Al 99,5 Ti DIN 1732 1,6 Ø
Die Vorwärmung wurde nur bis zur Verdampfung des Schwitzwassers durchgeführt.

Bild 5-147 Details eines Tanks (3500 m^3), Ø 16 m/16 m Höhe, Werkstoff: AlMg 4,5 Mn W 28 nach DIN 1745

5.7.3 Prüfen im Druckbehälterbau

Druckbehälter und Dampfkessel sind Anlagen, die wegen ihres Gefährdungspotentials als überwachungsbedürftig eingestuft werden. Sie sind in § 24 der Gewerbeordnung aufgeführt.
Es gehören weitere Anlagen dazu, z.B. Anlagen zur Abfüllung von verdichteten, verflüssigten oder unter Druck gelösten Gasen; Leitungen unter innerem Überdruck für brennbare, ätzende oder giftige Gase; Dämpfe oder Flüssigkeiten; Anlagen zur Lagerung, Abfüllung und Beförderung von brennbaren Flüssigkeiten.
Die Bundesregierung wird ermächtigt, Rechtsverordnungen über diese Anlagen zu erlassen. Für Druckbehälter wurde im Jahre 1980 die Druckbehälterverordnung (abgekürzt Druckbehälter-VO) erlassen. Vorher waren die Regelungen für Druckbehälter in der Unfallverhütungsvorschrift (UVV) „Druckbehälter“ (VGB 17) festgelegt.
In der Druckbehälter-VO werden als Druckbehälter bezeichnet:
„Behälter oder Rohranordnungen, in denen durch die Betriebsweise ein Betriebsüberdruck (p in bar) herrscht oder entstehen kann, der größer als 0,1 bar ist.“
Die Druckbehälter werden nach dem zulässigen Betriebsüberdruck (p in bar) und dem Druckinhaltsprodukt p · I. (I in Liter) in folgende Prüfgruppen eingeteilt:

1. Druckbehälter, in denen der Druck durch Gase oder Dämpfe, durch Flüssigkeiten oder Feststoffe mit Gas oder Dampfpolster oder durch Flüssigkeiten, deren Temperatur die Siedetemperatur bei Atmosphärendruck überschreitet, ausgeübt wird:

	zul. Betriebsüberdruck p (bar)	Druckinhalts-produkt p · I
Gruppe I	entweder 0,01 bar > p ≤ 0,1 bar*) oder p ≤ 25 bar	– ≤ 200
	oder Druckbehälter als Rohranordnungen mit Rohren (lichter Querschnitt ≤ 100 cm²), wenn p · Di. (mm) ≤ 2000 beträgt	
Gruppe II	entweder p ≥ 25 bar oder p ≤ 1 bar	≤ 200 > 200
Gruppe III	p > 1 bar	> 200 ≤ 1000
Gruppe IV	p > 1 bar	> 1000

*) nur Druckbehälter für tiefkalte, flüssige Gase

2. Druckbehälter, in denen der Druck durch Flüssigkeiten, deren Temperatur die Siedetemperatur bei Atmosphärenüberdruck nicht überschreitet, ausgeübt wird:

Gruppe V	entweder p ≤ 500 bar oder p > 500 bar	– ≤ 1000
Gruppe VI	p > 500 bar	> 1000 ≤ 10000
Gruppe VII	p > 500 bar	> 10000

Druckbehälter der Gruppen III, IV, VI und VII sind von einem Sachverständigen einer erstmaligen Prüfung (es ist die Prüfung nach Fertigungsende) und einer Abnahmeprüfung zu unterziehen.

Sachverständige sind:
1. Sachverständige der Technischen Überwachungs-Vereine – TÜV
2. Technische Überwachungsämter – TÜA
3. Eigenüberwachung (z.B. Hoechst, Bayer, BASF); hier handelt es sich um neutrale Sachverständige des Betriebs, die die Qualifikation außenstehender Sachverständiger besitzen.

Gruppe I und II können vom herstellenden Betrieb durch einen Sachkundigen geprüft werden. Sachkundige sind:
„Vom Unternehmen benannte verantwortliche Prüfer von Druckbehältern nach TRB 531,532 und 533, die keine spezifische Ausbildung zum Sachverständigen haben und auch keine besondere Prüfung ablegen mußten.“
Durch die Einteilung in die Prüfgruppen wird ein umfassendes Sicherheitskonzept sichtbar. Druckbehälter mit einem kleinen Druckinhaltsprodukt haben eine geringere Energie als solche mit einem großen Druckinhaltsprodukt, so daß bei einem möglichen Zerknall bei letzteren eine hohe Energie schlagartig frei würde; somit geht von diesen Druckbehältern für die Umgebung eine größere Gefahr aus und es bedarf erhöhter Anforderungen und wesentlich umfangreicherer Prüfungen, um das Gefährdungspotential auf ein Minimum herabzusetzen.
Im folgenden sind beispielhaft Druckbehälterdaten zusammengestellt und den entsprechenden Prüfgruppen zugeordnet,
- Druckbehälter: Inhalt 70 Liter, zulässiger Betriebsüberdruck 2,5 bar
  (Prüf-Gruppe I) $p \cdot I = 175$
- Druckbehälter: Inhalt 300 Liter, zulässiger Betriebsüberdruck 2,5 bar
  (Prüf-Gruppe III) $p \cdot I = 750$

(Bild 5-148 zeigt diesen Behälter)

AD-Merkblätter

In der Unfallverhütungsvorschrift „Druckbehälter“ VGB 17 steht, daß Unternehmer Druckbehälter nur in Betrieb nehmen dürfen, wenn sie den allgemein anerkannten Regeln der Technik entsprechen. Als solche gelten die von der „Arbeitsgemeinschaft Druckbehälter“ aufgestellten Richtlinien für Werkstoffe, Berechnung, Herstellung und Ausrüstung von Druckbehältern – die „AD-Merkblätter“. Diese werden laufend dem Fortschritt der Technik angepaßt und wurden unverändert in die nach der Druckbehälterverordnung aufgestellten Technischen Regeln Druckbehälter (abgekürzt: TRB) übernommen.

Aufbau des AD-Regelwerkes

Der Aufbau des Regelwerkes der AD-Merkblätter und ihre Zuordnung zu den Technischen Regeln Druckbehälter (TRB) wird in der folgenden Zusammenstellung gezeigt.

AD-Merkblätter der Reihe A (Ausrüstung)

Dazu gehören u.a.: Sicherheitseinrichtungen, wie Sicherheitsventile und Berstsicherungen, Gehäuse von Armaturen, Mannlöcher und Besichtigungsöffnungen.

AD-Merkblätter der Reihe B (Berechnung)

In der Reihe B ist die Berechnung der einzelnen Komponenten (Druckbehältermantel, Böden, Schrauben, Flansche usw.) angegeben.

Überblick über den Aufbau des AD-Regelwerkes und Zuordnung zu den TRB

AD-Merkblätter der Reihe		TRB
A	Ausrüstung	400
B	Berechnung	300
G	Grundsätze	
H	Herstellung	200
HP	Herstellung und Prüfung	200
N	Nichtmetallische Werkstoffe	100
S	Sonderfälle	300
W	metallische Werkstoffe	100

AD-Merkblätter der Reihe G (Grundsätze)

Die Reihe G zeigt den Aufbau der AD-Merkblätter und gibt eine Zusammenstellung aller in AD zitierten DIN-Normen.

AD-Merkblätter der Reihe H (Herstellung)

Prüfung von Fertigteilen aus Stahlblech.

AD-Merkblätter der Reihe HP (Herstellung und Prüfung)

Hier sind die für die schweißtechnische Fertigung und Prüfung sowie über die Wärmebehandlung wichtigen Vorschriften angegeben.
In den AD-Merkblättern der Reihe HPO sind allgemeine Voraussetzungen, die der Druckbehälter-Hersteller nachweisen muß, festgelegt, u.a. geprüfte Schweißer, Prüf- und Schweißaufsicht, Verfahrensprüfung, ggf. Wärmebehandlungseinrichtung.
In den weiteren Abschnitten des AD-Merkblatts HPO werden die Erhaltung der Kennzeichnung der Werkstoffe beschrieben und angegeben, wie Änderungs- und Ausbesserungsarbeiten durchzuführen sind. In der Anlage zu AD-Merkblatt HPO sind die Werkstoffe, bzw. Werkstoffgruppen aufgeführt, sowie die Bedingungen für den Verzicht auf Wärmebehandlung nach dem Schweißen und Art und Umfang der Arbeitsprüfungen (siehe S. 125) und zerstörungsfreie Prüfungen angegeben.
Eine Übersicht über die weiteren HP-Blätter sind auf Seiten 119 und 120 zu sehen.

AD-Merkblätter der Reihe N (Nichtmetallische Werkstoffe)

Hier sind Richtlinien für die Fertigung von Druckbehältern aus Nichtmetallen, wie textilglasverstärkte duroplastische Kunststoffe (GFK), Elektrographit, Hartbrandkohle und Glas angegeben.

AD-Merkblätter der Reihe S (Sonderfälle)

Unter anderem Berechnung auf dynamische Beanspruchung und Berücksichtigung von Zusatzkräften.

AD-Merkblätter der Reihe W (Werkstoffe)

In den AD-Merkblättern der Reihe Werkstoffe sind für die wichtigsten Erzeugnisformen, die für den Bau von Druckbehältern und Teilen von Druckbehältern notwendig sind, z.B. Bleche, Rohre, Schrauben, Muttern u.a., die dafür geeigneten Werkstoffe festgelegt.
In dem AD-Merkblatt WO sind wie in AD-HPO die grundsätzlichen Dinge und Voraussetzungen, z.B. für die Hersteller von Blechen, Rohren oder Schmiedestücke festgelegt. Dabei unterliegen die Werkstoffe je nach Druckbehältergruppe unterschiedlichen Anforderungen. So muß der Hersteller von Werkstoffen für Druckbehälter der Prüfgruppe III, IV, VI und VII zugelassen sein. Dies ist in den Werkstoffbescheinigungen dieser Hersteller zu vermerken. Darauf muß bei der Bestellung geachtet werden. Aber auch bei Fertigung von Druckbehältern der Prüfgruppen I, II und V sind die Angaben in WO zu berücksichtigen. Wenn diese Festlegungen für beide Gruppen nicht beachtet werden, kann der Behälter bei der Abnahmeprüfung zurückgewiesen werden.
So muß auch in den Werkstoffbescheinigungen explizit ausgewiesen sein, daß die Anforderungen nach dem AD-Merkblatt (z.B. bei Blech AD-Mbl. W1) erfüllt sind.
In AD-Merkblatt WO steht auch, was bei der Verwendung von Schweißzusätzen und anderen Verbindungsstoffen wie z.B. Löt- und Klebstoffen zu beachten ist.
Die weiteren AD-Merkblätter der Reihe W sind auf den Seiten 120 und 121 aufgeführt.
Die AD-Merkblätter der Reihe W sind in die folgenden Abschnitte unterteilt:

1. *Geltungsbereich*

Hier wird die untere Temperatur bei – 10 °C begrenzt. Bei Einsatz in tieferen Temperaturbereichen sind die Richtlinien des AD-Merkblattes W 10 zu beachten.

2. *Geeignete Werkstoffe*

Hier sind die Werkstoffe angegeben, die für Druckbehälter oder Teile von Druckbehältern verwendet werden können. Es sind in erster Linie DIN und SEW-Werkstoffe. Andere Werkstoffe können nach einer Eignungsprüfung (s.a. AD-WO, Abschnitt 3.2 und 4.2) eingesetzt werden. Das gilt auch für nichtmetallische Werkstoffe, z.B. Schaugläser für Druckbehälter.
Die nach AD-Mbl. WO, Abschnitt 3.2, geprüften Werkstoffe werden in VdTÜV-Werkstoffblättern veröffentlicht und sind beim Maximilian-Verlag, 499 Herford, Postfach 42352, zu beziehen. Dabei werden diese Werkstoffe immer nur für den Werkstoffhersteller zugelassen, bei dem die Eignungsprüfung durchgeführt wurde. Weitere interessierte Werkstoffhersteller können die Eignungsprüfung durch einen Sachverständigen der Technischen Überwachungs-Vereine durchführen lassen und werden über ein Anschlußgutachten in ein bestehendes VdTÜV-Werkstoffblatt aufgenommen.

3. *Prüfung (Prüfverfahren)*

In diesem Abschnitt ist festgelegt, welche Prüfungen für die Werkstoffe zur Herstellung der Druckbehälter erforderlich sind.

4. *Kennzeichnung der Werkstoffe*

Dadurch werden Werkstoff, Hersteller und Schmelze bleibend kenntlich gemacht.

5. *Nachweis der Güteeigenschaften*

Dieser bedeutet die Festlegung über die Art der Bescheinigung über den Werkstoff nach DIN 50049.

6. *Festigkeitskennwerte für die Bemessung*

Hier werden die K-Werte (AD-BO) angegeben, auch für erhöhte Temperaturen.

Zusammenstellung der AD-Merkblätter

AD-Merkblatt	Titel	TRB
A1	Sicherheitseinrichtungen gegen Drucküberschreitung – Berstsicherungen	403
A2	Sicherheitseinrichtungen gegen Drucküberschreitung – Sicherheitsventile	403
A4	Gehäuse von Armaturen	404
A5	Öffnungen, Verschlüsse und besondere Verschlußelemente (Mannlochflansche)	402 511
A6	Sicherheitseinrichtung gegen Drucküberschreitung: MSR-Sicherheitseinrichtungen	403
B 0	Berechnung von Druckbehältern	300 511
B 1	Zylinder- und Kugelschalen unter innerem Überdruck	300
B 2	Kegelförmige Mäntel unter innerem und äußerem Überdruck	300
B 3	Gewölbte Böden unter innerem und äußerem Überdruck	300
B4	Tellerböden	300
B 5	Ebene Böden und Platten nebst Verankerungen	300
B 6	Zylinderschalen unter äußerem Überdruck	300
B 7	Schrauben	300
B 8	Flansche	300
B 9	Ausschnitte in Zylindern, Kegeln und Kugeln unter innerem Überdruck	300
B 10	Dickwandige zylindrische Mäntel unter innerem Überdruck	300 511
B 13	Einwandige Balgkompensatoren	300 511
H 3	Prüfung von Fertigteilen aus Stahlblech	200
HP 0	Allgemeine Grundsätze für Auslegung, Herstellung und erstmalige Prüfung	200
HP 1	Auslegung und Gestaltung	200
HP 2/1	Verfahrensprüfung für Fügeverfahren Verfahrensprüfung für Schweißverbindungen	200 505
HP 3	Schweißaufsicht, Schweißer	200
HP 4	Prüfaufsicht und Prüfer für zerstörungsfreie Prüfungen	200
HP 5/1	Herstellung und Prüfung der Verbindungen Arbeitstechnische Grundsätze	200 511
HP 5/2	Herstellung und Prüfung der Verbindungen Arbeitsprüfung an Schweißnähten, Prüfung nach Wärmebehandlung	200

Fortsetzung AD-Merkblätter

HP 5/3	Herstellung und Prüfung der Verbindungen Zerstörungsfreie Prüfung der Schweißnähte	200 511
HP 5/3 Anlage 1	Verfahrenstechnische Mindestanforderungen für die zerstörungsfreien Prüfverfahren	200
HP 7/1	Wärmebehandlung: Allgemeine Grundsätze	200
HP 7/2	Wärmebehandlung: Ferritische Stähle	200
HP 7/3	Wärmebehandlung: Austenitische Stähle	200
HP 7/4	Wärmebehandlung Aluminium und Aluminiumlegierungen	200
HP 8/1	Prüfung von Preßteilen aus Stahl sowie Aluminium und Aluminiumlegierungen	200
HP 8/2	Prüfung von Schüssen aus Stahl	200
HP 20	Erstmalige Prüfung von Druckbehältern; Bauprüfung und Druckprüfung	200
HP 30	Durchführung von Druckprüfungen	512 522 532

Prüfung von Druckbehältern

Hierbei ist zu unterscheiden zwischen den *Prüfungen vor der Fertigung, während der Fertigung* und *vor Inbetriebnahme* des Druckbehälters.

Prüfung vor Fertigungsbeginn

Rechnerische und konstruktive Vorprüfung

Für die Druckbehälter der Prüfgruppen III, IV, VI und VII ist eine rechnerische und konstruktive Vorprüfung erforderlich. Die Richtlinien sind in TRB 511 veröffentlicht. Dabei muß der Konstrukteur sich entscheiden, welche Werkstoffe er verwenden möchte, ob er unlegierte und damit leicht zu verarbeitende Werkstoffe bevorzugt, dafür größere Wanddicken und erhöhtes Gewicht in Kauf nimmt oder aber schwierig zu verarbeitende, empfindliche Stähle, z.B. hochfeste Feinkornbaustähle, vorzieht. Letztere sollten nur eingesetzt werden, wenn genügend Erfahrung für das Schweißen vorliegt; sie ermöglichen jedoch die Herstellung von leichteren Druckbehältern.
Die Wanddicke von Druckbehältermänteln ist weiter abhängig von der Ausnutzung der zulässigen Berechnungsspannung in der Schweißnaht, entweder Faktor 0,85 (85 % Ausnutzung) oder 1,0 (100 % Ausnutzung) und vom Durchmesser und Druck. Die Frage, ob der Schweißfaktor 85 % oder 100 % verwendet werden darf, ist vom vorgesehenen Verwendungszweck (Temperatur, Druck, Gewicht, Nutzlast usw.) abhängig. Für eine wirtschaftliche Fertigung ist zu empfehlen, den Schweißfaktor 85 % zu wählen, da bei Anwendung dieses Schweißfaktors ein verringerter Prüfumfang für die zerstörende und zerstörungsfreie Prüfung zugelassen ist.
Mögliche Korrosionsbeanspruchungen sind bei der Wahl der Werkstoffe zu berücksichtigen. Außerdem muß der Konstrukteur angeben, nach welchen AD-Merkblättern der Werkstoff bestellt werden soll (z.B. Bleche aus St 37-2 nach AD-Mbl. W1) und welcher Werkstoffnachweis nach DIN 50 049 erforderlich ist, z.B. Abnahmeprüfzeugnis 3.1 A oder Abnahmeprüfzeugnis 3.1 B (auch Werksabnahmezeugnis genannt).

Zusammenstellung der AD-Merkblätter

AD-Merkblatt	Titel	TRB
N 1	Druckbehälter aus glasfaserverstärkten Kunststoffen (GFK)	100 300 801
N 2	Druckbehälter aus Elektrographit und Hartbrandkohle	100 300
N 2	Anlage 1 zum AD-Merkblatt N 2, Ausgabe Juni 1971	100 300
N 4	Druckbehälter aus Glas	801
N 4 Anlage 1	Druckbehälter aus Glas Abschnitte 1 bis 7 und 9 Beurteilung von Fehlern in Wandungen von Druckbehältern aus Glas	100 300 801
S 1	Abgrenzung zwischen der Berechnung gegen vorwiegend ruhende Innendruckbeanspruchung und der Berechnung gegen Schwellbeanspruchung	300 511 801
S 2	Berechnung auf Schwingbeanspruchung	300
S 3/0	Allgemeiner Standsicherheitsnachweis für Druckbehälter – Grundsätze	300
S 3/1	Allgemeiner Standsicherheitsnachweis für Druckbehälter, Behälter auf Standzargen	300
S 3/2	Berücksichtigung von Zusatzkräften in Druckbehälterwandungen, Liegende Behälter auf Sätteln	300
S 3/3	Allgemeiner Standsicherheitsnachweis für Druckbehälter, Behälter mit gewölbten Böden auf Füßen	300
S 3/4	Allgemeiner Standsicherheitsnachweis für Druckbehälter, Behälter mit Tragpratzen	300
W 0	Allgemeine Grundsätze für Werkstoffe	100
W 1	Bleche aus unlegierten und legierten Stählen	100
W 2	Austenitische Stähle	100
W 3/1	Gußeisenwerkstoffe, Gußeisen mit Lamellengraphit (Grauguß) unlegiert und niedriglegiert	100
W 3/2	Gußeisenwerkstoffe, Gußeisen mit Kugelgraphit unlegiert und niedriglegiert	100
W 3/3	Gußeisenwerkstoffe, austenitische Gußeisen mit Lamellengraphit	100
W 4	Rohr aus unlegierten und niedriglegierten Stählen	100
W 5	Stahlguß	100

Fortsetzung AD-Merkblätter

W 6/1	Aluminium und Aluminiumlegierungen; Knetwerkstoffe	100
W 6/2	Kupfer und Kupferlegierungen	100
W 7	Schrauben und Muttern aus ferritischen Stählen	100
W 8	Plattierte Stähle	100
W 9	Flansche aus Stahl	100
W 10	Werkstoffe für tiefe Temperaturen; Eisenwerkstoffe	100 511 513
W 12	Nahtlose Hohlkörper aus unlegierten und legierten Stählen für Druckbehältermäntel	100
W 13	Schmiedestücke und gewalzte Teile aus unlegierten und legierten Stählen	100

Der Konstrukteur muß dem zuständigen Technischen Überwachungs-Verein die Unterlagen mit Zeichnungen und Schweißplänen zuschicken und erhält diese mit dem Freigabevermerk zurück, evtl. Änderungen werden in den Unterlagen angegeben und müssen bei der Fertigung berücksichtigt werden.
Druckbehälter der Prüfgruppen I und II benötigen keine konstruktive und rechnerische Vorprüfung, trotzdem muß der Hersteller vor dem Bau den Druckbehälter berechnen (Behälterwanddicke, Flansche, Schrauben, Muttern usw.). Er muß dann bestätigen, daß er den Behälter ordnungsgemäß gefertigt hat und daß er den Anforderungen, z.B. der DIN, entspricht.

Voraussetzungen des Fertigungsbetriebs

- Geprüfte Schweißer nach AD-Merkblatt HP 3

Der Betrieb muß über geprüfte Schweißer nach DIN–8560 (Stahlschweißer) und/oder nach DIN 8561 (Nichteisenmetallschweißer) verfügen.

- Einrichtungen

Hiermit sind die erforderlichen Fertigungs- und Prüfeinrichtungen (z.B. Röntgengerät, US-Prüfgeräte, Zugprüfmaschinen, Kerbschlaghammer) gemeint, die eventuell nur bei Instituten oder anderen Firmen zur Verfügung stehen.

- Schweiß- und Prüfaufsicht
- Überprüfte Glüheinrichtung

Nur erforderlich, wenn Werkstoffe verarbeitet werden, die nach dem Schweißen wärmebehandelt werden müssen (z.B. 13 Cr MO 44 oder X 20 Cr Mo V 121). Es können auch Glühöfen von anderen Herstellern in Anspruch genommen werden.

- Verfahrensprüfung

Nach dem AD-Mbl. HPO sind für Druckbehälter der Prüfgruppen III, IV, VI und VII die Schweißverfahren, die zur Herstellung von Druckbehältern zum Einsatz kommen, einer Prüfung durch einen Sachverständigen zu unterziehen. Für diese Prüfungen werden Zug-, Falt- und Kerbschlagbiegeversuche an extra dafür geschweißten Probestücken, die nicht zum Druckbehälter gehören, durchgeführt. Außerdem wird der Schweißnahtbereich durch Härte- und Gefügeprüfungen untersucht. Vorher werden die geschweißten Probeplatten zerstörungsfrei durch Durchstrahlung (z.B. Röntgen) oder Ultraschall geprüft.

– Prüfung der Schweißzusätze und Hilfsstoffe (z.B. Schutzgas und Schweißpulver)

Alle Schweißzusätze und Hilfsstoffe müssen vor ihrem Einsatz zur Herstellung von Druckbehältern daraufhin überprüft worden sein, daß das erzeugte Schweißgut dem Grundwerkstoff (GW) entspricht! Das umfassendste Prüfkonzept zur Überprüfung der Schweißzusätze und der Hilfsstoffe liegt als VdTÜV-Merkblatt 1153 vor.
Diese Prüfungen werden beim Schweißzusatzhersteller durchgeführt. Die ermittelten Prüfergebnisse des jeweiligen Schweißzusatzes (Stabelektrode, Schweißstab, Drahtelektrode) und der Hilfsstoffe, wie z.B. Pulver für UP-Schweißungen, werden in einem Kennblatt veröffentlicht. Sämtliche Kennblätter sind in einer Liste erfaßt.
Für die Druckbehälter der einfachen Prüfgruppen I, II und V liegt es im Ermessen des Herstellers, wie er die Qualität seiner Druckbehälter sicherstellt. Es ist anzuraten, Festlegungen in Abstimmung mit dem Besteller zu treffen.

Prüfung während und nach der Herstellung

Die Schweißnähte von Druckbehältern sind in Übereinstimmung mit der vorgeprüften Zeichnung sowie den Bedingungen der Verfahrensprüfung drucktragender Teile auszuführen. Stumpfnähte als Verbindungsnähte sollen der Bewertungsgruppe BS (DIN 8563) Teil 3 (Stahl) oder DIN 8563, Teil 30 (Aluminium), entsprechen. Ungünstigen Witterungsverhältnissen muß beim Schweißen Rechnung getragen werden.

Zerstörende Prüfungen

Die Prüfungen, die während der Herstellung durchgeführt werden, bezeichnet man als fertigungsbegleitende Prüfungen, z.B. Arbeitsprüfungen an Schweißnähten, die nach AD-Merkblatt HP 5/2 zu behandeln sind.
Darin ist vorgesehen, daß beim Schweißen der Nähte zusätzliche Proben mitgeschweißt werden, um den direkten Vergleich hinsichtlich der Ausführung und Qualität mit der geschweißten Naht im Druckbehälter zu erhalten. Wenn die Schweißnähte wärmebehandelt werden müssen, so müssen die Arbeitsproben derselben Wärmebehandlung unterzogen werden. Über die Wärmebehandlung werden genaue Angaben im AD-Merkblatt HP 7/1 gemacht. Der Umfang der Arbeitsproben ist von der Ausnutzung der zulässigen Berechnungsspannung und vom Werkstoff abhängig.

Anzahl der Prüfstücke bei Längsnähten

Sie richtet sich nach den verwendeten Werkstoffen, der Anzahl der Schüsse (Schüsse = Gerundete Teile (Ringstück) eines Druckbehälters mit Längsnaht; mehrere Schüsse werden zu einem Gesamtbehälter mit Quernähten zusammengeschweißt) und nach der möglichen Ausnutzung der zulässigen Berechnungsspannung in der Schweißnaht zu 100 oder 85 %. Daher ist die Anzahl unterschiedlich. An einigen Beispielen soll dies gezeigt werden.

Ausnutzung 100 %

Folgende Werkstoffe kommen hierbei in Frage: St 37-2, 13 Cr Mo 44, WSt E 355, 1.4301, 1.4539, Al 99,95 und die Werkstoffe, die einer der Gruppen entsprechen. Hierfür ist

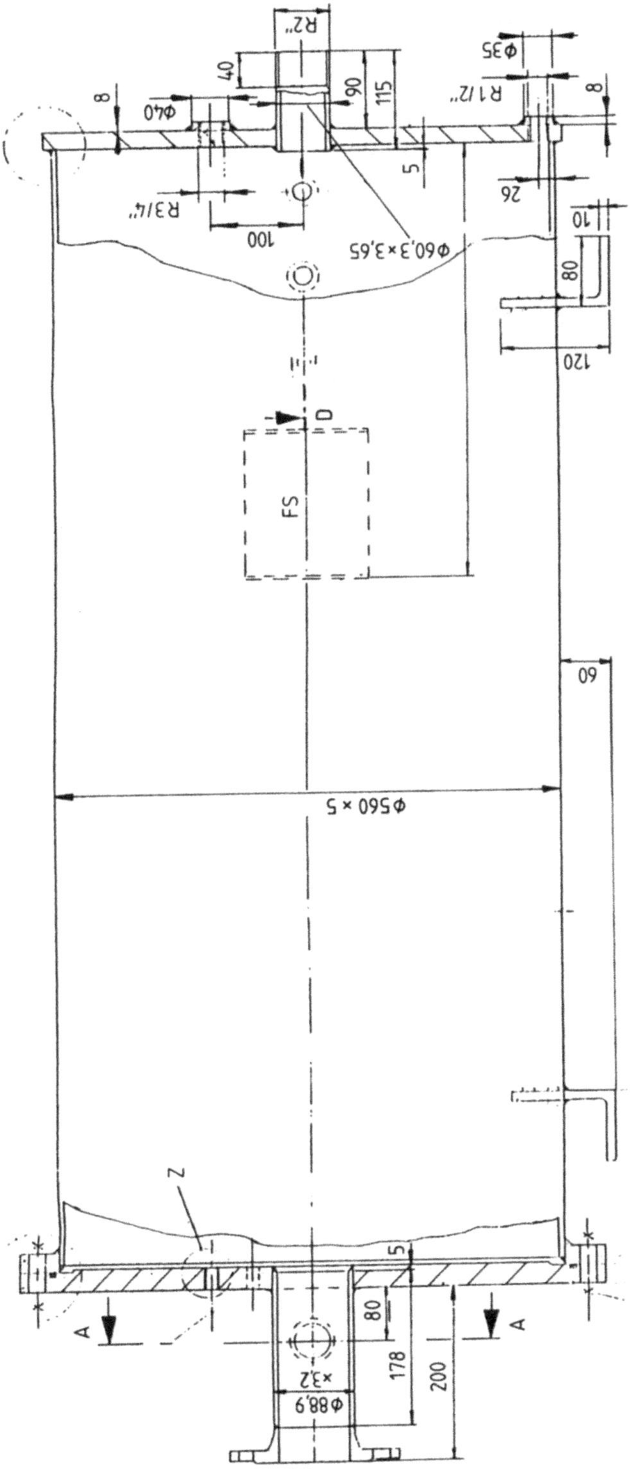

Bild 5-148 Beispiel eines Druckbehälters der Prüfgruppe III mit einem Inhalt von 300 Litern (zulässiger Betriebsüberdruck 2,5 bar, p.I = 750)

1 Prüfstück je Behälter zu schweißen; bei mehr als 5 Schüssen je Druckbehälter 2 Prüfstücke; wird eine Wärmebehandlung durchgeführt, 1 Prüfstück je Wärmebehandlungslos.

Für folgende Werkstoffe ist 1 Prüfstück je Schmelze und Druckbehälter, bei mehr als 5 Schüssen gleicher Schmelze 2 Prüfstücke zu schweißen:

- Feinkornbaustähle mit $Re_H > 370$ N/mm²
- hochlegierte warmfeste Baustähle und
- Alu-Legierungen (Al Mg 4,5 Mn).

Ausnutzung 85 %

1 Prüfstück an 2 % der Schüsse, jedoch mindestens 1 Prüfstück je Jahr.

Kritisch zu schweißende Werkstoffe sind grundsätzlich mit Ausnutzung der Berechnungsspannung von 100 % einzusetzen, weil die Rißgefahr ohnehin groß ist und deshalb sämtliche Schweißnähte (100 %) geprüft werden müssen. Dies gilt für folgende Werkstoffgruppen:

- warmfeste und hochwarmfeste Baustähle (z.B. X 20 Cr Mo V 121)
- Feinkornbaustähle mit $Re_H > 370$ N/mm²
- ferritfreie austenitische Stähle (z.B. 1.4539)

Bild 5-149 zeigt das Prüfstück, das in Fortsetzung der Längsnaht mitgeschweißt wird.

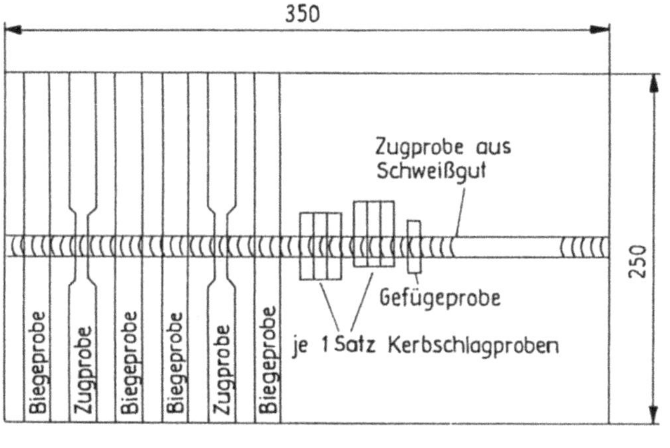

Bild 5-149
Anordnung der Proben in der mitgeschweißten Prüfplatte

Anzahl der Prüfstücke bei Rundnähten

Hier sind nur getrennt geschweißte Prüfstücke möglich. Sie sind nur dann nötig, wenn an Druckbehältern nur Rundnähte geschweißt werden, oder wenn dafür andere Schweißverfahren als für die Längsnähte benötigt werden. Je Werkstoffgruppe und Schweißverfahren ist ein Prüfstück jedes Jahr erforderlich.

Anzahl der Prüfstücke bei geschweißten Böden

Hier verfährt man wie bei den Rundnähten, ausgenommen sind Halbkugelböden. Bei diesen muß in Einzelfällen entschieden werden.

Prüfung der Proben für die Arbeitsprüfung

Die Prüfstücke müssen in gleichem Wärmebehandlungszustand vorliegen, der der letzten Wärmebehandlung des Behälters entspricht.
Nach einer zerstörungsfreien Prüfung, meist durch Röntgen der Prüfstücke, werden diesen Zug-, Falt- und Kerbschlagproben, wie in Bild 5-149 gezeigt, entnommen und geprüft. Außerdem wird zur Überprüfung auf Schweißfehler, z.B. Einbrand, Bindefehler, Poren, Einschlüsse, Lagenaufbau, Risse, Kantenversatz, ein Makroschliff angefertigt. Die Prüfungen werden bei legierten Stählen ggf. durch Härteprüfungen und Gefügeuntersuchungen ergänzt.

Zerstörungsfreie Prüfungen

Während der Herstellung der Behälter, Apparate und Armaturen werden zerstörungsfreie Prüfungen durchgeführt, um zu sehen, ob die hergestellten Schweißnähte frei von Fehlern, wie Poren, Schlackeneinschlüsse, Risse usw. sind. Angaben über die zerstörungsfreien Prüfungen und die dazu erforderlichen verfahrenstechnischen Mindestanforderungen werden in AD-Mbl. HP 5/3 gemacht. Der Umfang der zerstörungsfreien Prüfungen richtet sich nach dem verwendeten Werkstoff und der Ausnutzung der zulässigen Berechnungsspannung.

Beispiel 1:

Werkstoff RSt37-2

Ausnutzung	100 %		
Prüfumfang	100 % Längsnähte		
	100 % Stoßstellen		
	100 % Rundnähte		
	10 % Stutzen und Kehlnähte		
Ausnutzung	85 %		
Prüfumfang	$s \leq 15$	2 %	Längsnähte
		2 %	Rundnähte
	$s \geq 15$	10 %	Längsnähte
	≤ 30 mm	100 %	Stoßstellen
		2 %	Rundnähte

Erleichterter Prüfumfang ist möglich, wenn bei einer großen Anzahl von zerstörungsfreien Prüfungen keine besonderen Mängel oder systematischen Fehler aufgetreten sind. Die Prüfung der Längsnähte erfolgt bei 85 % Ausnutzung der zulässigen Berechnungsspannung nicht an jedem einzelnen Behälter (nicht objektgebunden), sondern nur an 2 % der gesamten Länge aller Längsnähte.

Beispiel 2:

Werkstoff X 20 Cr Mo V 121 – muß nach dem Schweißen immer wärmebehandelt werden.

Ausnutzung	100 %	
Prüfumfang	100 %	Längsnähte
	100 %	Rundnähte
	100 %	Stoßstellen
	100 %	Stutzen- und Kehlnähte (hier wird eine Oberflächenrißprüfung verlangt)

Bei diesen Werkstoffen (hochrißempfindlich) werden immer 100 % ausgenutzt.

Beispiel 3:

Austenitische Stähle nach DIN 17440, wie Beispiel 1
Erleichterungen können wie bei Beispiel 1 auch in Anspruch genommen werden.

Beispiel 4:
Rißanfällige, hochfeste Feinkornbaustähle (z.B. WStE 690). Der Prüfumfang entspricht dem des Beispiels 2 mit erhöhtem Prüfumfang. Im Unterschied dazu muß in der Regel nur bei s ≥ 30 mm nach dem Schweißen wärmebehandelt werden.

Für Druckbehälter der Gruppe I, II und V, die vom Hersteller geprüft werden, muß der Prüfumfang mit dem Besteller abgestimmt werden.
Für die zerstörungsfreien Prüfungen der Schweißverbindungen kommen folgende Prüfverfahren in Betracht:
- Ultraschallprüfung
- Durchstrahlungsprüfung
- Oberflächenrißprüfung (Magnetpulverfahren, Eindringprüfung)

Prüfung nach Fertigung der Druckbehälter

Nach Fertigstellung der Druckbehälter aus höheren Prüfgruppen ist vor Inbetriebnahme entsprechend der Druckbehälterverordnung eine Bau- und Druckprüfung durch den Sachverständigen vorzunehmen.

1. *Bauprüfung*

Dabei wird vom Sachverständigen geprüft, ob Druckbehälter oder Druckbehälterteile mit den zugehörigen vorgeprüften Unterlagen übereinstimmen und die Anforderungen der AD-Merkblätter eingehalten sind.
Dabei ist folgendes zu überprüfen:
- Vorgeprüfte Zeichnung ggf. bei Änderungen in der Zeichnung, ob diese ausgeführt wurden.
- Bescheinigungen der Schweißer- und Verfahrensprüfung
- Beschaffenheit des Druckbehälters, insbesondere der Schweißverbindungen (Sichtprüfung)
- Verwendung der richtigen Werkstoffe, stichprobenweise die Wanddicke und Kennzeichnung der Werkstoffe, die mit den Angaben in den AD-Merkblättern bzw. DIN/SEW übereinstimmen müssen
- Kennzeichnung der Schweißnähte mit dem Zeichen des Schweißers, der die Naht geschweißt hat
- Werkstoffbescheinigungen des Herstellers
- Bescheinigung über die Wärmebehandlung
- Berichte über Arbeitsprüfungen
- Ergebnisse der werkseitig durchgeführten Maßkontrollen und stichprobenweise Nachprüfung dieser Maße
- Prüfberichte über zerstörungsfreie Prüfungen
- Umstempelbescheinigungen von Rohren, Blechen, Schmiedestücken, bei denen während der Fertigung die Original-Werkstoffkennzeichnung wegfällt und daher an anderer Stelle neu angebracht wird.

Der Hersteller muß folgende Daten prüfen:
- den mittleren Außendurchmesser,
- die Unrundheit $\frac{2 \cdot (Dmax - Dmin)}{Dmax + Dmin} \cdot 100\ \%$
  (je nach S/D 1,0 % bis 2,0 %)
- Abweichung von der Geraden (≤ 0,5 % der zylindrischen Länge)

2. *Druckprüfung*

Es wird geprüft, ob die drucktragenden Wandungen unter Prüfdruck dicht sind und ob keine sicherheitstechnisch bedenklichen sichtbaren und meßbaren Verformungen festzustellen sind.
Während der Druckprüfung müssen die drucktragenden Teile besichtbar sein, um zu sehen, ob Flüssigkeit durch eine Schweißnaht dringt. Wenn die Besichtigung nicht möglich ist, z.B. weil durch Farbanstriche, Gummierung oder Verkleidungen die Nähte nicht sichtbar sind, muß die Druckprüfung vorher durchgeführt werden.
In der Regel ist die Druckprüfung als Flüssigkeitsprüfung mit Wasser oder anderen geeigneten Flüssigkeiten, z.B. Salzlösung, durchzuführen. Durch die Salzlösung werden Fehlstellen sichtbar gemacht und diese können danach durch Schleifen beseitigt werden.
Es kann auch eine Luftdruckprüfung mit einem Prüfdruck von 1,1 · p (d.h. 10 % über Betriebsdruck) durchgeführt werden. Voraussetzung ist jedoch, daß 100 % der Längsnähte mit sämtlichen Stoßstellen und 10 % der Rundnähte zerstörungsfrei geprüft wurden und ohne Beanstandung geblieben sind. Für den Personenschutz sind erforderliche Maßnahmen zu treffen (z.B. Absperrung des Prüfortes, Prüfung in geschützter Umgebung, ggf. Schutzbunker, der einem Zerknall des Druckbehälters standhält).

– Prüfung von Druckbehältern der Prüfgruppen I, II und V

Für diese Prüfung ist der Hersteller selbst verantwortlich und muß die Festlegungen in TRB 521 einhalten. Er muß in einer Bescheinigung bestätigen, daß der Behälter ordnungsgemäß hergestellt und geprüft wurde. Danach hat der Hersteller eine Druckprüfung, wie sie in TRB 522 vorgesehen ist, vorzunehmen. Auch darüber hat er eine Bescheinigung zu erstellen.

– Prüfung vor Inbetriebnahme

Vor Inbetriebnahme wird der Druckbehälter zu der bereits durchgeführten Bau- und Druckprüfung noch einer Abnahmeprüfung unterzogen. Dabei wird geprüft, ob der Behälter richtig aufgestellt ist und entsprechende Ausrüstung, z.B. Sicherheitseinrichtungen, wie Sicherheitsventil und Druckbegrenzer, enthält und ob die Sicherheitseinrichtungen beim eingestellten Druck ansprechen.

Ausblick auf das Jahr 1993

1958 wurde mit den Römischen Verträgen die Harmonisierung des Europäischen Binnenmarktes beschlossen. Dazu müssen angepaßte handlungsfähige Normen geschaffen werden, die im Europäischen Komitee für Normung (CEN) erarbeitet werden.
Für das „Schweißen“ wurden die Grundnorm PrEN 288 zur Qualifizierung von Schmelzschweißverfahren erarbeitet. Sie liegt in vier Teilen als Entwurf mit folgendem Titel vor: Beschreibung und Eignung von Schweißanweisungen für das Schmelzschweißen.

Teil 1 Schmelzschweißen, Allgemeine Regeln
Teil 2 Schweißanweisung für das Lichtbogenschweißen von metallischen Werkstoffen
Teil 3 Schweißanweisungsprüfungen für das Lichtbogenschweißen von Stählen
Teil 4 Schweißanweisungsprüfungen für das Lichtbogenschweißen von Aluminium und seinen Legierungen

Diese Normen beinhalten die „Schweißverfahrensprüfung“ und diese sind nahezu der Verfahrensprüfung nach AD-Merkblatt gleichzusetzen. Die bisherige Arbeitsprüfung nach AD-Merkblatt HP 5/2 wird durch die „Prüfung vor Fertigungsbeginn“ ersetzt. Auch die Schweißerprüfung wird durch eine Europäische Norm ersetzt werden. Näheres dazu ist in Kapitel 8 zu erfahren.

Für die Prüfung der Druckbehälter wurde inzwischen eine EG-weite Festlegung für einfache Druckbehälter getroffen und als „Richtlinie des Rates“ vom 25.06.1987 zur „Angleichung der Rechtsvorschriften der Mitgliedstaaten für einfache Druckbehälter“ (u.87/404/EWG) herausgegeben. Herausgeber: Verband der Technischen Überwachungs-Vereine e.V. Essen.

5.8 Gestalten und Fertigen im Fahrzeugbau

Der Fahrzeugbau stellt mit seiner Serienfertigung besondere Anforderungen an die Konstruktion. Alle Baugruppen werden in größeren Stückzahlen gefertigt. Der Mechanisierungs- und Automatisierungsgrad ist in keiner Fertigung so weit entwickelt wie hier.

Sämtliche Bauteile des Fahrzeugs unterliegen dynamischen Belastungen, so daß die einzusetzenden Werkstoffe hohe Dauerfestigkeiten besitzen müssen. Es sind demnach andere Werkstoffkennwerte gefordert als bei gewöhnlichen statischen Belastungen.

Durch eine besondere Leichtbauweise wird versucht, die Fahrzeuggewichte immer weiter zu senken. Vor allem im Nutzfahrzeugbau steigt bei geringerem Eigengewicht die Nutzlast. Zur Gewichtseinsparung werden zunehmend höherfeste Werkstoffe verwendet, wodurch geringere Wanddicken möglich sind. Problematisch sind die Kerbempfindlichkeits- und die Dauerfestigkeitswerte, die mit den steigenden Festigkeiten schlechter werden.

Ein anderer Weg zu leichteren Fahrzeugen ist die Verwendung leichterer Werkstoffe. Einerseits werden Leichtmetalle – andererseits Verbundwerkstoffe und Kunststoffe eingesetzt. Höherfeste Werkstoffe und Verbundwerkstoffe stellen auch höhere Anforderungen an die Fertigung, wobei hier die schweißtechnische Fertigung besonders gefragt ist.

Die Anwendung der Fügetechniken beim Straßenfahrzeug, insbesondere die Anwendung der Schweißtechnik, ist die entscheidende Voraussetzung für die Realisierung der Leichtbauweise. Es werden fast alle Schweißverfahren eingesetzt, wobei die folgenden überwiegend verwendet werden:

- Schmelzschweißen: Metall-Schutzgas-Schweißen
- Preßschweißen: Widerstandspunktschweißen
- Widerstands-Rollennahtschweißen
- Lichtbogenpreßschweißen (Bolzen-Schweißen)

Die neueren Verfahren wie Elektronenstrahlschweißen, Reibschweißen, Laserschweißen und Laserschneiden sind als wertvolle Ergänzung dazugekommen. Sie haben sowohl zur Verbesserung der Güte als auch zur Steigerung der wirtschaftlichen Fertigung beigetragen. Die „klassischen Verfahren“ Gasschweißen und Lichtbogenhandschweißen haben in der derzeitigen Fertigung ihren Platz verloren. Im Nutzfahrzeugbereich werden auch die Lötverfahren Hart- und Weichlöten nur noch ganz selten angewandt. Alle Schweißverfahren, die sich automatisieren lassen, z.B. mit Handhabungsgeräten (Robotern), sind für den Fahrzeugbau interessant. Neben diesen Verfahren werden auch noch die bewährten Verbindungsverfahren des Falzens, Clinchens, Klammerns, Nietens und Schraubens verwendet. Anhand von ausgeführten Konstruktionsbeispielen werden sowohl die Gestaltung der Bauteile als auch ihre schweißtechnische Fertigung gezeigt.

5.8.1 Schweißverbindungen im Nutzfahrzeugbau

Die nachfolgenden Konstruktionen stellen einen Ausschnitt des Nutzfahrzeugbaus dar. Sie sollen Anregungen geben und Hinweise aufzeigen.
Bild 5-150 zeigt eine sehr häufig in artgleicher oder abgewandelter Form auftretende Abstützung. Sie ist einfach gestaltet und deshalb in der Herstellung kostengünstig. Aufgrund ihrer Form sowie der durchlaufenden Kehlnähte ist dieses Teil auch für das Schweißen mit dem Roboter sehr gut geeignet. Die Schweißparameter sind in [59] aufgeführt.
Bild 5-151 stellt die gleiche Konsole dar, jedoch mit unterbrochenen Kehlnähten und größerem „a"-Maß. Diese Konstruktion ist für das Schweißen sehr ungünstig, da die

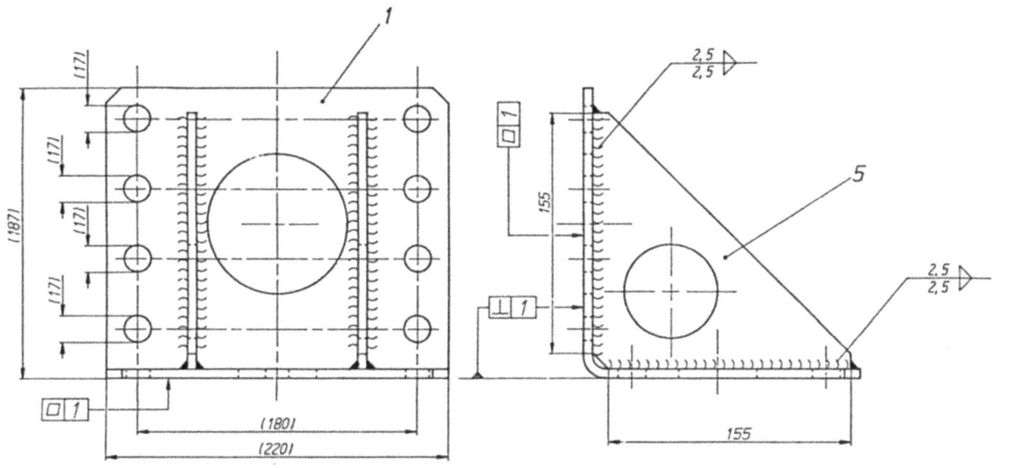

Bild 5-150 Konsole mit doppelseitigen, durchlaufenden Kehlnähten. a = 2,5 mm

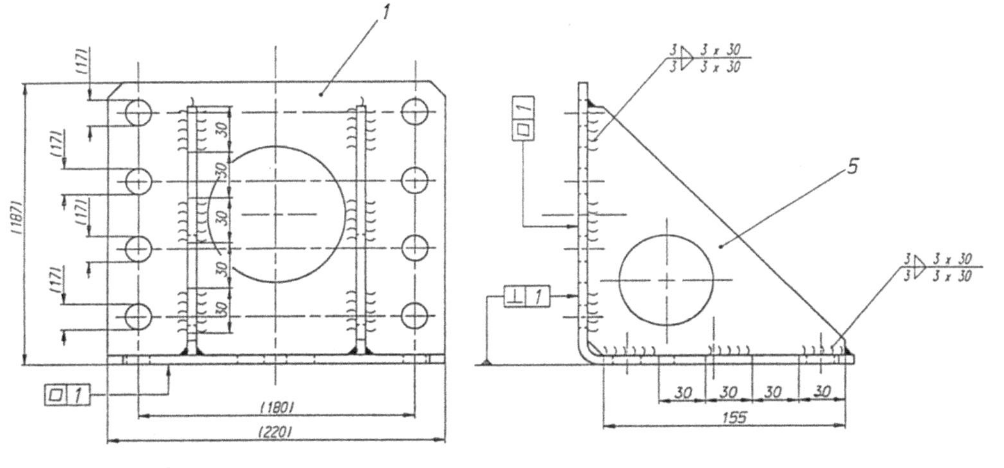

Bild 5-151 Konsole mit doppelseitigen, unterbrochenen Kehlnähten. a = 3,0 mm

Unterbrechungen in den Schweißnähten einen hohen Kostenaufwand darstellen (Neuansätze, Schweißspritzer und deren Entfernung) und der jeweilige Nahtanfang und das Nahtende jedes Kehlnahtstücks jeweils eine Kerbe ergeben, die sich bei dynamischen Belastungen als sehr nachteilig erweisen. Diese Konstruktion wurde durch die in Bild 5-150 aufgezeigte Konstruktion ersetzt.
Um eine hohe Steifigkeit zu erhalten, wurde die Konstruktion in Bild 5-152 aus kaltgeformten Blechen in Schalenbauweise hergestellt. Dabei wurde berücksichtigt, daß der Anschluß mit den Kehlnähten einen günstigen „Kraftfluß" zum Rohr erhält. Diese Anschlußart verhält sich bei statischer und dynamischer Belastung günstig, weil die Schweißnähte am Rohr überwiegend in der neutralen Faser liegen und somit die geringsten Dehnwege haben. Das Rohr ist nicht völlig starr mit dem Flansch verbunden. Hier darf die Schweißverbindung Schale (Teil 2) mit dem Rohr nicht weit von der neutralen Faser entfernt liegen, damit die elastischen Formänderungen der Schweißverbindung gering bleiben.

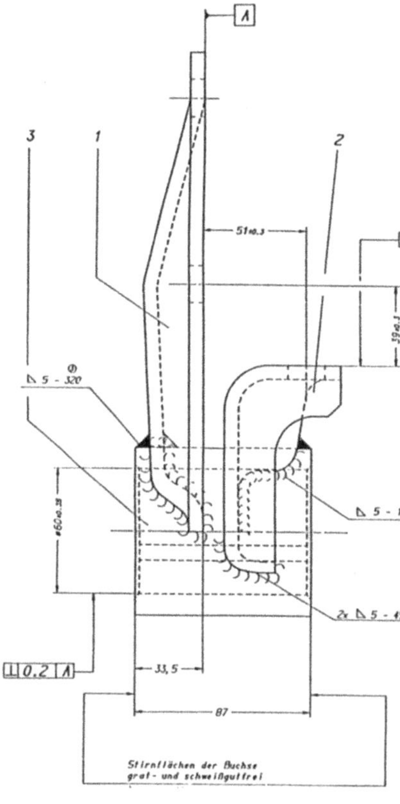

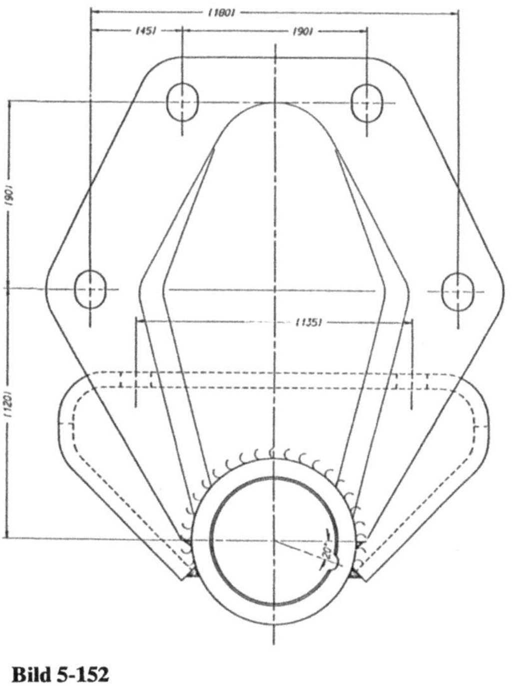

Bild 5-152
Vorderfederbock aus Kaltformpreßteilen

In Bild 5-153 ist ein ähnlicher Vorderfederbock mit zwei im Rohrumfang angeordneten Kehlnähten dargestellt. Da die Platte – Teil 2 – mit dem Preßteil – Teil 1 – ein geschlossenes, starres Profil ergibt, ist diese Rundumschweißnahtanordnung richtig. Diese Verbindungsart läßt sich überdies sehr kostengünstig erstellen. Die unterbrochenen Kehlnähte zwischen Preßteil und Verstärkungsblech mindern den Verzug. Aus Platz-

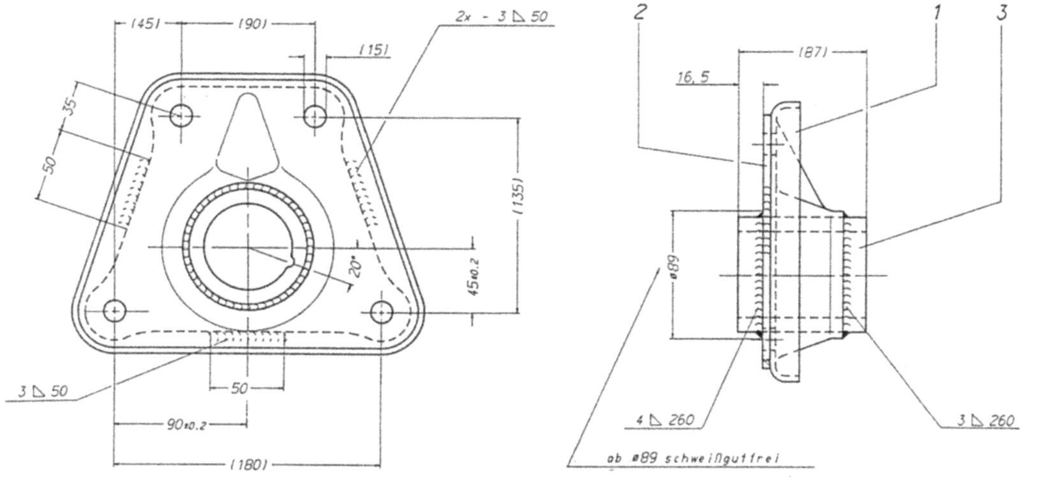

Bild 5-153 Vorderfederbock mit starrem Rohranschluß und einem Verstärkungsblech am Flansch.

gründen ist nicht an allen vier Seiten geschweißt. Zu beachten ist jedoch die bei dieser Schweißnahtanordnung entstandene Gefügekerbe (s.u.) im Rohrwerkstoff. Diese Kerbe kann sich bei entsprechender Belastung als nachteilig erweisen.

Unter Gefügekerbe oder metallurgischer Kerbe wird die durch die Wärmeeinwirkung beim Schweißen entstandene Veränderung des Werkstoffs verstanden. Dieses Kornwachstum im Werkstoff verursacht ein Ansteigen der Festigkeit und einen Abfall der Zähigkeit. Das Formänderungsvermögen ist an dieser Stelle geringer. Bei Bauteilen, die dynamisch beansprucht werden, z.B. Wellen oder Rohre, kann hier die rechtwinklig zur Achsrichtung geschweißte Rundnaht zum Bruch führen. Die Schweißnaht ergibt den Zähigkeitsverlust.

Eine Gefügekerbe kann aber auch bei einer speziellen Konstruktion, wie in Bild 5-154 gezeigt, sehr nützlich sein. Eine Seitenwelle für den Radantrieb in einer LKW-Achsbrükke aus dem Vergütungsstahl 34 Cr 4 (DIN 17 200) mit 48 mm Durchmesser ist auf 1000–1100 N/mm^2 vergütet. Die Welle ist kalt gezogen und hat deswegen ein in Achsrichtung verlaufendes zeiliges Gefüge (Ziehtextur). Durch die sehr hohen dynamischen Antriebskräfte – im wesentlichen Torsionsbelastung – kann es zu „Spleißbrüchen" in der Seitenwelle kommen. Unter „Spleißbruch" wird eine Bruchart verstanden, die vergleichbar ist mit einem Seilbruch. Reißt das Seil, dann springt das Ende aufgrund seiner zeiligen Struktur und seiner Kaltverfestigung sehr stark auf. Spleißbrüche an der Seitenwelle im Achsbrückengehäuse haben zu langen Reparaturzeiten und somit auch zu Ausfallzeiten für den Lastwagen selbst geführt. Um Spleißbrüche zu vermeiden und die vorgegebenen hohen Antriebskräfte trotzdem sicher zu übertragen, wurde mit einer Azetylen-Sauerstoff-Flamme eine Gefügekerbe an der Seitenwelle erzeugt. Diese Gefügekerbenform mit den entsprechenden festigkeitsmindernden Angaben sind in Bild 5-155 eingetragen. Die Ausdehnung der Kerbe und die Festigkeitsminderung wird durch eine Zeit-, Temperaturabhängigkeit und der dadurch entstandenen Gefügeveränderung erzielt. Die Gefügekerbe ist das schwächste Glied in der Antriebswelle und somit eine

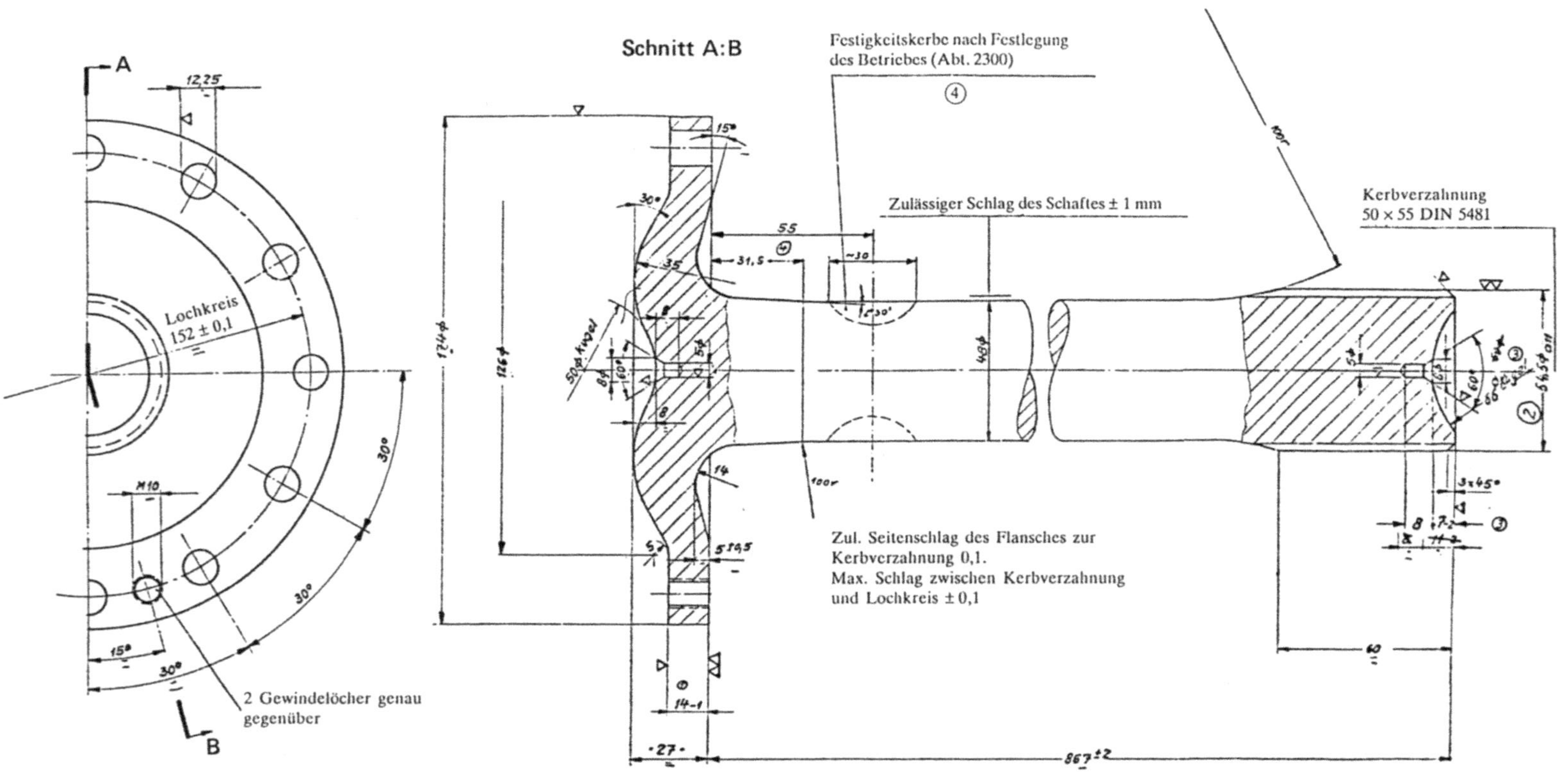

Bild 5-154 Seitenwelle für Radantrieb mit gezielt eingebrachter „Gefügekerbe“.

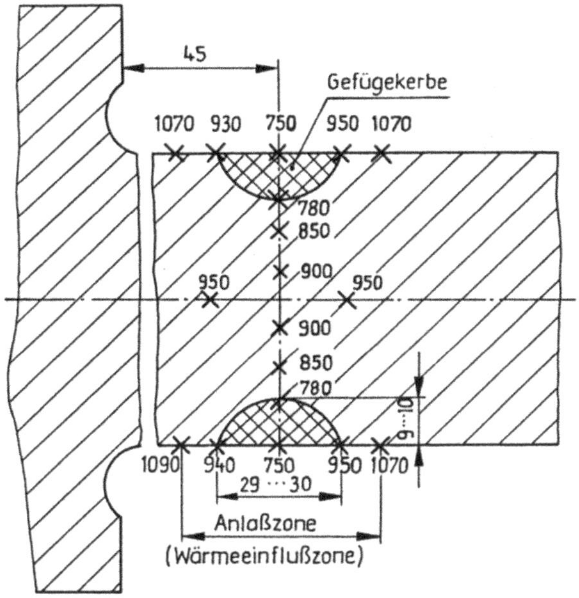

Bild 5-155
Gefügekerbe in einer vergüteten Welle zur Vermeidung von Spleißbrüchen.

vorgegebene Sollbruchstelle. Der Bruch erfolgt bei Überbelastung an dieser Stelle und ist glatt (Gewaltbruch).
Bild 5-156 zeigt eine Kotflügelstütze, die dynamisch sehr hoch belastet wird. Aufgrund der Vielzahl von Bauformen und der relativ guten Umformungsmöglichkeiten werden dafür sehr häufig Rohre verwendet. Hinzu kommt das günstige Widerstandsmoment der Rohrquerschnitte. Zu beachten sind jedoch die Schweißnahtanschlüsse. Kreisrunde Anschlüsse, wie sie im Bild 5-153 dargestellt wurden, eignen sich wegen der beschriebenen Gefügekerbe nicht.
In der in Bild 5-156 gestalteten Konstruktion wird das Tragrohr in Preßformen eingeschoben und mit Langlöchern, die in der neutralen Rohrachse angeordnet sind, verschweißt. Auch die Halter für die Kotflügelbefestigung sind gleichartig als Langlöcher ausgebildet. Sie sind so angeordnet, daß bei einer möglichen Drehbewegung aus der Schwingung des Kotflügels geringe Gegenkräfte entstehen. Damit entstehen an der Schweißverbindung die kleinstmöglichen Relativbewegungen und die geringsten Kräfte.
Rohrwerkstoffe sind verhältnismäßig teuer. Deswegen lohnt es sich, bei einer Serienfertigung geeignet geformte Blechprofile herzustellen.

Die in Bild 5-157 abgebildete Kotflügelstütze in Hutprofilform wurde im Anschlußbereich zur Konsole mit einem zusätzlichen kürzeren Profilstück verstärkt, um die Kehlnahtanschlüsse zu entlasten. Durch diese Anordnung können das Widerstandsmoment und der Kraftfluß verbessert sowie die Kehlnähte an der Anschlußkonsole verlängert werden. Auch die an dem Rahmenlängsträger befestigte Anschlußkonsole der Kotflügelstütze erhielt durch einen „Formschnitt“ für die eingeschweißte Verstärkungsplatte einen günstigen Kraftflußverlauf. Die sogenannten „Freischnitte“ oder auch „Omegaschnitte“ verhalten sich bei den dynamisch beanspruchten Bauteilen

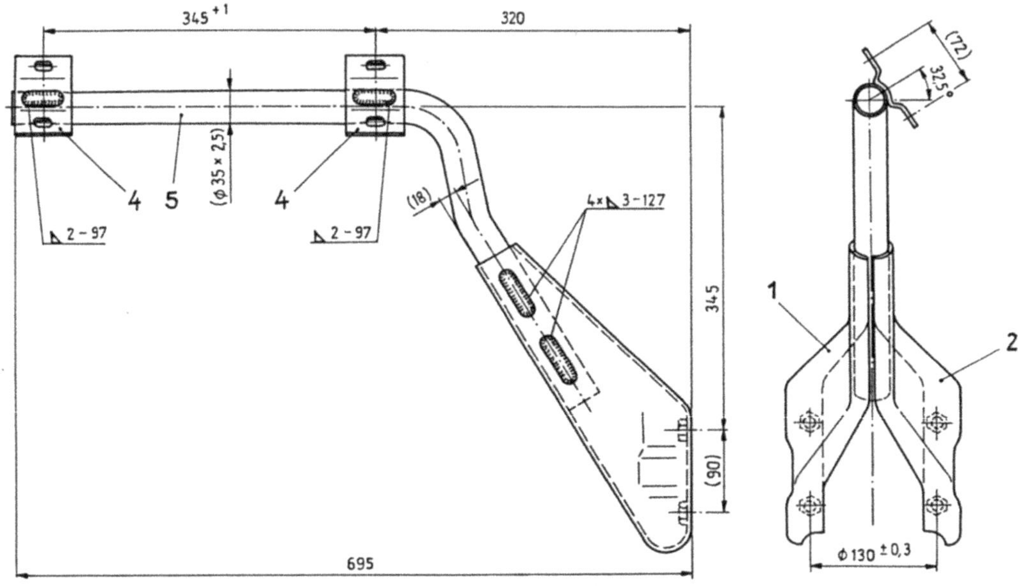

Bild 5-156 Kotflügelstütze – Anordnung der Langlochschweißungen in der neutralen Rohrachse.

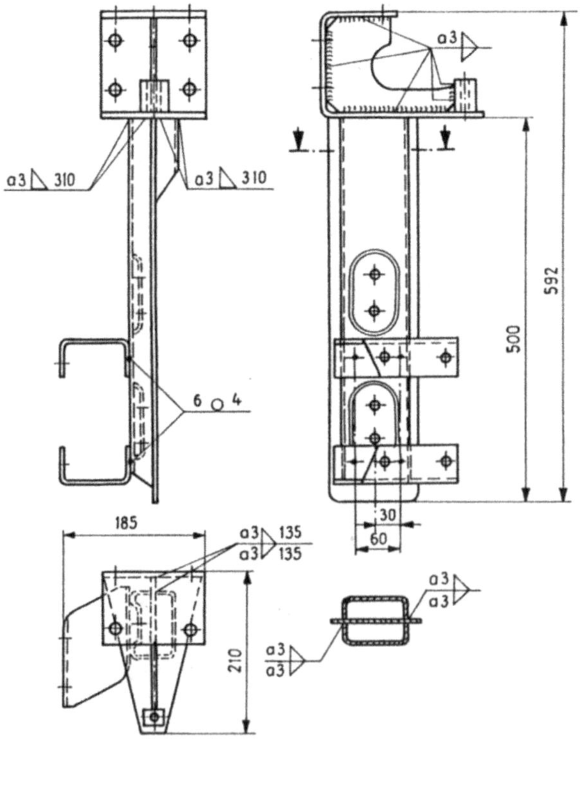

Bild 5-157
Kotflügelstütze in Hutprofilform.

sehr günstig und werden deswegen gerne verwendet (DIN 18 809). Vor allem, wenn bei Durchdringungen Quernähte durchlaufend geschweißt werden müssen, werden diese Freischnitte eingesetzt.
Bild 5-158 zeigt verschiedene Freischnittformen.

5.8.2 Fertigung

Wie bereits erwähnt, werden die Serienbauteile vorwiegend mit Robotern geschweißt. Die fünf- oder sechsachsigen Schweißroboter werden in der Regel mit Dreh- und Kipptischen kombiniert. Um diese „Schweißeinheit" wirtschaftlich ausnützen zu können, muß die Lichtbogenbrennzeit die jeweilige Taktzeit bestimmen, d.h. die Einlege-, Entnahme- und Positionierungszeiten müssen im Vergleich zur Lichtbogenbrennzeit kurz sein. Dazu ist es erforderlich, Vorrichtungen zu verwenden, die bei Beachtung der Zugänglichkeit für den Roboterschweißbrenner mehrere Bauteile gleichzeitig aufnehmen können und dadurch die Taktzeit bestimmen. Während die erste Seite des Drehtischs mit den aufgespannten Bauteilen geschweißt wird, müssen an der zweiten Seite des Tischs die geschweißten Bauteile entnommen werden. Üblicherweise werden die Teile dabei vom Einleger kontrolliert, gesäubert, abgelegt und neue Bauteile eingelegt. Diese Arbeitsgänge sollten zeitlich gleich oder kürzer sein als die Schweißzeit der Bauteile am Drehtisch Seite 1. Es ist auch üblich, daß auf der Drehtischseite 1 andere Bauteile geschweißt werden als auf der Drehtischseite 2. Die Vorrichtungsbauarten unterscheiden sich von den Handschweißvorrichtungen vor allem durch die Anordnung der Spanner. Als sehr vorteilhaft hat sich die Freistellung (siehe Bild 5-159) der Fixieraufnahmen erwiesen, um Platz für die beim Schweißen entstandenen Schweißspritzer zu

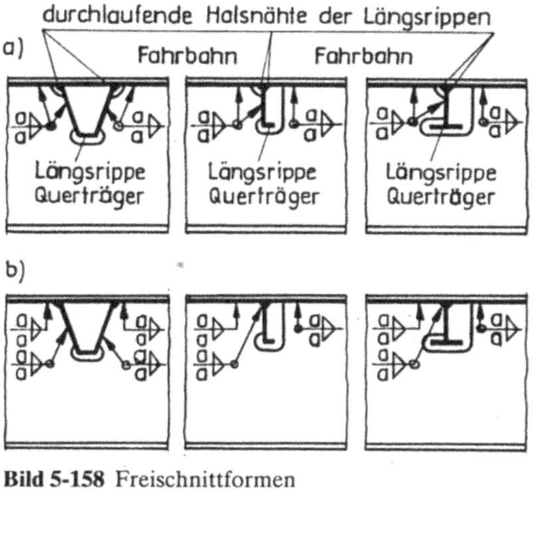

Bild 5-158 Freischnittformen

Bild 5-159 Roboterschweißvorrichtung

schaffen. Dadurch bleiben die Auflageflächen für die Bauteile sauber, und es sind reproduzierbare Aufspannungen möglich.
Bild 5-159 zeigt eine dieser Vorrichtungen mit höher angeordneten Fixieraufnahmen. Die höhere Anordnung (Freistellung) wird verwendet, damit die Schweißperlen nach unten frei wegfallen können. Auf den Bildern 5-160 und 5-161 ist der Unterschied in der Aufnahme- bzw. Anlagenkörperanordnung zu erkennen. Die Vorrichtung im Bild 5-160 zeigt die Anlagenkörperanordnung für den Handschweißbetrieb. Hier stören die großen Zentrierbacken für den Steg wenig, weil der Handschweißer diesen „Kummer" gewöhnt ist. Für die Roboterausführung (Bild 5-161) wurde die Fixierung nach unten verlegt, um den Schweißnahtbereich frei zugänglich zu gestalten.
Hochbeanspruchte Bauteile, Einzelteile oder auch Baugruppen, werden von der Konstruktion als *Sicherheitsteile* „S" eingestuft und in der Zeichnung als solche gekennzeichnet. Diese Bauteile werden nach entsprechenden Vorschriften gefertigt, kontrolliert und geprüft. Die besonderen Sicherheitsmerkmale, in diesem Fall sind es sieben Schweißnähte, sind in der Zeichnung zwischen zwei Sternchen *...* gesetzt. Ein anschauliches Beispiel für Sicherheitsteile zeigt Bild 5-162, wo an einem Balgträger die wichtigen Nähte mit Sternchen gekennzeichnet sind.

Bild 5-160
Schweißvorrichtung für die Handschweißung

Bild 5-161
Artgleiche Schweißvorrichtung für die Roboterschweißung

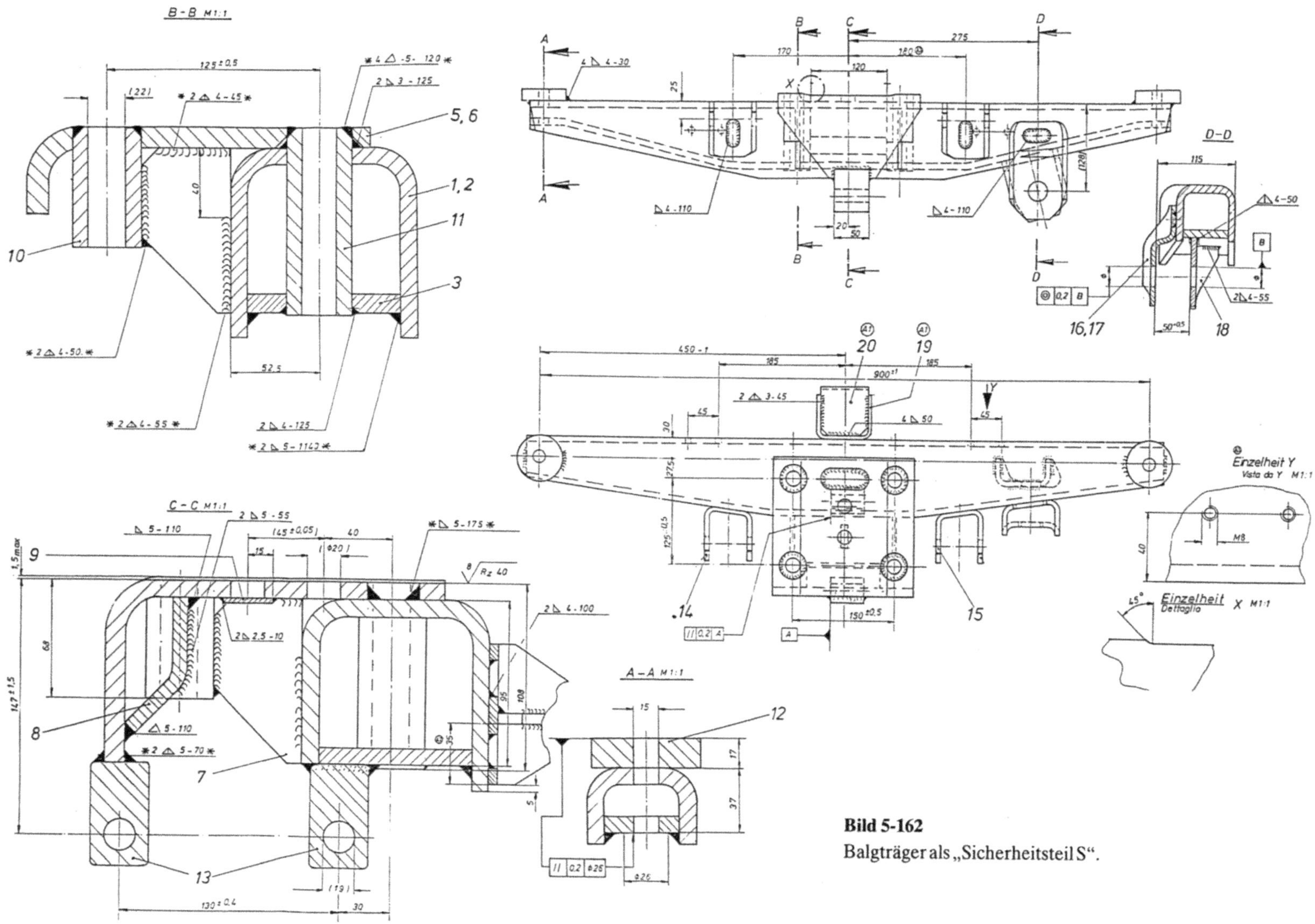

Bild 5-162
Balgträger als „Sicherheitsteil S“.

Von der Konstruktion werden auch Bauteile als dokumentationspflichtig „D“ eingestuft. Sie sind auf der Zeichnung mit „D“ gekennzeichnet. Auch diese Bauteile werden nach entsprechenden Vorschriften gefertigt, kontrolliert, geprüft und zusätzlich noch dokumentiert. Die Aufzeichnungen (Dokumente) müssen zehn bis zwölf Jahre lang aufbewahrt werden, um bei Bedarf den Nachweis führen zu können, wie, wann und mit welchem Prüfergebnis, eventuell auch mit welchen Schweißparametern, das „D-Teil“ hergestellt wurde.
In dem auf Bild 5-163 abgebildeten Bauteil, einer Preßschale für den Fahrersitz, sind beispielsweise die Widerstandsschweißpunkte dokumentationspflichtig.
In der Leichtbauweise des Kraftfahrzeugbaus werden relativ viele dünne Bleche bis zu einer Dicke von 2,99 mm verarbeitet. Diese Bleche (DIN 1541) haben unterschiedliche Analysen, demzufolge auch Unterschiede in der Festigkeit und, je nach Verarbeitung im Walzwerk, auch Unterschiede in den Oberflächen. Alle Bleche sind jedoch für die Widerstandspunktschweißung geeignet.
Beim Bau von Kraftfahrzeugen wird das Widerstandspunktschweißen in seiner Vielfalt der Anwendungsmöglichkeiten sehr häufig verwendet. Angaben über die verschiedenen Widerstandsschweißverfahren sind unter [60] aufgeführt. Im folgenden werden einige typische Anwendungsbeispiele gezeigt, die jedoch nur einen kleinen Ausschnitt der vielfältigen Möglichkeiten darstellen. Sie sollen Anregungen geben und Hinweise aufzeigen.
Das Widerstandspunktschweißen erfordert aufgrund seiner speziellen Anforderungen beim Schweißen besondere Kenntnisse und Beachtung des Konstrukteurs. Zu beachten ist unter anderem die Zugänglichkeit für die Punktschweißelektroden und die notwendige Überlappung der zu verschweißenden Bleche. Beim Festlegen der Punktabstände ist

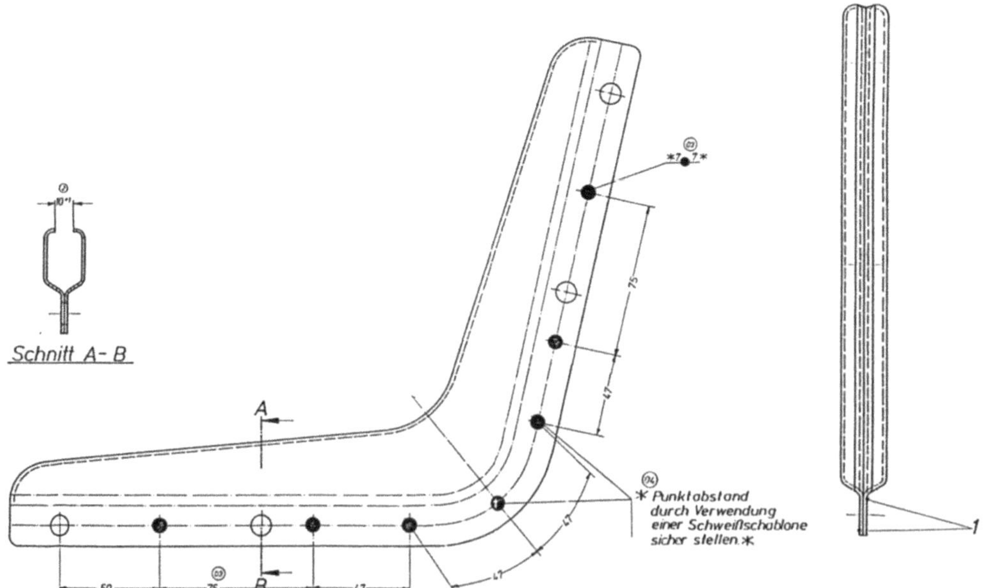

Bild 5-163 Preßschale als „dokumentationspflichtiges Bauteil“ mit „D“ gekennzeichnet.

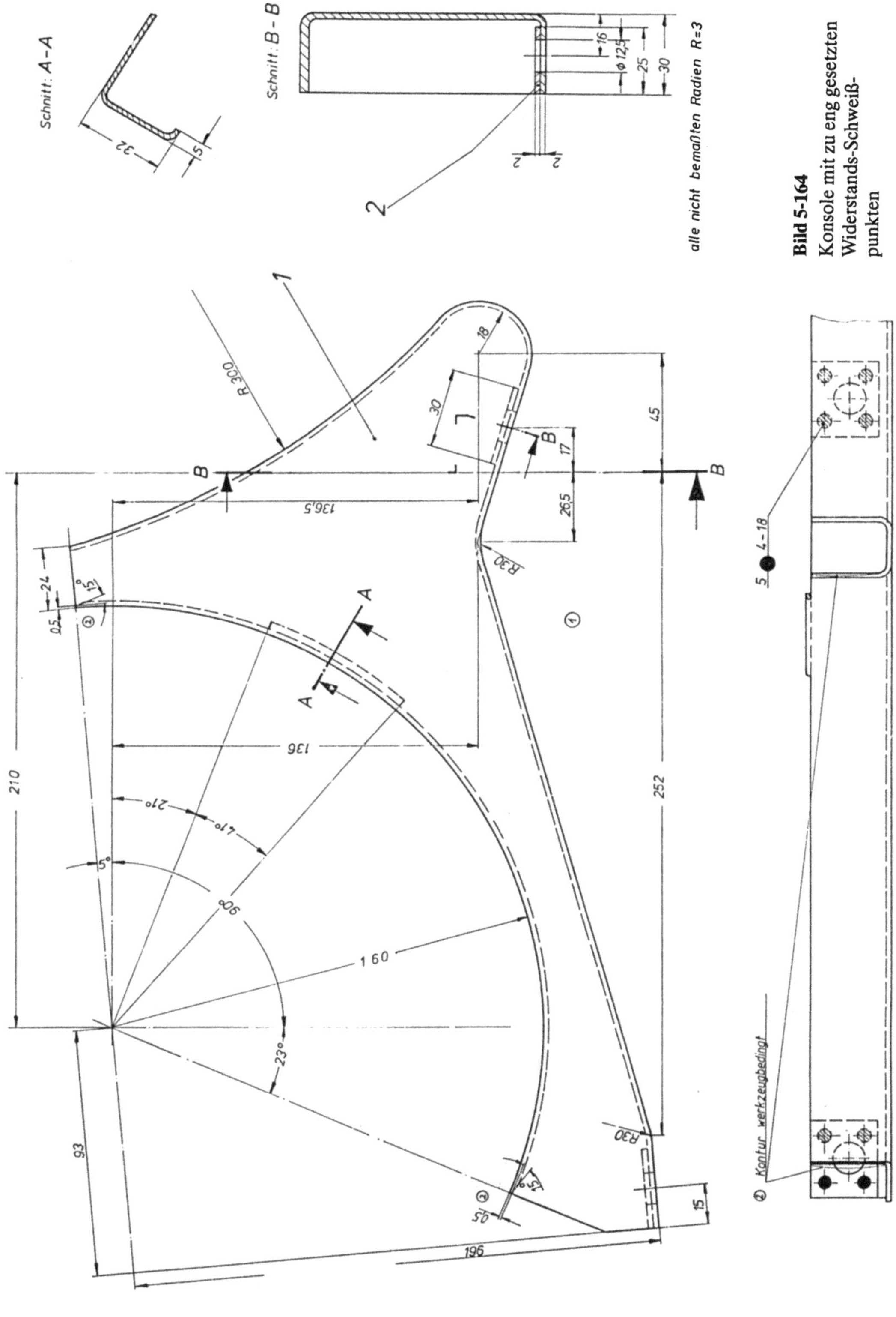

Bild 5-164
Konsole mit zu eng gesetzten Widerstands-Schweiß-punkten

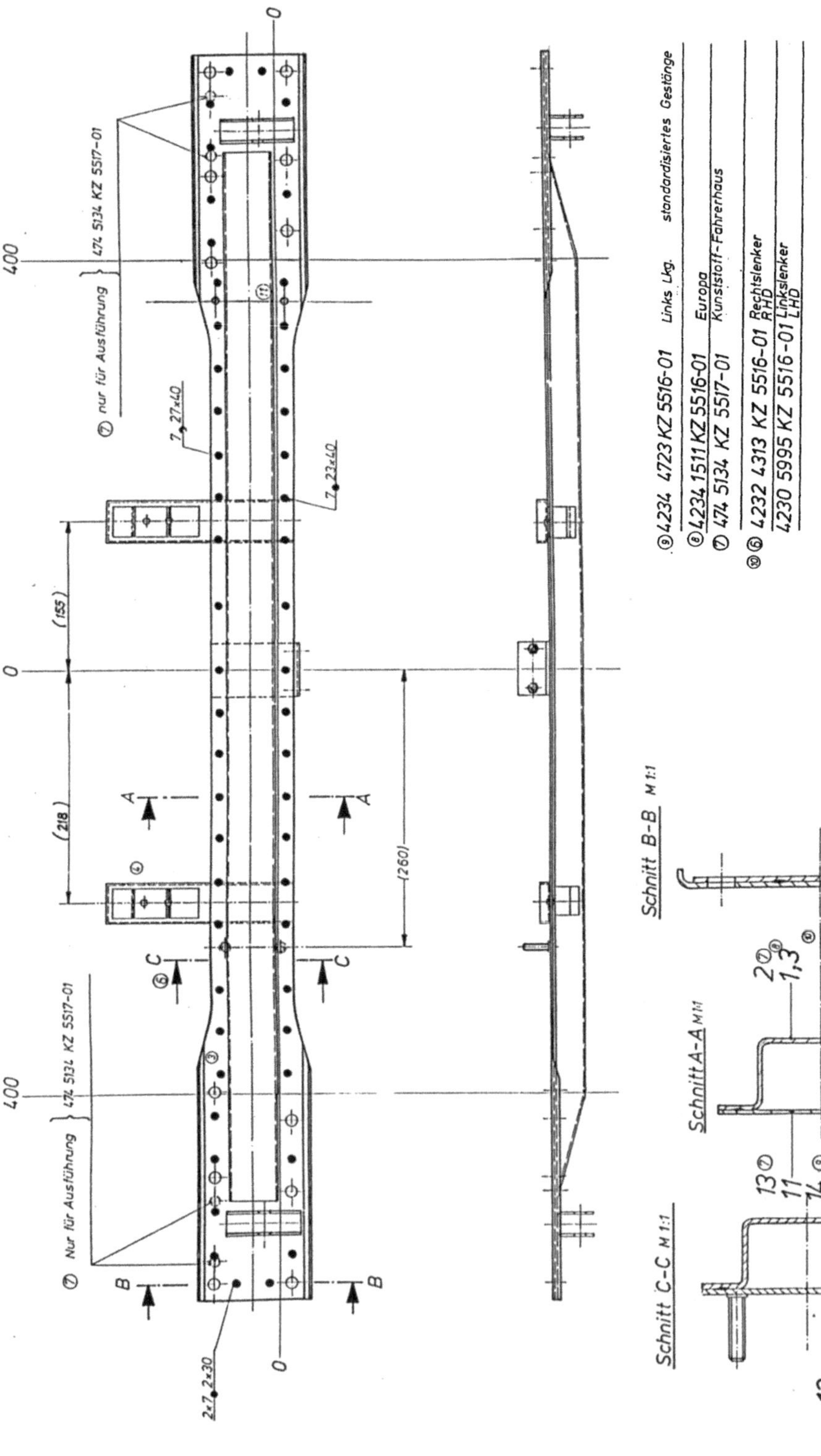

Bild 5-165
Querträger aus Preßteilen durch Widerstandspunktschweißen verbunden.

aufgrund der elektrischen Widerstände (Nebenschlüsse) sowie aufgrund der Abhängigkeit von den jeweiligen Blechdicken ein Mindestpunktabstand einzuhalten. Werden diese Grundsätze nicht beachtet, ist eine gleichbleibende Qualität der zu schweißenden Punkte nicht gewährleistet.
Bei der in Bild 5-164 dargestellten Konstruktion sind zwei Verstärkungsplatten, die 2 mm dick sind, mit der Konsole, die ebenfalls 2 mm dick ist, durch vier Schweißpunkte mit Schweißdurchmesser 5 mm und jeweils 18 mm Punktabstand zu verschweißen. Dieser Punktabstand ist zu gering. Wie bei [60] angegeben, soll der Mindestabstand 30 mm betragen.
Diese nach Zeichnung geforderte Punktschweißqualität ist nur mit besonderen, kostspieligen Maßnahmen zu erreichen. Die Zeichnung konnte deshalb aus schweißtechnischer Sicht nicht akzeptiert werden.
Die in Bild 5-165 gezeigte Konstruktion berücksichtigt nun die speziellen Anforderungen an das Widerstandspunktschweißen. Bei den verwendeten Blechdicken 2 mal 2 mm beträgt die Überlappung durchschnittlich 22 mm, sie kann als ideal bezeichnet werden. Die Punktabstände mit mindestens 30 mm an den Enden links und rechts sowie 40 mm für die Punktreihen sind in der Serienfertigung problemlos einzuhalten und herzustellen. Im Schnitt C-C sind noch die Befestigungsbolzen für den Querträger ersichtlich, die mit dem Kondensatorenladungsverfahren (Bolzenschweißen) aufgeschweißt wurden. Mit diesem Verfahren können spezielle Schweißbolzen in sehr unterschiedlichen Bauformen bis 8 mm Dicke verschweißt werden.
Wegen der geringen Blechdicke und den daraus resultierenden fehlenden Gewindegängen müssen die speziell für das Widerstandsbuckelschweißen gestalteten Anschweißmuttern zum Befestigen der Blechteile aufgeschweißt werden. Bild 5-166 zeigt eine Mutternplatte, auf die Anschweißmuttern mit zylindrischem Schaft aufgebracht werden. Die Anschweißmuttern sind in DIN 929 genormt. Dort sind auch Angaben über die Verwendbarkeit in Abhängigkeit von den jeweiligen Blechdicken gemacht. Beim Widerstandsbuckelschweißen entsteht kein Nebenschluß wie beim Punktschweißen, da der Schweißvorgang immer dem eines Einzelpunkts entspricht. Deshalb ist auch kein Mindestabstand zu beachten (Bild 5-166). Für den Konstrukteur ist es jedoch wichtig, daß die Anschweißmutter immer eine flache Auflage erhält und nicht in die Radien der

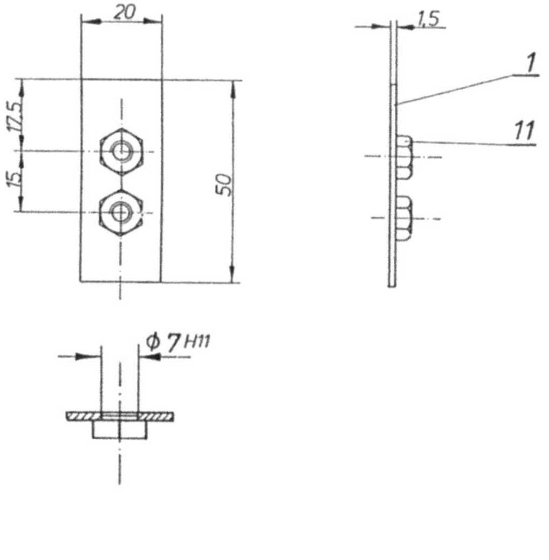

Bild 5-166
Mutternplatte mit Anschweißmuttern und zylindrischem Schaft zur Zentrierung in einer Bohrung.

abgewinkelten Bleche hineinragt. Bild 5-167 zeigt den erforderlichen Minimalabstand der Anschweißmuttern von Radien.

Das Widerstandsbuckelschweißen wird auch für das Anschweißen von Formteilen verwendet. Ein Beispiel zeigt Bild 5-168, wo auf ein tiefgezogenes verzinktes Blech mit 2 mm Wanddicke ein Gewindestutzen öldicht nach dem Buckelschweißverfahren befestigt wird. Aufgrund der relativ kurzen Schweißzeit wird die Zinkschicht nicht zerstört, die Preßform nicht verändert und eine öldichte Schweißung sicher gewährleistet.

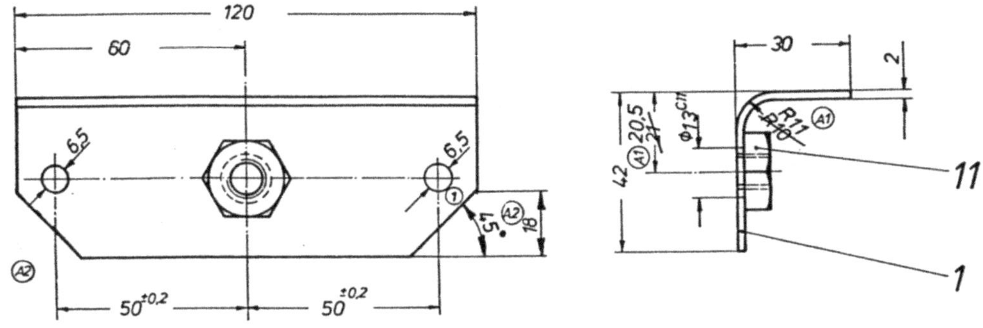

Bild 5-167 Anschweißmutter mit geeigneter Anordnung bei Radien.

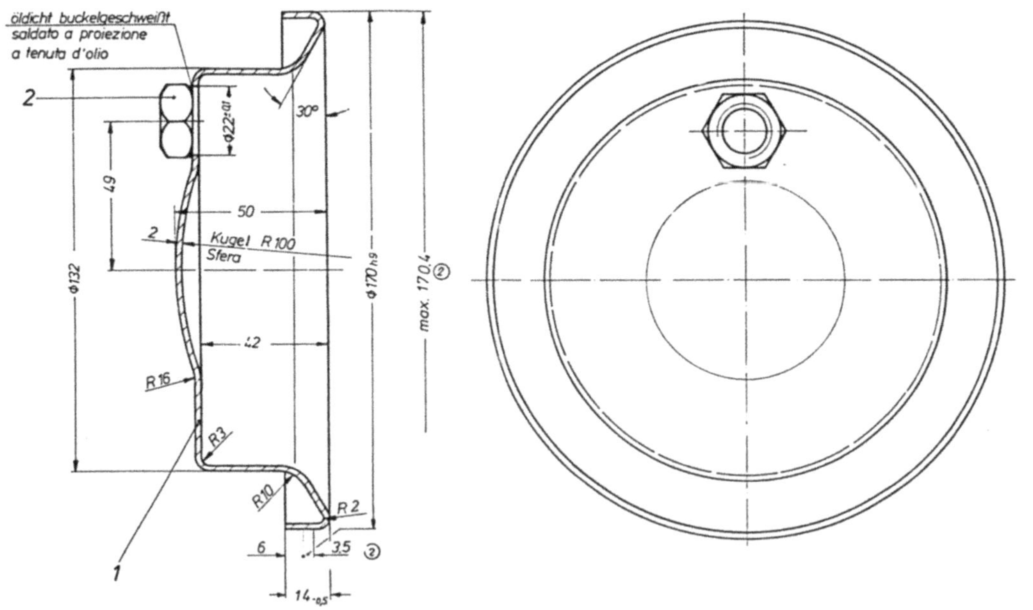

Bild 5-168 Anschweißen von Formteilen nach dem Widerstands-Buckelschweißverfahren.

Auch dickere Abmessungen und schwierige Werkstoffe, die sich üblicherweise nur nach besonderen Wärmebehandlungen verschweißen lassen, können durch das Buckelschweißen serienmäßig sicher und vor allem kostengünstig verbunden werden.
Dieser Vorsteckbolzen mit 32 mm Durchmesser auf Bild 5-169 aus einem schlecht zu schweißenden Werkstoff (34 Cr 4, DIN 17 200), der auf eine Zugfestigkeit von 900 bis 1100 N/mm^2 vergütet ist, wird mit einem Griffstück aus St37-2K (DIN 17 100) mit 12 mm Durchmesser buckelgeschweißt. Dazu wird die durch das Vergüten verzunderte Oberfläche für die Stromzuführung auf 70 mm Länge metallisch blank gebürstet.
Die Buckelschweißpressen in C- oder Portalbauweise sind in der Regel mit einer Multiprogramm-Schweißsteuerung ausgerüstet. Damit lassen sich Schweißprogramme mit den erforderlichen Kraft-Weg-Programmen kombinieren und dadurch auch schwierig zu verschweißende Werkstoffe in einer Einspannung (in der Vorrichtung) verschweißen.
Mit einer relativ geringen Anpreßkraft und einem Stromprogramm wird zuerst der Vorsteckbolzen vorgewärmt, um dann sofort in das Schweißprogramm mit höherer Anpreßkraft und höherem Schweißstrom überzugehen. Danach erfolgt wieder ein Absenken der Anpreßkraft und des Schweißstroms zum Nachwärmen. Dieses Schweißprogramm ist eine Einheit und läßt mit großer Sicherheit auch das Schweißen für bedingt schweißgeeignete Werkstoffe in der Serie zu.
Wie in allen „Spezialgebieten", so ist auch beim Bau von Straßenfahrzeugen neben den Gesetzesvorschriften und den Regeln der Technik die Erfahrung eine der wichtigsten Voraussetzungen um sicher und wirtschaftlich günstig fertigen zu können.

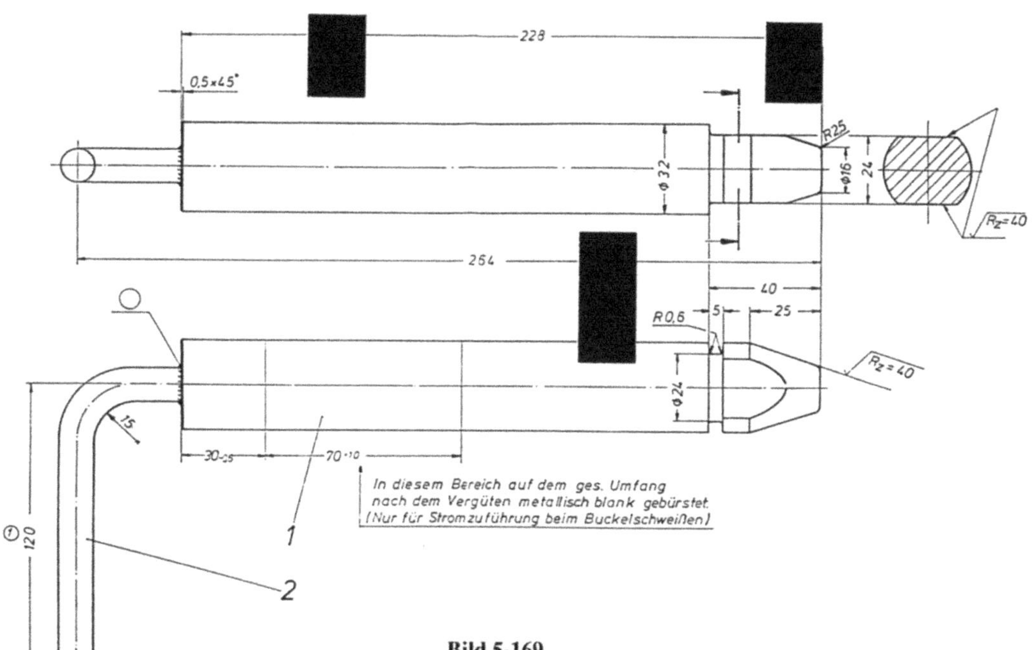

Bild 5-169

Vorsteckbolzen – Verbindung von Vergütungsstahl (1) mit Baustahl (2) nach dem Widerstands-Buckelschweißverfahren.

5.9 Schweißen und Löten im Luft- und Raumfahrzeugbau

Die Anwendung schweiß- und löttechnischer Verfahren im Luft- und Raumfahrzeugbau hat sich in den letzten Jahren entscheidend gewandelt. Während vor dem 2. Weltkrieg mit autogenen Verfahren und der Widerstandsschweißtechnik gearbeitet wurde (die Caravelle ist nahezu komplett widerstandsgeschweißt!), löste zunächst die Niettechnik diese Verfahren ab. Sie zeichnet sich durch bessere Korrosionsschutzmöglichkeiten aus. Neben den unten aufgeführten Schweiß- und Löttechniken entwickelt sich die Klebetechnik zur modernsten Fügetechnologie.
Grundsätzlich werden an die Fügeverbindungen hohe Güteanforderungen gestellt. Für die Durchführung der Arbeiten ist die Reproduzierbarkeit einmal optimierter Parameter besonders wichtig. Deshalb wird überwiegend in Vorrichtungen mechanisiert und automatisiert geschweißt. Ein einmal qualifiziertes Ergebnis wird nach einer Verfahrensprüfung freigegeben. Die dabei erzielten Eigenschaften müssen anschließend reproduzierbar eingehalten werden. Es wird jeweils der Nahtfaktor 1 angestrebt. Das Ziel der Verbindungen ist immer eine Gewichtsminimierung bei kleinsten Sicherheitsbeiwerten.
Die Wirtschaftlichkeit ergibt sich nicht aus kurzen Fertigungszeiten wie beispielsweise im Automobilbau, wo sich eingesparte Sekundenbruchteile lohnen, sondern über eine extrem hohe Zuverlässigkeit der Verbindung. Bei gegebener Reproduzierbarkeit wird der Prüfaufwand kleiner. Die Schweißeignung der eingesetzten Werkstoffe ist eingeschränkt.
Mit dem erfolgreichen Verlauf des Ariane Programms wurde eine Schweißtechnik mit höchsten Güteanforderungen verwirklicht.

Werkstoffe

Die verwendeten Werkstoffe haben einmal ein kleines spezifisches Gewicht (Al, Ti, Mg), zum andern sind folgende Sondereigenschaften erwünscht:
Korrosionsbeständigkeit, Schwingfestigkeit, Rißzähigkeit, Verschleißfestigkeit, Temperaturbeständigkeit, geringste Verunreinigungen.

Aluminium-Legierungen

Hier kommen besonders die aushärtbaren Knetlegierungen bis 200 °C in Frage (AlMgSi) ebenso AlZnMg, welches nach dem Schweißen durch pures Auslagern ohne Wärmenachbehandlung 90 % der Ausgangsfestigkeit erreicht.

Titanlegierungen

Hier ist TiAl6V4 die wichtigste Legierung, die einen guten Kompromiß zwischen Bruchzähigkeit, Schwingfestigkeit, Zugfestigkeit und Temperaturbeständigkeit darstellt.

Stähle

Nur wenn die o.a. Leichtmetalle aus Festigkeitsgründen ausscheiden ($R_m > 1000 N/mm^2$), werden Stähle eingesetzt. Als rostende Stähle kommen martensitaushärtende und Vergütungsstähle (z.B. 1.6359, 1.7734, 1.7784), bei den nichtrostenden die Ausscheidungshärter (z.B. 1.4534, 1.4548, 1.4944) in Frage. Die Vergütungsstähle müssen nach dem Schweißen wärmebehandelt werden.

5.9.1 Füge- und Beschichtungsverfahren

Es kommen nur Verfahren in Frage, die eine genaue Reproduzierbarkeit gewährleisten. Die Schweißleistung muß in kleinen Stufen steuerbar sein. Damit scheiden praktisch alle manuell durchgeführten Verfahren aus. Die Geräte benötigen einen hohen Mechanisierungsgrad und aufwendige Vorrichtungen auf der Werkstückseite.

Elektronenstrahlschweißen (EB)

Ein großer Teil der eingesetzten Werkstücke wird spanend bearbeitet (bis zu 90 % Zerspanungsanteil!). Der besondere Vorteil des EB-Verfahrens ist, endkonturnahe Halbzeuge (Schmiedeteile, Fein-, Strangguß- und Fließpreßteile) mit sehr kleinem Zerspanungsaufwand stumpf zu verschweißen. Die besonders schmale Schweißnaht bedingt auch eine kleine Wärmeeinflußzone (WEZ) und ermöglicht verzugarmes Schweißen. Zu berücksichtigen sind die steilen Temperaturgradienten, die oft eine Wärmenachbehandlung (WNB) erfordern.

Laserschweißen

Die Schwierigkeiten dieses Verfahrens liegen in der Strahlkonstanz, die noch nicht für alle Leistungsbereiche gewährleistet ist. Erst in jüngster Zeit kamen Anlagen mit so hohen Strahlleistungen (> 5 kW) auf den Markt, mit denen auch ein Einsatz im strukturellen Flugzeugbau möglich ist. Im Vergleich zum EB-Schweißen wird zwar kein Vakuum benötigt, jedoch besteht das Problem des Metalldampfs (Metallplasma oder Jet), welcher sich auf der Metallschmelze bildet und den Laserstrahl beeinträchtigt. Die einzusetzenden Werkstoffe besitzen einen hohen Reflexionsgrad, der sich negativ auf den thermischen Wirkungsgrad des Verfahrens auswirkt.

Wolfram-Inertgasschweißen (WIG)

Dieses Verfahren kann als Standard für den Flugzeugzellenbau bezeichnet werden. Grundvoraussetzung dafür sind Vorrichtungen, die sowohl einen nahezu automtisch ablaufenden Prozeß ermöglichen als auch eine Kammer mit der nötigen Schutzgasatmosphäre besitzen. Der Schweißkopf bewegt sich relativ zum Bauteil; der Schweißzusatz wird in Form eines konstant geförderten Kaltdrahts in die Lichtbogenzone gebracht. In (2) wird von einem gepulsten Drahtvorschub berichtet, bei dem der Draht zur Steuerung der Energiezufuhr in das Schweißbad hinein- und heraus-„oszilliert“.

Widerstandspunktschweißen (RP)

Für wiederholgenaue Schweißergebnisse sind die Übergangswiderstände an den Oberflächen der Bauteile und der Elektroden verantwortlich. Bei den Aluminium-Legierungen sind meist nur wenige Schweißpunkte mit derselben Elektrodenoberfläche möglich, bevor diese wieder nachzureinigen ist. Die Fügepartner müssen ebenfalls sorgfältig durch Beizen und definierter Lagerzeit danach vorbehandelt werden. Leistungsstarke Dreiphasen-Gleichstromanlagen erlauben kurze Schweißzeiten, um der hohen Wärmeleitfähigkeit entgegenzuwirken. Ferner helfen Meß- und Regeleinrichtungen, die die Schweißleistung während eines Punktes erfassen und ausregeln, die Reproduzierbarkeit der Punktgüte zu verbessern. Die Kupfer-Basis-Elektroden legieren leicht an die Leichtmetalle an. Es werden auch feinste Kupferteilchen auf der Oberfläche abgesetzt. Trotz dieser Schwierigkeiten gewinnt dieses Verfahren immer größere Bedeutung im Flugzeugzellenbau.

Diffusionsschweißen

Dieses Verfahren erfüllt vom Oxidationsschutz her ähnliche Anforderungen wie das EB-Schweißen. Der Fügeprozeß wird in einer Vakuum- oder Schutzgaskammer durchgeführt. Flächige Anschlüsse großer Querschnitte sind möglich. Die Schweißeignung kann mit Hilfe von diffusions-unterstützenden Zwischenlagen (Folien) verbessert oder aber erst ermöglicht werden. Die flächige stoffschlüssige Verbindung erfolgt durch Festkörperdiffusion. Obwohl hier auch unterschiedliche Werkstoffe nahezu verzugsfrei miteinander verbunden werden können, scheitert das Verfahren oft an der Prüfproblematik.

Reibschweißen

Bei den beiden Reibschweißverfahren mit kontinuierlichem Antrieb oder nach dem Schwungradverfahren hat sich eindeutig das einfachere Schwungrad-Reibschweißen durchgesetzt. Hier werden einmal ermittelte Schwungmassen und Raddrehzahlen mit geringem Aufwand an Prozeß-Steuerung konstant gehalten. Der Fügeprozeß erreicht nur erhöhte Rekristallisationstemperatur, also keine Schmelzphase. Deshalb müssen die Fügepartner nicht legierungsfähig sein!

Hart- und Hochtemperaturlöten

Durch die Entwicklung des Hochtemperaturlötens wurden neue Einsatzgebiete erschlossen. Es können damit Betriebstemperaturen von 1000 °C zugelassen werden. Die gefürchteten intermetallischen Phasen können nicht entstehen und die thermische Belastung der Grundwerkstoffe bleibt immer unterhalb deren Schmelztemperatur. Auch beim üblichen Hartlöten muß die geringere Lotfestigkeit mit einer größeren Verbindungsfläche ausgeglichen werden. Zum Hochtemperaturlöten wird eine Schutzgas- oder Vakuumkammer benötigt, in der die anhaftenden Oberflächenoxide ohne Flußmittel beseitigt werden.

Beschichtungsverfahren

Die hohen thermischen Belastungen, vor allem im Triebwerksbau, erfordern keramische Beschichtungen. Verschleiß und Korrosion beeinträchtigen in hohem Maß die Funktionssicherheit und Einsatzmöglichkeit der hochbeanspruchten Bauteile. Als Verfahren kommen Pulver- und Stabflammspritzen sowie das Plasmaspritzen zum Einsatz. Die Technologie ist so weit entwickelt, daß bereits hohe Haftzugfestigkeiten, auch bei keramischen Schichten, erreicht werden. Es wird eine Temperatur-Schockbeständigkeit (Abschrecken eines 850 °C heißen Bauteils in 20 °C kaltem Wasser) erreicht. Die Bauteilvorbereitung (Strahlen) ist aufwendig und muß kurz vor dem Spritzvorgang erfolgen, um eine zwischenzeitliche Oxidation der Oberfläche zu vermeiden. Die Bauteile selbst erwärmen sich beim Spritzvorgang nur wenig (80–120 °C).

5.9.2 Anwendungsbeispiele

Bild 5-170 zeigt einen elektronenstrahlgeschweißten Transportbehälter. Es handelt sich um die Spacelab-Komponente Igloo für einen mitgeführten Computer. Der Behälter ist aus vier geschmiedeten Ringen zusammengesetzt und besteht aus einer Aluminium-Legierung (6 % Cu, 0,3 % Mn, 0,05 % Ti, 0,1 % V, 0,2 % Zr). Die Ausbildung der einzelnen Stöße ist in Bild 5-171 dargestellt.

Bild 5-170 Elektronenstrahlgeschweißter Transportbehälter

Bild 5-171 Spacelab Transportbehälter (Elektronenstrahlschweißung)

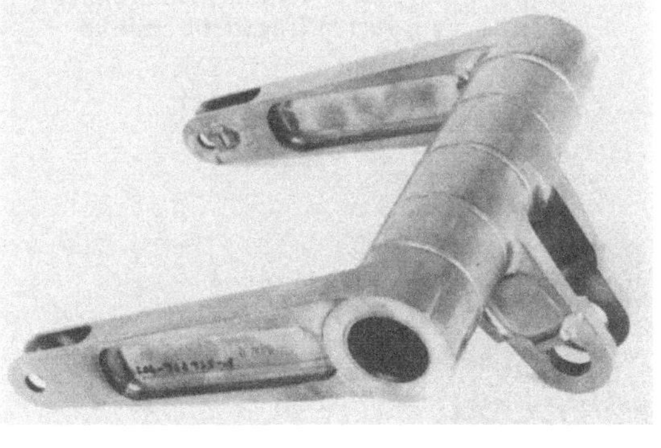

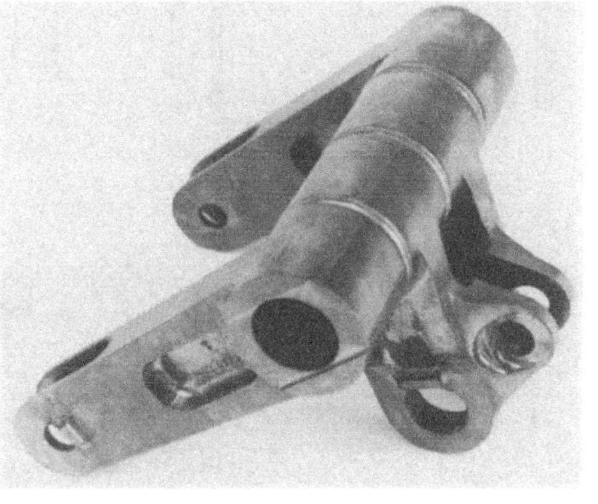

Bild 5-172 Landeklappenträger aus TiAl6 U4 als Diffusionsschweißung

In Bild 5-172 ist ein Landeklappenträger als Diffusionsschweißung ausgeführt. Er besteht aus Ti Al6 V4 und wird zur Senkung des Zerspanungsaufwands aus verschiedenen Halbzeugen des gleichen Werkstoffs zusammengesetzt. Die Schweißstellen sind mit (1) bis (5) auch auf der Querschnittszeichnung (Bild 5-173) angegeben. Bild 5-174 zeigt das

WIG-Wechselstrom-Schweißen mit Kaltdrahtzufuhr und getrennter Zündeinrichtung. Die Innen- und Außenspannvorrichtungen sind zur geringeren Wärmeableitung aus austenitischem Chrom-Nickel-Stahl.

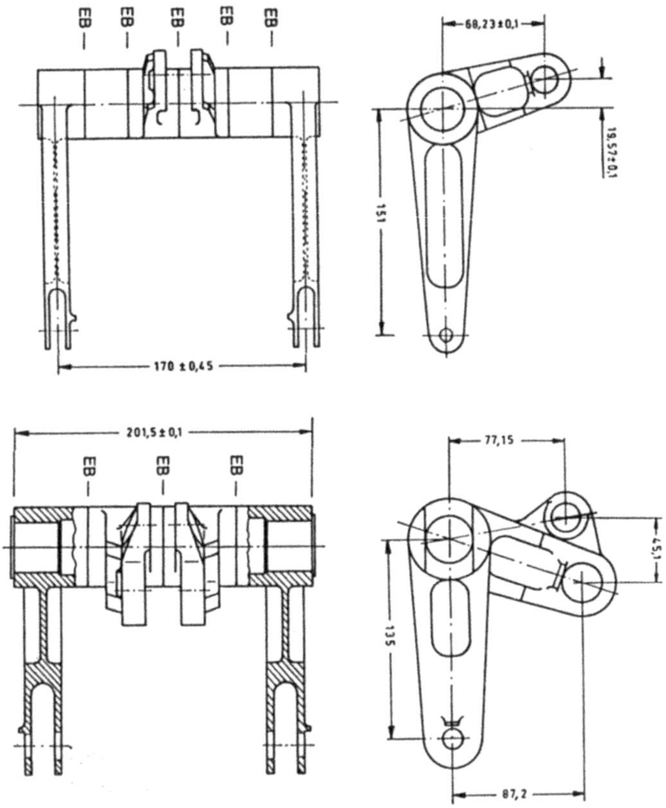

Bild 5-173
Querschnittdarstellungen der oberen Trägerteile aus Bild 5-172.

Bild 5-174
WIG-Wechselstromschweißung mit separater Kaltdrahtzufuhr und getrennter Zündeinrichtung

5.10 Thermisches Beschichten

Thermisches Spritzen

Unter dem Begriff „Thermisches Spritzen" sind unterschiedliche Spritzverfahren" [62] zusammengefaßt. Sie werden entsprechend DIN 32 530 [70] unterteilt nach der Art des Spritzzusatzwerkstoffes, der Art der Fertigung oder der Art des Energieträgers (Bild 5-198). Alle Thermischen Spritzverfahren benötigen zur Erzeugung von Spritzschichten zwei Energiearten:

Die thermische und die kinetische Energie.

Um den steigenden Anforderungen an die Schichten gerecht zu werden, müssen Weiterentwicklung und Forschung betrieben werden. Dies geschieht an den Verfahren, dem Verfahrensablauf und an den Spritzzusatzwerkstoffen. [63] Die beiden Energieformen sind wesentliche Ansatzpunkte der Weiterentwicklung bei den Thermischen Spritzverfahren.

Die Höhe der thermischen Energie ist durch die Wahl des Spritzverfahrens, d.h. durch den Energieträger, vorgegeben. [64] Die Energieträger sind heute die Brenngas-Sauerstoff-Flamme, die elektrische Energie, das Plasma und neuerdings der Laserstrahl. Die thermische Energie wird benötigt, um den Spritzzusatzwerkstoff an- oder aufzuschmelzen. Enorme Fortschritte ergaben sich in letzter Zeit in der Erhöhung der kinetischen Energie, die in Form von Partikelgeschwindigkeit gemessen wird. Sie ist mit ein Kriterium, das über die Dichte der Schicht und der Haftzugfestigkeit der Spritzschicht in sich und Haftzugfestigkeit der Schicht zum Grundwerkstoff Einfluß nimmt. [66]

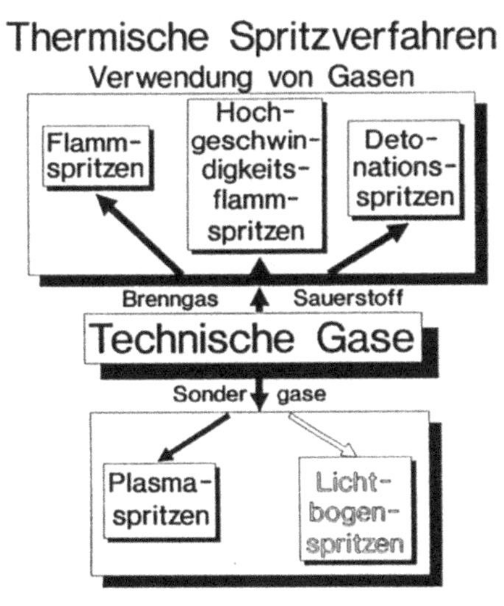

Bild 5-175
Thermische Spritzverfahren nach DIN 32 530, die industriell genutzt werden.

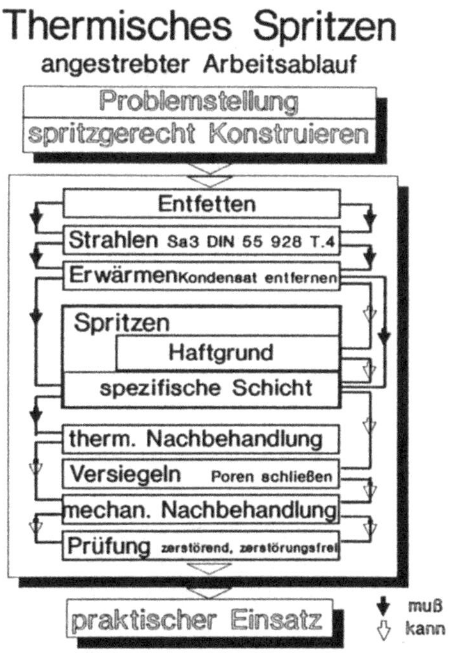

Bild 5-176
Arbeitsablauf, der bei allen Thermischen Spritzverfahren eingehalten werden soll.

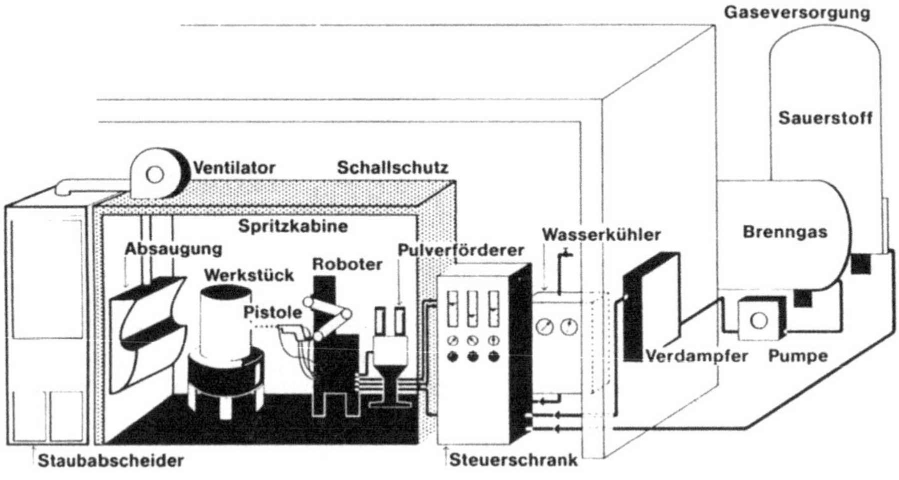

Bild 5-177 Schematische Darstellung einer vollständigen Thermischen Spritzanlage am Beispiel des Hochgeschwindigkeits-Flammspritzens

Die kinetische Energie ist bei den einzelnen Verfahren des thermischen Spritzens sehr unterschiedlich und vom Spritzmaterial und der Partikelgröße abhängig. [68]
Ein den technischen Regeln entsprechender Arbeitsablauf für das Thermische Spritzen wird in Bild 5-199 beschrieben und sollte bei allen Verfahren angestrebt werden, somit können immer qualitativ hochwertige Beschichtungen erzeugt werden. [67]
Zu einer kompletten modernen Anlage für die meisten Thermischen Spritzverfahren gehört neben der Spritzpistole, ein Pulverfördersystem, ein Steuerschrank, ein Spritzroboter, im Bedarfsfall eine Wasserkühlung und eine ausreichende Gasversorgung (Bild 5-200). Daneben muß der dazugehörige Spritzraum mit einer ausreichenden Absaugung, mit entsprechender Staubabscheidung und einem wirksamen Schallschutz ausgerüstet sein, um den heute geltenden Vorschriften zu entsprechen. Dies ist ein zusätzlicher Teil der Qualitätssicherung für das Thermische Spritzen, um die gewünschten hochwertigen Spritzschichten zu erreichen.

5.10.1 Verfahren des Thermischen Spritzens

Flammspritzen

Die Unterteilung des Flammspritzens erfolgt nach der Form bzw. dem Zustand des Spritzzusatzwerkstoffs:

- Flammspritzen mit Draht (Stab bzw. Schnur)
- Flammspritzen mit Pulver
  a) ohne thermische Nachbehandlung
  b) mit thermischer Nachbehandlung

Beim Flammspritzen wird der Zusatzwerkstoff im Düsensystem der Spritzpistole mit einer Acetylen-Sauerstoff-Flamme (thermische Energie) geschmolzen und mit entsprechender Geschwindigkeit (kinetische Energie) auf die vorgesehenen Werkstückbereiche aufgebracht. Bei Bedarf kann ein Zerstäubergas (im allgemeinen Druckluft) diesen Vorgang optimieren. Bei besonderen Anforderungen sind Gase, wie z.B. Argon, Helium oder Stickstoff einsetzbar. Die Zusatzwerkstoffe werden als Draht, Pulver oder auch in Stab- bzw. Schnurform geliefert.

Flammspritzen mit Draht [68]

Beim Draht-Flammspritzen wird der Zusatzwerkstoff, der in Drahtform vorliegt, kontinuierlich der Acetylen-Sauerstoff-Flamme (Bild 5-201) durch eine geeignete Drahtvorschubeinrichtung zugeführt. Der dabei an der Spitze des Drahtes in den Schmelzbereich gebrachte Zusatzwerkstoff wird nun zusätzlich durch ein Zerstäubergas abgelöst und auf die vorbereitete Werkstückoberfläche geschleudert. Die dabei entstehende Spritzschicht wird im allgemeinen durch nebeneinanderliegende Streifen und übereinanderliegende Lagen gebildet. Jede Lage besteht aus einer Anhäufung von abgeflachten, lamellenförmigen Tröpfchen. Bedingt durch die Art der Entstehung sind die flammgespritzten Überzüge im allgemeinen härter, spröder und poröser als der Ausgangswerkstoff.

Flammspritzen mit Pulver [73]

Ein Treibgas saugt das Pulver an (Injektorprinzip) und befördert es in die Düse (Bild 5-202). Während die Partikel durch die bei der Verbrennung entstehende Ausdehnung des Acetylen-Sauerstoff-Gemisches beschleunigt werden (kinetische Energie), werden die Pulverteilchen durch die thermische Energie der Acetylen-Sauerstoff-Flamme auf- und angeschmolzen. Pulver- und Treibgasmenge sind dosierbar. Durch elektrische Vibratoren lassen sich eventuelle Störungen in der Pulverzufuhr vermeiden. Der Wirkungsgrad derartiger Anlagen ist höher und die Spritzverluste sind geringer als beim Arbeiten mit üblichen Drahtpistolen. Es kann aber nicht, wie beim Drahtspritzen, in jeder Lage gespritzt werden. Der Schichtaufbau ist ähnlich wie beim Drahtspritzen. Die Partikelgeschwindigkeit ist geringer als beim Flammspritzen mit Draht.
Die Verweilzeit der Pulverpartikel im Bereich der Acetylen-Sauerstoff-Flamme beträgt ca. 2,5 bis 4×10^{-3} Sekunden. Dies entspricht einer mittleren Partikelgeschwindigkeit von 50 m/s bei einem Abstand der Düse zum Werkstück von 150 mm.

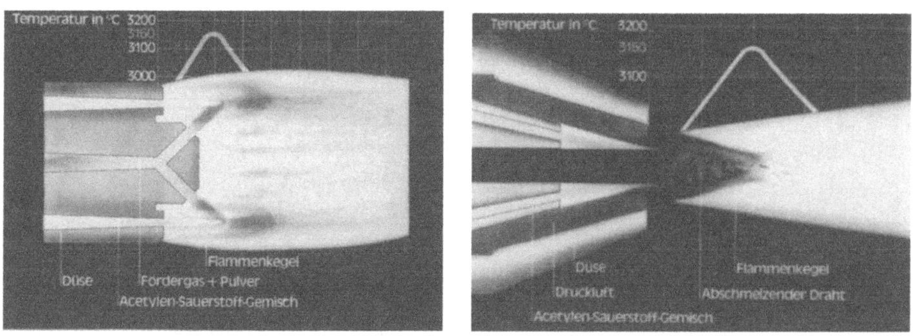

Pulver **Draht**

Bild 5-178 Flammspritzen mit Draht und Pulver – schematisch dargestellt im Bereich der Acetylen-Sauerstoff-Flamme.

Einschmelzen selbstfließender Pulver [69]

Als Zusatzwerkstoff werden auch Pulver verwendet, die eine thermische Nachbehandlung benötigen. Durch die Zugabe von Bor und Silizium im Pulver erhält die Spritzschicht die Fähigkeit des „Selbstfließens". In einem zweiten thermischen Arbeitsgang wird der gesamte, beschichtete Bereich entsprechend dem Zusatzwerkstoff auf Temperaturen von 1.020 bis 1.140 °C erwärmt. Bei Temperaturen über 900 °C bilden sich Borsilikate, die Flußmitteleigenschaften haben. Noch vorhandene dünne Oxidschichten auf der Metalloberfläche werden damit gelöst, so daß – ähnlich wie beim Hartlöten – zwischen Grundwerkstoff und Spritzschicht eine stoffschlüssige Verbindung entsteht. Nach Erwärmen auf etwa 1.050 °C entsteht der sogenannte „nasse Schein". [72] Er kennzeichnet das Ende der Einschmelzphase und ist ein wichtiger Anhaltspunkt für den Flammspritzer. Dieser „nasse Schein" wird nur unter reduzierender oder streng neutraler Acetylenflamme deutlich sichtbar. Beim Einschmelzen wird die Mikroporosität beseitig und die Spritzschicht gas- und flüssigkeitsdicht. Aus der thermischen Nachbehandlung, dem sogenannten Einschmelzen, resultiert auch eine Volumenabnahme der ursprünglichen Spritzschicht um 20 bis 25 %.

Beschichtungsfähig sind alle metallischen Werkstoffe [71], deren Solidustemperatur oberhalb der Einschmelztemperatur der Spritzzusätze liegt. die Haftfähigkeit kann durch Legierungselemente des Grundwerkstoffes beeinträchtigt werden. Erfahrungswerte für die oberen Grenzwerte der Legierungsbestandteile des Grundwerkstoffs, die das Gelingen des Einschmelzens gewährleisten sind:

Kohlenstoff	≤ 0,5 %	Nickel	≤ 4,0 %
Mangan	≤ 2,0 %	Wolfram	≤ 3,0 %
Silizium	≤ 2,0 %	Molybdän	≤ 3,0 %
Chrom	≤ 5,0 %		

Weiter ist durch die benötigte Energie für den Einschmelzprozeß der Bauteildurchmesser auf etwa 500 mm (massiv) und die maximale Schichtdicke auf ca. 2,5 mm begrenzt. Außerdem ist mit einem mehr oder weniger großen Verzug des Bauteils zu rechnen, da der Schmelzverbindungsprozeß bei etwa 1.050 °C durchgeführt wird. [75]

Überwiegend wird ein pulverförmiger Spritzzusatz eingesetzt. Spezielle Anforderungen an die Spritzschichten und Anwendungsgebiete des Verfahrens sind in Bild 5-203 anhand des Flammspritzens dargestellt.

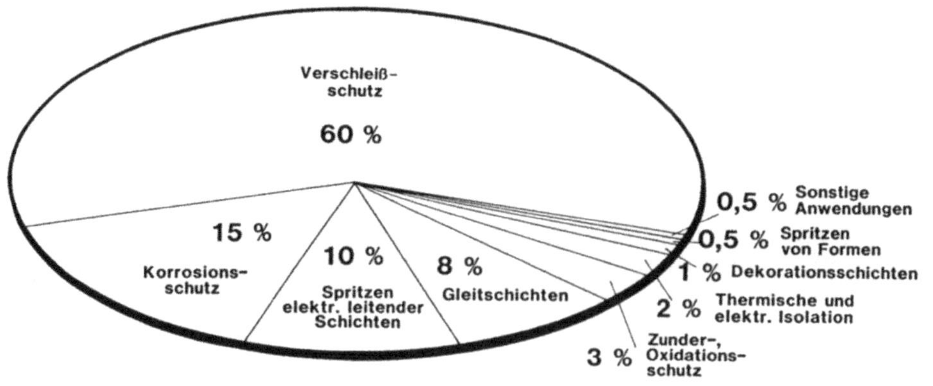

Bild 5-179 Anwendungsgebiete des Thermischen Spritzens anhand des Flammspritzens aufgezeigt.

Hochgeschwindigkeits-Flammspritzen

Das hier zuerst angesprochene Hochgeschwindigkeits-Flammspritzen ist in Deutschland unter dem Namen „Jet Kote-Spritzen" bekannt und ist das zur Zeit am weitesten entwickelte und wissenschaftlich untersuchte System. Das Jet Kote-Verfahren wurde Anfang der achtziger Jahre von dem amerikanischen Ingenieur Browning entwickelt und hatte zum Ziel, durch einfachste Mittel die kinetische Energie beim Flammspritzen zu erhöhen. [76]

Verfahrensprinzip des Jet Kote-Spritzen

Die Jet Kote-Anlage (Bild 5-204) besteht aus einer patentrechtlich geschützten Spritzpistole, dem eigentlichen Herzstück der Anlage, einem Pulverförderer, der für das Verfahren geeignet sein muß und dem Steuerschrank für die Gase und das Kühlwasser mit entsprechender Regelmöglichkeit. Da hier mit Brenngasdrücken von 3 bis 7 bar gearbeitet wird, muß die Brenngasversorgung so ausgelegt sein, daß ein störungsfreies Spritzen ohne Rückverflüssigung des Brenngases jederzeit gewährleistet ist.
Die Firma Linde, Technische Gase, hat dazu ein Propanversorgungskonzept entwickelt, das praxisbewährt ist und diese Anforderung erfüllt. Das aus der Flüssigphase entnommene Propan wird über eine Druckerhöhungspumpe (Bild 5-205) auf den erforderlichen Druck gebracht und über einen Verdampfer so aufbereitet, daß gasförmiges Propan bis zu 7 bar am Steuerschrank zur Verfügung steht.

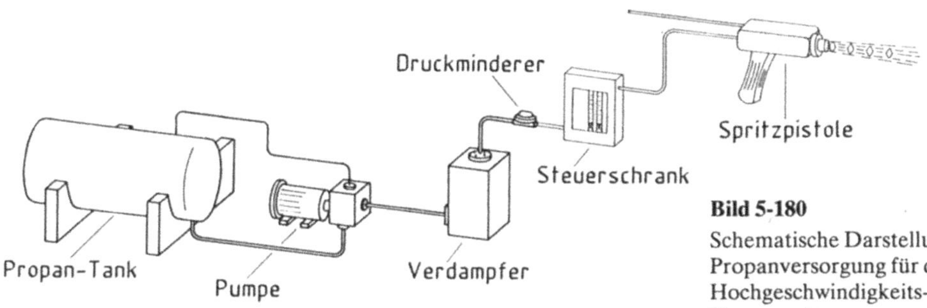

Bild 5-180
Schematische Darstellung der Propanversorgung für das Hochgeschwindigkeits-Flammspritzen

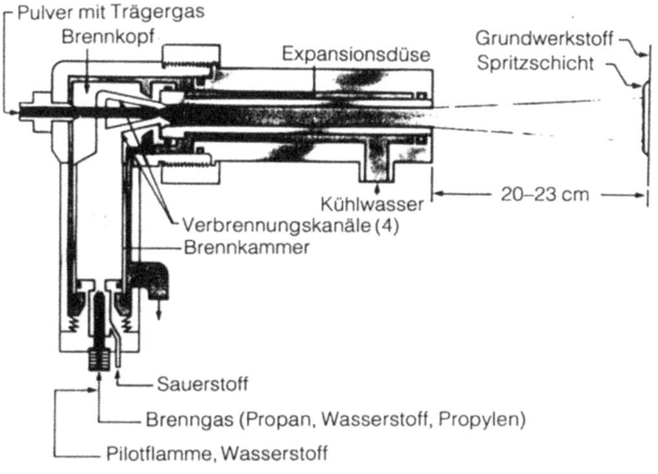

Bild 5-181
Aufbau der Jet Kote-Pistole anhand eines Schemas.

Beim Jet Kote-Spritzen wird in der Brennkammer einer einfachen Pistole (Bild 5-206), das Brenngas, meist Propan oder Wasserstoff, mit dem Sauerstoff gemischt und gezündet. Der aus der Brennkammer austretende brennende Gasstrahl wird über die Verbrennungskanäle in die Expansionsdüse geleitet. Der heiße Gasstrom wird hier eng gebündelt und erreicht somit Gasgeschwindigkeiten von 1500–2000 m/s. Über eine in der betriebsbereiten Anlage ständig brennenden Wasserstoff-Sauerstoff-Pilotflamme kann das Brenngasgemisch immer gezündet werden. Zentrisch und axial zu der Expansionsdüse wird das Spritzpulver über einen Pulverförderer der wassergekühlten Pistole zugeführt, dort aufgeschmolzen und beschleunigt (V = 800 m/s).
Die mit dem Jet Kote-Verfahren erzeugten Schichten zeichnen sich durch folgende Eigenschaften aus:
- sehr porenarme Schichten (ohne Einschmelzen), dadurch besser für Korrosionsbeanspruchungen geeignet als die anderen Verfahren des thermischen Spritzens
- die Karbide (z.B. Wolframkarbid) erfahren durch den Durchlauf bei dem Heißgasprozeß des Jet Kote-Spritzens nur eine geringste Umwandlung in Mischkarbide
- die Verfahrenskosten erreichen etwa die Größenordnung des Plasmaspritzens an Atmosphäre.

Vorhandene Systeme des Hochgeschwindigkeits-Flammspritzens

Angeregt durch die vielfältigen Möglichkeiten, die sich mit dem Jet Kote-Spritzen eröffnen, wurden in letzter Zeit neuartige Systeme auf dem Gebiet des Hochgeschwindigkeits-Flammspritzens entwickelt. Aller Ziel ist es, Spritzschichten zu erzeugen, die sich durch Porenarmut, Dichtigkeit und sehr hohe Haftzugfestigkeit in der Schicht und zum Grundwerkstoff auszeichnen. Das markanteste, sichtbare Merkmal beim Hochgeschwindigkeits-Flammspritzen sind die „SHOCK DIAMONDS“ im Gasstrahl (Bild 5-207). Diese Shock Diamonds sind ein Ergebnis von stehenden Wellen und stellen Geschwindigkeitsknoten dar. Es gibt aber keinen direkten Zusammenhang zwischen der Anzahl der Knoten und dem Vielfachen der Schallgeschwindigkeit. Sie sind jedoch charakteristisch für Ultraschallgasströme: Je größer die Knotenanzahl, desto höher die Gasgeschwindigkeit. Ebenso stehen der Knotenabstand und -winkel in einem Zusammenhang mit der Gasstrahlgeschwindigkeit. Die verwendeten Bezeichnungen „Supersonic“ oder „Hypersonic“ sind nicht nur werbewirksame Ausdrücke, sondern bezeichnen die Beziehung zu neuen Dimensionen auf dem Gebiet des Thermischen Spritzens.

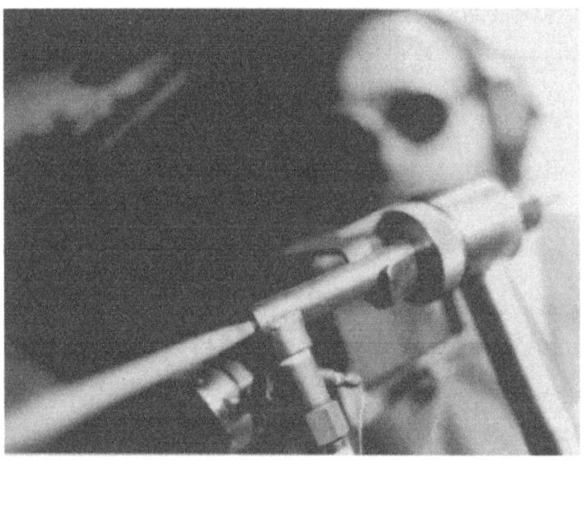

Bild 5-182
Shock Diamonds beim Hochgeschwindigkeits-Flammspritzen, ein Kriterium der Gasgeschwindigkeit

Die zur Zeit im deutschsprachigen Raum bekannten und angebotenen Hochgeschwindigkeits-Flammspritzverfahren für die Verarbeitung von Pulvern heißen:

Jet Kote-System; Diamond Jet-System; Continuous Detonation Spraying (CDS)-System; Top Gun-System; Nova Jet-System und CastoSpeed-System.

Die Systeme unterscheiden sich im wesentlichen in der Lage der Zündzone, in der das Brenngas-Sauerstoff-Gemisch gezündet wird. Alle Verfahren oder Systeme des Hochgeschwindigkeits-Flammspritzens arbeiten im Gegensatz zum altbewährten Detonationsspritzen kontinuierlich.

Zusammenfassung und Zukunftsaussichten

Da das Hochgeschwindigkeits-Flammspritzen ein relativ junges Verfahren aus der Gruppe des thermischen Spritzens ist, sind die Anwendungen und die Palette der Spritzzusatzwerkstoffe am Beginn der zu erwartenden Möglichkeiten. Durch die spezifischen Eigenschaften des Hochgeschwindigkeits-Flammspritzens, die extrem hohe Partikelgeschwindigkeit und die Wirtschaftlichkeit des Verfahrens, wird weltweit die Weiterentwicklung vorangetrieben.

Detonationsspritzen (amerikanische Bezeichnung: D-Gun-Spritzen)

Beim Detonationsspritzen wird zur Erzeugung der kinetischen Energie eine kontrollierte Detonation verwendet. Dazu wird pulverförmiger Spritzzusatz einer rohrförmig verlängerten Reaktionskammer (Bild 5-208) zugeführt und mit einer genau dosierten Menge Acetylen und Sauerstoff elektrisch gezündet. Diese Funken erzeugen die Detonation des Gasgemisches. Die dabei frei werdende Energie schmilzt die Pulverteilchen (thermische Energie) an und beschleunigt sie auf sehr hohe Partikelgeschwindigkeiten (kinetische Energie). Vermutlich wird die sehr hohe kinetische Energie beim Auftreffen auf die zu beschichtende Fläche zusätzliche teilweise in Wärme umgesetzt, so daß es zu Mikroverschweißungen einzelner Bereiche mit der metallischen Werkstückoberfläche sowie mit bereits aufgespritzten Tröpfchen kommt. Beim Detonationsspritzen handelt es sich um ein intermittierendes Verfahren mit etwa 4 bis 8 Spritzvorgängen pro Sekunde. Nach jeder Detonation muß die Reaktionskammer gespült werden um die Verbrennungsrückstände zu beseitigen. Dies erfolgt mit Stickstoff. Die Lärmentwicklung ist extrem hoch (ca. 150 db). Deshalb muß der Prozeß in Schallschutzkammern durchgeführt

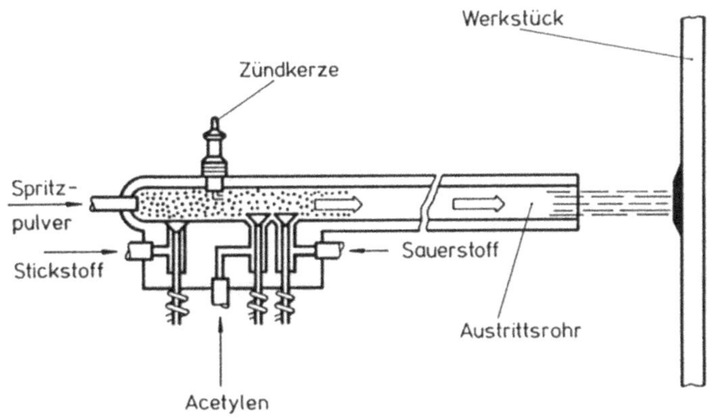

Bild 5-183
Schematische Darstellung des Detonationsspritzens

werden. Eine komplette Detonationsanlage besteht aus der Detonationskanone, dem Steuerblock für die Gase, dem Pulverförderer, dem Kühlsystem, dem Manipulator und der Schallschutzkammer mit dazugehöriger Absaugung. Verarbeitet werden können mit dem Detonationsspritzen nur Pulver, die in der Korngröße genau modifiziert sind (Korngröße 5 bis 60 µm). Durch die patentrechtliche Absicherung der Firma Union Carbide Corporation (UCC) wurde dieses interessante Verfahren des Thermischen Spritzens bis vor einiger Zeit ausschließlich als Lohnbeschichtung von UCC in deren Zentren in den USA, England, Schweiz, Japan, Frankreich, Italien und Deutschland durchgeführt. In letzter Zeit sind Bestrebungen bekannt, dieses System in Schweden, Österreich und in der Sowjetunion nachzubauen, wobei eine Anlage in Österreich jetzt schon mit großem Erfolg betrieben wird.

Lichtbogenspritzen

Beim Lichtbogenspritzen wird als Quelle für die thermische Energie elektrische Energie verwendet. Die beiden elektrisch leitenden draht- oder röhrchenförmigen Spritzzusätze werden in einem Lichtbogen geschmolzen und durch ein Zerstäubergas, z.B. Druckluft (kinetische Energie), auf das vorbereitete Werkstück geschleudert. Der elektrische Lichtbogen wird zwischen den beiden Drahtenden (Bild 5-209) durch eine Kontaktzündung erzeugt (analog zum Zünden des MAG-Lichtbogens).
Unverändert in der thermischen Spritztechnik ist die Grundidee, zwei stromführende, aufeinander zulaufende Drähte durch einen Lichtbogen abzuschmelzen und die abgeschmolzenen Teilchen mit einem Zerstäubergas auf ein Werkstück zu schleudern. Das Lichtbogenspritzen hat aber seinen entscheidenden Durchbruch durch gravierende technische Verbesserungen, wie gleichmäßigen Drahtvorschub, einen konstanten Lichtbogen und eine hohe Zündgeschwindigkeit, geschafft. Weitere Fortschritte sind heute in der Spritzleistung wie in der Spritzpistole zu verzeichnen. Charakteristisch für das Lichtbogenspritzen ist die unterschiedliche Spritztropfengröße. Sie kommt durch das unterschiedliche Abschmelzverhalten von gleichen Materialien an der Anode und der Kathode zustande. Die dadurch entstehende unterschiedliche kinetische Energie und Erstarrungstemperatur der Spritzteilchen und der hohe Abbrand von Legierungselementen (max. 2 bis 3 %) muß nicht immer nachteilhaft für die Praxis sein. Der große Einfluß des Sauerstoffes (Aufoxidieren) auf die Spritzteilchen wird durch die Verwen-

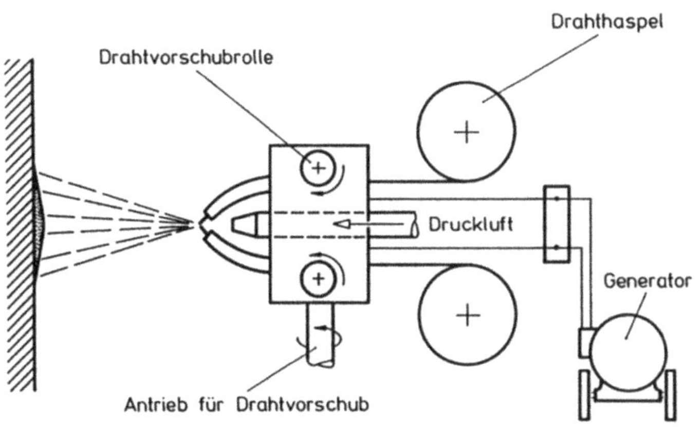

Bild 5-184
Schematische Darstellung des Lichtbogenspritzens

dung von Stickstoff als Treibgas minimiert. Durch die hohen Spritzleistungen findet das Lichtbogenspritzen hauptsächlich im Korrosions- und Verschleißschutz Verwendung. Dabei war die Entwicklung des geschlossenen Düsensystems von entscheidender Bedeutung.
Die mit Lichtbogenspritzen erzeugten Schichten sind in der Porosität etwas höher als bei den anderen Thermischen Spritzverfahren und die Spritzschichtstärken liegen in der Regel bei ca. 1 mm.

Plasmaspritzen [65]

Plasmaspritzen hat in den letzten Jahren einen nicht mehr wegzudenkenden Stellenwert bei den Verfahren des Thermischen Spritzens erreicht. Sicherlich auch dadurch begünstigt, daß das Wort „Plasma" einiges exotisches verbirgt, bei dem die Forscher und Entwickler geradezu herausgefordert wurden und werden. Deshalb haben die unzähligen Forschungsvorhaben, Untersuchungen, Diplomarbeiten, Dissertationen usw. auf dem Plasmaspritzsektor sehr wertvolle Anregungen für die Praxis gegeben. Unter Plasma versteht man einen „Aggregatzustand" der Materie, wobei positive und negative Ladungsträger in gleicher Konzentration frei existieren, so daß das Ganze nach außen hin elektrisch neutral aber elektrisch leitend ist.
Beim Plasmaspritzen dient ein Plasmastrahl als Wärmequelle. Zwischen der düsenförmigen Kathode und der Wolframelektrode wird ein stabiler Gleichstrom-Lichtbogen gezündet (Bild 5-210). Der Lichtbogen erhitzt einen kontinuierlich fließenden Plasma-

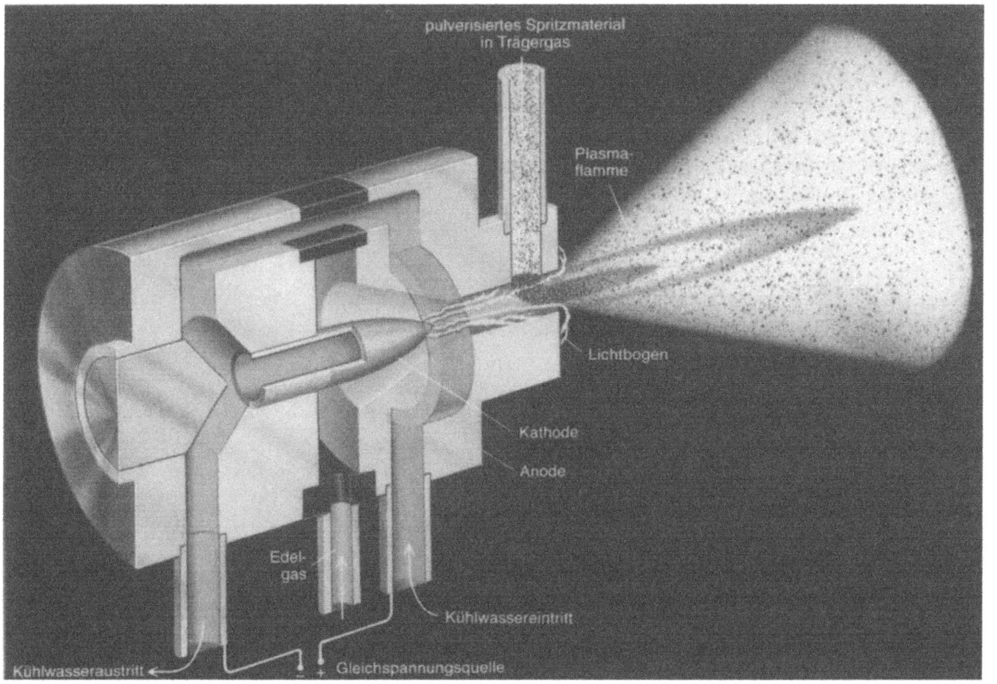

Bild 5-185 Schematische Darstellung des Plasmaspritzens

gasstrom auf eine sehr hohe Temperatur (bis zu 20000 °C). Argon, Helium, Stickstoff, Wasserstoff oder deren Gemische werden beim Plasmaspritzen als Gase verwendet. Wegen der enormen Volumenausdehnung des Gases entströmt das Plasmagas mit hoher Geschwindigkeit der Düse. In diesen Plasmastrahl gelangt der pulverförmige (selten drahtförmige) Spritzzusatz. Das für den Transport des Spritzzusatzes benutzte Trägergas ist meistens mit dem Plasma identisch. Im Plasmastrahl wird der Spritzzusatz gleichzeitig aufgeschmolzen und beschleunigt, um mit hoher kinetischer Energie auf das zu beschichtende Werkstück aufzuprallen.
Plasmaspritzsysteme werden für den Betrieb an der Atmosphäre und für den Betrieb in Vakuumkammern angeboten, wobei sich der Betrieb des Plasmaspritzens im Vakuum für sehr reaktionsfreudige Werkstoffe bestens bewährt hat.

Drahtexplosionsspritzen

Dieses Verfahren stellt eine Sonderentwicklung für eine ganz bestimmte Anwendung dar: dem Beschichten von Zylindern mit verschleißmindernder Schicht.
Hierbei wird ein Draht durch Widerstandserwärmung zum Explodieren gebracht und trifft als überhitzte Schmelze oder dampfförmig auf die zu beschichtende Zylinderwand auf. Die erforderliche Energie wird dem Draht durch den Entladevorgang eines Kondensators zugeführt (Bild 5-211). Zur vollständigen Verdampfung muß die elektrische Energie in extrem kurzen Zeiten (1 ... 10 µs) zugeführt werden.
Eingesetzt wird das Verfahren im großen Maßstab in Japan zur Beschichtung von Zylindern für Motorradmotoren.
Durch Weiterentwicklungen des Verfahrens, die in letzter Zeit in Deutschland durchgeführt wurden, z.B. das Verlegen des Prozesses in eine Vakuumkammer, eröffnen sich neue Anwendungsgebiete. Es können durch den sogenannten DYBO-Beschichtungsprozeß auch ebene Flächen unterschiedlicher Größe und Innenbeschichtungen von Rohren und zylindrischen Körpern geringen Innendurchmessers beschichtet werden, wobei durch die Steuerung des Prozesses Beschichtungen vom Dünnschicht (< 100 µm Schichtdicke) zum Dickschichtbereich (> 100 µm) erzielt werden können. Es wird hier ein Verfahren beschrieben, das nicht mehr eindeutig dem Thermischen Spritzen zugeordnet werden kann.

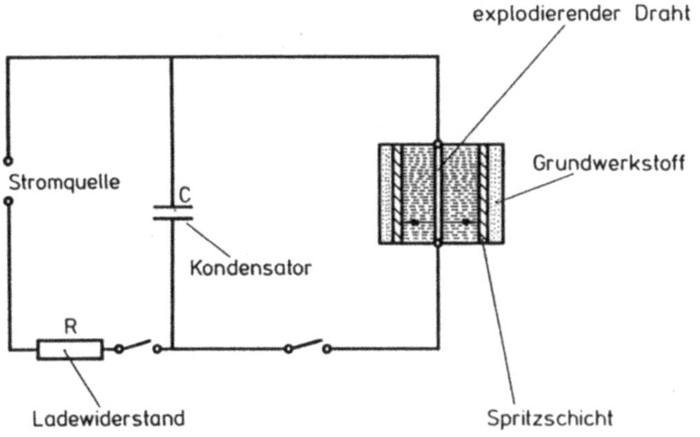

Bild 5-186
Schematische Darstellung des Drahtexplosionsspritzens

5.10.2 Wirtschaftlichkeit des Thermischen Spritzens als Beschichtungsverfahren

Thermisches Spritzen ist ein Beschichtungsverfahren, das eine Vielzahl von Vorteilen gegenüber anderen Beschichtungsverfahren hat. Schweißverfahren ermöglichen lediglich das Aufbringen metallischer Werkstoffe auf metallischem Trägerkörper. Eine erweiterte Werkstoffkombination ist jedoch vor allem durch den Einsatz des Thermischen Spritzens gegeben:
- Nahezu jeder Werkstoff läßt sich verspritzen.
- Nahezu jeder Werkstoff läßt sich beschichten.

Weitere Vorteile sind:
- Rohstoffeinsparung
- durch die Materialknappheit können unedle Grundwerkstoffe mit edleren Materialien überspritzt werden.
- geringe Erwärmung des Grundwerkstoffes
- kein Verzug, keine Gefügeänderung (Ausnahme Einschmelzen)
- große Flexibilität im Bereich der Ausschußrettung und Instandsetzung
- hohe Verschleißfestigkeit durch Oxide
- selbstschmierend durch die Porosität der Spritzschicht
- nicht bauteil- oder werkstückabhängig
- kompliziert geformte Bauteile lassen sich beschichten
- große Werkstoffmengen lassen sich auftragen
- die Oberfläche der metallischen Spritzschichten stellen einen guten Unter- bzw. Haftgrund für Anstriche dar
- relativ geringer Platzbedarf

Bei Anwendung soll aber beachtet werden:
- Die Festigkeit der Spritzschicht beträgt nur einen Teil der Festigkeit des Kompaktwerkstoffs.
- Die Spritzschichten sind nicht immer dicht (Ausnahme: eingeschmolzene Schichten).
- Die Schichten ertragen nur geringe Kantenbelastungen, geringe Punktbelastung, geringe Schlagbeanspruchung.

Die Einschränkungen des Verfahrens müssen vor dem Einsatz berücksichtigt werden. Der Interessent oder der Anwender des Thermischen Spritzens sollte die Vorteile dieses Beschichtungsverfahrens aber voll nutzen.

5.10.3 Beispiele wirtschaftlicher Einsätze und Anwendungen

In Klärwerken werden zum Pumpen von Fäkalien Extruderschneckenpumpen verwendet. Es ist unvermeidlich, daß in Fäkalien Feststoffe enthalten sind. Der Hauptverschleiß findet dabei zwischen Rotor und Stator statt. Durch diesen Verschleiß sinkt der Wirkungsgrad der Extruderschneckenpumpe erheblich. Der Rotor muß, um wirtschaftlich arbeiten zu können, nach 3 Monaten ausgewechselt werden. Hierbei entstehen folgende Kosten:
- Ein- und Ausbaukosten
- Stillstandkosten
- Materialkosten (Rotor usw.)

DM 2.000,00

Jährlich entstehen für eine Pumpe mit einem unbeschichteten Rotor folgende Kosten:

DM 2.000,00 $\times$ 4 = DM 8.000,00

Um diese Kosten zu senken, wurde auf den Rotor eine selbstfließende Chrom-Nickel-Verschleißschutzschicht mit Flammspritzen aufgebracht. Die Praxis hat in diesem Fall gezeigt, daß die Pumpe nach einem Jahr noch einen akzeptablen Wirkungsgrad hatte. Die Standzeit erhöhte sich somit um das 4-fache.

Die Kosten für den beschichteten Rotor waren jährlich:

- Ein- und Ausbaukosten
- Stillstandkosten
- Material (Rotorrohling usw.)
- Präparation des Rotors mittels Flammspritzen

DM 2.600,00

Für die Wirtschaftlichkeit dieses Beschichtungsverfahrens spricht auch, daß Sanierungsarbeiten bei Großmaschinen (z.B. Turbine eines Kraftwerkes) auch im eingebauten Zustand durchgeführt werden können. Hier sind die Stillstandskosten ein erheblicher Faktor.

Die Vielfalt des Thermischen Spritzens zeigen einige Anwendungsbeispiele:

- Schichten aus legierten Stählen
- Verschleißschutz z.B. Umlenkrollen für Seile, die in der hochbeanspruchten Zone mit Hochgeschwindigkeits-Flammspritzen beschichtet werden (Bild 5-213).
- Reparatur z.B. Turbinenschaufeln von Kaplanturbine (Bild 5-214) mittels Flammspritzen einer 13,5 % Cr-Schicht.
- Verschleißschutz gegen hohe Temperatur
- Ausschußrettung

Schichten aus niedriglegierten Stählen

- nicht korrosiver Verschleiß

Schichten aus Molybdän (Bild 5-215)

- Reibelemente (Kolbenringe, Synchronringe)
- Gleit- und Verschleißschutz z.B. an Walzen in der Papierindustrie mit Draht-Flammspritzen.

Schichten aus Weißmetall

- Kondensatoren – Lötstellen
- Lagermetall

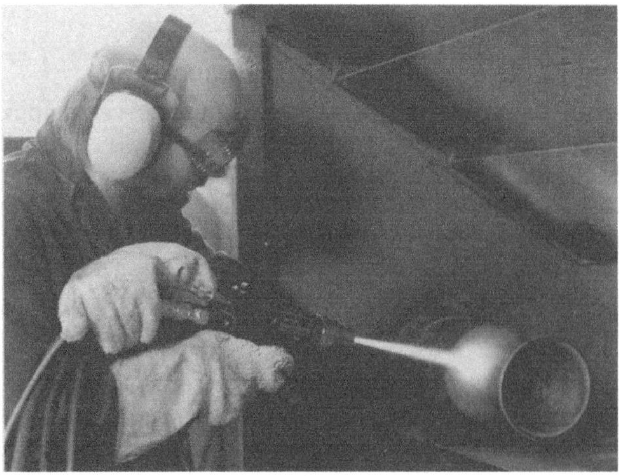

Bild 5-187
Seilumlenkrolle, die mittels Hochgeschwindigkeitsflammspritzen gegen Abrieb geschützt wird.

Bild 5-188 Turbinenschaufelsanierung mittels Flammspritzen bei einer Kaplanturbine

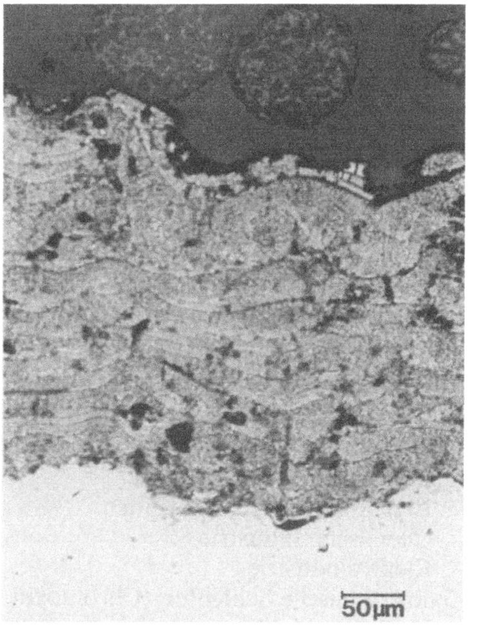

Bild 5-189 Aufbau einer flammgespritzen Molybdänschicht

Schichten aus Zink
- Korrosionsschutz

Schichten aus Aluminium
- Hitzekorrosion (Verzunderung)

Schichten aus Bronze
- Lager

Schichten aus Zinn
- Korrosionsschutz in der Nahrungsmittelindustrie

Schichten aus Blei
- Chemische Korrosion

Schichten aus Monel
- Seewasser-Korrosion

Schichten aus Eisen, Nickel, Kobalt und rostfreiem Stahl
- bei niedriger Temperatur gegen Kavitation z.B. Turbinen und Dieselmotore
- Partikelerosion Förderschnecken
- Reparatur und Ausschußrettung
- bei höherer Temperatur bis 840 °C Motoren-, Gasturbinen- und Triebwerkbau

Schichten aus Kohlenstoffstahl – je nach Härte
- Widerstandsschichten gegen Reibung
- Kornabrieb und Partikelerosion
- Ausschußrettung-Reparatur

Schichten aus exothermen Werkstoffen
- Mikroporöse Schicht speichert Schmiermittel – Notlaufeigenschaften
- Verschleißfestigkeit – sehr gut
- Zwischenschicht (Haftgrund)

Schichten aus selbstfließenden Legierungen (Bild 5-218)
- Rollgangsrollen in Walzstraßen
- Stranggußrollen der Hüttenindustrie
- Richtrollen für Drähte aller Art
- Form in der Glasindustrie (Bild 5-219)
- Antriebswellen von Rollendoppelgelenken, deren Laufflächen (Bild 5-220) mit selbstfließender Cr-Ni-Legierung beschichtet werden
- Gelenkbolzen (Bild 5-221)
- Absperrventile (Bild 5-222)
- Beschichten der Gleitfläche von Bügeleisen

Schichten aus Nichteisenmetallen
- Spaltausgleich in Turbinen
- Einlaufschichten in Turbinen
- Chemische Industrie
- Elektroindustrie

Oxidkeramische Schichten (Chromoxid, Aluminiumoxid, Zirkonoxid)
- Hochverschleißfeste und korrosionsbeständige Schichten
- Chemische- und Textilindustrie
- Gießereibetriebe
- Druckindustrie zur Walzenbeschichtung
- Isolierende Eigenschaften in der Elektroindustrie
- Thermische Schutzschicht z.B. an den Böden von Wärmetauschern mit Pulverflammspritzen (Bild 5-223)
- Achsenflansche für LKW, deren Simmeringsitz mit Flammspritzen mit Stab beschichtet werden (Bild 5-224)

Bild 5-190 Flammgespritzte Laufflächen von Achsenantrieben der Antriebswellen von Rollendoppelgelenken

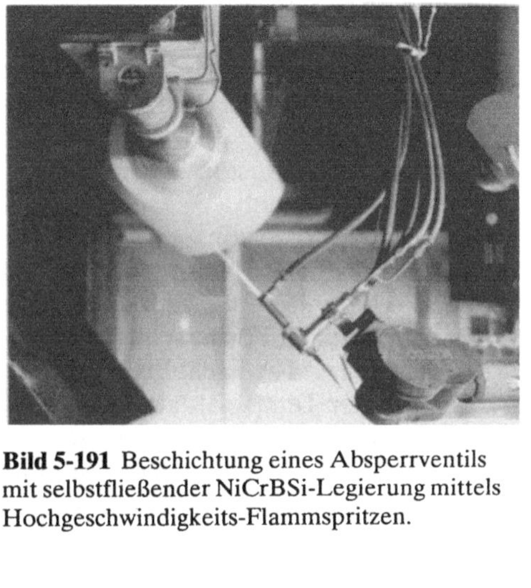

Bild 5-191 Beschichtung eines Absperrventils mit selbstfließender NiCrBSi-Legierung mittels Hochgeschwindigkeits-Flammspritzen.

Bild 5-192 Simmerringsitz bei Achsflanschen für LKW werden mit Stab-Flammspritzen verschleißbeständig gemacht.

Bild 5-193 Plasmagespritzte Wellenschonbuchsen

Bild 5-194
Ventilgehäuse, das mittels Kunststoff-Flammspritzen gegen Korrosion geschützt wird.

- Instandsetzung von Wellenschonbuchsen (Bild 5-225), deren Simmeringsitze mit Chromoxid plasmagespritzt werden
- Beschichten von Bratpfannen

Hartmetallschichten (Wolframkarbid, Chromkarbid)
- Triebwerke
- Extruder-Schnecken
- Extruder-Gehäuse
- Pumpenplunger
- Wellenschutzhülsen

Wolfram-, Tantal- und Molybdänschichten
- Hochtemperaturbeständigkeit

Kunststoffe
- Korrosionsschutz in der chemischen Industrie z.B. Pumpengehäuse (Bild 5-226) Behälter

6 Schweißtechnische Fertigung und Wirtschaftlichkeit

Das wesentliche Ziel eines Unternehmens ist die langfristige Gewinnsicherung. Die Höhe des Erlöses beeinflußt der Konstrukteur durch die technische Qualität des Produktes. Durch Untersuchungen ist bekannt, daß der Konstrukteur aber auch einen wesentlichen Anteil an der *Festlegung der Kosten* hat, Bild 6-1.
Bei der Betrachtung der Kosten dürfen nicht nur die Herstellkosten, sondern müssen die Produkt-Gesamtkosten berücksichtigt werden, weil der Konstrukteur in hohem Maße die Wirtschaftlichkeit der Produkte sowohl für den Hersteller als auch für den Nutzer beeinflußt. Dabei betragen bei den meisten Unternehmen des Maschinenbaus die Kosten der Konstruktionsabteilung selbst nur rund ein Zehntel der von ihr festgelegten oder verantworteten Kosten.
Es ist deshalb ein Gebot der Vernunft und der Wirtschaftlichkeit, der Konstruktion qualifiziertes Personal, gute Informationsmöglichkeiten und die notwendige Zeit zur frühzeitigen Kostenbeeinflussung zuzugestehen.
Es darf nicht übersehen werden, daß die Konstruktionsabteilung zwar eine große Kostenverantwortung hat, aber nur ein Teil des Unternehmens ist. Wirtschaftlichkeit kann nur dann erreicht werden, wenn alle Mitarbeiter und Abteilungen des Unternehmens gemeinsam dieses Ziel verfolgen.

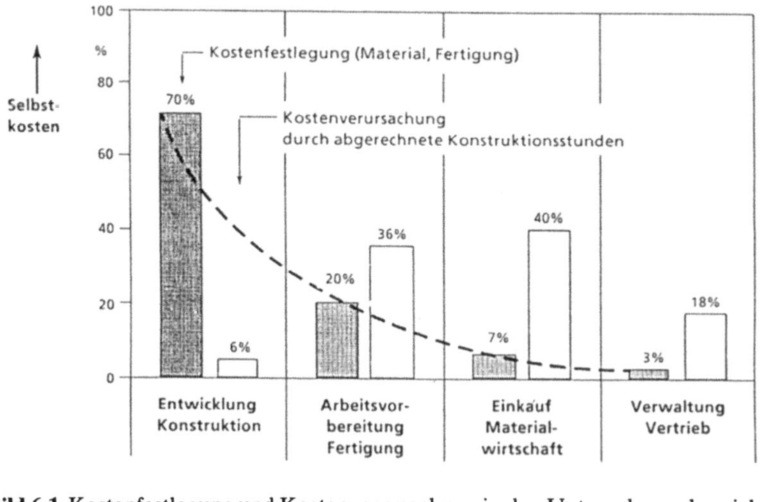

Bild 6-1 Kostenfestlegung und Kostenverursachung in den Unternehmensbereichen.

6.1 Wirtschaftlichkeit und Konstruktion

In der Konstruktionsabteilung werden die Herstellkosten im wesentlichen festgelegt, sie entstehen jedoch erst, wenn das Produkt durch die Abteilungen Fertigung und Einkauf realisiert wird. Deshalb muß die Kosteninformation dorthin, wo sie zur Beeinflussung genutzt werden kann und darf nicht in der Abteilung bleiben, in der sie erarbeitet wird (Kostenfrüherkennung in der Konstruktion!). Daraus wird die Notwendigkeit der innerbetrieblichen Teamarbeit, der abteilungsübergreifenden Zusammenarbeit deutlich. Die weitverbreiteten und traditionellen Meinungen „Kosten sind Sache der Kaufleute" und „Technik ist das alleinige Gebiet des Ingenieurs" sind endgültig überholt.
Die Mauern des Unverständnisses und der mangelnden Zusammenarbeit zwischen den Abteilungen müssen also eingerissen werden (Bild 6-2). Dies kann vor allem durch zwei Maßnahmen erfolgen.

1. *Beratung* der Konstrukteure durch sachkundige Personen aus *Fertigung* und *Einkauf*;
2. *Kosteninformation* und *Kostenberechnung*, die über papierne Informationsträger oder über Bildschirme in der Konstruktion verfügbar sind.

Am besten ist eine Kombination beider Maßnahmen.

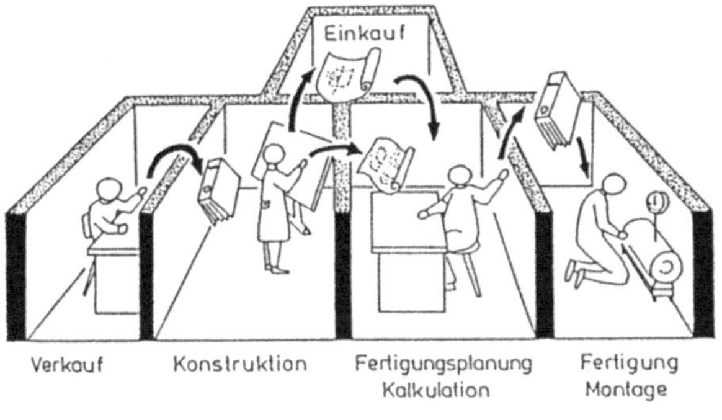

Bild 6-2
Geistige Mauern zwischen den Abteilungen behindern den Informationsfluß und ergeben zu teure Produkte.

Notwendigkeit der Kostenkontrolle beim Konstruktionsprozeß

Wie Bild 6-3 zeigt, geht der Konstrukteur üblicherweise von einer Aufgabe aus (Anforderungsliste), der meist kein zu erreichendes Kostenziel zugeordnet ist. Dieses Kostenziel muß von der Angebots- bzw. Projektabteilung festgelegt werden.
Wichtig ist, daß sofort nach einer technischen Festlegung die Kostenkontrolle erfolgt: Kostenziel erreichbar oder nicht? Sind kostengünstigere Alternativen möglich?
Folgt die Kostenkontrolle erst nach Abschluß der Konstruktion, z.B. nach Erstellung der Fertigungszeichnungen und deren Weitergabe an Arbeitsvorbereitung und Kalkulation, kommt die Rückmeldung der Kosten an die Konstruktionsabteilung so spät, daß eine Konstruktionsänderung, insbesondere bei Einzelfertigung oder Kleinserien, kaum noch möglich ist.
Dieser „lange" Regelkreis ist in der Industrie noch häufig anzutreffen. Anzustreben ist der in Bild 6-3b gezeigte „kurze" Regelkreis. Hier beurteilt der Konstrukteur schon vor und während einer technischen Festlegung entweder selbst oder mit einem Berater die Kosten. Er kann also sofort nach günstigeren Lösungen suchen. Die Kostenkontrolle wird damit integrierter Bestandteil des Konstruktionsprozesses.

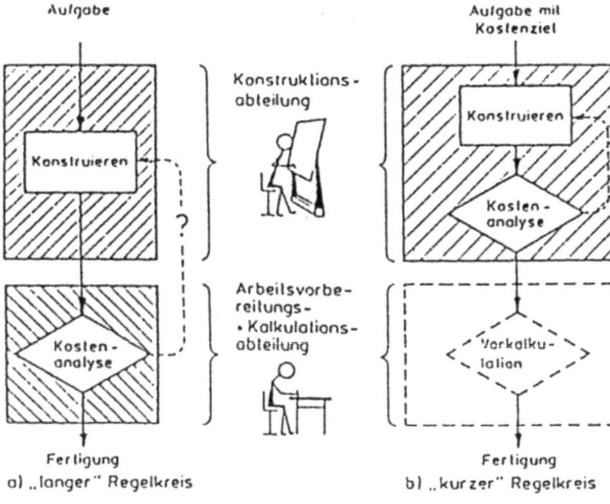

Bild 6-3
Kostenanalyse während der Konstruktion

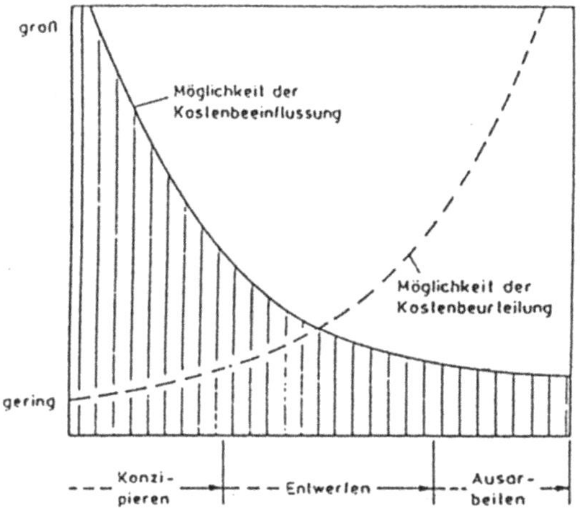

Bild 6-4
Kostenbeeinflussung und -beurteilung im Konstruktionsprozeß

Kostenrelevanz der Entscheidungen im Konstruktionsprozeß

Die Möglichkeit, die Kosten zukünftiger Produkte zu beeinflussen, ist, wie Bild 6-4 zeigt, am Anfang des Konstruktionsprozesses bei der Festlegung des Konstruktionskonzepts am größten [1]; danach nimmt sie ab, weil die wesentlichen Einflußgrößen, z.B. physikalische Effekte, Wirkprinzipien, Baugröße, durch das gewählte Konzept festgelegt sind. Der große Einfluß der Stückzahl ist meist vom Markt bestimmt, soweit nicht durch innerbetriebliche Standardisierung (Teilefamilien, Gleichteile, Baureihen und Baukasten) noch Einfluß genommen werden kann.

Leider ist die Beurteilungsmöglichkeit der Kosten am Anfang des Konstruktionsprozesses am geringsten, und es können nur Regeln (aus früheren Erfahrungen) und Analogiebetrachtungen herangezogen werden.

Erst wenn eine Entwurfszeichnung vorliegt, können Material- und Fertigungskosten bestimmt werden.

Die Arbeitsvorbereitung als Berater für Konstruktion und Fertigung

Aufgaben der Arbeitsvorbereitung
- Erstellung produktspezifischer Arbeitspläne
- Zeitwirtschaft (Ablaufstudien, Zeitaufnahmen)
- Planen und Durchführen von Rationalisierungsprojekten
- Gestalten von Arbeitsabläufen
- Planung und Einsatz von Vorrichtungen und Betriebsmittel
- Abwicklung von Investitionsvorhaben
- Rentabilitätsrechnungen
- Produktions-Planungs-Systeme (PPS)
- Kalkulationen
- Erstellung von Programmen für CNC-Maschinen
- Angaben für den Vorrichtungsbau
- Erstellung von Programmen für Roboter
- Konstruktionsberatung

Alle diese Aufgaben dienen einem Ziel:

„Wirtschaftliche Herstellung von Schweißkonstruktionen durch konstruktive Maßnahmen und neue Fertigungstechnologien".

In den nächsten Kapiteln werden Möglichkeiten hierzu aufgezeigt.

Beispiel einer Kosteneinsparung durch konstruktive Lösungen

Verschiedene Tragkonstruktionen wie z.B. Auslegerverlängerungen waren aus Gewichtsgründen in der Regel als Gitterkonstruktion ausgeführt, bei der ebenfalls hochfeste Rohre verwendet wurden. Aus Kostengründen wurde hier nach Alternativen gesucht. [2]

Bei dem Kopfstück einer dreiteiligen Klappspitze eines Autokrans wurde die Überlegung angestellt, ob es noch sinnvoll wäre, dieses als Rohrkonstruktion auszuführen. Als Alternative wurde eine sehr leichte konische Blechkastenkonstruktion mit entsprechenden Beulsteifen aus hochfestem Werkstoff (StE 960 V) gewählt. Bild 6-5 zeigt eine Skizze eines Kopfstückes als Rohrkonstruktion (a) und als Blechkonstruktion (b) gleicher

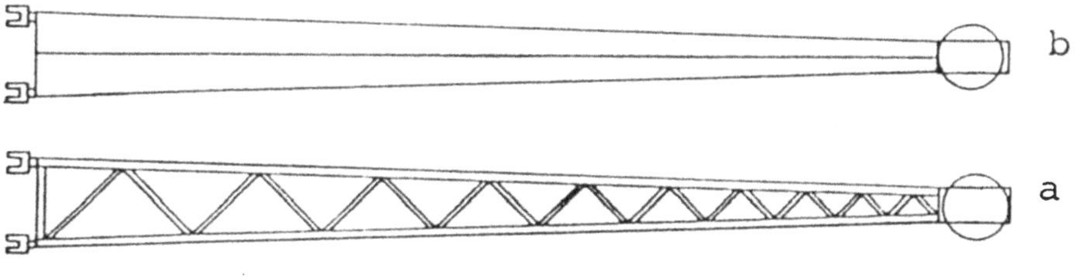

	Gitterkonstruktion	Blechkonstruktion
Materialkosten	1.260,– DM	440,– DM
Fertigungskosten	1.390,– DM	1.060,– DM
Herstellkosten	2.650,– DM	1.500,– DM

Bild 6-5 Kostenvergleich einer Ausleger-Klappspitze

Tragfähigkeit. Dabei ist es notwendig, das bisherige Eigengewicht bei dieser neuen Konstruktion nicht zu überschreiten, sondern eher geringer zu halten. Ein Vergleich der Herstellkosten ist ebenfalls angegeben. [3]
Sinnvoll war es, in einigen Fällen auch kombinierte Tragkonstruktionen, z.B. Eckstielrohre mit Blechausschnitten anstelle von Diagonalen kostengünstig herzustellen, wie man in Bild 6-6 erkennen kann.

Kosteneinsparung durch Verwendung entsprechender Brennteile anstelle von Guß- oder Schmiedeteilen

Sehr häufig werden für komplizierte Formen Guß- oder auch Schmiedestücke verwendet. Die wichtigsten Nachteile hierbei sind:
1. lange Lieferzeiten
2. Qualitätsprobleme beim Guß
3. höhere Streckgrenzen nur mit größerem Aufwand realisierbar
4. sehr hohe Kosten bei kleinen Stückzahlen

In Bild 6-7 a und b sieht man eine Verbindung Rohre mit Anschlußfinger, die üblicherweise als Gußkonstruktion ausgeführt wird. In diesem Fall wurde die benötigte Form aus Blech 40 mm dick der Qualität StE 960 V ausgebrannt und zusammengesetzt (aufgedoppelt). Neben der schnellen Verfügbarkeit wurde hier ein erheblicher Kostenvorteil erzielt.

Bild 6-6 Verschiedene Gitterspitzen zur Vergrößerung der Hubhöhen bei Autokranen.

a)

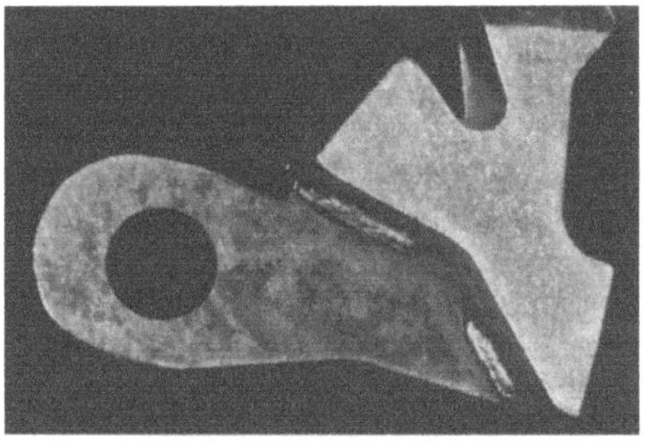

b)

Bild 6-7 Ausschnitte einer Eckverbindung mit Rohranschlüssen aus Blechen gebrannt, üblicherweise als Guß- oder Schmiedestücke ausgebildet.

6.2 Wirtschaftlichkeit und Werkstoffe

Der Einsatz von Feinkornbaustählen ist heute immer häufiger anzutreffen, z.B. im Brücken-, Fahrzeug- und Autokranbau. In erster Linie steht das geringe Eigengewicht (Erhöhung der Nutzlast oder der Traglast) im Vordergrund. So können häufig erst dadurch wirtschaftlich Großkrane hergestellt werden. Diese Aussage soll an einem Beispiel (Tabelle 6-1) erläutert werden. Eine Tragkonstruktion wird im Fall A aus St 37 und im Fall B aus StE 960 V ausgelegt. Hierbei ist der Einfluß der Streckgrenze auf die Schweißnahtkosten deutlich ersichtlich.

Die Tabelle 6-1 zeigt, daß trotz teurerem Schweißzusatz die spez. Schweißnahtkosten wesentlich geringer sind, weil man bei den höherfesten Stählen mit wesentlich kleineren „a“-Maßen auskommt. Dies ergibt wegen der geringeren Wanddicken wesentlich geringere Nahtquerschnitte und damit weniger Schweißgut. Rechnet man den Grundwerkstoff mit ein, so entsteht immer noch ein Kostenvorteil zu Gunsten des Feinkornbaustahles.

Ein wichtiger Einflußfaktor auf die Kosten ist auch die Nahtform und die Einhaltung der berechneten Nahtdicken. Ist z.B. eine Kehlnaht mit einem a-Maß von 4 mm anstatt 3 mm ausgeführt, so ist das Nahtvolumen 1,77 mal so groß.

Tabelle 6-1 Einfluß der Streckgrenze auf die spezifischen Schweißnahtkosten

Stahlsorte		St 37-2	St 52-2	StE 690	StE 885	StE 960	Verhältnis St 37–StE 960
Streckgrenze	N/mm^2	215	345	690	885	960	1:5
Blechdicke	mm	50	31	14,4	11	10	5:1
Nahtquerschnitt	mm^2	870	370	100	60	50	17:1
Schweißdraht ∅ 1.2	mm	SG 2	SG 3	NiMoCr	X 90	X 96	–
Schweißdrahtkosten	Verhältnis	1	1	2,4	3,2	3,3	1:3,3
Stahlkosten	Verhältnis	1	1,2	1,9	2,3	2,4	1:2,4
Schweißgutkosten	Verhältnis	5,3	2,3	1,5	1,16	1	5,3:1
Spez. Schweißnahtkosten	Verhältnis	12	5,1	1,8	1,18	1	12:1
Kostenverhältnis inkl. Grundwerkstoff							5:1

Randbedingungen: Schweißverfahren = MAG
Abschmelzleistung = 3 kg Schweißdraht/h, Nahtform DV – 60°
Lohn- und Maschinenkosten = 60 DM/h
Spez. Schweißnahtkosten = Schweißzusatz + Schweißen
Berechnungsgrundlage = $\sigma_{zul} = R_{eH}/1{,}5$

6.3 Wirtschaftlichkeit und Zeitbedarf

Die Konstruktion kann die Rüst- und Nebenzeiten beim Brennschneiden senken

Einen sehr hohen Einfluß auf die Rationalisierung übt auch hier die Konstruktionsabteilung aus. So ist es vorteilhaft, die Anzahl der verwendeten Blechdicken pro Bauteil soweit wie möglich zu senken (anstelle 10 verschiedener Blechdicken, z.B. nur noch 5).

Auch die Verwendung von verschiedenen Materialgüten soll auf ein Minimum herabgesetzt werden. So ist es unter Umständen viel sinnvoller, trotz höherem Preis den höherwertigen Werkstoff (z.B. StE 690 V anstelle des erforderlichen St 52-3) für untergeordnete Einzelteile zu verwenden. Man erspart sich hierbei das Auflegen weiterer Blechtafeln. Solche Maßnahmen erhöhen wesentlich das Teilespektrum pro Blechtafel.
Eine weitere Möglichkeit zur Senkung der Brennschneidkosten ist die Einführung eines Prämiensystems. Als sinnvollste Prämienart kommt an diesen Maschinen die Nutzungsprämie in Betracht. Zu diesem Zweck werden an den betreffenden Maschinen Zeitschreiber installiert, mit dem sich sehr leicht die Produktionszeit erfassen läßt. Aus dem mitgeschriebenen Produktionsbeleg (einzelne Tasten zur Erfassung der Haupt- und Nebenzeiten, verschiedene Unterbrechungsgründe) läßt sich sehr leicht der erzielte Nutzungsgrad errechnen, der dann als Basis für die Prämie verwendet wird. Der tatsächliche Verdienst wird dann aus einer Prämienkurve in Abhängigkeit vom Nutzungsgrad ermittelt. Da die Nutzung der Maschinen sehr stark davon abhängt, ob die Steuerung fotoelektrisch oder numerisch erfolgt, müssen für beide Betriebsarten verschiedene Kurven festgelegt und auch verschiedene Produktionsbelege eingelesen werden.
Durch diese Maßnahmen ließen sich Nutzungsgrade bei CNC-Betrieb bis zu 90 % (Durchschnitt 82 %), bei Schablonenbetrieb bis zu 75 % (Durchschnitt 65 %), bei Schablonenbetrieb ohne Aufleger 60 % (Durchschnitt 50 %) erreichen. Es können Erhöhungen der Produktivität um 25–30 % erreicht werden.

6.4 Wirtschaftlichkeit und Schweißvorbereitung

Am wirtschaftlichsten wäre es, wenn man ohne Anschrägungen der Schweißkanten auskommen würde. Deshalb ist es umso wichtiger, bei der Konstruktion reiflich zu überlegen, ob es wirklich nicht ausreicht, wenn z.B. anstelle einer DHV-Naht eine Doppel-Kehlnaht ausgeführt wird. Es werden sich jedoch aus statischen Gründen Anfasungen nicht immer vermeiden lassen.
Anfasungen können entweder zerspanend, z.B. durch Fräsen oder Hobeln, durch Schneidräder oder durch Brennschneiden mit entsprechenden Geräten wie z.B. Quicky, Secator oder auch 2- bzw. 3-Fasenschnitte durchgeführt werden.
Zur Zeit laufen auch schon einige Projekte, Fasenschnitte mit einem Brennschneidroboter durchzuführen. Die geometrischen Daten der Brennschnittkontur können dabei über bereits erstellte Lochstreifen oder direkt über CAD eingegeben werden. Dies kann offline auch an einem PC erstellt werden. Voraussetzung ist hierfür, daß das Teil in seiner Lage auf dem Brenntisch fixiert ist, bzw. über ein Kamerasystem die genaue Lage erkannt wird.

Entgraten

Eine sehr zeit- und somit lohnaufwendige Tätigkeit ist das Entfernen der Brennschlacke und des Brenngrats an den einzelnen Teilen. Kleinere Teile lassen sich in entsprechenden gummiausgekleideten Trommeln entgraten, die es heute schon mit automatischer Be- und Entladung gibt. Größere Teile lassen sich heute recht einfach mit Bandschleifmaschinen entgraten. Eine Station entgratet von oben mit einem hydraulischen Bolzenschleifkissen und Walzen, die andere Station entgratet von unten mit Walzen (Bild 6-8). Sauber entgratete Teile sind auch die Voraussetzung für den nachfolgenden Richtvorgang.

Rationelle Lösungen:
a) *Tischverstellung nach unten*
b) *Entgraten von unten bei konstanter Arbeitshöhe*, damit schwere Werkstücke nicht gewendet werden müssen;
c) *Konstante Arbeitshöhe* durch komplett verstellbare Aggregate und Bürsten zum Entgraten von oben
Kombination von b) und c)

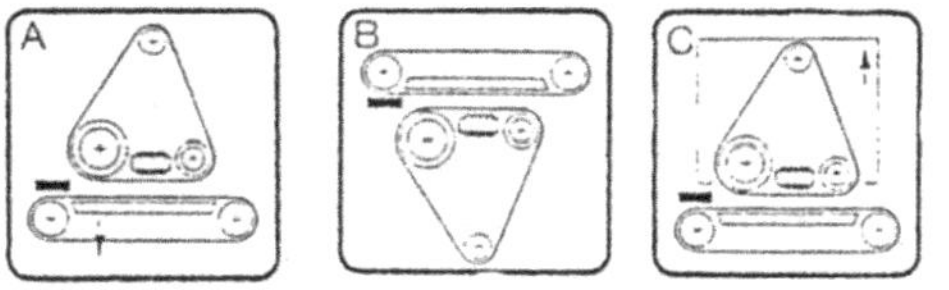

Bild 6-8 Verschiedene Systeme zum Entgraten (Fa. Weber)

Richten

Ein zeitraubender und lohnintensiver Arbeitsgang ist das Richten der zugeschnittenen Bleche. Durch die Wärmeeinbringung sind vor allem dünnere Bleche mehr oder weniger stark verzogen, so daß ein Zusammenfügen zu maßgenauen Baugruppen ohne Richten praktisch unmöglich ist.
Vor allem in bezug auf eine spätere Automatisierung, z.B. Einsatz von Schweißrobotern, ist es mehr denn je erforderlich, auf die Ebenheit der Einzelteile und damit auf die Maßgenauigkeit der Bauteile zu achten. Auf den Markt kamen neue hydraulische Richtmaschinen mit Richtdruck- und Vorschubautomatik, die sehr schnell und einfach auf die erforderlichen Blechdicken eingestellt werden können. [4]
Mit diesen können Bleche bis zu 1250 mm Breite und max. 20 mm Dicke gerichtet werden. Versuche haben gezeigt, daß Teile mit den unterschiedlichsten Formen und Durchbrüchen bereits in einem Durchgang praktisch die erforderliche Ebenheit aufwiesen. Hier erreicht man eine sehr hohe Produktivitätssteigerung, weil die Anpaßarbeiten, die sehr zeitintensiv sind, entfallen. Das Prinzip des Richtens zeigt Bild 6-9.

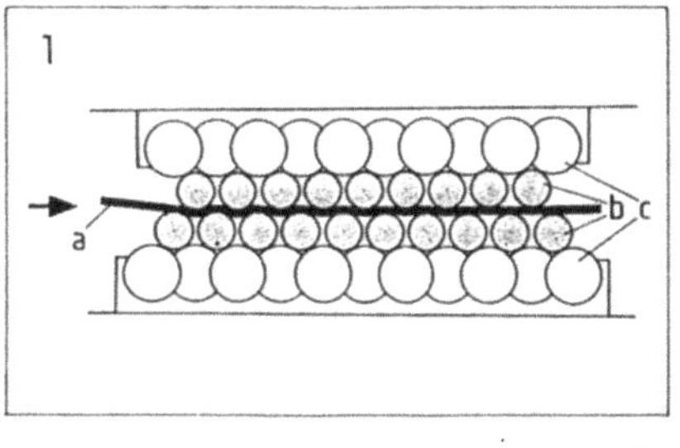

a Werkstück, b Richtwalzen, c Stützrollen

Bild 6-9
Prinzip des Walzrichtverfahrens

Ebenheitsabweichungen bei Einzelteilen werden größtenteils durch freigewordene Eigenspannungen im Werkstoff hervorgerufen. Das ungünstige Verhältnis von Dicke zu Länge oder Breite bei Blechen und die daraus resultierende geringe Steifigkeit, ergeben bereits geringe Eigenspannungsunterschiede, Krümmungen und Wellen in der Blechebene. Die auftretenden Abweichungen sind um so größer, je kleiner das Verhältnis von Dicke zu Seitenausdehnung des Bleches ist.
Die Größe des beim Zuschneiden von Blechteilen auftretenden Ebenheitsfehlers hängt außer von der bereits angesprochenen Eigenspannungsausbildung im Halbzeug Blech und den abmessungsbedingten Einflüssen auch von der Form der Außen- und Innenkontur und vom angewandten Schneidverfahren ab.

Das Verbessern der schweißtechnischen Fertigung mit dem Ziel der Sicherung der Qualität von Schweißkonstruktionen und der Steigerung der Wirtschaftlichkeit bringt mit sich, im Rahmen der Einzelvorbereitung nur einwandfrei plane Blechteile herzustellen. Die in der Vornorm DIN 8570, Teil 3, „Freimaßtoleranzen für Schweißkonstruktionen; Form und Lage" gezeigten zulässigen Ebenheitsabweichungen genügen in vielen Fällen nicht mehr.
Es werden vielfach Ebenheitswerte an Einzelteilen gefordert, wie sie in Relation zu den Vorschriften der erwähnten DIN-Vornorm zu ersehen sind. Diese erhöhten Ebenheitswerte lassen sich mit entsprechend konzipierten Walzenrichtmaschinen erreichen.

Kosteneinsparung durch Fertigen von Untergruppen

Vor allem bei großen Stahlbauteilen mit mechanischer Bearbeitung ist es vorteilhaft, bestimmte Baugruppen als Untergruppe anzufertigen. Dadurch ist es möglich, dieses relativ kleine Bauteil auf wesentlich kleineren und damit wirtschaftlicheren Maschinen zu bearbeiten. Diese verschiedenen Untergruppen werden dann gegebenenfalls mit einer Vorrichtung zu einer Hauptbaugruppe zusammengebaut.
Bild 6-10 zeigt den Ausschnitt eines Fahrzeugrahmens. Wurde früher der komplette Rahmen auf einem entsprechend großen Bohrwerk bearbeitet, so wird heute der Achsbock als Untergruppe auf einem kostengünstigeren Bohrwerk bearbeitet und anschließend am Fahrzeugrahmen angeschweißt.

Bild 6-10
Fahrzeugrahmen

Checkliste zum Kostensenken beim Schweißen

1. *Menge des Schweißguts verringern*
   a) Anzahl der Schweißnähte verringern
   b) Nahtquerschnitte genau bemessen und nur Mindestabmessungen ausführen
   c) Nahtlängen genauer bemessen
   d) unterbrochene Nähte schweißen (Zulässigkeit prüfen)
   e) Toleranzen der Kehlnahtabmessungen einengen
   f) tieferen Einbrand nutzen
   g) maßhaltiger zusammenbauen (insbesondere bei Kehlnähten)
   h) Stumpfstöße von beiden Seiten schweißen (DV-Naht statt V-Naht)
   i) Nahtöffnungswinkel verringern (verfahrensabhängig)
   j) Fugenform ändern (U-Naht oder Steilflankennaht statt V-Naht)
   k) genauere Brennschnitte herstellen, Brennschneid-Verzug verringern
   l) durch höhere Schweißnahtgüte (Schweißnahtfaktor) Blechdicke verringern

2. *Hauptzeiten verringern*

a) alle Maßnahmen von Punkt 1
b) mit höherer Abschmelzleistung arbeiten (mehr Strom, dickere Elektrode, Hochleistungselektrode, anderes Schutzgas)
c) anderes Schweißverfahren mit höherer Leistung einsetzen
d) in günstigerer Schweißposition schweißen (notfalls Vorrichtungen oder Positioniereinrichtungen verwenden)
e) Badsicherung verwenden (konstruktiv vorsehen oder als Hilfsmittel der Fertigung einsetzen), damit die Wurzellage gleich mit höherer Abschmelzleistung eingebracht werden kann.
f) mechanisieren
g) Wärmeableitung verbessern (zum Beispiel beim vollmechanischen Dünnblechschweißen)
h) Schweißer schulen und motivieren (Akkordsätze auf das Gruppenergebnis beziehen)

3. *Nebenzeiten und Rüstzeiten verringern*

a) Fertigung besser organisieren (Wegzeiten, Wartezeiten verkürzen)
b) Arbeitsplatz des Schweißers besser organisieren
c) den Schweißer besser informieren
d) auf gute Zugänglichkeit der Schweißnaht achten
e) schädliche oder leistungsmindernde Umwelteinflüsse beseitigen
f) Vorrichtungen einsetzen
g) mechanisieren
h) Verzug vermeiden oder verringern (Vorbiegen, Vorspannen, Schweißfolgeplan aufstellen, Verfahren mit weniger Verzug einsetzen, zwei Seiten gleichzeitig schweißen)
i) verfahrensbedingte Unterbrechungen und Nacharbeit verringern (Entfernen der Schlacke erleichtern, Spritzerbildung vermindern, Spritzerhaftung verringern, zentrale Gasversorgung einrichten)
j) Störungszeiten senken (Qualität kaufen, vorbeugende Instandhaltung betreiben, Geräte regelmäßig pflegen, Betriebsanleitung beachten, Schweißer schulen und motivieren)

4. *Energie und Verbrauchsstoffe nicht verschwenden*

a) Energie sparen (Kabelverluste verringern, Gerät in Pausen abschalten, energiesparende Verfahren und Geräte einsetzen)
b) mit Verbrauchsstoffen sorgsam umgehen (Elektrodenstummel nicht zu lang lassen, Gasverlust vermeiden, Ersatz- und Verschleißteilverbrauch beobachten)

5. *Qualität überwachen*

a) übertriebene Anforderungen vermeiden
b) Fehler und Qualitätsmängel vermeiden

6.5 Automatisierung von Produktionsabläufen und Rechnereinsatz

6.5.1 Einsatz von Vorrichtungen

Häufig ist es sinnvoll, bei bestimmten Stückzahlen den Einsatz von Vorrichtungen zu überlegen. Wenn man an den wirtschaftlichen Einsatz von Robotern denkt, muß man sich sehr genau mit der Peripherie befassen, d.h., der Roboter bekommt seine Schweißaufgabe „mundgerecht" serviert. Betrachtet man die Rechnung genauer, so wird man sehr oft feststellen können, daß der Schweißer, wenn er die Arbeit auch so komfortabel serviert bekommt, fast mit der gleichen Zeit auskommt. Dies bedeutet, daß eine enorme Produktivitätssteigerung bereits durch den Einsatz von Zusammenbau- und Schweißvorrichtungen eventuell mit Hub- und Schwenkeinrichtung (oder Drehkipptische usw.)

möglich ist. Bild 6-11 zeigt eine Schweißvorrichtung für Fahrzeugrahmen. Durch die Hub- und Dreheinrichtung ist es möglich, praktisch alle Schweißnähte in der günstigsten Schweißposition (w und h) zu schweißen. Außerdem entfällt das zeitraubende Einmessen der Teile, und das Spannen der Einzelteile erfolgt gleichzeitig hydraulisch.

Bild 6-11
Rahmen eines Dreiachs-Anhängers (Fa. Kässbohrer)

6.5.2 Einsatz von Schweißautomaten und Schweißrobotern

Häufig ist es sinnvoll, bei relativ einfachen und vor allem symmetrischen Bauteilen Schweißautomaten mit mehreren Schweißköpfen einzusetzen, um die Produktivität zu erhöhen. Auf der Suche nach weiteren Rationalisierungsmaßnahmen kommt man an der Frage nicht vorbei: „Wann lohnt sich ein Schweißroboter?" Zunächst ist man der Auffassung, daß beim Roboter immer große Stückzahlen vorhanden sein müssen. Man kann jedoch heute feststellen, daß auch bei kleinen Stückzahlen ein Roboter wirtschaftlich sein kann, wenn z.B. lange Schweißzeiten pro Bauteil mit großen Abschmelzleistungen erforderlich sind. Normalerweise wird beim Roboterschweißen in der Vorrichtung eingelegt und geschweißt. Dies ist jedoch in vielen Fällen nicht möglich, da u.U. das Bauteil zu kompliziert ist und die Spannelemente beim Schweißen hindern.
Eine andere Möglichkeit bietet das Heften in Vorrichtungen außerhalb des Roboterbereiches. Für das Schweißen werden dann im Arbeitsbereich nur entsprechende Haltevorrichtungen benötigt. Die dritte Möglichkeit ist das Zusammenbauen (Heften) ohne Vorrichtungen (bei geringer Stückzahl aber zeitintensiv) und anschließendes Schweißen mit einfacher Haltevorrichtung.
Bild 6-12 zeigt eine Portalanlage mit zwei hängenden Schweißrobotern zum Schweißen von Nutzfahrzeugachsen. Ein Drehtisch mit zwei Wendevorrichtungen bringt die Achse in die jeweilige Schweißposition. Beim Schweißen hinderliche Teile werden nach einer bestimmten Zeit automatisch zugeführt und von den beiden Robotern geheftet und geschweißt. Die Achsen werden vollautomatisch auf ein Förderband abgelegt und in einer Abkühlstrecke auf Raumtemperatur gebracht, um sie dann maßgenau bearbeiten zu können.

Bild 6-12
Portalanlage zum Schweißen von Nutzfahrzeugachsen (Fa. Kässbohrer)

Bild 6-13
Schweißroboter mit Lasersensor (Fa. Cloos)

Sensorsysteme

Neben den bisher üblichen Systemen wie z.B. taktiler Sensor, lichtbogengesteuertes Suchsystem, Initiatorsuchen mit der Gasdüse gibt es Weiterentwicklungen von Laser- und anderen optischen Kamerasystemen.
Bild 6-13 zeigt einen Schweißroboter, der mit einem weiterentwickelten Laser-Sensorsystem zum Erkennen und Verfolgen der Nahtfuge und zum adaptiven Schweißen ausgestattet ist.
Das zum Lichtbogenschweißen konzipierte System verwendet einen Laserstrahl für das optische, dreidimensionale Vermessen der Schweißfuge. Die Meßdaten werden vorlaufend zur Brennerposition aufgenommen. Genutzt wird ein Helium-Neon-Laser mit einer Wellenlänge von 632 Angström, den die Lichtwellen des Lichtbogens nicht überlagern. Die Entfernung zwischen Sensor und Werkstück wird von der diffusen Reflexion des Laserstrahls am Bauteil ermittelt. Der reflektierte Strahl fällt auf einen Detektor (eine CCD-Kamera), der das Höhenmaß liefert. Kamera und Schweißpistole bewegen sich entlang der Schweißfuge. Während der Bewegung werden der Abstand des Sensors zur

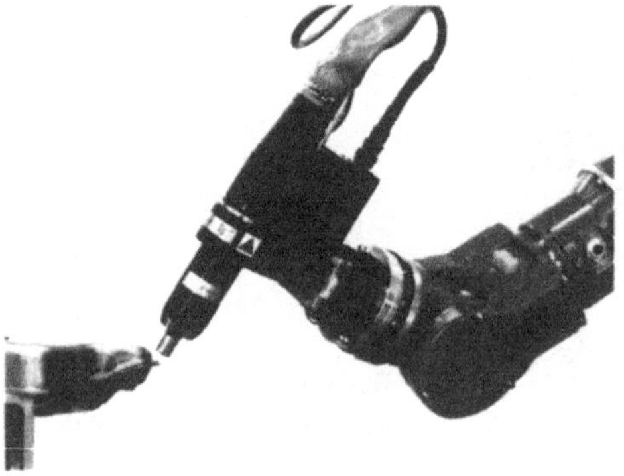

Bild 6-14 Meta-Torch am Roboter montiert (Fa. Kuka)

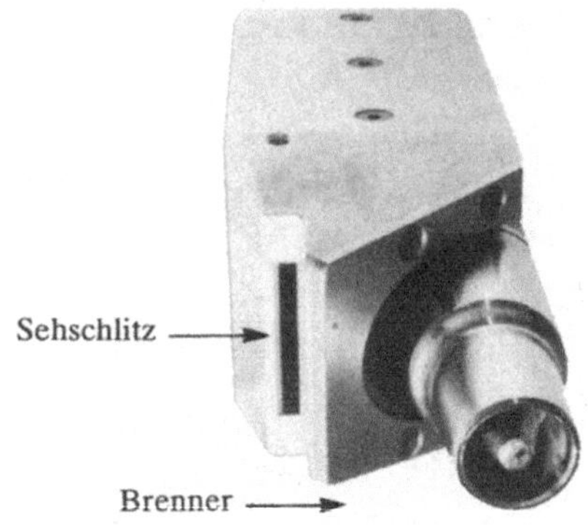

Bild 6-15 Ansicht der Kamera von unten

Naht, das Fugenprofil, die Spaltbreite und der Fugenquerschnitt berechnet. Der Sensor gibt die ermittelten Bewegungskorrekturen und die gemessenen Werte an den Roboter weiter. Er überträgt sie über eine serielle Schnittstelle. Der Roboter nimmt mit diesen Daten Bahnkorrekturen und die Schweißprozeßoptimierung vor und bewirkt so kontinuierlich das Führen der Schweißpistole und die Kontrolle des Schweißprozesses.
Ein anderes Lasersystem zeigt Bild 6-14. In diesem ist ein Sensor der Fa. Meta Machines „Meta Torch" auf einen Roboter montiert beim Schweißen eines Automobilteiles dargestellt. Auch hier werden die vom Laserstrahl erzeugten Bilder von einer Spezialkamera aufgenommen und von einem Computer ausgewertet. Die Schweißparameter werden, falls Änderungen der Nahtgeometrie vorhanden sind, entsprechend korrigiert.

Optoelektronisches Kamerasystem

Zur Vermessung von Schweißnahtfugen wurde von der Fa. IGM ein neues optoelektronisches Kamerasystem (kurz ISIP genannt) entwickelt, das auf der Auswertung von Stereobildern der Werkstückoberfläche beruht. Die besonders kleine Abmessung der Kamera (siehe Bild 6-15) und der robuste Aufbau ohne alle mechanisch beweglichen Bauteile und die zum Schweißen optimierte Software sichern hier fast unbegrenzte Einsatzmöglichkeiten zur adaptiven Steuerung des Roboters. Die Messung erfolgt durch einen „Sehschlitz", der durch Schutzgas und Druckluft von Schweißspritzern freigehalten bzw. gereinigt wird. Die Kamera ist um den Brenner herum gebaut, wie in Bild 6-15 deutlich erkennbar ist.
Die Robotersteuerung erhält von der Kamera in kurzen Intervallen exakte Meßwerte über die Position, das Volumen und die maßgeblichen Größen der Nahtfuge und fügt gemäß dieser Daten temporäre Schritte in das aktuelle Arbeitsprogramm ein. Damit ist es neben der Verfolgung von geraden und kurvenförmigen Nahtfugen auch möglich, z.B. den Nahtanfang in Werkstückecken mit geänderter Kameraorientierung zu suchen und fast beliebige Änderungen der Brenneraufstellung während den Messungen auszuführen (siehe Bild 6-16).
Ein besonderer Vorteil dieser Kamera liegt auch darin, daß die Bildaufnahme durch einen schmalen „Sehschlitz" erfolgt, der durch Druckluft von Schweißspritzern freigehalten wird, so daß Servicearbeiten auch hier nur in den für Roboteranlagen üblichen Intervallen ausgeführt werden müssen (Bild 6-17).

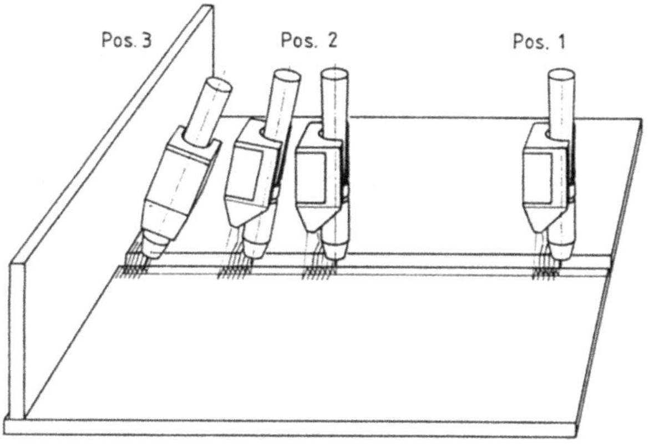

Bild 6-16
Kamera-Drehung bei Startpunkt an Ecken

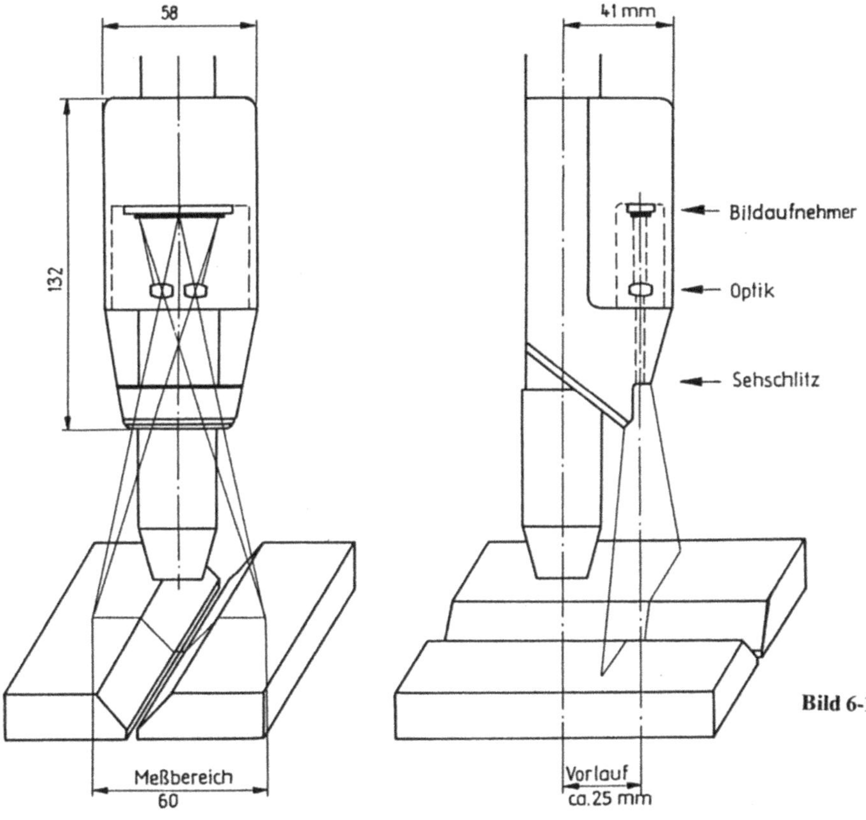

Bild 6-17

Programmierung von Robotern

Die heute noch übliche Methode zum Programmieren von Schweißrobotern geschieht am Bauteil bei Produktionsstillstand nach dem sogenannten Teach in-Verfahren. Dabei geht teure Anlagenkapazität verloren, weil die Gesamtausrüstung hierbei nicht produzieren kann.

Neue Entwicklungen gehen dahin, den Roboter außerhalb („Off-Line") der Produktion an einem Bildschirm zu programmieren. Diese Methode erfordert eine umfangreiche Software, bei der das gesamte Bauteil dreidimensional in einem CAD-System erfaßt ist. Der Roboter mit allen Peripherieeinheiten (Dreh-Kipptisch, Wendevorrichtungen, Spanneinheiten etc.) muß in seiner Geometrie und Kinematik als Programm abgelegt sein. So wird der Schweißbrenner am Bildschirm mit allen Geometrie- und Schweißparametern bauteilgerecht programmiert. Hierbei ist zu beachten, daß nach der Übertragung dieser Werte mit einem Datenträger (z.B. Diskette) auf die Robotersteuerung noch Korrekturen erforderlich werden. Trotzdem sollen mit dieser Methode die reinen Roboterstillstandszeiten für die Programmierung wesentlich verringert werden.

Um das Roboterschweißen weiter zu automatisieren, entwickelte die Fa. Binzel ein Offline-Programmierung (Bild 6-18), das den Austausch automatisch vornimmt. Das Wechsel-System besteht aus sechs Komponenten. Der Systemablauf beginnt mit dem Abschneiden der Schweißperle in der Drahtabschneidestation. In der Wechselstation wird der Roboterbrenner von Spannelementen gehalten, der Draht im Wechselkörper abgeschnitten und der Wechselhals entriegelt. Ein Abwärtsbewegen des Drehtellers trennt den Brennerhals vom Wechselkörper. Der Drehteller dient zugleich als Vorratsmagazin für zwölf Brennerhälse.

Der vorprogrammierte Brennerhals wird zugeführt und verriegelt. Der Schweißprozeß kann fortgeführt werden. Der im abgelegten Brennerhals verbliebene Drahtrest wird von der Drahtziehstation automatisch herausgezogen.

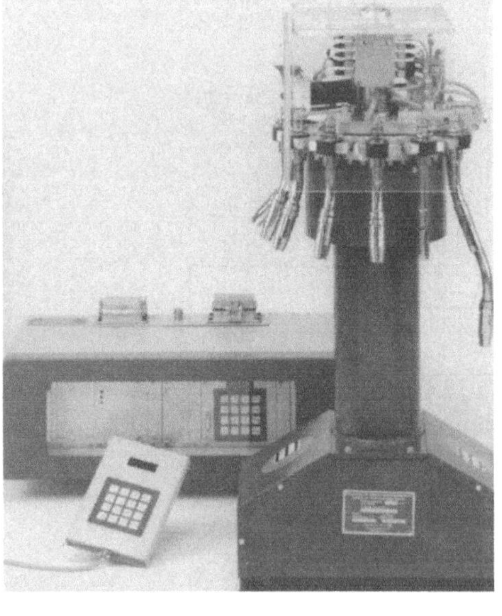

Bild 6-18
Brennerhals-Wechsel-System mit Drehteller, der zugleich als Vorratsmagazin dient (Fa. Binzel)

Konstruktive Voraussetzungen

Der Einsatz eines frei programmierbaren Roboters zum Schweißen erfolgt vorzugsweise aus fertigungstechnischen Gründen. Insbesondere stehen die folgenden Ziele im Vordergrund:

- Erhöhung der Produktivität
- reproduzierbare Qualität
- Flexibilität bei Wechsel des Teilespektrums
- Humanisierung des Arbeitsplatzes

Die Roboterfertigung bringt jedoch, bezogen auf die schweißgerechte Konstruktion, andere Anforderungen als das Handschweißen bzw. teilmechanisierte Schweißen. Die allgemeinen Verknüpfungen und sich daraus ergebenden Abhängigkeiten zeigt Bild 6-19. [5]

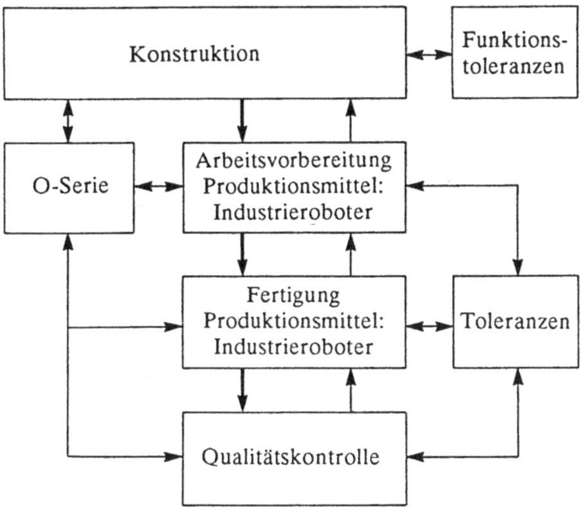

Bild 6-19
Flußdiagramm „Robotergerechtes Konstruieren"

Für robotergerechtes Konstruieren müssen die fertigungsbedingten Gegebenheiten des Betriebs besonders betrachtet werden.

Ungestörter Kraftfluß

Der Grundsatz: „Stumpfnaht ist besser als Kehlnaht" wurde bereits in Kapitel 5.2 behandelt. Dies ist auch beim Roboterschweißen zu beachten. Offenes Wurzelschweißen ist ohne Berücksichtigung besonderer Maßnahmen, wie

- eingeengte Toleranzen (Bild 6-20),
- Nahtsuch- und Nahtverfolgungssysteme,
- Badsicherung (Bilder 6-21 und 6-22),

nicht durchführbar.

Schweißnähte so dünn wie möglich ausführen

Dies gilt besonders für das Roboterschweißen von Kehlnähten (Bild 6-23).

- Einlagige Nähte sind anzustreben, da durch Verzug für die noch folgenden Lagen eine Bahnkorrektur notwendig sein kann;
- große Nahtdicken ergeben starke Schrumpfkräfte und erfordern aufwendige, stabile Schweißvorrichtungen;
- Verringerung des eingebrachten Schweißvolumens durch Ausnutzung eines tiefen Einbrandes (Bild 6-24).

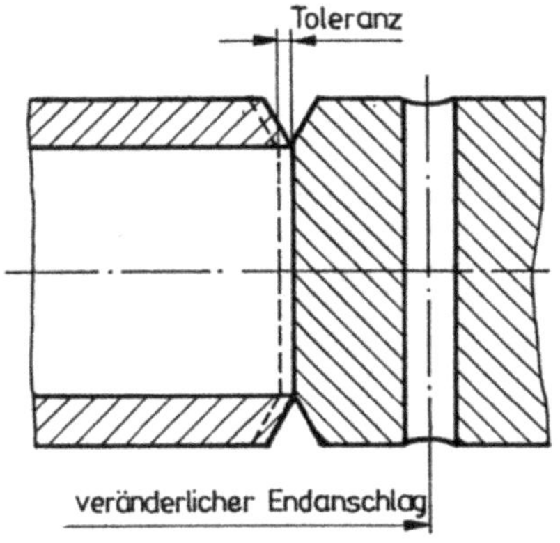

Bild 6-20 Toleranzbegrenzung durch veränderlichen Endanschlag

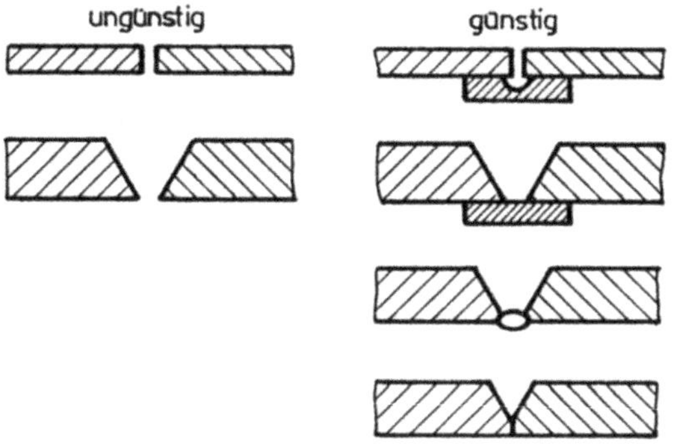

Bild 6-21 Methoden der Badsicherung durch Unterlagen, manuelles Wurzelschweißen oder spaltfreie Steganordnung

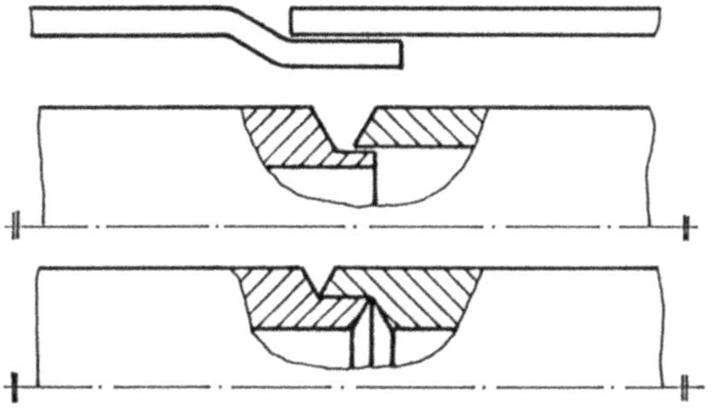

Bild 6-22 Methoden der Badsicherung durch konstruktive Anordnung am Bauteil (Kerbwirkung insbesondere bei dynamischer Beanspruchung beachten)

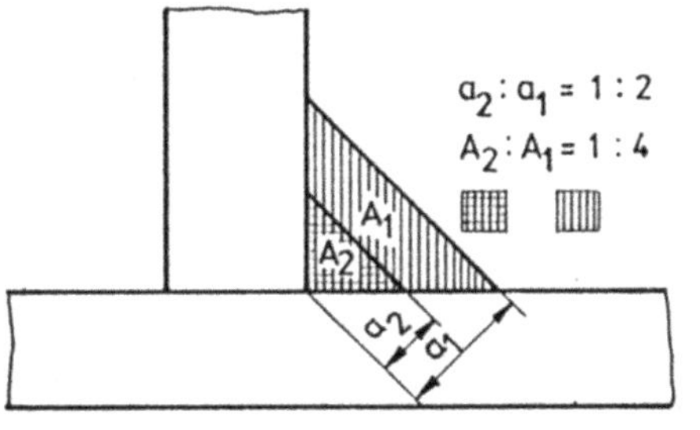

Bild 6-23 Einfluß der Schweißnahtdickenänderung auf das Schweißnahtvolumen

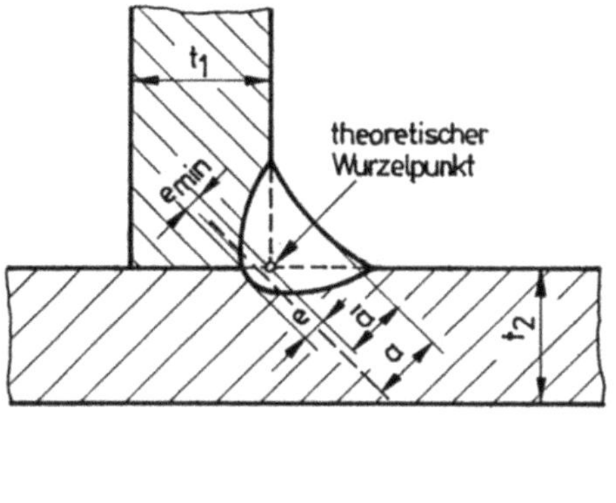

Bild 6-24
Kehlnähte mit tiefem Einbrand

Werkstoffe

Beim vollmechanisierten Schweißen, verbunden mit höheren Schweißleistungen und geringeren Fügetoleranzen der Vorfertigung, können
- eingeengte Halbzeugtoleranzen,
- definierte Oberflächenbeschaffenheit

notwendig sein. Vergütete und thermomechanisch umgeformte Stähle (TM) benötigen eine angepaßte Wärmeführung beim Schweißen.

Nahtvorbereitung

Die Nahtvorbereitung hat entscheidenden Einfluß auf die Schweißnahtgüte.
- bevorzugte Nahtformen: Bördelnaht
- zu vermeidende Nahtformen: Stumpfnaht ohne Badsicherung, Ecknaht ohne Überlappung, HV-Naht (Bild 6-25)

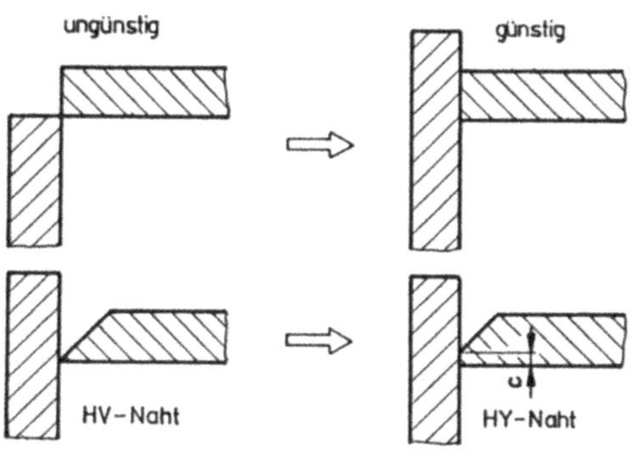

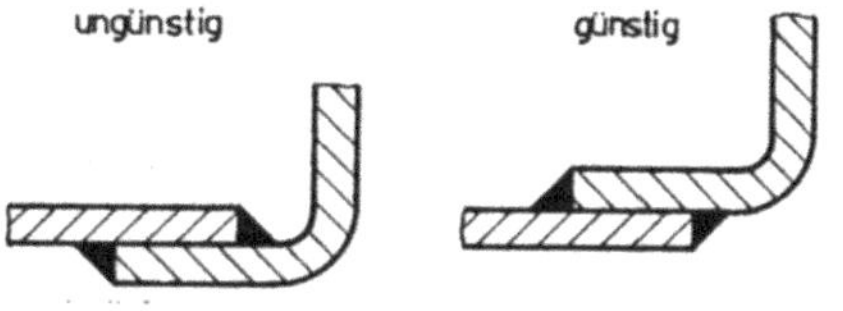

Bild 6-26 Zugänglichkeit aufgrund der Nahtlage

Bild 6-25
Veränderungen der Fugenform für das Roboterschweißen

Zugänglichkeit der Schweißnaht

Die durch die Abmessungen von Roboter, Schweißbrenner und Peripherie vorgegebenen Forderungen sind zu berücksichtigen:
- Nahtlage (Bild 6-26),
- Brennergeometrie (Bild 6-27),
- Spannelemente,
- Werkstückaufnahme,
- Sensoren,
- alle Schweißnähte möglichst in einer Aufspannung schweißen (Bild 6-28).

Zwangslagen vermeiden

Schweißnähte sind konstruktiv möglichst so anzuordnen, daß in Wannenposition (*w*) oder Horizontalposition (*h*) geschweißt werden kann. Gegebenenfalls müssen die Werkstücke durch Positionierungssysteme in diese Schweißposition gebracht werden.

Schweißfolgeplan und Verzug

Der Schweißfolgeplan dient zur Minimierung des Verzugs der Bauteile. Durch den Verzug ändert sich die Lage der Schweißfuge in bezug auf die vorprogrammierte Bahn.

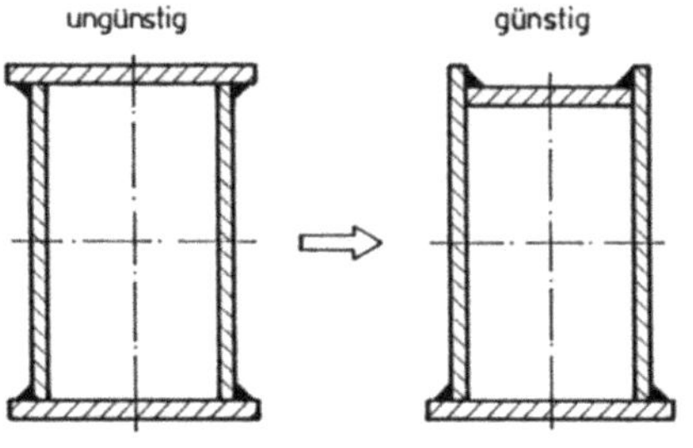

Bild 6-28 Herstellung in einer Aufspannung

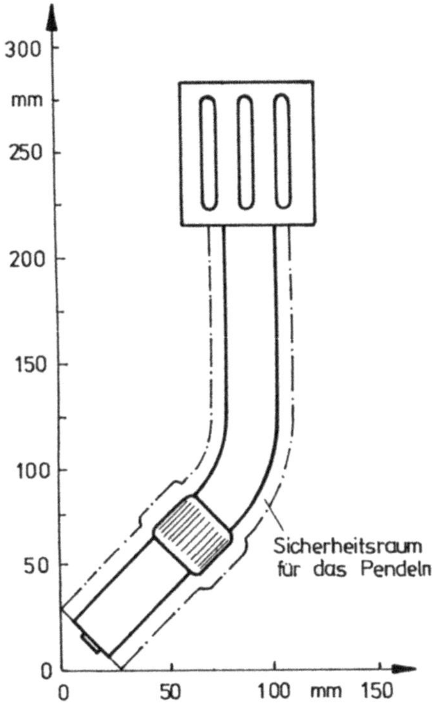

Bild 6-27
Zugänglichkeit, bedingt durch die Brennergeometrie

Der Schweißfolgeplan kann Hinweise auf notwendige konstruktive Veränderungen des Bauteils ergeben. Dadurch kommt beim Schweißen mit Industrierobotern der Abstimmung zwischen Konstruktion und Fertigung eine größere Bedeutung zu als bei manueller Fertigung.

Einfluß der Schweißvorrichtung auf die Gestaltung des Bauteils

Der Einsatz von Schweißrobotern erfordert häufig besondere Spann- und Positioniervorrichtungen. Dabei muß beachtet werden:

- Fixierung der Einzelteile bzw. des gehefteten Bauteils so vorsehen, daß
  - programmierter und realer Schweißmittenverlauf in geringen Toleranzen liegen (Bild 6-29),
  - der Verzug beim Heften und Schweißen gering ist,
  - für nicht maßhaltige Einzelteile sind Spannvorrichtungen vorzusehen,
  - seitenvertauschtes Spannen der Bauteile muß ausgeschlossen sein,
  - wichtigste Nähte sollten parallel zu den Hauptachsen des Werkstückpositionierers liegen,
- schnelles Wechseln und Spannen der Teile ermöglichen,
- zuverlässiges und reproduzierbares Spannen der Teile muß sichergestellt sein,
- Werkstückaufnahme auch für andere Bauteile vorsehen (zum Beispiel durch Index-Stifte).

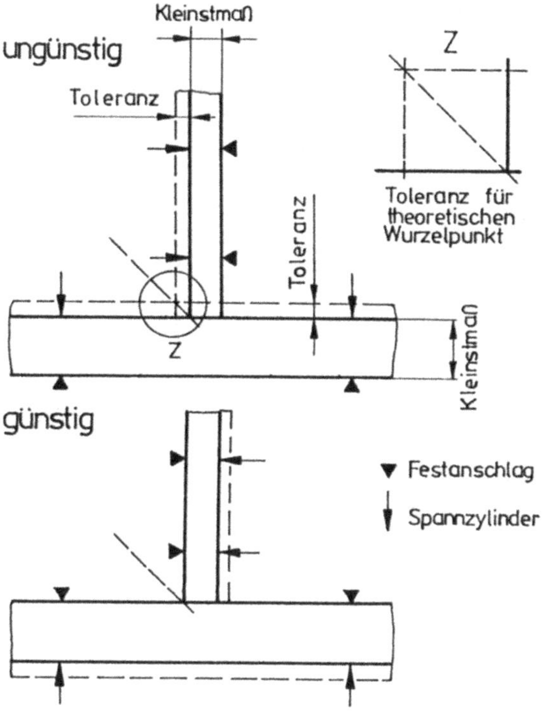

Bild 6-29
Schweißgerechte Positionieren unter Berücksichtigung der Teiletoleranzen

6.5.3 CAD/CAM

Nach Einführung ist es möglich, alle Zeichnungen durch den Computer zu erfassen. Dadurch kann man eine entsprechende Datei von Einzelteilen und Baugruppen erstellen, um möglichst nach dem Baukastenprinzip das entsprechende Projekt zusammenzubauen. Ein schneller Zugriff zu den Einzelteilen ermöglicht es auch, diese Zeichnungen auf der Rückseite der Arbeitspapiere gleich mit auszudrucken. Dadurch entfallen die Zeichnungsausgaben in den Betrieben und somit das lästige Ein- und Aussortieren. Man hat immer die aktuelle Zeichnung zur Verfügung. Durch Datenfernübertragung ist es möglich, an der jeweiligen Bearbeitungsmaschine die Zeichnung mit dem dazugehörigen Programm direkt über einen Bildschirm zu übermitteln.

Ein CAD/CAM-System liegt vor, wenn:

- während der rechnerunterstützten Produktentstehung ein einziges Werkstückmodell des Bauteils aufgebaut wird, das sukzessive während der Bearbeitung wächst und nicht als Kopie von Abteilung zu Abteilung weitergereicht wird,
- es sich um eine einzige Anwendungssoftware handelt, die alle benötigten Funktionen aus dem CAD- und CAM-Teil enthält,
- Schnittstellen zur Prozeßplanung (→ *CAP*, Fall 1, → *PPS*) vorliegen, z.B. indem Stücklistendaten aus dem Werkstückmodell entnommen oder Arbeitsplandaten weitergegeben werden können und
- die Mitarbeiter an gleichartigen Arbeitsplätzen arbeiten.

6.5.4 CNC-Technik beim Brennschneiden

Eine enorme Produktivitätssteigerung brachte die Einführung der CNC-Technik beim Brennschneiden. Hier gibt es Maschinen, die rein für den CNC-Betrieb ausgestattet sind oder kombiniert mit fotoelektrischer Steuerung und eingebauten Festprogrammen (Makros) für Standardbauteile wie z.B. Ringe, Flansche, Scheiben und diverse Knotenbleche. Bild 6-30 zeigt eine solche Steuereinheit mit angebautem Nutzungsschreiber. Hierbei können die aktuellen Maße sowie die Stückzahl direkt an der Maschine eingegeben werden. Es ist selbstverständlich, daß diese modernen Maschinen mit Lochstechautomatik sowie kapazitiver Brennerabstandsmessung zur genauen und schnellen Abstandsregelung ausgerüstet sind.
Ein wesentlicher Punkt für den Einsatz der CNC-Steuerung ist die Möglichkeit, nach Schachtelplänen zu arbeiten. Diese Pläne beinhalten eine Schachtelung verschiedener Bauteile. Nachdem die Bauteile rechnergestützt codiert sind, werden diese am grafischen Bildschirm optimal geschachtelt. Vorgegeben werden das Blechformat (Standardtafel z.B. 2500 × 10000 mm) und 1-, 2- oder 4-Brennerbetrieb.
Solche optimierten Schachtelpläne werden für die entsprechenden Baugruppen erstellt. Die Aufteilung der zu schachtelnden Fläche wird in der Regel auf einer Breite von 2500 mm vorgenommen, so daß bei zwei nebeneinander liegenden Blechtafeln (je 2,50 m breit) mit vier Brennern gleichzeitig vier Produkte gebrannt werden können (siehe Bild 6-31). Weitere Einzelteile werden über einen sinnvollen Zeitraum (1–2 Wochen) ge-

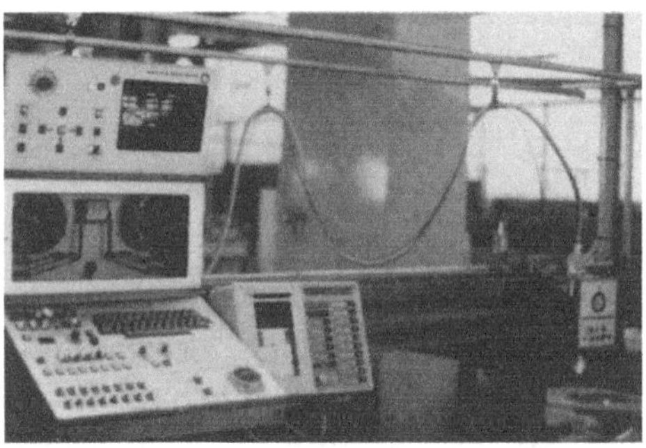

Bild 6-30
Steuerung einer CNC-Brennschneidmaschine mit integrierten Festprogrammen und angebautem Nutzungsschreiber

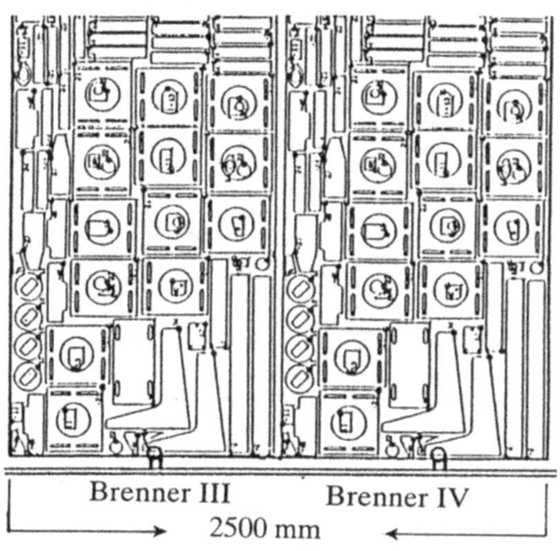

Bild 6-31
Ausschnitt aus einem Schachtelplan für vier Brenner. Im Bild ist nur eine Blechtafel dargestellt.

sammelt. Über ein bestimmtes Programm werden von dem vorhandenen Teilespektrum sogenannte anonyme Schachtelpläne automatisch vom Rechner erarbeitet und ein Lochstreifen erstellt.
Wenn die Teile im Rechner erfaßt, d.h. codiert sind, können mit Hilfe des Plotters, falls erforderlich, auch Schablonen für die fotoelektrische Steuerung einfach hergestellt werden.
Eine weitere Vereinfachung wird in Zukunft die Datenfernübertragung (DNC-Betrieb) bringen, vor allem, wenn mehrere Brennschneidmaschinen im Schichtbetrieb eingesetzt sind. Die Produktionsdaten werden dann direkt vom Programmierplatz, wo heute der Lochstreifen erstellt wird, über Draht an die Brennschneidmaschine weitergegeben. Der Bediener hat somit einen direkten Zugriff zu den vorbereiteten Schachtelprogrammen innerhalb des Programmierplatzes. Aus Organisationsgründen wird in solchen Fällen ein Rechner (Knotenrechner) dazwischengeschaltet, der nur Speicheraufgaben wahrnimmt. Der Vorteil dieser Konfiguration liegt darin, daß der Programmierplatz keine Programmverteilaufgaben mehr übernehmen muß. Nach Einführung der CAD-Technik ist der nächste Schritt in die Zukunft, die dort erfaßten Geometriedaten direkt an den Programmierplatz zu leiten. Dies bedeutet, daß die Teile bereits codiert am Programmierplatz zur Verfügung stehen.

6.5.5 Rechnerintegration und CIM

In der gegenwärtigen Entwicklung der Produktionstechnik ist zu erkennen, daß sich neben der Kostenstruktur und der Produktqualität der Zeitfaktor zu einem immer entscheidenderen Wettbewerbsfaktor entwickelt und mit steigendem Technologieniveau auch noch an Bedeutung gewinnen wird. Der Einsatz der Produktionsfaktoren muß sich daran orientieren und stärker als bisher das Zeitsparen in den Vordergrund stellen.
Die derzeitige Auftragsabwicklung läßt Schwachstellen erkennen, die diesen zukünftigen Anforderungen entgegenstehen. Stark aufgegliederte Arbeitsteilung und mangelnde Synchronisation der Vorgänge verursachen erhebliche Effektivitäts- und Zeitverluste. Grunddaten werden in der Konstruktion, Arbeitsplanung und Arbeitssteuerung meist wieder neu erzeugt. Aufträge werden stapelweise bearbeitet. Zudem fällt auf, daß der Automatisierungsgrad und die damit verbundene Produktivitätssteigerung im Fertigungsbereich dem Produktivitätszuwachs in den Bereichen Konstruktion, Arbeitsplanung und Arbeitssteuerung sowie in der Montage davongelaufen ist (Bild 6-32).

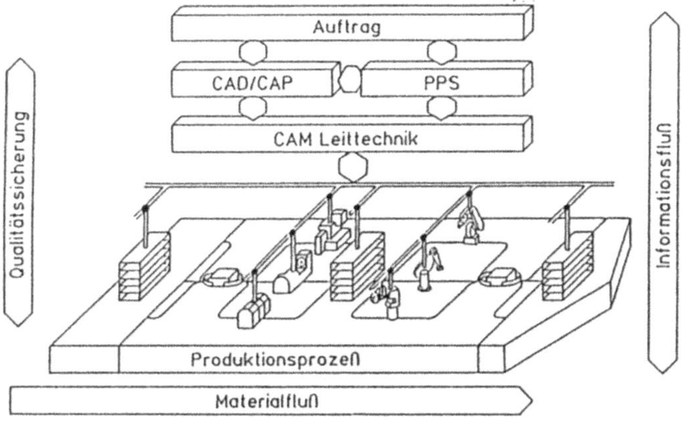

Bild 6-32
Integration von Informationsfluß und Materialfluß

Die Umsetzung der Ideen zu einer Verbesserung der Integration muß aber durch Menschen, die Mitarbeiter der Unternehmen, erfolgen. In diesem Zusammenhang spielt auch die Frage der Übertragbarkeit der verschiedenen Fallbeispiele eine wichtige Rolle. Die einzelnen Lösungsbeispiele sind in aller Regel situations- oder unternehmensabhängig. Die Methoden sind jedoch in hohem Maße unabhängig von den Einzelbeispielen und damit übertragbar. In welchem Maße diese Übertragung und das Umsetzen auf neue Situationen gelingt, hängt auch in entscheidendem Maße vom Ausbildungsstand und der Qualifikation der Mitarbeiter ab.
Rechnerhard- und -software, Simulationssysteme und wissensverarbeitende Systeme können dabei wertvolle Hilfsmittel sein. Entscheidend für den Erfolg ist jedoch, daß die Menschen die Prinzipien als richtig anerkennen, aufnehmen und umsetzen. Der Engpaß zukünftiger Entwicklungen in der Produktionstechnik wird demzufolge auch nicht primär auf der Anlagen- und Rechnerseite, sondern auf der Personalseite zu finden sein. Nur durch rechtzeitige Aus- und Weiterbildungsmaßnahmen wird es gelingen, die Möglichkeiten, die sich aus den neuen Produktionstechnologien ergeben, in Wettbewerbsvorteile für das Unternehmen umzusetzen.

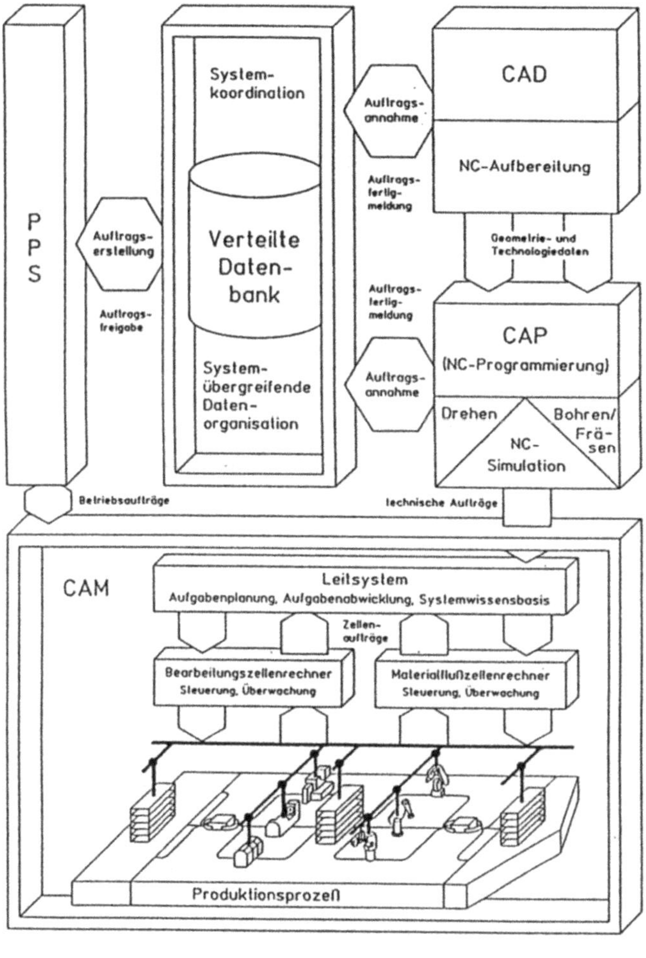

Bild 6-33
Beispiel eines realisierten CIM-Konzeptes

Beispiel eines CIM-Lösungsansatzes

Die Komponenten zum Aufbau der rechnerintegrierten Produktion sind verfügbar und haben für sich betrachtet einen hohen Entwicklungsstand erreicht. Im Fertigungsvorfeld stehen CAD- und CAP-Systeme zur Erzeugung und Verarbeitung von Geometrie- und Technologiedaten, PPS-Systeme zur Erfassung und Verarbeitung von Auftrags- und Betriebsdaten und CAM-Systeme zur Steuerung und Überwachung der Betriebsmittel im Fertigungs- und Montageprozeß zur Verfügung. Auf Werkstattebene werden numerisch gesteuerte Bearbeitungsmaschinen mit automatischen Werkstück- und Werkzeugwechseleinrichtungen, Industrieroboter, fahrerlose Transportsysteme und automatische Lagereinrichtungen bereits eingesetzt.

Die rechnerintegrierte Produktion erfordert jedoch eine waagerechte Integration von Prozeß und Materialfluß und eine senkrechte Integration über die Informationsverarbeitung. Die rechnerintegrierte Produktion besteht also aus einzelnen Bausteinen, die miteinander verbunden werden müssen.

Wie in Bild 6-33 zu erkennen ist, beruht die Systemintegration im Fertigungsvorfeld der vorgestellten CIM-Lösung auf einer Verbindung der Einzelsysteme mit einem verteilten, relationalen Datenbanksystem. Mit Hilfe dieser Integrationskomponente findet einerseits ein Datentransfer statt, und andererseits werden damit die Systeme bei der Auftragsabwicklung in flexibler Weise koordiniert. Parallel dazu existieren spezifische Schnittstellen, über die große Datenmengen wie zum Beispiel Geometriedaten transferiert werden können.

Als Schnittstelle zwischen Fertigungsvorfeld und Fertigung ist die Fertigungsleittechnik anzusehen. Zur Bewältigung der Komplexität in flexiblen Fertigungssystemen erweist sich dort eine Strukturierung des Systems in Zellen und damit eine Entkopplung als sinnvoll.

Eine besondere Bedeutung für die bedienerarme, hochautomatisierte Fertigung gewinnt die Simulation. Verschiedene Simulationssysteme dienen nicht nur zur Überprüfung oftmals automatisch erstellter Programme (NC-Simulation); sie stellen vielmehr auch ein wesentliches Planungsinstrument dar, mit dem komplexe Abläufe in der Fertigung wie in der Montage „off-line“, also ohne Unterbrechung des Werkstattbetriebs durchgeführt werden können (Zellen- und Robotersimulation).

7 Qualitätssicherung

Die Bedeutung der Qualitätssicherung in allen technischen Bereichen nimmt immer mehr zu. Ursache hierfür ist der steigende Wettbewerb, der verschärfte Verbraucherschutz und die Produkthaftung im Rahmen der Europäischen Gemeinschaft. Bisher war die Prüfung der fertigen Schweißverbindung das überwiegende Entscheidungskriterium, um die Qualität zu beurteilen. Die zunehmende Automatisierung und die Anwendung flexibler Fertigungssysteme erfordern jedoch zusätzliche, den neuen Techniken angepaßte Prüfmethoden, um die verlangte Bauteil- bzw. Schweißqualität durch verstärkte Prozeßkontrolle sicherzustellen.
Hierunter ist folgendes zu verstehen: Optimale, über Arbeitsproben ermittelte Prozeßparameter, geschultes Personal und die geeigneten zerstörenden und zerstörungsfreien Prüfverfahren. Die Aufgabe einer Qualitätssicherung geht aber weit über das Prüfen des Endprodukts hinaus. Fehler müssen bereits während der Fertigung ausgeschlossen werden. Damit ist offensichtlich, daß der Qualitätsplanung ein hoher Stellenwert zukommt. Diese Aufgabe muß daher nicht nur von den Fachleuten einer Qualitätsstelle wahrgenommen werden, sondern von allen Mitarbeitern eines Unternehmens, die zum Entstehen eines Erzeugnisses beitragen z.B. dem Konstrukteur, dem Arbeitsvorbereiter und dem Schweißfachingenieur.

Qualitätsanforderungen

Zuerst werden die Qualitätsanforderungen für das neue Produkt definiert. Geprägt wird diese Aufgabe durch die Art der Fertigung, z.B. Kraftwerk- oder Chemieanlagenbau, Stahl- oder Behälterbau.
Je höher die Anforderungen sind, um so detaillierter muß die Fertigung geplant und Prüfschritte gezielt eingesetzt werden. Das bedeutet in der Regel eine Verteuerung des Endprodukts. Die Aufgabe der Qualitätsplanung ist es nun, dafür zu sorgen, daß das Bauwerk so preiswert wie möglich, aber so gut und sicher wie nötig hergestellt werden kann. Man nennt dies das „Sicherstellen“ einer „zweckbedingten Güte“.

Betriebszulassung

In Vorschriften und Regelwerken werden die organisatorischen und personellen Voraussetzungen beschrieben, die für einen reibungslosen Fertigungsablauf und eine fachgerechte Ausführung der Schweißarbeiten erforderlich sind. Die wichtigsten technischen Regelwerke sind die AD-Merkblätter, die Technischen Regeln für Dampfkessel und Druckbehälter (TRD, TRB) sowie verschiedene Normen. Für die Herstellung von Druckbehältern gilt die Druckbehälter-Verordnung.
Die Prüfmaßnahmen bei der Herstellung von Dampfkesseln nach TRD-201 und bei Druckbehältern erfolgen nach TRB-200 und dem Merkblatt der Arbeitsgemeinschaft für Druckbehälter, Herstellung und Prüfung (AD-HPO). Kernkraftwerkskomponenten müssen unter Beachtung der Regeln des Kerntechnischen Ausschusses (KTA) hergestellt werden, wobei unterschiedliche Anforderungen in Sekundär- bzw. Primärkomponenten bestehen.

Die spezifischen Anforderungen für den Stahlbau sind in der DIN 18 800 Teil 7 enthalten. Für die dafür erforderlichen betrieblichen Einrichtungen gilt die DIN 8563 Teil 2. In der DIN 8563 Teil 3 ist die Sicherung der Güte von Schweißarbeiten zusammenfassend geregelt.
Weitere qualitätssichernde Maßnahmen werden noch in zahlreichen DVS-Merkblättern und -Richtlinien beschrieben (siehe Anhang).
Hat der Betrieb die allgemeinen Bedingungen und Anforderungen erfüllt, erhält er eine Betriebsbescheinigung. Die Eignungsnachweise, die für ganz Deutschland gelten, werden von den von der Obersten Bauaufsichtsbehörde benannten anerkannten Stellen erteilt: Landes Gewerbeanstalt (LGA), Schweißtechnischen Lehr- und Versuchsanstalt (SLV), Technischer Überwachungs-Verein e.V. (TÜV) oder der Materialprüfanstalt (MPA).

7.1 **Qualitätssicherungssysteme** (Herstellerqualifikation)

Die Durchführung und Einhaltung gütesichernder Maßnahmen kann nur über ein zweckmäßiges und wirksames Qualitätssicherungssystem sichergestellt werden. [1]
Die Erkenntnis: „Qualität muß erzeugt und kann nicht erprüft werden“, hat einen hohen Stellenwert. Normen schaffen eine Voraussetzung zur Überprüfung der Qualität. Diese Qualitätssicherungsnormen sind weitgehend branchenunabhängig. Zu erwähnen sind vor allem DIN ISO 9000 bis 9004. DIN ISO 9001...9003 legen Anforderungen fest, die immer häufiger in einem Vertrag zwischen Kunde und Hersteller aufgenommen werden.
Im Hinblick auf den gemeinsamen europäischen Binnenmarkt haben bereits die meisten Länder ihre nationalen Qualitätssicherungsnormen den ISO-Normen angepaßt, was für die exportorientierte deutsche Wirtschaft eine besondere Bedeutung hat.
Jeder Hersteller ist somit gut beraten, das Qualitätssicherungssystem nach den QS-Elementen der DIN ISO-Norm zu strukturieren und zu beschreiben.
Je genauer die Fertigungs- und Prüfschritte geregelt sind, um so mehr beschränkt sich die qualitätssichernde Tätigkeit des Herstellers auf die bloße Befolgung des Regelwerkes. Je weniger Vorgaben aber vom Kunden existieren, um so mehr ist ein Hersteller gezwungen, ein eigenes Qualitätssicherungsprogramm anzuwenden.
Große Aufmerksamkeit verlangen die Maßnahmen bei Bauwerken, deren Versagen eine Gefährdung der Sicherheit von Mensch und Umwelt darstellen. Kommen hierzu noch Vertragsstrafen in Millionenhöhe, dann bekommt die schweißtechnische Qualitätssicherung eine wesentliche Bedeutung bei der die Qualitätsstelle des Herstellers und im besonderen die Fachabteilungen selbst gefordert sind.
In einem Qualitätssicherungshandbuch (QSH) sind die Aufgaben der einzelnen Unternehmensbereiche zur Qualitätssicherung festgeschrieben.
Wie die Qualitätssicherungsstelle im Unternehmen organisatorisch eingegliedert und strukturiert sein kann zeigt Bild 7-1.
Die Qualitätssicherungsstelle (QS) ist im allgemeinen für die präventive und korrektive Verbesserungsmaßnahme zuständig. Sie berät alle Fachbereiche des Unternehmens in Fragen qualitätssichernder Maßnahmen und ist von den Produktionsabteilungen unabhängig. Sie ist in Qualitätsfragen weisungsberechtigt und der Geschäftsführung direkt unterstellt sowie berichtspflichtig.
Der mögliche Ablauf einer Qualitätssicherung ist im Organisationsschema Bild 7-2 dargestellt.

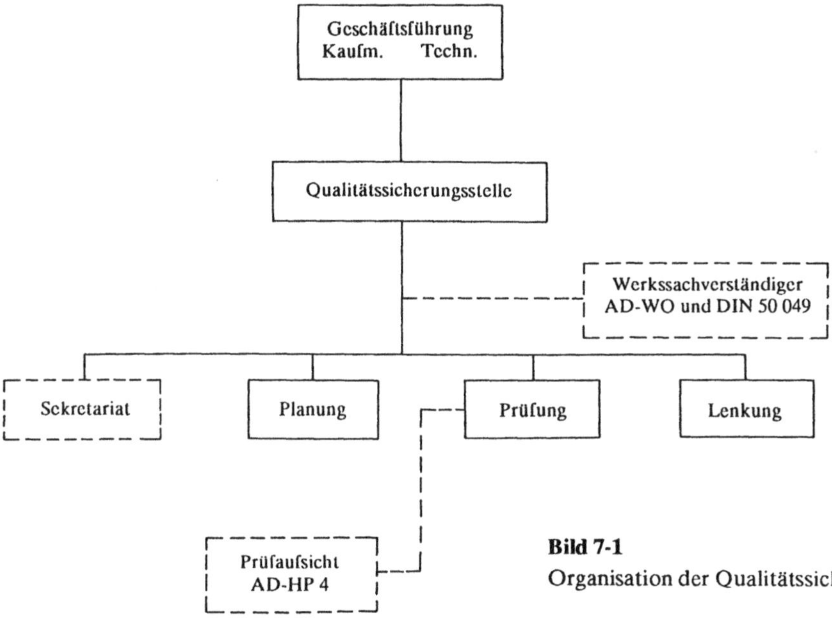

Bild 7-1
Organisation der Qualitätssicherungsstelle

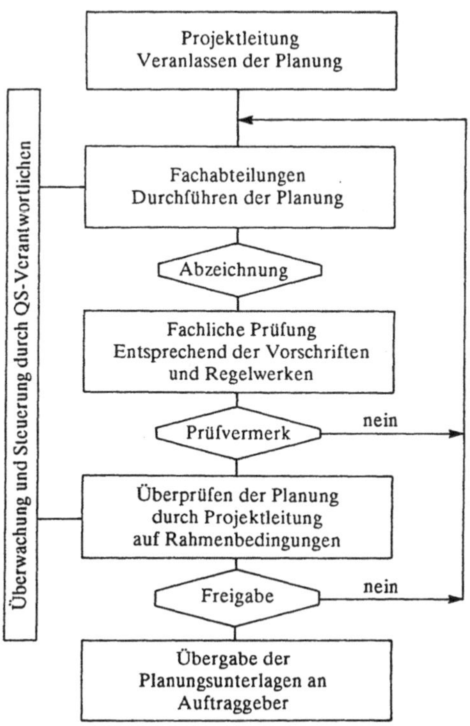

Bild 7-2
Ablauforganisation einer Qualitätssicherung

Die Projektleitung bekommt über den Vertrieb oder direkt vom Auftraggeber die für den Auftrag erforderlichen Planungsvorgaben und sorgt dafür, daß alle für die Auftragsbearbeitung nötigen Unterlagen und Informationen an die betroffenen Fachabteilungen und die Qualitätsstelle gelangen. Die Fachabteilungen berichten der Projektleitung kontinuierlich über den Stand der Arbeiten und sind verpflichtet, entstandene Abweichungen vom Sollzustand unverzüglich zu melden, damit die Projektleitung unter Einbeziehung der Qualitätsstelle sofortige Gegenmaßnahmen zur Beseitigung der Abweichungen einleiten kann.

Die Fachabteilungen selbst sind beispielsweise für die Bereiche

Planung, Durchführung und Überwachung der Qualitätskontrolle

verantwortlich.

Den beauftragten Personen obliegt die Einhaltung der Qualitätsmerkmale. Die Leiter der Fachabteilungen tragen Verantwortung.

Fachabteilungen sind:

- Technisches Büro, Konstruktion
- Schweißtechnik
- Arbeitsvorbereitung/Fertigungsplanung
- Fertigung
- Montage
- Materialwirtschaft
- Hilfsbetriebe
- Normbüro

Im Qualitätssicherungshandbuch sind für die wesentlichen Aufgabenbereiche Arbeitsanweisungen genannt. Ein Beispiel einer wichtigen Arbeitsanweisung ist:

„Aufgaben und Verantwortlichkeit der Schweißaufsicht"

für den Geltungsbereich Werk und Montage. Mit dem nachstehend beschriebenen Aufgabenbereich der Schweißaufsicht wird beschrieben, wie die qualitätssichernden Maßnahmen in der schweißtechnischen Fertigung überwacht werden und welche Maßnahmen ergriffen werden.

Aufgaben des Schweißfachingenieurs sind z.B.:

- Auswahl und Belehrung des schweißtechnischen Personals
- Qualifikation der Schweißer nach DIN 8560/61
- Einsatz überprüfter Schweißeinrichtungen
- Einsatz der Schweißzusätze (SZW)
  z.B. Lagerung, Ausgabe und Verarbeitung
- Beaufsichtigung der Schweißprozesse
  z.B. Kontrolle der Schweißparameter lt.
  Schweißplan, Fertigungs- und Prüffolgen, Überprüfung der Fertigung auf zeichnungsgerechte Durchführung, Registrieren und Protokollieren der Parameter
- Qualitätsfälle, Feststellung unzulässiger Abweichungen, Maßnahmen zu deren Vermeidung z.B. durch Schweißversuche
- Musterprotokoll für qualitätssichernde Maßnahmen (s. Bild 7-3).

Abt. S	ÜBERPRÜFUNG VON SCHWEISSGERÄTEN	Seite ____

Die nachfolgend aufgeführten Geräte/Anlagen wurden gemäß der Arbeitsanweisung Q - vom 28.10.1983 des Qualitätssicherungshandbuches überprüft.

Die Geräte sind in Ordnung und die Abweichung der Meßgeräte ist im zulässigen Bereich.

Die überprüften Geräte / Anlagen wurden mit einer Prüfplakette versehen.

LFD. NR.	ANLAGE	GERATETYP	INVENTAR-NR.	GEPRÜFT IM MONAT/JAHR	GEPRÜFT DURCH

Ort, Datum   Schweißfachingenieur

Bild 7-3
Überprüfung von Schweißeinrichtungen

Anforderungen an das Bauteil

Vor Beginn der Fertigung müssen sich die verantwortlichen Mitarbeiter einen Überblick verschaffen, welche Anforderungen an das neue Bauteil gestellt werden. Viele dieser Forderungen betreffen die Schweißnähte unmittelbar, wie z.B. bestimmte Korrosionsbeständigkeit oder die Zähigkeit des Bauteils bei tiefen Temperaturen oder, im Gegensatz dazu, die Festigkeit bei hohen Temperaturen. Hierdurch wird auch die Auswahl der Werkstoffe beeinflußt, weil Schweißtechnik und Werkstoffkunde aufeinander abgestimmt sein müssen. Mitunter sind so enge Maßtoleranzen vorgegeben, daß besondere Fertigungsmaßnahmen vorzusehen sind (z.B. die Festlegung der Schweißfolge [s. Kap. 5.2] und eine zusätzliche Wärmebehandlung).
Genaue Angaben über die Durchführung solcher Maßnahmen werden in separaten Plänen (Bild 7-4) festgelegt.

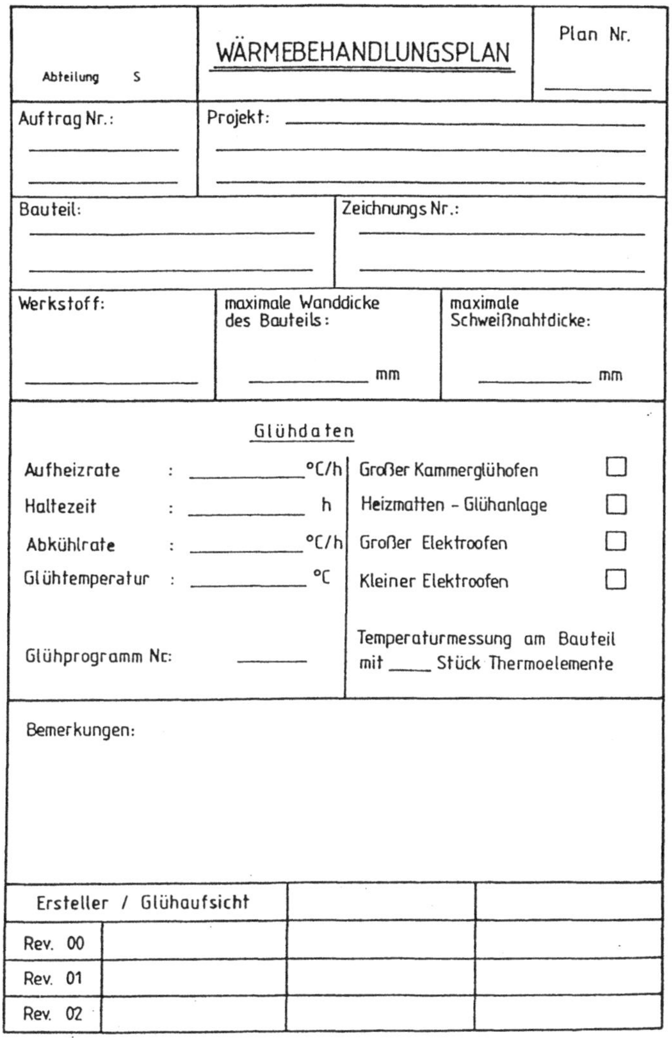

Abteilung S

WÄRMEBEHANDLUNGSPLAN

Plan Nr.

Auftrag Nr.:

Projekt:

Bauteil:

Zeichnungs Nr.:

Werkstoff:

maximale Wanddicke des Bauteils: mm

maximale Schweißnahtdicke: mm

Glühdaten

Aufheizrate : °C/h

Haltezeit : h

Abkühlrate : °C/h

Glühtemperatur : °C

Großer Kammerglühofen ☐

Heizmatten - Glühanlage ☐

Großer Elektroofen ☐

Kleiner Elektroofen ☐

Glühprogramm Nr:

Temperaturmessung am Bauteil mit ____ Stück Thermoelemente

Bemerkungen:

Ersteller / Glühaufsicht			
Rev. 00			
Rev. 01			
Rev. 02			

Bild 7-4
Wärmebehandlungsplan

Mit der Wärmebehandlung Spannungsarmglühen kann man Eigenspannungen herabsetzen um u.a. nach dem mechanischen Bearbeiten „stabile Abmessungen" zu erzielen. Ein Beispiel eines Fertigungs- und Prüffolgeplans zeigt Bild 7-5.

Eine geeignete Schweißnahtvorbereitung und die richtige Anordnung der Nähte und der Nahtfolge sind wichtige Voraussetzungen für eine verzugsarme Schweißkonstruktion; Richtarbeiten sind teuer!

Für Schweißfugenformen sind die Angaben in DIN 1912, DIN 2559, DIN 8551-53, DIN 8558 oder den AD-Merkblättern maßgebend.

Eine Patentlösung der jeweils zweckmäßigsten Nahtvorbereitung gibt es nicht. Es müssen eine Vielzahl von Faktoren berücksichtigt und aufeinander abgestimmt werden.

	Auftrag - Nr.: Projekt:	Fertigungs- u. Prüffolgeplan FPP-		Auftrag - Nr.: Objekt:
			Seite	von

Fertigungs- bzw. Prüfschritt NR.:	Spezifikat. Plan-Nr.	Beschreibung	Prüfungen zerstörungsfrei Vis	Rö	US	MP	FE	Maß	Protokoll erford. JA	NEIN	Prüfungen durch H	B	T	Durchführungs-vermerk H	B	T	Bemerkungen	Beleg (Lfd. NR.)
1		Kontrolle der Grund- u. Zusatzwerkstoffzeugnisse											x					
2		Anzeichnen und Umstempeln der Probebleche									x		x					
3	PA 8307	US-Randzonenprüfung			x				x		x							
4		Anarbeiten der Schweißkanten																
5	PA 8806	MP-Prüfung der Schweißkanten				x			x		x							
.																		
6	SP-v. AP SP-Nr. 32/88	Rücktrocknung der Elektroden									x	ST	ST					
7	SP-v. AP SP-Nr. 32/88	Vorwärmen zum Heften							x		x	ST	x					
8		Zusammenbau und Heften der Proben																
9	SP-v. AP SP-Nr. 32/88	Kontrolle der Nahtvorbereitung										ST	x					
10	SP-v. AP SP-Nr. 32/88	Vorwärmen zum Schweißen							x		x	ST	x					
11	SP-v. AP SP-Nr. 32/88	Schweißen der Probestücke mit Protokollierung							x		x	ST	ST					
12	SP-v. AP SP-Nr. 32/88	Kontrolle der Schweißprotokolle											x					
13	SP-v. AP SP-Nr. 32/88	visuelle Kontrolle der Schweißnähte (Vergütungslagen)	x									ST	x					
14		Blechebenschleifen der Nähte (ausg. Makroschliffbereich)																
15	PA 8806	Röntgen der Probestücke							x				x					
15 a		Filmbewertung											x					
16	PA 8806	MP-Prüfung der Nähte (2 Tage nach dem Schweißen)				x			x				x					
17	PA 8804	US-Prüfung der Nähte (10 Tage nach dem Schweißen)			x				x				x					
18		Umstempeln der Einzelprüfstücke											X					
19	WPP-v. AP, m.AP	Ausarbeitung der Einzelprüfstücke																
20	WPP-v. AP, m.AP	Mechanisch-technologische Erprobung							x			ST	x					
:																		
21		Berichterstellung											x					

Rev.	Prüfung Hersteller (H) Datum	erstellt	geprüft	QST gepr.	Art der Änderung	Fertigungsfreigabe Besteller (B)	Gutachter (TÜV)	Alle o.g. Arbeiten und Prüfungen sind erfüllt			
—								Datum			
A								Unterschrift	H	B	T
B											
C											

Legende: H - Hersteller, B = Sachverständiger des Bestellers, (x) mögliche Teilnahme (gem. Spez. Pkt.)

Bild 7-5 Fertigungs- und Prüffolgeplan

7.2 Schweißnahtprüfung

Unter Fehlern werden Unregelmäßigkeiten in der Schweißverbindung sowie Abweichungen von der vorgesehenen Form und Lage der Schweißverbindungen oder der Schweißnaht verstanden (Bild 7-6).

In der DIN 8524 sind Fehler an Schmelzschweißverbindungen klassifiziert. Die Norm beschreibt innere und äußere Fehler in sechs Gruppen, die man wieder unterteilen kann in werkstoffspezifische und typische vermeidbare Schweißnahtfehler.

Die wichtigsten vermeidbaren Fehler sind z.B.:

- ungenügende Wurzeldurchschweißung,
- mangelhafte Bindung an den Nahtflanken,
- unzureichende Aufschmelzung zwischen den Raupen,
- Schlackeneinschlüsse,
- Einbrandkerben,
- zu starke Nahtüberhöhung bzw. Decklagenunterwölbung,
- Poren, insbesondere in den Ansatzstellen.

Nicht fachgerechte Schweißnahtvorbereitung, Fehler beim Zusammenbau, unqualifizierte Schweißer und eine fehlende Sachkenntnis bei der Schweißaufsicht können für solche Schweißnahtfehler verantwortlich sein. Werkstoffspezifische Fehler sind in der Fehlergruppe 1 – Risse klassifiziert. Unter Rissen versteht man in der Ausdehnung begrenzte, meist flächenförmige Werkstofftrennungen.

Gleiche Kriterien von Schweißnahtfehlern findet man auch bei den Kehlnähten. In der DIN 8563 Teil 3, „Sicherung der Güte von Schweißverbindungen" sind weitere Merkmale für den inneren und äußeren Befund an Stumpf- und Kehlnähten beschrieben.

Die Schweißnähte sollen frei sein von Fehlstellen und Mängeln. Die Zulässigkeit kleiner Fehlstellen richtet sich nach Werkstoffart und Beanspruchung des Bauteils sowie nach den jeweils einschlägigen Vorschriften. Zur Sicherung der Güte hat der Hersteller den

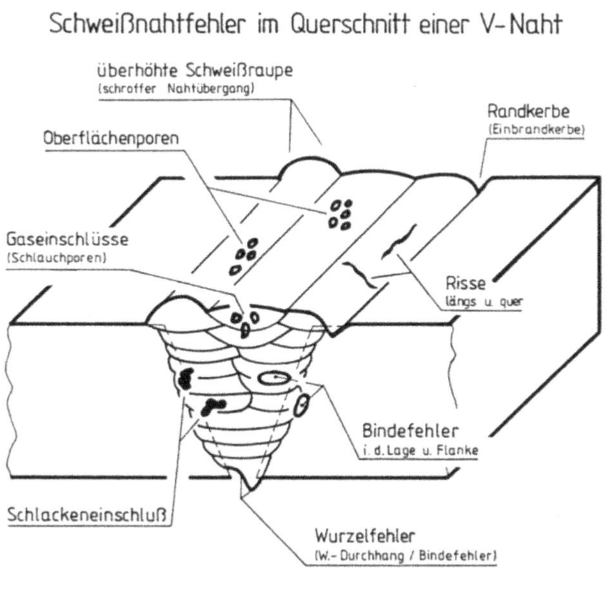

Bild 7-6
Schweißnahtfehler, Stumpfnaht-Mehrlagenschweißung [3]

notwendigen Mindestumfang an zerstörungsfreien Prüfungen durchzuführen. Die Prüftechnik, der Geltungsbereich und die Beurteilungskriterien werden auftragsbezogen in Prüfanweisungen von der dem Herstellerwerk angehörigen Prüfaufsicht (s. AD–HP4 u. Kap. 5.7.3.1) beschrieben.
Die Prüfer müssen in der Lage sein, die in der Prüfanweisung beschriebenen Prüfungen sicher durchzuführen, die Geräte einzustellen und die Prüfprotokolle zu erstellen.
Vor den unten beschriebenen zerstörungsfreien Prüfungen (ZfP) erfolgt eine Sichtkontrolle des ganzen Bauteils unter folgenden Gesichtspunkten:
- Oberflächenzustand
- vom Auge sichtbare Fehler.

Für die Kontrolle der Güte werden weitere zerstörungsfreie Prüfverfahren ausgewählt:
- Eindringprüfung (DIN 54152)
- Magnetpulverprüfung (DIN 54132)
- Ultraschallprüfung (DIN 54119, 54120, 54125, 54126)
- Durchstrahlungsprüfung (DIN 54111, 54109 Teil 1 und 2)

Welche Fehler mit welchen Verfahren gefunden werden können sind in Tabelle 7-1 aufgelistet.

Tabelle 7-1 Zuordnung: Prüfverfahren/Schweißnahtfehler [4]

Schweißnahtfehler / Prüfverfahren	Nahtabmessung	Einbrandkerben	Wurzelfehler	Risse	Gaseinschlüsse (Poren)	Schlacken-einschlüsse	Bindefehler (Kaltstellen)
Sichtprüfung	X	X	X	X	X	X	
Eindringprüfung				X			
Magnetpulverprüfung				X			
Ultraschallprüfung			X	X	X	X	X
Durchstrahlungsprüfung		X	X	X	X	X	X

nach Zschötge

Methoden und Durchführung der Prüfverfahren

Eindring-Verfahren (FE)

Bei dem Eindringverfahren wird das Prüfstück auf Oberflächenrisse oder Werkstofftrennungen untersucht, die bis an die Oberfläche reichen müssen. Das Verfahren ist bei vielen Werkstoffen (alle Metalle, Keramik und Kunststoffen) anwendbar, wenn die

Penetrierflüssigkeit eindringen kann. Das Prüfstück wird nach sorgfältiger Reinigung der Prüffläche mit letzterer bestrichen. Durch Kapillarwirkung dringt die Flüssigkeit in die vorhandenen Öffnungen der Oberfläche ein. (Bild 7-7a–d)
Nach einer angemessenen Einwirkdauer (5 bis 15 Minuten) wird die Flüssigkeit von der Prüffläche entfernt und ein Entwickler auf die Prüffläche gebracht, der die Flüssigkeit aus der Werkstofftrennung saugt, wodurch die Fehlstelle zu erkennen ist.

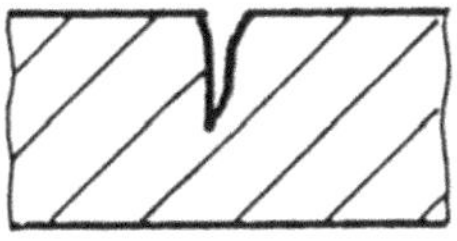

a) Oberfläche reinigen

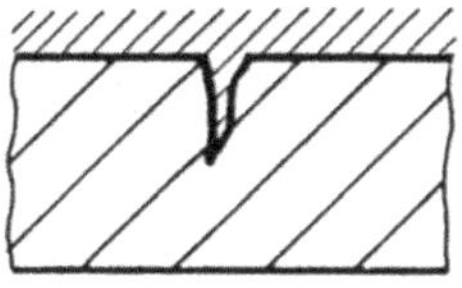

b) Oberfläche mit Eindringflüssigkeit besprühen

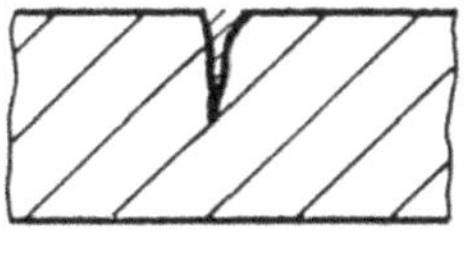

c) Eindringflüssigkeit von der Oberfläche entfernen; Eindringflüssigkeit verbleibt im Riß

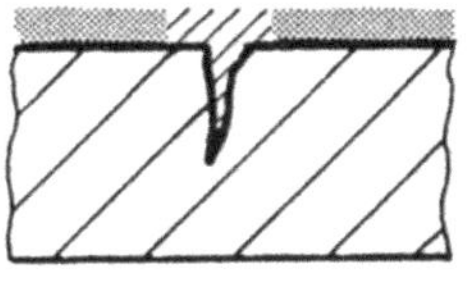

d) Entwickler aufbringen, der die Eindringflüssigkeit aus dem Riß saugt (breitere Anzeige)

Bild 7-7 Darstellung der Vorgehensweise bei der Eindringprüfung

Magnetische Prüfung (MP)

Das Magnetische Prüfverfahren ist nur bei ferromagnetischen Werkstoffen anwendbar. Der Nachweis gelingt auch bei Werkstofftrennungen, die sich nicht ganz bis zur Oberfläche erstrecken. Durch einen Handmagneten (Dauermagnet oder Elektromagnet) wird zwischen den beiden Polen in einem Prüfstück ein Magnetfluß erzeugt. Wird dieser durch eine Werkstofftrennung unterbrochen, so wird er an dieser Stelle infolge der verminderten Permeabilität aus dem Prüfstück austreten. Es entsteht ein Streufluß, der magnetisierbares Pulver (Fe_3O_4, Eisenpulver etc.) anzieht, das eine gut sichtbare Raupe – Bild 7-8 – bildet.

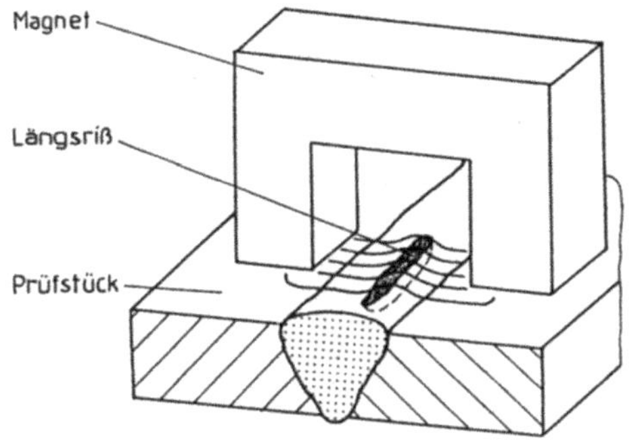

Bild 7-8
Magnetpulverprüfung an einer V-Naht

Ultraschallprüfung (US)

Die Ultraschallprüfung ist eines der wichtigsten Verfahren der zerstörungsfreien Werkstoffprüfung. Das Ziel dieser Prüfung ist die Feststellung eventueller innerer Fehler und die Beurteilung ihrer Art, Dimension und Lage. Sie kann bei allen metallischen Werkstoffen angewendet werden, wobei jedoch die Form der Prüfstücke, die Korngröße (austenitische Chrom-Nickel-Stähle) usw. die Anwendung einschränken können. Die wichtigste und auch gebräuchlichste Technik ist das Impulsecho-Verfahren, auch als Impuls-Laufzeit-Verfahren bezeichnet.

Hierbei werden die Echos von Ultraschallimpulsen auf einem Bildschirm beurteilt, welche als Ultra-Schallwelle vom Prüfkopf ausgesandt und nach Reflexion im Prüfstück von diesem wieder aufgefangen werden. Der Prüfkopf arbeitet abwechselnd als Sender und Empfänger. Dabei werden flächenhafte Fehler (Risse, Bindefehler etc.) besonders gut erkannt! Der kleinste Durchmesser eines Fehlers kann bei Impulsen aus vier MHz-Transversalwellen mit etwa 0,4 mm angenommen werden. Bei der Ultraschallprüfung ist der Schritt vom Fehlernachweis zur Deutung des Fehlers wesentlich schwieriger als bei der Durchstrahlungsprüfung.

Im Gegensatz zu ferritischen Stählen stellt die Ultraschallprüfung an austenitischen Stählen ein besonderes Problem dar, weil das grobkristalline Schweißgefüge zu einer starken Ultraschallstreuung führt. Bei der Erstarrung des austenitischen Schweißgutes bilden sich im allgemeinen dentritisch gewachsene Kristalle aus, deren Ausdehnung von der Erstarrungsgeschwindigkeit und der Konzentration seigernder Verunreinigungen abhängt.

Grundsätzlich ist die US-Prüfung an austenitischen Schweißnähten also möglich, der Prüfbefund jedoch nicht eindeutig zu bewerten. Anstelle der sonst üblichen Transversalwellen werden hier Longitudinalwellen mit einer Wellenlänge von etwa 3 mm verwendet.

Die Ultraschallprüfung von austenitischen Schweißnähten beschreiben Herberg und Laufer [5].

Im Folgenden ist der Nachweis von Formechos – vereinfacht dargestellt – durch vergleichen von Echoanzeigen zwischen Testkörper (Bild 7-9a) und Prüfstück mit einer V-Naht und durchhängender Wurzel mit Kerbe (Bild 7-10a u. b) geführt.

Die Prüfempfindlichkeit wird durch eine vom Schallweg abhängige Echohöhe definiert. Man bezeichnet diese Echohöhe oder die ihnen zuzuordnenden künstlichen Reflektoren als Registrierschwelle.

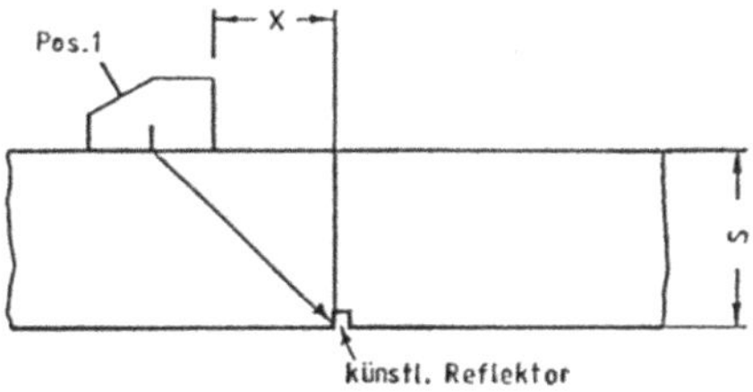

Bild 7-9a Testkörper

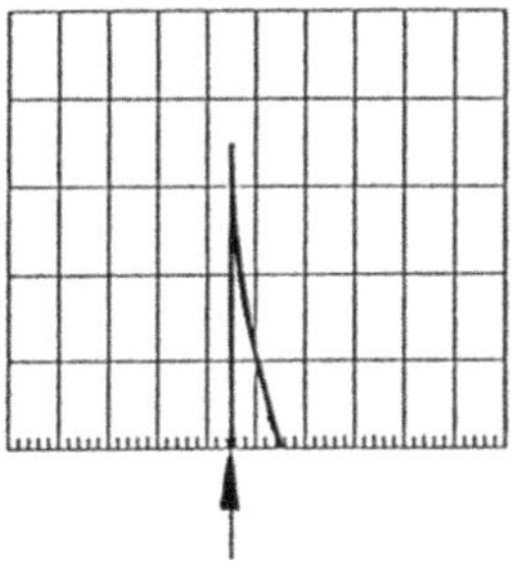

Bild 7-9b
Bildschirmanzeige

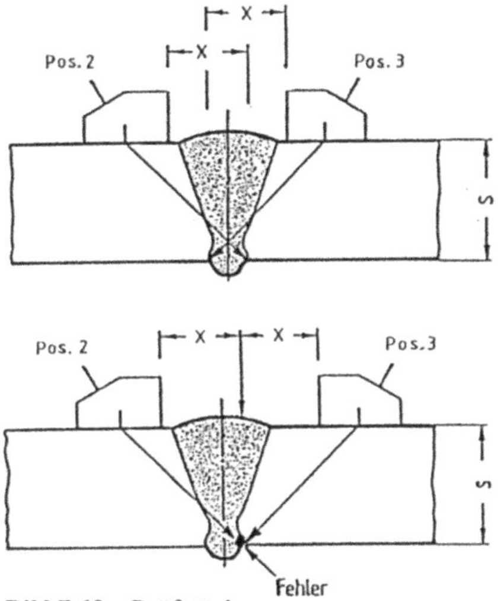

Bild 7-10a Prüfstück

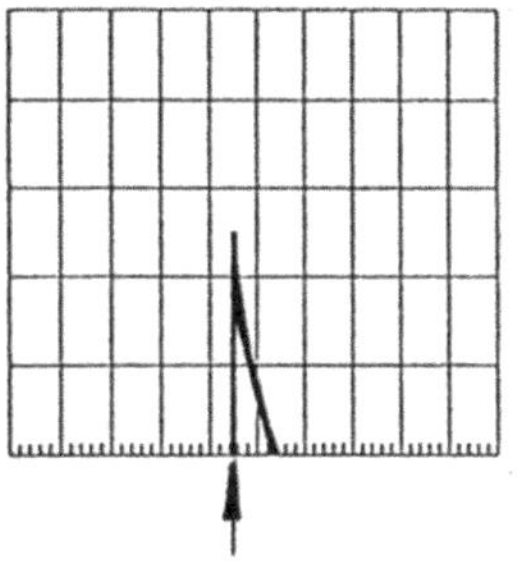

Bild 7-10b
Bildschirmanzeige

Die Ultraschallprüfung gibt im allgemeinen keine Auskunft über die genaue Form eines Fehlers. Bei nicht zu großen Wanddicken (< 50 mm) und gut zugänglichen Bauteilen, kann eine gezielte Durchstrahlungsaufnahme die Fehlerart besser zu erkennen geben. Eine gute Zugänglichkeit und ein optimaler Oberflächenzustand der zu prüfenden Zonen ist Grundvoraussetzung für die Ultraschallprüfung. Rost, Zunder, Schweißspritzer und andere Fremdpartikel die die Ankopplung des Prüfkörpers stören, sind zu entfernen. Gegebenenfalls sind die Prüfflächen zu bearbeiten.
Die Prüfbedingungen sind dann ausreichend, wenn der arithmetische Mittenrauhwert nach DIN 4762 bei spanend bearbeiteten Oberflächen den Wert $R_a = 20\,\mu m$ nicht überschreitet und die Welligkeit der Prüfflächen so gering ist, daß die Prüfkopfsohle um nicht mehr als 0,5 mm von der Prüffläche entfernt ist. Zusätzlich wird die Oberfläche mit Öl, Fett oder Wasser benetzt, um eine optimale Ankopplung zu erreichen.
Der Konstrukteur muß seine Konstruktion den spezifischen Problemen einer US-Prüfung anpassen, wenn er diese Prüfung vorschreibt.
Die Abstimmung der US-Prüfung auf unterschiedliche Sicherheitsbedürfnisse wird durch die Prüfklassen A, B und C vorgenommen, die im AD-Merkblatt HP 5/3 als Sicherheitstechnische Anforderungen festgelegt wurden.
Weitere Erläuterungen und Regeln zur Prüfung mit Ultraschall sind in der DIN 54 125 und DIN 54 126 enthalten. [6]

Durchstrahlungsprüfung (Rö)

Die Röntgenprüfung ist eines der ältesten Verfahren der zerstörungsfreien Werkstoffprüfung, um vorhandene Werkstofftrennungen im Inneren eines Bauteils nachzuweisen. Angewendet wird sie auch zur Präzisierung innerer Fehler, die bereits mit der Ultraschallprüfung festgestellt wurden. Wanddicke, Form und Zugänglichkeit können die Anwendung dieser Technik einschränken.

Als Strahlenquelle dienen Röntgenröhren oder Isotopenstrahler. Die Röntgenstrahlung ist eine Quantenstrahlung hoher Durchdringungsfähigkeit mit folgenden Eigenschaften, die ihren Einsatz in der Werkstoffprüfung ermöglichen:

- Geradlinige Ausbreitung von einer Punktquelle mit Schattenwurf,
- Durchdringungsfähigkeit von Materie,
- eine von der Ordnungszahl der durchstrahlten Materie abhängige Absorption,
- Schwärzung von Filmemulsion.

Bei vorhandenen Hohlräumen oder Inhomogenitäten (Dichteunterschieden) im Prüfstück ist die Strahlung bei Wiederaustritt weniger geschwächt. Durch die Schwärzungsunterschiede in der fotografischen Schicht wird der Nachweis und das Ausmaß eines vorliegenden Fehlers möglich.

Die Leistung einer Röntgenröhre ist durch Beschleunigungsspannung U_R bestimmt, die zwischen 100 und 400 keV liegt. Je höher die Röhrenspannung U_R bzw. die kinetische Energie der Elektronen ist, desto kurzwelliger (härter) ist die entstehende Röntgenstrahlung. Harte Strahlung hat eine höhere Durchdringungsfähigkeit. Dafür muß aber eine geringere Aufnahmegüte in Kauf genommen werden. Je energieärmer d.h. weicher die Strahlung ist, um so kontrastreicher wird die Aufnahme. Mit üblichen Röntgenröhren ist die Durchstrahlungsdicke auf 50 mm begrenzt, wenn die Bildgütezahl (BZ) für die Bildgüteklasse I und II, nach DIN 54 109 die Mindestanforderung erreichen soll. Für dickere Bleche muß ein Isotopenstrahler verwendet werden.

Mitunter sind mehrere Aufnahmen mit anderer Einstrahlrichtung notwendig, um eine Fehlstelle eindeutig feststellen zu können. Ein großer Vorteil der Durchstrahlungsprüfung ist, daß mit der Abbildung des direkten Fehlerbilds auf einer Aufnahme, eine Dokumentation gegeben ist.

Besonders gut lassen sich Poren, Schlackeneinschlüsse und Wurzelfehler, z.B. im inneren von Rohren, erkennen. Bindefehler und Risse zeichnen sich auf dem Röntgenfilm nur dann deutlich ab, wenn sie in Durchstrahlungsrichtung liegen.

Das Schema einer Röntgenprüfung ist in Bild 7-11 dargestellt.

Stutzennähte, Kehl- und Stegnähte sind weniger gut durchstrahlbar, da hier Fehler ungünstig zur möglichen Einstrahlrichtung liegen. Insbesondere bei den nicht durchgeschweißten Nähten lassen sich die Ergebnisse schwierig deuten, denn die stehengebliebenen Kanten können von den echten Fehlern oft nicht unterschieden werden.

Empfehlungen zum prüfgerechten Gestalten von Schweißkonstruktionen und die Anwendbarkeit zerstörungsfreier Prüfverfahren bei verschiedenen Schweißverbindungen gibt das DVS-Merkblatt 1003 Teil 1, sowie die DIN 54 111 für die Aufnahmeanordnung zum Prüfen mit Röntgen- oder Gammastrahlen.

Infolge der schädlichen Wirkung der Röntgenstrahlen auf den Organismus sind besondere Sicherheitsmaßnahmen unbedingt einzuhalten, die in Strahlenschutzverordnungen festgelegt sind.

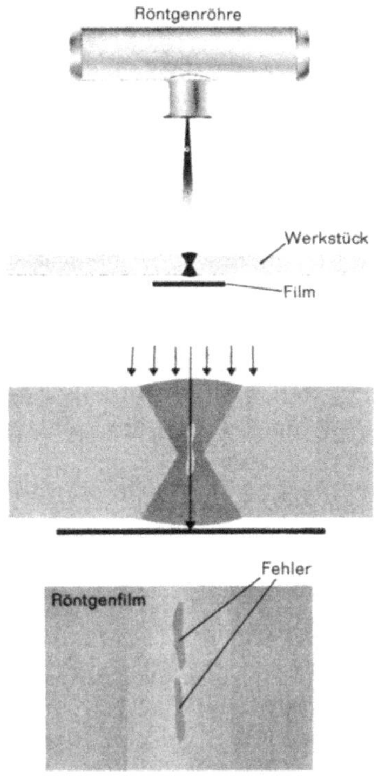

Bild 7-11
Röntgenprüfung einer Stumpfnaht (X-Naht)

7.3 Gütenachweis

Als tragendes Verbindungselement bei Schweißkonstruktionen hat die Schweißnaht besondere Bedeutung. Mangelhafte Nahtausführung kann unter Belastung zu unzulässigen Verformungen oder gar zum Bruch der Schweißstellen führen.
Daher ist die Forderung nach hochwertigen Schweißverbindungen verständlich. Die einfachste Methode wäre, immer maximale Güteansprüche zu stellen.
Dieser Vorgehensweise stehen aber wirtschaftliche Faktoren entgegen. Ein Bauteil muß abhängig von Beanspruchungen und Funktionen zwischen Auftraggeber und Hersteller mit dem jeweiligen Gütemaßstab individuell festgelegt werden. Dabei ist es verständlich, daß z.B. zwischen dem Schweißen eines Geländers und eines Druckbehälters unterschiedliche Anforderungen an die Qualität und die Wirtschaftlichkeit gestellt werden.
Hier schafft die DIN 8563 „Sicherung der Güte von Schweißarbeiten“ eine einheitliche Grundlage, um die Güte der ausgeführten Schweißarbeiten nach bestimmten Merkmalen bewerten zu können.
Diese Norm unterscheidet im wesentlichen:
- Anforderungen an die Eigenschaften und
- Anforderungen an die Ausführung.

Anforderungen an die Eigenschaften

Hierunter fallen die von der Schweißverbindung geforderten mechanischen Gütewerte wie Zugfestigkeit und Verformungsfähigkeit, aber auch Anforderungen bezüglich der Dichtigkeit und Korrosionsbeständigkeit. Nach den Vorgaben des Konstrukteurs legt der Schweißfachingenieur die erforderlichen Schweißzusätze und Hilfsstoffe sowie die Schweißparameter und weitere Angaben für die Schweißung in einem Schweißplan fest.

Anforderungen an die Ausführung

Hierunter fallen die Angaben zum äußeren und inneren Befund einer Schweißnaht. Welche Schweißnahtfehler zulässig sind, hängt von ihrer Art, Größe und Häufigkeit ab, in der sie vorliegen. So lassen sich zum Beispiel anhand der DIN 8563, Teil 3 Merkmale und Bewertungsgruppen abhängig von der Beanspruchung, vom Werkstoff, von Betriebsverhalten und von der Fertigung, für Stumpf- und Kehlnähte heranziehen.
Es gibt vier Bewertungsgruppen für Stumpfnähte (AS, BS, CS, DS) und drei für Kehlnähte (AK, BK, CK). [7]
Die Bewertungsgruppen AS bzw. AK stellen die höchsten Anforderungen an die Schweißnaht und die Gruppen DS bzw. CK, die niedrigsten. In den Tabellen der DIN 8563 Teil 3 ist für jedes Merkmal und für jede Bewertungsgruppe die zulässige Abweichung von einer idealisierten Schweißnaht festgelegt.
Die Bilder 7-12 und 7-13 enthalten eine Übersicht von Merkmalen zu inneren und äußeren Nahtbefunden.

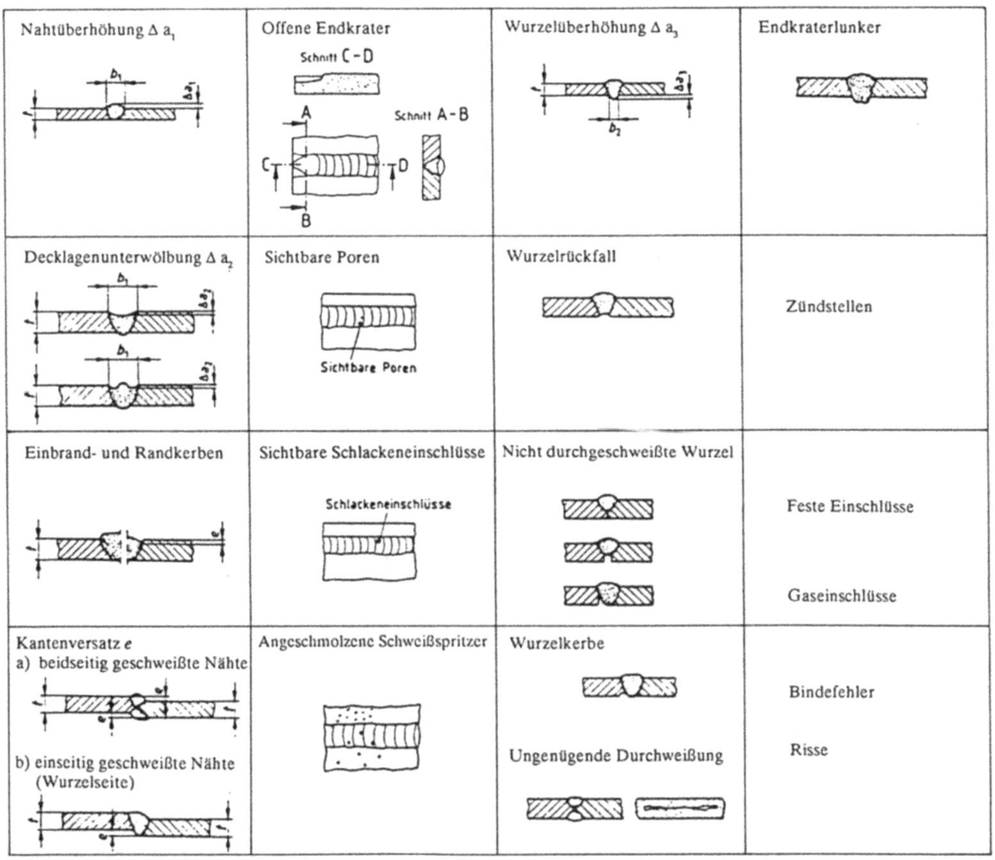

Bild 7-12 Merkmale für Stumpfnähte

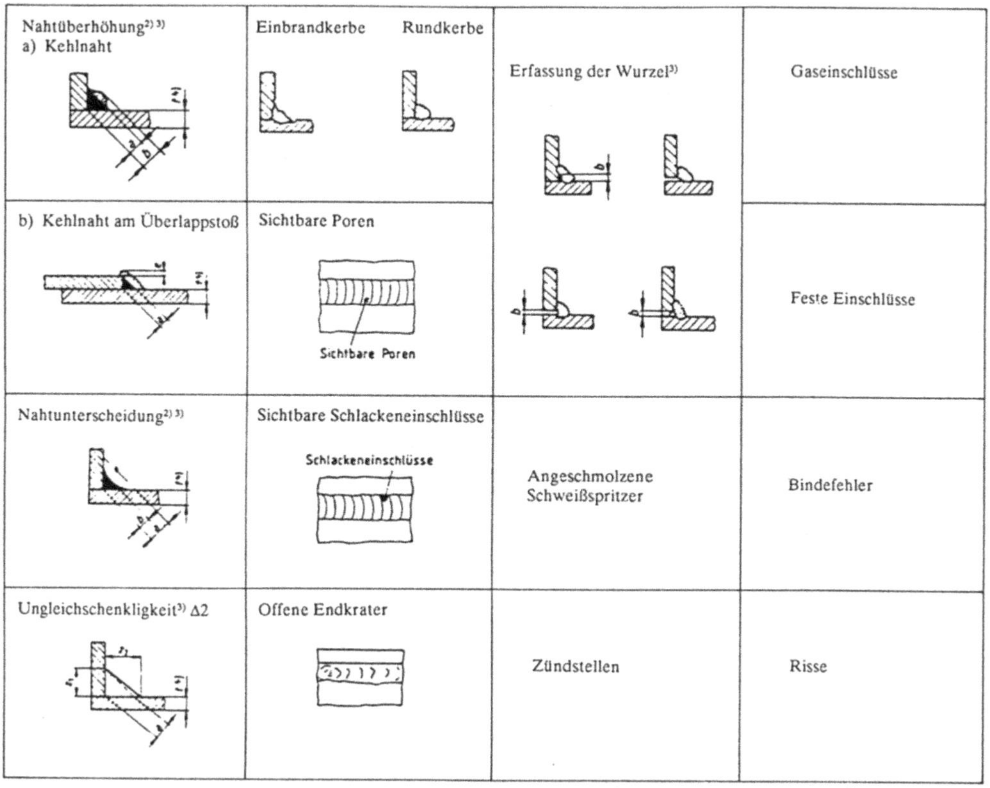

Bild 7-13 Merkmale für Kehlnähte

Die Merkmale und Bewertungsgruppen müssen bereits im Stadium der Planung von Bauteilen berücksichtigt werden. Hier muß der Konstrukteur gemeinsam mit dem Schweißfachingenieur die Anforderungen an die Schweißnähte festlegen. Die Auswahl von Bewertungsgruppen für die verschiedenen Merkmale richtet sich nach der Beanspruchung des Bauteils.
Im Stahlbau werden die Bewertungsgruppen AS und AK nur in Ausnahmefällen gefordert, z.B. an hochausgelasteten Nähten dynamisch beanspruchter Bauteile wie Eisenbahnbrücken.
Alle anderen Nähte müssen die Anforderungen der Bewertungsgruppen BS und BK erfüllen. Für nur statisch beanspruchte Nähte im Stahlbau sind die Gruppen CS und CK ausreichend. Nichttragende Nähte werden in die Gruppen DS und CK eingestuft.
Damit es bei der „Abnahme“ aber nicht zu Diskussionen wegen der Abmessung nachgewiesener Fehler in Grenzfällen kommt, muß unbedingt bei der Annahme eines Auftrags die Definition von Unzulänglichkeiten klar festgelegt sein.
Die Formulierungen in DIN 8563 Teil 3 wie z.B. „örtlich begrenzt zulässig“ oder „einzelne kleine (Fehler) zulässig“, werden häufig verschieden ausgelegt. Für das Festlegen einer Bewertungsgruppe sind entsprechende Erfahrungen notwendig. Hinweise und Entscheidungshilfen können z.B. die Merkblätter DVS 0703 und 0705 bieten.

Kurzform der Bescheinigung	Art der Bescheinigung	Prüfer und Aussteller		Vorschrift	Grundlage für die Bescheinigung
DIN 50 049–2.1	Werksbescheinigung				allgemeine Kenntnisse über die Fertigung und allgemeine Aufschreibungen
DIN 50 049–2.2	Werkszeugnis	Herstellendes oder verarbeitendes Werk		Lieferbedingungen nach Angaben des Bestellers*)	laufende Betriebsaufschreibungen
DIN 50 049–2.3	Werksprüfzeugnis				an der Lieferung oder der vorgesehene Prüfeinheit erhaltene Prüfergebnisse
DIN 50 049–3.1 A	Abnahmeprüfzeugnis A		amtlicher oder amtlich anerkannter Sachverständiger	amtliche Vorschriften	
DIN 50 049–3.1 B	Abnahmeprüfzeugnis B	von der Fertigung unabhängiger Sachverständiger	Werkssachverständiger	Lieferbedingungen nach Angaben des Bestellers*)	an der Lieferung oder der vorgesehenen Prüfeinheit erhaltene Prüfergebnisse
DIN 50 049–3.1 C	Abnahmeprüfzeugnis C		vom Besteller beauftragter Sachverständiger	Lieferbedingungen nach Angaben des Bestellers	
DIN 50 049–3.2 A	Abnahmeprüfzeugnis A	wie Abnahmeprüfzeugnis A	zusätzliche Unterschrift des Werkssachverständigen	wie Abnahmeprüfzeugnis A	wie Abnahmeprüfzeugnis A
DIN 50 049–3.2 C	Abnahmeprüfzeugnis C	wie Abnahmeprüfzeugnis C		wie Abnahmeprüfzeugnis C	wie Abnahmeprüfzeugnis C

*) Aus amtliche Vorschriften, falls in ihnen vorgesehen.

Bild 7-14 Bescheinigungen über Werkstoffprüfungen nach DIN 50 049

Für eine zukünftige Europäische Norm wurde als Vorschlag ein neuer DIN-Entwurf „Sicherung der Güte von Schweißarbeiten“ DIN 8563, Teil 3 (Stand Januar 1990) vorgelegt. Hierin wird z.B. die Bewertung von Unregelmäßigkeiten nach Ansicht der Anwender eindeutiger geregelt.
Welche Bewertungsgruppen sich nun mit der jeweiligen Nahtvorbereitung erzielen lassen, ist in Normen und Richtlinien für die Schweißnahtvorbereitung nicht vermerkt.
Ist eine Schweißkonstruktion in bezug auf die Nahtvorbereitung und die Zugänglichkeit schweißgerecht, so läßt sich (von Ausnahmen abgesehen) jede Nahtgüte nach DIN 8563 Teil 3 erreichen. Die Schweißnahtqualität ist in diesem Falle von der Sorgfalt und dem Aufwand beim Zusammenbau und beim Schweißen abhängig.
Eine optimale Bauteilqualität wird aber nicht allein von der Schweißnahtausführung bestimmt. Die erforderliche Werkstoffqualität der Halbzeuge muß ebenso den Anforderungen entsprechen.
In Stahleisen-Lieferbedingungen (SEL) sind die Kriterien für die Werkstoffbestellungen beschrieben, die vom Lieferer einzuhalten und zu gewährleisten sind. Das herstellende oder verarbeitende Werk stellt entsprechend den Lieferbedingungen des Bestellers Bescheinigungen über Werkstoffprüfungen aus (Lieferzeugnisse, Werkszeugnisse). Form und Inhalt ist in DIN 50 049 geregelt.
Für die verschiedenen Bescheinigungen über Werkstoffprüfungen gelten nach dieser Norm die Angaben im folgenden Bild 7-14.
Das Abnahmeprüfprotokoll oder -zeugnis bestätigt, mit welchem Ergebnis eine Werkstoffprüfung stattgefunden hat.

Gewährleistung

Der Hersteller haftet seinem „Abnehmer“ für fehlerhafte Ware nach den Gewährleistungsregeln (§§ 459 ff-BGB) unabhängig davon, ob ihn an dem aufgetretenen Fehler ein Verschulden trifft, oder nicht. Der Kunde kann in einem solchen Fall nach dem Gesetz wahlweise Wandlung, Minderung oder Ersatzlieferung verlangen [8].
Mit Inkrafttreten des Produkthaftungsgesetzes wird das Haftungsrisiko der produzierenden Unternehmen steigen. Dem Hersteller unterliegt dann auch die Nachweispflicht, daß alle erforderlichen Qualitätssicherungsmaßnahmen angewendet wurden. Der Hauptanwendungsbereich für Produkthaftungsregeln liegt in der Haftung des Herstellers für Mangelfolgeschäden, die der Vertragspartner oder ein Dritter infolge der Fehlerhaftigkeit des Erzeugnisses erleidet. Unter diesem Gesichtspunkt muß es dem Hersteller auch noch gelingen, die Qualität mit der Wirtschaftlichkeit zu verknüpfen.
Diese Risikoerhöhung sollte für die Industrie Anlaß sein, das Qualitätssicherungssystem und die Organisation zu überprüfen.

Zitierte Normen – Part 7, Qualitätssicherung

DIN 1912 DIN 2559 DIN 8551-53 DIN 8558		: Schweißfugenformen
DIN 54 119 DIN 54 120 DIN 54 125 DIN 54 126		: Ultraschallprüfung
DIN 54 109 DIN 54 111	T1-2	: Röntgenprüfung
DIN 54 132		: Magnetpulverprüfung
DIN 54 152		: Farbeindringprüfung
DIN 8524	T1-3	: Fehler an Schweißverbindungen aus metallischen Werkstoffen
DIN 8563	T2-3	: Sicherung der Güte von Schweißarbeiten
DIN 8560		: Prüfung von Stahlschweißern
DIN 8561		: Prüfung von NE-Metallschweißern
DIN 4762		: Oberflächenreinheit
DIN 18 800	T 7	: Stahlbauten; Herstellen, Eignungsnachweis zum Schweißen
DIN 50 049		: Bescheinigungen über Werkstoffprüfungen
DIN-ISO 9000-9004		: Qualitätssicherungssysteme
DVS-Merkblatt 0703		: Bewertung von Kehlnähten
DVS-Merkblatt 0705		: Empfehlungen zur Auswahl von Merkmalen und Bewertungsgruppen für Stumpfnähte und Kehlnähte
DVS-Merkblatt 1003	T1	: Empfehlungen zum prüfgerechten Gestalten von Schweißkonstruktionen
AD-HP0		: Herstellung und Prüfung von Druckbehältern
AD-HP4		: Prüfaufsicht und Prüfer für zerstörungsfreie Prüfungen
AD-HP 5/3, Anl. 1		: Verfahrenstechnische Mindestanforderungen für ZfP
TR B-200		: Technische Regeln Druckbehälter
TR D-201		: Technische Regeln Dampfkessel

8 Schweißtechnisches Personal

Vorbemerkung

Der Rat der Europäischen Gemeinschaft hat 1985 die Harmonisierung des Europäischen Binnenmarktes beschlossen. Dabei wurde das Datum 31.12.1992 für den Abschluß des Binnenmarktprozesses festgeschrieben, um die EG-Staaten zu einem einheitlichen Wirtschaftsgebiet zu vereinigen. Unterschiedliche nationale Normen, Richtlinien und Vorschriften für die Zulassung, die Herstellung und den Betrieb von Bauwerken, die die öffentliche Sicherheit berühren, müssen bis dahin angeglichen werden.
Die Schaffung einheitlicher Europäischer Normen (EN) wurde vom Europäischen Komitee für Normung (CEN) übernommen.
Das Technische Komitee CEN/TC 121 „Schweißen" ist für die Angleichung der Grundnormen in der Schweißtechnik verantwortlich. Die Arbeitsgruppe 2 (AG 2) in diesem Komitee hat die Aufgabe, auf der Basis des internationalen Normenentwurfs ISO/DIS 9606 Teil 1 und Teil 2, für Stahl- und Aluminiumschweißerprüfungen eine Norm zu erarbeiten. Diese Europäische Schweißerprüfnorm ist inzwischen fertiggestellt und wird Mitte 1992 vorliegen.

DIN-EN 287	Prüfung v. Schweißern; Schmelzschweißen
Teil 1	Stahl
Teil 2	Aluminium

Sie löst dann die bei uns bewährten Normen DIN 8560 und teilweise DIN 8561 ab. Mit einer Übergangsfrist von einem halben Jahr wird dann die nationale Norm hinfällig. Bestehende Prüfungen gelten jedoch bis zum Ablaufdatum weiter.
Wegen der zukünftigen, europaweit einheitlichen Anwendung der Norm werden die verwendeten Begriffe mit Symbolen und Abkürzungen belegt, denen die englische Sprachregelung zugrunde liegt.
In ihrem Aufbau ist die neue EN-Norm ähnlich gegliedert wie die DIN 8560/8561.
Die Einteilung [1] erfolgt nach den bestimmenden Merkmalen:

Schweißverfahren	z.B. 135 -	Metall-Aktivgasschweißen (MAG)
Halbzeug	P -	Blech
Nahtart	BW -	Stumpfnaht
Werkstoffgruppe	01 -	unlegierter Stahl
Zusatzwerkstoff	B -	basisch
Prüfstückabmessung	t8 -	8 mm Dicke
Schweißposition	PA -	Wannenlage
Nahtausführung	nb -	ohne Schweißbadsicherung
Wärmebehandlung	nh -	ohne Wärmebehandlung

Ein wesentlicher Unterschied zwischen der alten und der neuen Normung der Schweißerprüfungen besteht darin, daß nicht mehr das für einen Arbeitsbereich umfassende Wissen und Können des Schweißers das Prüfungsziel ist, sondern die für die betriebliche Aufgabe erforderliche Handfertigkeit des Schweißers. Trotz der feineren Abstufung der EN-Norm ist ein umfassender Handfertigkeitsnachweis, wie er bei der DIN 8560/8561 sichergestellt war, nicht in jedem Fall gegeben.

Die Gültigkeitsdauer der Prüfung beträgt zwei Jahre, sofern die in der Norm genannten Bedingungen eingehalten werden.
Als Zukunftsarbeiten in der AG 2 stehen noch an:
Prüfung von Schmelzschweißern an Nickel- und Kupferwerkstoffen sowie Prüfung von Bedienungspersonal an Schweißeinrichtungen. Weitere Arbeiten sind gemeinsame EN-Regelungen für die Festlegung von Kenntnissen und Aufgaben des Schweißaufsichtspersonals.

Schweißtechnisches Personal

Schweißarbeiten bei Neufertigung und Instandsetzung, für die eine bestimmte Güte (z.B. durch gesetzliche Bestimmungen, allgemein anerkannte Regeln der Technik oder aufgrund von Liefervereinbarungen) gefordert wird, müssen von einer zugelassenen Schweißaufsicht überwacht und von geprüften Schweißern ausgeführt werden [2].
Für die Ausbildung zum Schweißer bzw. zur Schweißaufsicht sind vom DVS verschiedene Lehrgänge geschaffen worden. DVS-Ausbildungsstätten mit Schulungszulassung siehe Richtlinie DVS 1191 [3].

Ausbildung zur Schweißaufsicht

Technische Führungskräfte in metallverarbeitenden Berufen wie Meister, Techniker oder Ingenieure können durch eine zusätzliche schweißtechnische Ausbildung [4] zu Schweißaufsichtspersonen wie Schweißfachmann, Schweißtechniker oder Schweißfachingenieur ausgebildet werden. (Bild 8-1)
Schweißfachingenieur-, Schweißtechniker- und Schweißfachmannlehrgänge werden an den Schweißtechnischen Lehr- und Versuchsanstalten (SLV'en) Schweißfachmannlehrgänge auch an Schweißtechnischen Lehranstalten (SL's) durchgeführt.

Schweißaufsichtsperson	Voraussetzung	Lehrgang
Schweißfachingenieur SFI	Dipl.-Ing. Dipl.-Ing. (FH)	nach Richtlinien DVS 1173, 446 h
Schweißtechniker ST	Techniker	nach Richtlinien DVS 1172, 240 h
Schweißfachmann SFM	– Meister Techniker oder Lehrschweißer – Schweißerprüfung nach DIN 8560	nach Richtlinien DVS 1171, 140 h
SFM-Ergänzungslehrgang Rohrleitungsbau	– SFM – Schweißerprüfung DIN 8560-R II	
Schweißaufsicht nach DIN 4099 Betonstahl	SFM, ST SFI	nach Richtlinien DVS 1175, 14 h

Bild 8-1 Übersicht über die vom Deutschen Verband für Schweißtechnik (DVS) angebotenen Lehrgänge.

Die Schweißaufsicht ist für die Güte der Schweißarbeiten in der Werkstatt und/oder auf der Baustelle verantwortlich.
Der Verantwortungsbereich wird unter anderem in folgenden Vorschriften und Richtlinien beschrieben bzw. geregelt: DIN 8563 Teil 2, DIN 18 800 Teil 7, DIN 15 018, DS 804, DS 952, DVGW Arbeitsblatt GW 301, AD-Merkblatt HP3, TRD-Merkblatt 201, VG 95077 Teil 1 bis 5 und in den Klassifikationsvorschriften des Germanischen Lloyd.

Ausbildung und Prüfung von Schweißern

Schweißer müssen durch Ablegen einer befristet gültigen Schweißerprüfung (DIN 8560 für Stahl- und DIN 8561 für Nichteisen-Metallschweißer) ihre Handfertigkeit und Fachkenntnisse nachweisen. Sie muß das einzusetzende Schweißverfahren, den zu verschweißenden Werkstoff und die Bauteildicke ausweisen.
Die Ausbildung erfolgt an DVS-Kursstätten oder in vergleichbaren betriebsinternen Schulungen.
Die DVS-Lehrgänge sind in drei aufeinander aufbauende Ausbildungsstufen gegliedert und vermitteln praktische und theoretische Kenntnisse. (Bild 8-2)

Der Prüfungsumfang nach DIN 8560 ist folgender [5]:

Blechschweißerprüfung
- 2 Kehlnähte an Blechen, Pos. h, s
- 2 Stumpfnähte an Blechen, Pos. w, s

Rohrschweißerprüfung
- 1 Stumpfnaht (Rohrachse waagrecht) Pos. w, s, ü
- 1 Stumpfnaht (Rohrachse senkrecht) Pos. q
- 1 Kehlnaht an übereinandergeschobenen Rohren, Pos. h, s, hü

Kurzzeichen der Schweißpositionen:
w – Wannenposition
h – Horizontalposition
s – Steigposition
ü – Überkopfposition
hü – Horizontal-Überkopfposition

Für das Ablegen höherwertiger Schweißerprüfungen werden ausreichende praktische Fertigkeiten und Fachkenntnisse vorausgesetzt. Diese können durch eine betriebliche Schweißerpraxis oder durch DVS-Sonderschulungen erworben werden.

Einteilung der Prüfungen nach DIN 8560

Die Einteilung erfolgt nach:

1. Schweißverfahren:
   E – Lichtbogenhandschweißen
   G – Gasschweißen
   MIG/MAG – Metall-Schutzgasschweißen
   WIG – Wolfram-Schutzgasschweißen

2. Halbzeugbezeichnungen:
   B – Blech
   R – Rohr
   R/B – Rohr und Blech

Prüfung	DIN 8561	–	–	–	–	–	–	–	WIG-RAL	G E 80 Std MAG
	DIN 8560	G-R/BIm	E-BIm	MAG-RIg	MAG-RIVAm	–	WIG-R/BIIm	WIG-R/BIVAm	–	
Ausbildungsstufe 3		G3	E3	MAG-St 3	MAG-CrNi 3	–	WIG-St 3	WIG-CrNi 3	WIG-AL 3	WIG-160 Std

Prüfung	DIN 8561	–	–	–	–	MIG-BAL	–	–	WIG-BAL	G E 160 Std
	DIN 8560	G-R/BIm-x	E-BIg	MAG-BIg	MAG-BIVAm	–	WIG-BIm	WIG-BIVAm	–	MAG MIG 80 Std WIG
Ausbildungsstufe 2		G2	E2	MAG-St 2	MAG-CrNi 2	MIG-AL 2	WIG-St 2	WIG-CrNi 2	WIG-AL 2	

Ausbildungsstufe 1	G1	E1	MAG-St 1	MAG-CrNi 1	MIG-AL 1	WIG-St 1	WIG-CrNi 1	WIG-AL 1	80 Std
DVS-Lehrgang	Gasschweißen	Lichtbogenhandschweißen	Metall-Schutzgasschweißen			Wolfram-Schutzgasschweißen			

Bild 8-2 Übersicht über Schweißerlehrgänge und Abschlußprüfungen

3. Prüfgruppen mit Werkstoffarten:

Prüfgruppe: I – Bau- und Rohrstähle wie St 37, St 52, St 35, St 45

Prüfgruppe: II – Wie I und Feinkornbaustähle $R_{eH} \leq 355$ N/mm^2; Kesselbleche und Rohrstähle wie H II, 17 Mn 4, 19 Mn 5

Prüfgruppe: III – Unleg. Stähle mit höherem C-Gehalt (C > 0,22 %) wie St 60, St 70; Feinkornbaustähle $R_{eH} > 355$ N/mm^2; Kesselbleche und Rohrstähle wie H IV, 13 CrMo 4 4, 10 Cr Mo 9 10

Prüfgruppe: IVA – Austenitische Stähle mit Ferritgehalten > 3 % im Schweißgut z.B. nach DIN 17 440

Prüfgruppe: IVB – Austenitische Stähle mit Ferritgehalten < 3 % im Schweißgut wie X 10 CrNi 25 20 und X 5 CrNi 16 13

Geltungsbereiche:

durchgeführte Prüfung	I	II	III	IVA	IVB
einschließende Prüfung	–	I	I + II	–	IVA

4. Werkstückdickenbereiche:

f – < 3 mm
m – 2,5 bis 6,5 mm
g – ≥ 6 mm

5. Besonderheit:

X: Ergänzung oder Einschränkung der Schweißerprüfung

Beispiel für die Bezeichnung einer Schweißerprüfung nach DIN 8560: E – R/B II m – X

Schweißverfahren: Lichtbogenhandschweißen — E
Halbzeug: Rohr und Blech — R/B
Prüfgruppe: Werkstoffart wie 17 Mn 4 — II
Werkstückdickenbereich: 2,5 bis 6,5 mm — m
Besonderheit: unter Baustellenbedingungen — X

Einteilung der Prüfungen nach DIN 8561 [6]

Die Einteilung der Prüfgruppen erfolgt nach:

1.) Schweißverfahren: } analog DIN 8560
2.) Halbzeug: }

3.) Werkstoff:
Al – Aluminium
Cu – Kupfer
Ni – Nickel

Beispiel: DIN 8561 WIG-BAL

Für Schweißer ist die höchste Qualifikationsstufe die *Lehrschweißerprüfung*. Der Einsatz erfolgt bevorzugt bei schwierigen Schweißaufgaben und bei der Aufsicht sowie der Ausbildung von Schweißern.

Einsatzgebiete für geprüfte Schweißer [7]:

Einsatzgebiet		Mindestqualifikation
Stahlbau	DIN 18 800	B I bzw. R/B I
Straßenbrückenbau	DIN 18 809	
Kranbahnbau	DIN 4132	
Kranbau	DIN 15 018	
Hebezeuge	DIN 15 428	
Stahlwasserbau	DIN 19 704	
Eisenbahnbrücken	DS 804	B II bzw. R/B II
Schiffsbau	Germ.Lloyd	
Kesselbau	TRD 201	
Druckbehälterbau	AD/HP3	
	TRB 200	
	TRG 241	
Feinkornbaustahl	DASt 011	
	SEW 088	
$R_{eH} < 355$ N/mm^2		B II bzw. R/B II
$R_{eH} > 355$ N/mm^2		B III bzw. R/B III
Schweißkonst. aus nichtrost. Stählen	IfBt-Zulassung	B IV A bzw. R/B IV A
Betonstahl	DIN 4099	B I + DVS 1146
Rohrleitungsbau	DIN 19 630	R I
	DVGW-AB	R II

Für den Druckbehälterbau werden für die austenitischen Stähle als Mindestqualifikation die Prüfungen R/B IVA und für legierte Stähle die Prüfungen R/B II verlangt.

Anhang zur neuen Schweißerprüfnorm EN 287-1 vom April 1992

Wesentliche Einflußgrößen und Kurzzeichen für die Schweißerprüfung [1].

1. Schweißverfahren

12	Unterpulverschweißen
15	Wolfram-Plasmaschweißen
111	Lichtbogenhandschweißen
114	Metall-Lichtbogenschweißen mit Fülldrahtelektrode selbstschützend
131	Metall-Inertgasschweißen
135	Metall-Aktivgasschweißen
136	Metall-Lichtbogenschweißen mit Fülldrahtelektrode und aktivem Schutzgas
141	Wolfram-Inertgasschweißen
311	Gasschweißen

2. Halbzeug und Nahtart

P	– Blech
T	– Rohr
BW	– Stumpfnaht
FW	– Kehlnaht

3. Werkstoffgruppe

Gruppe W 01	Unlegierte, kohlenstoffarme (Kohlenstoff-Mangan-) Stähle und/oder niedriglegierte Stähle. Einschließlich Feinbaukornstähle bis zu einer Streckgrenze $R_{eH} = 355$ N/mm^2.
Gruppe W 02	Chrom-Molybdän(CrMo)-Stähle und/oder kriechfeste Chrom-Molybdän-Vanadium(CrMoV)-Stähle.
Gruppe W 03	Normalisierte, vergütete Feinkornbaustähle und thermomechanisch behandelte Stähle mit einer Streckgrenze $R_{eH} = 355$ N/mm^2 sowie ähnlich schweißgeeignete Nickelstähle mit 2 bis 5 % Nickel.
Gruppe W 04	Nichtrostende ferritische oder martensitische Stähle mit 12 bis 20 % Chrom.
Gruppe W 11	Rostfreie ferritisch-austenitische oder rein austenitische Chrom-Nickel-Stähle.

4. Zusatzwerkstoff

Die Stabelektroden für das Lichtbogenhandschweißen sind hinsichtlich der wichtigsten Eigenschaften nach prEN 499 wie folgt eingeteilt:

- A sauerumhüllt
- B basischumhüllt
- C zelluloseumhüllt
- R rutilumhüllt
- RA rutilsauer-umhüllt
- RB rutilbasisch-umhüllt
- RC rutilzellulose-umhüllt
- RR rutilumhüllt (dick)
- S andere.

Anmerkung: Weitere Einzelheiten für die umhüllten Stabelektroden können je nach verwendeten Stählen nach prEN 499, ISO 3580 oder ISO 3581 angegeben werden.

5. Prüfstückabmessung

Prüfstück Durchmesser D[1] mm	Geltungsbereich
$D \leq 25$	D bis 2 D
$25 < D \leq 150$	0,5 D bis 2 D (25 mm min.)
$D > 150$	$\geq 0{,}5$ D

1) Bei Hohlprofilen bedeutet „D" die Abmessung der kleinsten Seite.

Prüfstück Dicke t mm	Geltungsbereich
$t \leq 3$	t bis 2 t[1)]
$3 < t \leq 12$	3 mm bis 2 t[1)]
$t > 12$	≥ 5 mm

1) Für Gasschweißen (311): t bis 1,5 t
2) Für Gasschweißen (311): 3mm bis 1,5 t

6. Schweißposition

Bezeichnung	PA	PB		PC	PD	PE	PF	PG	Zwischenposition H-L 045
Stumpfnähte an Blech									
	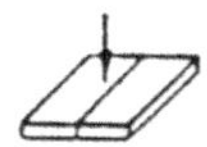			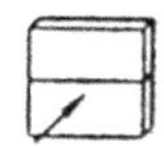		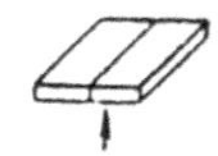			
Position	w			q		ü	s	f	
Kehlnähte an Blech									
		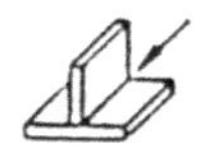					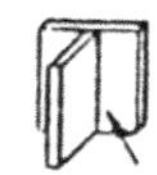	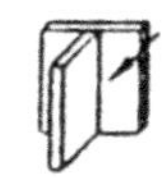	
Position	w	h			hü		s	f	
Stumpfnähte am Rohr									

Rohr	rotierend			fest			fest	fest	fest
Achse	waagerecht			senkrecht			waagerecht	waagerecht	z.B. 45°
Position	w			q			steigend	fallend	steigend, auch fallend
Kehlnähte am Rohr									
			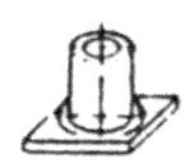		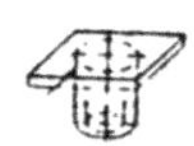				
Rohr		rotierend	fest		fest		fest	fest	
Achse		waagerecht	senkrecht		senkrecht		waagerecht	waagerecht	
Position		h	h		hü		steigend	fallend	

7. Nahtausführung

mb – Schweißen mit Schweißbadsicherung (Unterlage)
nb – Schweißen ohne Schweißbadsicherung und ohne Wurzelschutz
gb – Schweißen mit Wurzelschutz (gasförmig)
ss – einseitiges Schweißen
bs – beidseitiges Schweißen
gg – Ausfugen oder Ausschleifen der Wurzellage
ng – ohne Ausfugen oder Ausschleifen

8. Prüfverfahren

Prüfverfahren	Stumpfnaht Blech	Stumpfnaht Rohr	Kehlnaht
Sichtprüfung	*	*	*
Durchstrahlungsprüfung	* 1) 5)	* 1) 5)	+
Biegeprüfung	* 2)	* 2)	+
Bruchprüfung	* 1)	* 1)	* 3) 4)
Makroschliff (ohne zu polieren)	+	+	* 4)
Magnetpulver-/Farbeindringprüfung	+	+	+

1) Es sind entweder Durchstrahlungs- oder Bruchprüfungen, jedoch nicht beide, durchzuführen.
2) Wenn Durchstrahlungsprüfungen durchgeführt werden, sind zusätzliche Biegeprüfungen für die Prozesse 131, 135 und 311 erforderlich.
3) Die Bruchprüfung sollte durch Magnetpulver-/Farbeindringprüfung ergänzt werden, wenn diese vom Prüfer oder von der Prüfstelle gefordert werden.
4) Die Bruchprüfung darf durch die Prüfung von mindestens 4 Makroschliffen ersetzt werden.
5) Nur bei ferritischen Stählen mit einer Prüfstückdicke ≥ 12 darf die Durchstrahlungsprüfung durch eine Ultraschallprüfung ersetzt werden.

Zeichenerklärung:
* gibt an, daß das Prüfverfahren verbindlich gefordert wird
+ gibt an, daß das Prüfverfahren nicht verbindlich gefordert wird

Die Anwendung der neuen Norm bringt für den Anwender Vorteile, wenn auch über die Neuerungen erst Erfahrungen gesammelt werden müssen. Auf jeden Fall wird für den Anwender ein höherer Dokumentationsaufwand zu betreiben sein.

Literatur

Zu den Kapiteln 1–3 wurden keine detaillierten Literaturangaben vorgesehen.

Kapitel 4

[1] Deutsche Bundesbahn (Hrsg.): DS 952, Vorschrift für das Schweißen metallischer Werkstoffe in Privatwerken. Minden, 1977

[2] Deutsche Bundesbahn (Hrsg.): DS 804, Vorschrift für Eisenbahnbrücken und sonstige Ingenieurbauwerke (VEI). München, 1983

[3] DIN 18800 Teil 1: Stahlbauten, Bemessung und Konstruktion

[4] DIN 15018 Teil 1: Krane, Grundsätze für Stahltragwerke, Berechnung

[5] Haibach, E.: Betriebsfestigkeit. Verfahren und Daten zur Bauteilberechnung. Düsseldorf: VDI-Verlag, 1989

[6] Erker, A.; A. Stoll, H. W. Hermsen: Gestaltung und Berechnung von Schweißkonstruktionen. 2. Aufl. Düsseldorf: DVS, 1971 (Fachbuchreihe Schweißtechnik, Bd. 9)

[7] Radaij, D.: Gestaltung und Berechnung von Schweißkonstruktionen – Ermüdungsfestigkeit. Düsseldorf: Deutscher Verlag für Schweißtechnik, 1985 (Fachbuchreihe Schweißtechnik, Bd. 82)

[8] Dubbel – Taschenbuch für den Maschinenbau. 17. Aufl. Berlin: Springer, 1989

[9] DIN 18800 Teil 6 (Entwurf): Stahlbauten, Bemessung und Konstruktion bei häufig wiederholten Beanspruchungen

[10] Hänsch, H.: Schweißeigenspannungen und Formänderungen an stabartigen Bauteilen – Berechnung und Bewertung. Deutscher Verlag für Schweißtechnik, 1984 (Fachbuchreihe Schweißtechnik, Bd. 81)

[11] Neumann, A. u. M. Beyer: Forschungsergebnisse über Schweißverformungen und Schweißspannungen in der DDR, Schweißtechnik, Berlin, 34 (1984) 10, S. 439–448

[12] Wohlfahrt, H.: Schrumpfen und Schrumpfungsbehinderung, Verzug und/oder Spannungen und Eigenspannungen beim Schweißen. Vortrag anläßlich eines Schweißtechnischen Seminars 1989 in Friedrichshafen

[13] Malisius, R.: Schrumpfungen, Spannungen und Risse beim Schweißen. Düsseldorf: Deutscher Verlag für Schweißtechnik, 1977

Kapitel 5

[1] Ahrens, Ch. u. Z. Zwätz: Schweißen im bauaufsichtlichen Bereich: Erläuterungen mit Berechnungsbeispielen. Düsseldorf: Deutscher Verlag für Schweißtechnik, 1988 (Fachbuchreihe Schweißtechnik, Bd. 94)

[2] Buchenau, H. u. A. Thiele: Stahlhochbau, Teil 1, 21. Aufl.; Teil 2, 17. Aufl. Stuttgart: Teubner, 1986, 1985

[3] DIN-Taschenbuch 69 Stahlhochbau

[4] DIN-Taschenbuch 144 Stahlbau (Ingenieurbau)

[5] Petersen, C.: Stahlbau. Grundlagen der Berechnung und baulichen Ausbildung von Stahlbauten. 2., verb. Aufl. Braunschweig/Wiesbaden: Friedr. Vieweg & Sohn, 1990

[6] Merkblatt 427 Vollwandträger, Stahlinformationszentrum Düsseldorf (Hrsg.)

[7] Merkblatt 426 Fachwerkträger, Stahlinformationszentrum Düsseldorf (Hrsg.)

[8] Merkblatt 358 R-Träger, Stahlinformationszentrum Düsseldorf (Hrsg.)

[9] DASt-Richtlinie 016: Bemessung und konstruktive Gestaltung von Tragwerken aus dünnwandigen kaltgeformten Bauteilen (Entwurf), Deutscher Ausschuß für Stahlbau (Hrsg.), Köln: Stahlbau-Verlagsgesellschaft, 1986

[10] Merkblatt 224 Rund-Hohlprofile für den Stahlbau, Stahlinformationszentrum Düsseldorf (Hrsg.)

[11] Deutscher Stahlbau-Verband (Hrsg.): Stahlbau-Handbuch. Bd. 1: Grundlagen; Bd. 2: Stahlkonstruktionen, 2. Aufl. Köln: Stahlbau-Verlags-GmbH, 1982, 1985

[12] DIN 15001 Krane, Begriffe, Einteilung und Bauart

[13] DIN 15002 Lastaufnahmeeinrichtungen

[14] DIN 15003 Lastaufnahmeeinrichtungen, Lasten und Kräfte
[15] DIN 15018 Teil 1, 2 und 3 Krane – Grundsätze für Stahltragwerke, Berechnung
[16] DASt-Richtlinie 011 Hochfeste schweißgeeignete Feinkornbaustähle StE 460 und StE 690 – Anwendung für Stahlbauten, Deutscher Ausschuß für Stahlbau (Hrsg.), Köln
[17] SEW 088 Schweißgeeignete Feinkornbaustähle – Richtlinie für die Berarbeitung besonders für das Schweißen, Stahl – Eisen Werkstoffblatt, Verlag Stahl Eisen, Düsseldorf
[18] DVS Richtlinie 0916 Metall-Schutzgasschweißen von Feinkornbaustählen. Deutscher Verlag für Schweißtechnik, Düsseldorf
[19] EVT Energie- und Verfahrenstechnik GmbH: EVT-Handbuch, 1986
[20] VGB Technische Vereinigung der Großkraftwerksbetriebe e.V. (Hrsg.): Richtlinie für die Herstellung und Bauüberwachung von Hochleistungsdampfkesseln, VGB-Kraftwerkstechnik GmbH, 1968
[21] Böhler Schweißtechnik: Wissenswertes für den Schweißer, Firmendruckschrift
[22] FDBR-Merkblatt 18 (Fachverband Dampfkessel Behälter und Rohrleitungsbau, Düsseldorf)
[23] AD-Merkblätter der Reihe HP (Herstellung u. Prüfung) HP0 bis HP30, Verlag Beuth, Dormagen
[24] AD-Merkblätter der Reihe B (Berechnung B0 bis B13), Verlag Beuth, Dormagen
[25] AD-Merkblätter der Reihe S1 u. S2 (Berechnungen von Druckbehälter gegen Schwell- u. Schwingungsbeanspruchung), Verlag Beuth, Dormagen
[26] AD-Merkblätter der Reihe W (Werkstoffe W0 bis W13), Verlag Beuth, Dormagen
[27] VdTÜV Werkstoffblätter (Vereinigung der Technischen-Überwachungs-Vereine e.V. Essen)
[28] TRbF Technische Regeln für brennbare Flüssigkeiten 104 Allgemeine Bauvorschriften für Tanks
[29] TRbF Technische Regeln für brennbare Flüssigkeiten 105 Oberirdische Tanks
[30] TRbF Technische Regeln für brennbare Flüssigkeiten 107 Tanks mit innerem Überdruck
[31] TRbF Technische Regeln für brennbare Flüssigkeiten 600 Prüfrichtlinie allgemeine Grundsätze
[32] TRbF Technische Regeln für brennbare Flüssigkeiten 620 Prüfrichtlinie Prüfregeln für Tanks u. Rohrleitungen
[33] DIN 1912 Teil 1 bis Teil 6 Zeichnerische Darstellung Schweißen u. Löten, Verlag Beuth, Dormagen
[34] DIN 2559 Blatt 1 u. 2 Schweißnahtvorbereitung Stumpfstöße an Rohren
[35] DIN 4119 Teil 1 u. Teil 2 Oberirdische zylindrische Flachboden-Tankbauwerke aus metallischen Werkstoffen
[36] DIN 8551 Schweißnahtvorbereitung Fugenform Stahl. Teil 1 Lichtbogenhandschweißen u. Schutzgasschw. Teil 4 Unterpulverschweißen
[37] DIN 8552 Schweißnahtvorbereitung. Teil 1 Fugenformen an Aluminium u. Aluminium-Legierungen. Teil 3 Fugenformen an Kupfer u. Kupferlegierungen
[38] DIN 8553 Verbindungsschweißen plattierter Stähle Gestaltung u. Ausführung
[39] DIN 8558 Teil 1 Gestaltung u. Ausführung von Schweißverbindungen, Dampfkessel, Behälter u. Rohrleitungen. Teil 2 Gestaltung u. Ausführung von Schweißverbindungen Behälter u. Apparate aus Stahl für den Chemie-Anlagenbau
[40] DIN 8563 Teil 1 bis Teil 3 Sicherung der Güte von Schweißarbeiten an Stahl
[41] DIN 8563 Teil 30 Sicherung der Güte von Schweißarbeiten an Aluminium u. Aluminium-Legierungen
[42] SEW (Stahleisenwerkstoffblatt) 400 Nichtrostende Walz- u. Schmiedestähle, Verlag Stahl Eisen, Düsseldorf
[43] SEW 408 Plattierte Bleche von 6 bis 150 mm Dicke, Verlag Stahl Eisen, Düsseldorf
[44] SEW 081 bis 092 Schweißgeeignete Feinkornbaustähle, Verlag Stahl Eisen, Düsseldorf
[45] DIN 17000 Allgemeine Baustähle Gütenormen
[46] DIN 17102 Schweißgeeignete Feinkornbaustähle normalgeglüht; Technische Lieferbedingungen
[47] DIN 17440 Nichtrostende Stähle Technische Lieferbedingungen
[48] DIN 1745 Teil 1 u. Teil 2 Bleche u. Bänder aus Aluminium u. Aluminium-Legierungen
[49] DIN 17750 Bänder u. Bleche aus Nickel u. Nickel-Legierungen
[50] DIN 17851 Titan Knetlegierungen; Zusammensetzung
[51] DVS-Merkblatt 1003: Teil 1: Empfehlungen zum prüfgerechten Gestalten von Schweißkonstruktionen. Deutscher Verlag für Schweißtechnik, Düsseldorf
[52] Aluminium Taschenbuch 14. Auflage, Aluminium Verlag, Düsseldorf, 1983
[53] Scheermann, H.: Leitfaden für den Schweißkonstrukteur – Grundlagen der schweißtechnischen Gestaltung. Düsseldorf: Deutscher Verlag für Schweißtechnik, 1986 (Die Schweißtechnische Praxis, Bd. 17)

[54] Neumann, A.: Schweißtechnisches Handbuch für Konstrukteure. Teil 1: Grundlagen, Tragfähigkeit, Gestaltung. Teil 2: Stahl-, Kessel- u. Rohrleitungsbau. Deutscher Verlag für Schweißtechnik, 1990/1988 (Fachbuchreihe Schweißtechnik, Bde. 80 Teil 1 u. 80 Teil 2)
[55] Richter, H. u.a.: Fügetechnik, Schweißtechnik, Düsseldorf: DVS- Verlag, 1990
[56] Kleine Stahlkunde für den Chemieapparatebau, VDI-Verlag GmbH, Düsseldorf
[57] Jahrbücher Schweißtechnik. Düsseldorf: Deutscher Verlag für Schweißtechnik, 1988, 1989, 1990, 1991
[58] Radaj, D.: Gestaltung und Berechnung von Schweißkonstruktionen – Ermüdungsfestigkeit. Düsseldorf: Deutscher Verlag für Schweißtechnik, 1985 (Fachbuchreihe Schweißtechnik, Bd. 82)
[59] Aichele, G. (Hrsg.): Leistungskennwerte für Schweißen, Schneiden und verwandte Verfahren. Düsseldorf: Deutscher Verlag für Schweißtechnik, 1980 (Fachbuchreihe Schweißtechnik, Bd. 72)
[60] Pfeifer, L.: Fachkunde des Widerstandsschweißens. Verlag W. Giradet, Düsseldorf
[61] DVS-Merkblatt 1603: Widerstandspunktschweißen von Stahl im Schienenfahrzeugbau. DVS-Merkblatt 2902: Widerstandspunktschweißen von Stählen bis 3 mm Einzeldicke. Übersicht. Deutscher Verlag für Schweißtechnik, Düsseldorf
[62] Smolka, K.: Thermisches Spritzen. Ein Leitfaden für den Praktiker. Düsseldorf: Deutscher Verlag für Schweißtechnik, 1985 (Die Schweißtechnische Praxis, Bd. 15)
[63] Leuze, G.: Thermisch gespritzte Metallschichten auf Nichtmetallen. DVS-Berichte Bd. 47, S. 60/62. Düsseldorf: Deutscher Verlag für Schweißtechnik, 1977
[64] Grützner, H.: Bedeutung des thermischen Spritzens beim Verschleißschutz von Oberflächen.Düsseldorf: Deutscher Verlag für Schweißtechnik, 1977 (DVS-Berichte Bd. 47, S. 82/87)
[65] Kirner, K.: Entwicklungstendenzen beim Plasmaspritzen. Düsseldorf: Deutscher Verlag für Schweißtechnik, 1977 (DVS-Berichte Bd. 47, S. 36/39)
[66] Borbeck, K.-D.: Plasmaspritzen als Oberflächenschutzverfahren. Industrie-Anzeiger 103 (1981), H. 26
[67] Putzier, U.: Die thermischen Spritzverfahren. Sonderdruck aus „Keramische Zeitschrift“ (1976), H. 12
[68] Krieg, J.: Einsatz des thermischen Spritzens in der Instandhaltung von Fahrzeugen und Anlagen der Deutschen Bundesbahn. Düsseldorf: Deutscher Verlag für Schweißtechnik, 1977 (DVS-Berichte Bd. 47, S. 91/97)
[69] Eschnauer, H. R., u. F. Kilp: Hartstoffe und ihre Eigenschaften zum Plasmaspritzen. Düsseldorf: Deutscher Verlag für Schweißtechnik, 1977 (DVS-Berichte Bd. 47, S. 44/50)
[70] DIN 32530, Thermisches Spritzen, Begriffe
[71] Polak, R.: Eigenschaften von Pulverspritzschichten und ihr Verschleißverhalten. Schweißtechnik, Berlin 33 (1983) H. 2, S. 22–26; H. 3, S. 48–52
[72] Weirich, G. u. A. Wilwerding: Wirtschaftliches Panzern durch Spritzen und Schmelzverbinden von Metallpulvern. Technica 23/1983, S. 1988–1991
[73] Steffens, H. D.: Thermisch gespritzte Metall-Schichten zur Verminderung von Reibung u. Verschleiß. DVI-Bericht Nr. 333, S. 105–111
[74] Eschnauer, H. u. E. Schwarz: Beschichten durch Thermisches Spritzen. VDI-Bildungswerk, Seminar 34-07-03 Unterlagen „Verschleißschutz technischer Oberflächen“
[75] Heinrich, P.: Möglichkeiten zur Mechanisierung des Einschmelzens von selbstfließenden flammgespritzten Schichten, Linde-Sonderdruck 121
[76] Kreye, H., P. Heinrich u. G. Loewe: Jet-Kote-Spritzen mit verschiedenen Brenngasen, Linde-Sonderdruck 143

Kapitel 6

[1] VDI-Richtlinie 2235: Wirtschaftliche Entscheidungen beim Konstruieren; Okt. 1987
[2] Ehrlenspiel, K.: Möglichkeiten zum Senken der Produktkosten – Erkenntnisse aus einer Auswertung von Wertanalysen; Konstruktion 32 (1980) Nr. 5, S. 173/178
[3] Gerster, P.: Kostengünstiges Konstruieren und Fertigen im Autokranbau; Düsseldorf, Deutscher Verlag für Schweißtechnik, 1986, DVS-Berichte 101 S. 36–40
[4] Juen, A.: Planrichten von Schweißbauteilen mit Walz-Richtmaschinen; Sonderdruck Vogel-Verlag
[5] DVS-Merkblatt 0929: Konstruktionshinweise für das MIG/MAG-Schweißen mit Industrierobotern. Deutscher Verlag für Schweißtechnik, Düsseldorf

Kapitel 7

[1] Döttinger, K. H., A. Krauß, W. Steparsch u. P. Stratmann: Entwicklungstendenzen bei der Qualitätssicherung in der Schweißtechnik, Schweißen und Schneiden 40 (1988), H. 11, S. 541–550
[2] Autorenkollektiv: Zerstörende und zerstörungsfreie Werkstoffprüfung II, SFM Teil 1, LB 2.10.1, Düsseldorf: DVS-Verlag 1985 (DVS-Lehrgang Schweißfachmann Teil 1)
[3] Mundry, E.: Erkennung und Beschreibung von Schweißnahtfehlern
[4] Fischer, K.-H., Duisburg: Schweißverbindungen zerstörungsfrei geprüft, Praktiker 2/89
[5] Herberg, G. u. W. Laufer, Materialprüfung, Heft 20 (1978), S. 120–124
[6] DIN 54125: Vorbereitung der Prüfflächen
[7] Cramer, K., Dortmund: Bewertung der Güte von Schweißnähten – wie?, Praktiker 10/89
[8] Mlodoch, P.: Qualität und Recht, QZ 34 (1989) H. 3, Hamburg

Kapitel 8

[1] prEN 287: Prüfung von Schweißern, Schmelzschweißen, Teil 1 und Teil 2 Projekt Euro Norm, Deutscher Normenausschuß
[2] DIN 8563 Sicherung der Güte von Schweißarbeiten
[3] DVS-Richtlinien 1191: Ausbildung und Prüfung schweißtechnischer Fachkräfte. Deutscher Verlag für Schweißtechnik, Düsseldorf
[4] DVS-Richtlinien 1171: DVS-Lehrgang Schweißfachmann
DVS-Richtlinien 1172: DVS-Lehrgang Schweißtechniker
DVS-Richtlinien 1173: DVS-Lehrgang Schweißfachingenieur. Deutscher Verlag für Schweißtechnik, Düsseldorf
[5] DIN 8560 Prüfung von Stahlschweißern
[6] DIN 8561 Prüfung von NE-Metallschweißern
[7] DVS-Merkblatt 0701: Das deutsche Regelwerk zur Gütesicherung von Schweißarbeiten.
DVS-Richtlinie 1142: Prüfung der Schweißer im deutschen Regelwerk. Deutscher Verlag für Schweißtechnik, Düsseldorf

Sachwortregister

GPSR Compliance

The European Union's (EU) General Product Safety Regulation (GPSR) is a set of rules that requires consumer products to be safe and our obligations to ensure this.

If you have any concerns about our products, you can contact us on ProductSafety@springernature.com

In case Publisher is established outside the EU, the EU authorized representative is:

Springer Nature Customer Service Center GmbH
Europaplatz 3
69115 Heidelberg, Germany

Batch number: 08544185

Printed by Printforce, the Netherlands